高校土木工程专业规划教材

建 筑 材 料

钱晓倩
浙江大学　詹树林　主编
金南国

中国建筑工业出版社

图书在版编目（CIP）数据

建筑材料/钱晓倩等主编. —北京：中国建筑工业出
版社，2009
高校土木工程专业规划教材
ISBN 978-7-112-10531-1

Ⅰ. 建… Ⅱ. 钱… Ⅲ. 建筑材料-高等学校-教材
Ⅳ. TU5

中国版本图书馆 CIP 数据核字（2008）第 184377 号

本书介绍了常用建筑材料的原材料、生产工艺、组成、结构及构造、性能及应用、检验及验收、运输及储存等方面的要点。重点介绍了水泥、混凝土、钢材、沥青及防水材料等内容，对砂浆、气硬性胶凝材料、墙体和屋面材料、保温隔热与吸声材料、装饰材料和合成高分子材料也作了相应的介绍，并对建筑材料的最新研究成果和发展动态作了简介。每一章内容后面附有适量习题与复习思考题。建筑材料试验部分介绍了试验原理、试验方法和数据处理。

本书采用最新国家或行业标准，可作为土木工程、结构工程、市政工程等专业本科教学的教材，也可作为从事建设工程勘测、设计、施工、科研和管理工作专业人员的参考书。

* * *

责任编辑：王　跃　吉万旺
责任设计：赵明霞
责任校对：刘　钰　王雪竹

高校土木工程专业规划教材
建 筑 材 料
钱晓倩
浙江大学　詹树林　主编
金南国
*
中国建筑工业出版社出版、发行（北京西郊百万庄）
各地新华书店、建筑书店经销
北京红光制版公司制版
廊坊市海涛印刷有限公司印刷
*
开本：787×1092毫米　1/16　印张：18½　字数：450千字
2009年2月第一版　2018年8月第十次印刷
定价：**42.00**元（含光盘）
ISBN 978-7-112-10531-1
（21025）

前　言

　　本书由浙江大学钱晓倩、詹树林、金南国主编，钱晓倩教授统稿。参加编著的有浙江大学钱晓倩（绪论、第四章）、浙江大学詹树林（第三章、第八章）、浙江大学金南国（第一章、第二章、第六章、第十一章）、浙江大学孟涛（第五章、第七章、第十章），浙江大学赖俊英（第九章），建筑材料实验部分由浙江大学钱匡亮编写。本书配有教学课件光盘，由华侨大学严捍东编制，供老师和学生们教学和学习时参考使用。

　　本书编写过程中承蒙各校建筑材料老师们的热情支持，谨此致以衷心感谢。由于编写时间仓促，特别是建筑材料及相关标准的发展和更新较快，书中错误和不足恐难避免，欢迎广大教师和读者批评指正。

编者

2008 年 10 月

目 录

绪论 …………………………………………………………………………………… 1

第一章 建筑材料的基本性质 ………………………………………………… 5

第一节 材料的物理性质 ……………………………………………………… 5

第二节 材料的力学性质 …………………………………………………… 13

第三节 材料的耐久性 ………………………………………………………… 16

第四节 材料的组成、结构和构造 ………………………………………… 17

习题与复习思考题 …………………………………………………………… 21

第二章 无机气硬性胶凝材料 ……………………………………………… 23

第一节 概述 …………………………………………………………………… 23

第二节 石灰 …………………………………………………………………… 23

第三节 石膏 …………………………………………………………………… 27

第四节 水玻璃 ………………………………………………………………… 30

第五节 镁质胶凝材料 ………………………………………………………… 32

习题与复习思考题 …………………………………………………………… 33

第三章 水泥 ……………………………………………………………………… 35

第一节 通用硅酸盐水泥概述 ……………………………………………… 35

第二节 硅酸盐水泥和普通硅酸盐水泥 …………………………………… 37

第三节 掺大量混合材料的硅酸盐水泥 …………………………………… 45

第四节 其他品种水泥 ………………………………………………………… 49

习题与复习思考题 …………………………………………………………… 54

第四章 混凝土 …………………………………………………………………… 56

第一节 概述 …………………………………………………………………… 56

第二节 普通混凝土的组成材料 …………………………………………… 57

第三节 普通混凝土的技术性质 …………………………………………… 63

第四节 混凝土外加剂 ………………………………………………………… 80

第五节 混凝土的质量检验和评定 ………………………………………… 88

第六节 普通混凝土的配合比设计 ………………………………………… 92

第七节 高强高性能混凝土 ………………………………………………… 97

第八节 粉煤灰混凝土 ……………………………………………………… 100

第九节 轻混凝土 …………………………………………………………… 101

第十节 特种混凝土 ………………………………………………………… 105

习题与复习思考题 …………………………………………………………… 108

第五章 砂浆 …………………………………………………………………… 110

第一节 砂浆的组成材料 …………………………………………………… 110

第二节 砂浆的主要技术性质 ……………………………………………… 115

第三节 砌筑砂浆的配合比设计 …………………………………………… 117

第四节 预拌砂浆 …………………………………………………………… 118

第五节 其他砂浆 …………………………………………………………… 122

习题与复习思考题 ………………………………………………………… 125

第六章 建筑钢材 ………………………………………………………………… 126

第一节 钢的分类 …………………………………………………………… 126

第二节 钢材的技术性质 …………………………………………………… 127

第三节 钢材的化学成分及其对钢材性能的影响 ………………………… 130

第四节 钢材的冷加工、时效和焊接 ……………………………………… 131

第五节 钢材的技术标准与选用 …………………………………………… 134

第六节 钢材的锈蚀与防止 ………………………………………………… 146

习题与复习思考题 ………………………………………………………… 147

第七章 墙体、屋面及门窗材料 ……………………………………………… 149

第一节 墙体材料 …………………………………………………………… 149

第二节 屋面材料 …………………………………………………………… 162

第三节 门窗材料 …………………………………………………………… 164

习题与复习思考题 ………………………………………………………… 166

第八章 合成高分子材料 ………………………………………………………… 167

第一节 高分子化合物的基本概念 ………………………………………… 167

第二节 塑料 ………………………………………………………………… 169

第三节 胶粘剂 ……………………………………………………………… 174

习题与复习思考题 ………………………………………………………… 177

第九章 防水材料 ………………………………………………………………… 178

第一节 防水材料的基本成分 ……………………………………………… 178

第二节 防水卷材 …………………………………………………………… 187

第三节 防水涂料 …………………………………………………………… 191

第四节 建筑密封材料 ……………………………………………………… 194

习题与复习思考题 ………………………………………………………… 198

第十章 装饰材料 ………………………………………………………………… 199

第一节 概述 ………………………………………………………………… 199

第二节 天然石材及其制品 ………………………………………………… 200

第三节 石膏装饰材料 ……………………………………………………… 207

第四节 纤维装饰织物和制品 ……………………………………………… 208

第五节 玻璃装饰制品 ……………………………………………………… 210

第六节 陶瓷装饰制品 ……………………………………………………… 212

第七节 建筑涂料 …………………………………………………………… 213

第八节 金属装饰制品 ……………………………………………………… 220

第九节 塑料装饰制品 ……………………………………………………… 222

  第十节 木材装饰制品 ··· 225

  习题与复习思考题 ·· 227

第十一章 保温隔热材料和吸声材料 ·· 228

  第一节 保温隔热材料 ··· 228

  第二节 吸声材料 ·· 234

  习题与复习思考题 ·· 238

建筑材料试验 ·· 239

  试验一 建筑材料的基本性质试验 ·· 239

  试验二 水泥试验 ·· 245

  试验三 砂、石试验 ··· 256

  试验四 外加剂试验 ··· 261

  试验五 混凝土试验 ··· 264

  试验六 混凝土无损检测试验 ·· 273

  试验七 砂浆试验 ·· 281

  试验八 钢筋试验 ·· 284

  试验九 烧结多孔砖抗压强度试验 ·· 287

  试验十 沥青试验 ·· 287

绪　　论

一、建筑材料在建设工程中的地位

土木工程材料是指应用于土木工程建设中的无机材料、有机材料和复合材料的总称。通常根据工程类别在材料名称前加以适当区分，如建筑工程常用材料称为建筑材料；道路（含桥梁）工程常用材料称为道路建筑材料；主要用于港口码头时，则称为港工材料；主要用于水利工程的称为水工材料。此外，还有市政材料、军工材料、核工业材料等。本教材主要以建筑材料为主。

建筑材料在建设工程中有着举足轻重的地位。

首先，建筑材料是建设工程的物质基础。土建工程中，建筑材料的费用占土建工程总投资的 60% 左右，因此，建筑材料的价格直接影响到建设投资。

第二，建筑材料与建筑结构和施工之间存在着相互促进、相互依存的密切关系。一种新型建筑材料的出现，必将促进建筑形式的创新，同时结构设计和施工技术也将相应改进和提高。同样，新的建筑形式和结构布置，也呼唤新的建筑材料，并促进建筑材料的发展。例如，采用建筑砌块和板材替代实心黏土砖墙体材料，就要求结构构造设计和施工工艺、施工设备的改进；高强混凝土的推广应用，要求新的钢筋混凝土结构设计和施工技术；同样，高层建筑、大跨度结构、预应力结构的大量应用，要求提供更高强度的混凝土和钢材，以减小构件截面尺寸，减轻建筑物自重；又如随着建筑功能的要求提高，需要提供同时具有保温、隔热、隔声、装饰、耐腐蚀等性能的多功能建筑材料等。

第三，构筑物的功能和使用寿命在很大程度上取决于建筑材料的性能。如装饰材料的装饰效果、钢材的锈蚀、混凝土的劣化、防水材料的老化问题等，无一不是材料问题，也正是这些材料特性构成了构筑物的整体性能。因此，从强度设计理论向耐久性设计理论的转变，关键在于材料耐久性的提高。

第四，建设工程的质量，在很大程度上取决于材料的质量控制。如钢筋混凝土结构的质量主要取决于混凝土强度、密实性和是否产生裂缝。在材料的选择、生产、储运、使用和检验评定过程中，任何环节的失误，都可能导致工程质量事故，事实上，在国内外建设工程中的质量事故，绝大部分都与材料的质量缺损相关。

最后，构筑物的可靠度评价，在很大程度上依存于材料可靠度评价。材料信息参数是构成构件和结构性能的基础，在一定程度上"材料—构件—结构"组成了宏观上的"本构关系"。因此，作为一名土木工程技术人员，无论是从事设计、施工或管理工作，均必须掌握建筑材料的基本性能，并做到合理选材和正确使用。

二、建筑材料的现状和发展趋势

材料科学的发展标志着人类文明的进步。人类的历史也是按制造生产工具所用材料的种类划分的，由史前的石器时代，经过青铜器时代、铁器时代，发展到今天的人工合成材料时代，均标志着材料科学的进步。同样，建筑材料的发展也标志着建设事业的进步。高层建筑、大跨度结构、预应力结构、海洋工程等，无一不与建筑材料的发展紧密相连。

从目前我国的建筑材料现状来看，普通水泥、普通钢材、普通混凝土、普通防水材料仍是最主要的组成部分。这是因为这一类材料有比较成熟的生产工艺和应用技术；使用性能尚能满足目前的消费需求。

虽然近年来建筑材料工业有了长足的进步和发展，但与发达国家相比，还存在着品种少、质量档次低、生产和使用能耗大及浪费严重等问题。因此，如何发展和应用新型建筑材料已成为现代化建设急需解决的关键问题。

随着现代化建筑向高层、大跨度、节能、美观、舒适的方向发展和人民生活水平、国民经济实力的提高，特别是基于新型建筑材料的自重轻、抗震性能好、能耗低、大量利用工业废渣等优点，研究开发和应用新型建材已成为必然。遵循可持续发展战略，建筑材料的发展方向可以理解为：

1. 生产所用的原材料要求充分利用工业废料、能耗低、可循环利用、不破坏生态环境、有效保护天然资源。

2. 生产和使用过程不产生环境污染，即废水、废气、废渣、噪声等零排放。

3. 做到产品可再生循环和回收利用。

4. 产品性能要求轻质、高强、多功能，不仅对人畜无害，而且能净化空气、抗菌、防静电、防电磁波等。

5. 加强材料的耐久性研究和设计。

6. 主产品和配套产品同步发展，并解决好利益平衡关系。

三、建筑材料的分类

建筑材料的种类繁多，为了研究、使用和叙述上的方便，通常根据材料的组成、功能和用途分别加以分类。

（一）按建筑材料的使用性能分类

通常分为承重结构材料、非承重结构材料及功能材料三大类。

1. 承重结构材料。主要指梁、板、柱、基础、墙体和其他受力构件所用的建筑材料。最常用的有钢材、混凝土、砖、砌块、墙板、楼板、屋面板和石材等。

2. 非承重结构材料。主要包括框架结构的填充墙、内隔墙和其他围护材料等。

3. 功能材料。主要有防水材料、防火材料、装饰材料、保温隔热材料、吸声（隔声）材料、采光材料、防腐材料等。

（二）按建筑材料的使用部位分类

按建筑材料的使用部位，通常分为结构材料、墙体材料、屋面材料、地面材料、饰面材料和基础材料等。

（三）按建筑材料的化学组成分类

根据建筑材料的化学组成，通常可分为无机材料、有机材料和复合材料三大类。这三大类中又分别包含多种材料类别，见下图。

四、本课程内容和学习要点

各种建筑材料，在原材料、生产工艺、结构及构造、性能及应用、检验及验收、运输及储存等方面既有共性，也有各自的特点，全面掌握建筑材料的知识，需要学习和研究的内容范围很广。对于从事建筑工程勘测、设计、施工、科研和管理工作的专业人员，掌握

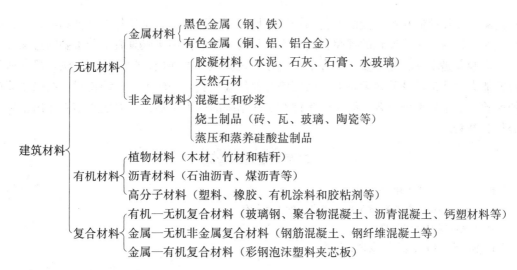

$$
建筑材料
\begin{cases}
无机材料
\begin{cases}
金属材料
\begin{cases}
黑色金属（钢、铁）\\
有色金属（铜、铝、铝合金）
\end{cases}\\
非金属材料
\begin{cases}
胶凝材料（水泥、石灰、石膏、水玻璃）\\
天然石材\\
混凝土和砂浆\\
烧土制品（砖、瓦、玻璃、陶瓷等）\\
蒸压和蒸养硅酸盐制品
\end{cases}
\end{cases}\\
有机材料
\begin{cases}
植物材料（木材、竹材和秸秆）\\
沥青材料（石油沥青、煤沥青等）\\
高分子材料（塑料、橡胶、有机涂料和胶粘剂等）
\end{cases}\\
复合材料
\begin{cases}
有机—无机复合材料（玻璃钢、聚合物混凝土、沥青混凝土、钙塑材料等）\\
金属—无机非金属复合材料（钢筋混凝土、钢纤维混凝土等）\\
金属—有机复合材料（彩钢泡沫塑料夹芯板）
\end{cases}
\end{cases}
$$

各种建筑材料的性能及其适用范围，以及在种类繁多的建筑材料中选择最合适的品种加以应用，最为重要。除了在施工现场直接配制或加工的材料（如部分砂浆、混凝土、金属焊接、防水材料等）需要深入学习其原材料和生产工艺外，对于以产品形式直接在施工现场使用的材料，也需要了解其原材料、生产工艺及结构、构造的一般知识，以了解这些因素是如何影响材料的性能，并最终影响到构筑物的性能。

作为有关生产、设计应用、管理和研究等部门应共同遵循的依据，绝大多数常用的建筑材料，均由专门的机构制订并颁布了相应的"技术标准"，对其质量、规格和验收方法等作了详尽而明确的规定。在我国，技术标准分为四级：国家标准、行业标准、地方标准和企业标准。国家标准是由国家标准局发布的全国性指导技术文件，其代号为GB。行业标准也是全国性的指导技术文件，但它由各行业主管部门（或总局）发布，其代号按各部门名称而定。如建材标准代号为JC，建工标准代号为JG，与建材相关的行业标准还有交通标准（JT）、石油标准（SY）、化工标准（HG）、水电标准（SD）、冶金标准（YJ）等。地方标准（DB）是地方主管部门发布的地方性指导技术文件。企业标准则仅适用于本企业，其代号为QB；凡没有制定国家标准、行业标准的产品，均应制订相应的企业标准。与建设工程紧密相关的还有中国工程建设标准化协会颁布的相关标准（CECS）。随着我国对外开放，常常还涉及一些与建筑材料关系密切的国际或外国标准，其中主要有国际标准（ISO）、美国材料试验协会标准（ASTM）、日本工业标准（JIS）、德国工业标准（DIN）、英国标准（BS）、法国标准（NF）等。熟悉有关的技术标准，并了解制定标准的科学依据，也是十分必要的。

本课程作为土木工程类的专业基础课，在学习中应结合现行的技术标准，以建筑材料的性能及合理使用为中心，掌握事物的本质及内在联系。例如在学习某一材料的性质时，不能只满足于甲乙丙丁地知道该材料具有哪些性质，有哪些表象，重要的是应当知道形成这些性质的内在原因、外部条件及这些性能之间的相互关系。对于同一类属的不同品种材料，不但要学习它们的共性，更重要的是要了解它们各自的特性和具备这些特性的原因。例如学习各种水泥时，不但要知道它们都能在水中硬化等共性，更要注意它们各自的质的区别及因而反映在性能上的差异。一切材料的性能都不是固定不变的，在使用过程中，甚至在运输和储存过程中，它们的性能都会在一定程度上产生或多或少的变化，为了保证工程的耐久性和控制材料性能的劣化问题，我们必须研究引起变化的外界条件和材料本身的内在原因，从而掌握变化的规律。这对于延长构筑物的使用年限具有十分重要的意义。

实验课是本课程的重要教学环节，其任务是验证基本理论，学习试验方法，培养科学研究能力和严谨缜密的科学态度。做实验时要严肃认真，一丝不苟，即使对一些操作简单的实验，也不应例外。要了解实验条件对实验结果的严重影响，并对实验结果作出正确的分析和判断。

习题与复习思考题

1. 建筑材料主要有哪些类别？
2. 建筑材料的发展与建设工程技术进步的关系如何？
3. 建筑材料的发展趋势如何？
4. 本课程的特点及学习要则有哪些？

第一章　建筑材料的基本性质

建筑材料在建筑工程各个部位起着各种不同的作用。为此，要求建筑材料具有相应的不同性质。例如，结构材料应具有所需要的力学性能和耐久性能；屋面材料应具有保温隔热、抗渗漏性能；地面材料应具有耐磨性能等。根据构筑物中的不同使用部位和功能，建筑材料要求具有保温隔热、吸声、耐腐蚀等性能，而对于长期暴露于大气环境中的材料，要求能经受风吹、雨淋、日晒、冰冻等而引起的冲刷、化学侵蚀、生物作用、温度变化、干湿循环及冻融循环等破坏作用，即具有良好的耐久性。可见，建筑材料在使用过程中所受的作用很复杂，而且它们之间又相互影响。因此，对建筑材料性质的要求应当是严格的和多方面的，充分发挥建筑材料的正常服役性能，满足建筑结构的正常使用寿命。

建筑材料所具有的各项性质主要是由材料的组成、结构和构造等因素决定的。为了保证构筑物经久耐用，就需要掌握建筑材料的性质，并了解它们与材料的组成、结构、构造的关系，从而合理地选用材料。

第一节　材料的物理性质

一、材料的密度、表观密度与堆积密度

（一）密度

材料在绝对密实状态下单位体积的质量称为材料的密度（实际密度）。用公式表示为：

$$\rho = \frac{m}{V} \tag{1-1}$$

式中　ρ——材料的密度（g/cm^3）；

　　　m——材料在干燥状态下的质量（g）；

　　　V——干燥材料在绝对密实状态下的体积（cm^3）。

材料在绝对密实状态下的体积，是指不包含材料内部孔隙的固体物质本身的体积，亦称实体积。土木工程材料中除钢材、玻璃等外，绝大多数材料均含有一定的孔隙。测定有孔隙的材料密度时，须将材料磨成细粉（粒径小于 0.20mm），经干燥后用李氏瓶测得其实体积。材料磨得愈细，测得的密度值愈精确。

工程上过去经常用比重的概念，比重也即现在的实际密度和相对密度；材料的质量与同体积水（4℃）的质量的比值即为相对密度，无单位，其值与材料的密度相同。

材料的视密度，是材料在近似密实状态下单位体积的质量，可用 ρ_a 表示。

$$\rho_a = \frac{m}{V_a} \tag{1-2}$$

式中　ρ_a——材料的视密度（g/cm^3）；

　　　m——材料在干燥状态下的质量（g）；

　　　V_a——干燥材料在近似密实状态下的体积（cm^3）。

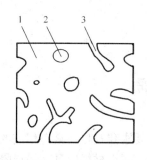 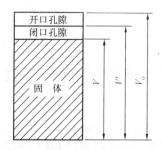

所谓近似密实状态下的体积，是指只包含材料内部闭口（不含开口）孔隙体积和固体物质体积（如图1-1）。一般材料的视密度小于其密度。

图 1-1　自然状态下体积示意图
1—固体；2—闭口孔隙；3—开口孔隙

（二）表观密度

材料在自然状态下单位体积的质量称为材料的表观密度。用公式表示为：

$$\rho_0 = \frac{m}{V_0} \qquad (1-3)$$

式中　ρ_0——材料的表观密度（g/cm³ 或 kg/m³）；

　　　m——材料的质量（g 或 kg）；

　　　V_0——材料在自然状态下的体积（cm³ 或 m³）。

材料在自然状态下的体积是指包含材料内部闭口孔隙和开口孔隙的体积。对于外形规则的材料，其表观密度测定很简便，只要测得材料的质量和体积（可用量具量测），即可算得。不规则材料的体积要采用排水法求得，但材料表面应预先涂上蜡，以防止水分渗入材料内部而使所测结果不准。

材料表观密度的大小与其含水情况有关。当材料含水率变化时，其质量和体积均有所变化。因此测定材料表观密度时，须同时测定其含水率，并予以注明。通常材料的表观密度是指气干状态下的表观密度。在烘干状态下的表观密度称为干表观密度。

（三）堆积密度

粒状材料在自然堆积状态下单位体积的质量称为堆积密度。用公式表示为：

$$\rho_0' = \frac{m}{V_0'} \qquad (1-4)$$

式中　ρ_0'——粒状材料的堆积密度（kg/m³）；

　　　m——粒状材料的质量（kg）；

　　　V_0'——粒状材料在自然堆积状态下的体积（m³）。

粒状材料在自然堆积状态下的体积，是指既含颗粒固体体积及其闭口、开口孔隙体积，又含颗粒之间空隙体积的总体积。粒状材料的体积可用已标定容积的容器测得。砂子、石子的堆积密度即用此法求得。若以捣实体积计算时，则称紧密堆积密度。

由于大多数材料或多或少含有一些孔隙，故一般材料的 $\rho > \rho_a > \rho_0 > \rho_0'$。

在土木工程中，计算材料用量、构件自重、配料、材料堆放的体积或面积时，常用到材料的密度、表观密度和堆积密度。常用建筑材料的密度、表观密度和堆积密度见表1-1所示。

常用建筑材料的密度、表观密度和堆积密度　　　　　　　　表 1-1

材料名称	密度（g/cm³）	表观密度（kg/m³）	堆积密度（kg/m³）
钢	7.85	7850	
花岗岩（石）	2.60～2.90	2500～2800	

材料名称	密度（g/cm³）	表观密度（kg/m³）	堆积密度（kg/m³）
碎石	2.50～2.80	2400～2750	1400～1700
砂	2.50～2.80	2400～2750	1450～1700
黏土	2.50～2.70		1600～1800
水泥	2.80～3.20		1250～1600
烧结普通砖	2.50～2.70	1600～1900	
烧结空心砖（多孔砖）	2.50～2.70	800～1480	
红松木	1.55	380～700	
泡沫塑料		20～50	
普通混凝土	2.50～2.90	2100～2600	

二、材料的孔隙率与密实度

（一）孔隙率

材料内部孔隙体积占总体积的百分率称为材料的孔隙率（P_0）。用公式表示为：

$$P_0 = \frac{V_0 - V}{V_0} \times 100\% = \left(1 - \frac{\rho_0}{\rho}\right) \times 100\% \qquad (1-5)$$

材料孔隙率的大小直接反映材料的密实程度，孔隙率小，则密实程度高。孔隙率相同的材料，它们的孔隙特征（即孔隙构造）可以不同。按孔隙的特征，材料的孔隙可分为连通孔隙（开口孔隙）和封闭孔隙（闭口孔隙），连通孔隙不仅彼此贯通且与外界相通，而封闭孔隙彼此独立且与外界隔绝。按孔径尺寸大小，孔隙又可分为微孔、细孔及大孔三种。材料的孔隙率大小、孔隙特征、孔径尺寸大小、孔隙分布状况等，直接影响材料的力学性能、热工性能、耐久性等性能。一般而言，孔隙率较小，封闭的微孔较多且孔隙分布均匀的材料，其吸水性较小，强度较高，导热系数较小，抗渗性较好。

（二）密实度

材料内部固体物质的体积占总体积的百分率称为密实度。反映材料体积内固体物质充实的程度。用公式表示为：

$$D = \frac{V}{V_0} \times 100\% = \frac{\rho_0}{\rho} \times 100\% \qquad (1-6)$$

根据上述孔隙率和密实度的定义，孔隙率和密实度的关系为：

$$P_0 + D = 1$$

三、材料的空隙率与填充率

（一）空隙率

粒状材料堆积体积中，颗粒间空隙体积所占总体积的百分率称为空隙率（P_0'）。用公式表示为：

$$P_0' = \frac{V_0' - V_0}{V_0'} \times 100\% = \left(1 - \frac{\rho_0'}{\rho_0}\right) \times 100\% \qquad (1-7)$$

空隙率的大小反映了粒状材料的颗粒之间相互填充的密实程度。

在配制混凝土时，砂、石的空隙率是作为控制混凝土中骨料级配与计算混凝土砂率时的重要依据。

（二）填充率

粒状材料堆积体积中，颗粒体积所占总体积的百分率称为填充率。反映粒状材料堆积体积中颗粒填充的程度。用公式表示为：

$$D' = \frac{V_0}{V_0'} \times 100\% = \frac{\rho_0'}{\rho_0} \times 100\% \qquad (1\text{-}8)$$

根据上述空隙率和填充率的定义，空隙率和填充率的关系为：

$$P_0' + D' = 1$$

四、材料与水有关的性质

（一）亲水性与憎水性

当材料在空气中与水接触时可以发现，有些材料能被水润湿，即具有亲水性；有些材料则不能被水润湿，即具有憎水性。

图 1-2　材料润湿边角

（a）亲水性材料；（b）憎水性材料

材料具有亲水性的原因是材料与水接触时，材料与水之间的分子亲合力大于水本身分子间的内聚力。当材料与水之间的分子亲合力小于水本身分子间的内聚力时，材料表现为憎水性。

材料被水湿润的情况可用润湿边角 θ 表示。当材料与水接触时，在材料、水、空气这三相体的交点处，作沿水滴表面的切线，此切线与材料和水接触面的夹角 θ，称为润湿边角，如图 1-2 所示。θ 角愈小，表明材料愈易被水润湿。实验证明，当 $\theta \leqslant 90°$ 时（如图 1-2a），材料表面吸附水，材料能被水润湿而表现出亲水性，这种材料称为亲水性材料；$\theta > 90°$ 时（如图 1-2b），材料表面不吸附水，此种材料称为憎水性材料。当 $\theta = 0°$ 时，表明材料完全被水润湿。上述概念也适用于其他液体对固体的润湿情况，相应称为亲液材料和憎液材料。

亲水性材料易被水润湿，且水能沿着材料表面的连通孔隙或通过毛细管作用而渗入材料内部。憎水性材料则能阻止水分渗入毛细管中，从而降低材料的吸水性。憎水性材料常被用作防水材料，或用作亲水性材料的覆面层，以提高其防水、防潮性能。

建筑材料大多数为亲水性材料，如水泥、混凝土、砂、石、砖、木材等，只有少数材料如沥青、石蜡及塑料等为憎水性材料。

（二）吸水性与吸湿性

1. 吸水性

材料在水中吸收水分的性质称为吸水性。材料的吸水性用吸水率表示，有以下两种表示方法：

（1）质量吸水率：质量吸水率是指材料在吸水饱和时，其内部所吸收水分的质量占材料干质量的百分率。用下式表示：

$$W_m = \frac{m_b - m_g}{m_g} \times 100\% \qquad (1\text{-}9)$$

式中　W_m ——材料的质量吸水率（%）；

　　　m_b ——材料在吸水饱和状态下的质量（g）；

　　　m_g ——材料在干燥状态下的质量（g）。

(2) 体积吸水率：体积吸水率是指材料在吸水饱和时，其内部所吸收水分的体积占干燥材料自然体积的百分率。用下式表示：

$$W_{v} = \frac{m_{b} - m_{g}}{V_{0}} \cdot \frac{1}{\rho_{w}} \times 100\% \qquad (1-10)$$

式中　W_{v}——材料的体积吸水率（%）；

　　　V_{0}——干燥材料在自然状态下的体积（cm^3）；

　　　ρ_{w}——水的密度（g/cm^3），在常温下可取 $\rho_{w} = 1\ g/cm^3$。

土木工程用材料一般采用质量吸水率。质量吸水率与体积吸水率有下列关系：

$$W_{v} = W_{m} \cdot \rho_{0} \qquad (1-11)$$

式中　ρ_{0}——材料在干燥状态下的表观密度（g/cm^3）。

材料所吸收的水分是通过连通孔隙吸入的，故连通孔隙率愈大，则材料的吸水量愈多。材料吸水饱和时的体积吸水率，即为材料的连通孔隙率。

材料的吸水性与材料的孔隙率及孔隙特征等有关。对于细微连通的孔隙，孔隙率愈大，则吸水率愈大。封闭的孔隙内水分不易进去，而开口大孔虽然水分易进入，但不易存留，只能润湿孔壁，所以吸水率仍然较小。各种材料的吸水率差异很大，如花岗岩的吸水率只有 0.5%～0.7%，混凝土的吸水率为 2%～3%，烧结普通砖的吸水率为 8%～20%，木材的吸水率可超过 100%。

材料的吸水率不大时通常用质量吸水率表示；对一些轻质多孔材料，如加气混凝土、木材等，由于质量吸水率往往超过 100%，故可用体积吸水率表示。

2. 吸湿性

材料在空气中吸收水分的性质称为吸湿性。材料的吸湿性用含水率表示。含水率是指材料内部所含水质量占材料干质量的百分率。用公式表示为：

$$W_{h} = \frac{m_{s} - m_{g}}{m_{g}} \times 100\% \qquad (1-12)$$

式中　W_{h}——材料的含水率（%）；

　　　m_{s}——材料在吸湿状态下的质量（g）；

　　　m_{g}——材料在干燥状态下的质量（g）。

材料的吸湿性随着空气湿度和环境温度的变化而改变，当空气湿度较大且温度较低时，材料的含水率较大，反之则小。材料中所含水分与周围空气的湿度相平衡时的含水率，称为平衡含水率。当材料吸湿达到饱和状态时的含水率即为吸水率。具有微小开口孔隙的材料，吸湿性特别强，在潮湿空气中能吸收很多水分，这是由于这类材料的内表面积很大，吸附水的能力很强所致。

材料的吸水性和吸湿性均会对材料的性能产生不利影响。材料吸水后会导致其自重增大、导热性增大、强度和耐久性将产生不同程度的下降。材料干湿交替还会引起其形状尺寸的改变而影响使用。

（三）耐水性

材料长期在饱和水作用下，强度不显著降低的性质称为耐水性。材料的耐水性用软化系数表示：

$$K_{R} = \frac{f_{w}}{f_{d}} \qquad (1-13)$$

式中　K_{R}——材料的软化系数；

f_w——材料在吸水饱和状态下的抗压强度（MPa）；

f_d——材料在干燥状态下的抗压强度（MPa）。

软化系数的大小表明材料在浸水饱和后强度降低的程度。一般来说，材料被水浸湿后，强度均会有所降低。这是因为水分被组成材料的微粒表面吸附，形成水膜，削弱了微粒间的结合力。软化系数愈小，表示材料吸水饱和后强度下降愈多，即耐水性愈差。材料的软化系数在 $0\sim1$ 之间。不同材料的软化系数相差颇大，如黏土 $K_R=0$，而金属 $K_R=1$。土木工程中将软化系数大于 0.85 的材料，称为耐水性材料。长期处于水中或潮湿环境中的重要结构，要选择软化系数大于 0.85 的耐水性材料。用于受潮较轻或次要结构物的材料，其软化系数不宜小于 0.75。

（四）抗渗性

材料抵抗压力水渗透的性质称为抗渗性。材料的抗渗性通常用渗透系数表示。渗透系数的意义是：一定厚度的材料，在单位压力水头作用下，在单位时间内透过单位面积的水量。用公式表示为：

$$K_s = \frac{Qd}{AtH} \tag{1-14}$$

式中　K_s——材料的渗透系数（cm/h）；

　　　Q——渗透水量（cm^3）；

　　　d——材料的厚度（cm）；

　　　A——渗水面积（cm^2）；

　　　t——渗水时间（h）；

　　　H——静水压力水头（cm）。

K_s 值愈大，表示渗透材料的水量愈多，即抗渗性愈差。

材料的抗渗性也可用抗渗等级表示。抗渗等级是以规定的试件，在标准试验条件下所能承受的最大水压力来确定。用公式表示为：

$$Pn = 10H - 1 \tag{1-15}$$

式中　Pn——抗渗等级；

　　　H——试件开始渗水时的水压力（MPa）。

抗渗等级符号"Pn"中，n 为该材料在标准试验条件下所能承受的最大水压力的 10 倍数，如 P4、P6、P8、P10、P12 等分别表示材料能承受 0.4、0.6、0.8、1.0、1.2MPa 的水压而不渗水。

材料的抗渗性与其孔隙特征有关。细微连通的孔隙中水易渗入，故这种孔隙愈多，材料的抗渗性愈差。封闭孔隙中水不易渗入，因此封闭孔隙率大的材料，其抗渗性仍然良好。开口大孔中水最易渗入，故其抗渗性最差。材料的抗渗性还与材料的憎水性和亲水性有关，憎水性材料的抗渗性优于亲水性材料。

抗渗性是决定材料耐久性的重要因素。在设计地下结构、压力管道、压力容器等结构时，均要求其所用材料具有一定的抗渗性能。抗渗性也是检验防水材料质量的重要指标。

（五）抗冻性

材料在吸水饱和状态下，经受多次冻融循环作用而质量损失不大，强度也无显著降低的性质称为材料的抗冻性。

材料的抗冻性用抗冻等级表示。抗冻等级是以规定的试件，在规定的试验条件下，测得其强度损失和质量损失不超过规定值，此时所能经受的冻融循环次数，用符号"Fn"表示，其中n即为最大冻融循环次数，如F25、F50等。

材料抗冻等级的选择，是根据结构物的种类、使用要求、气候条件等来决定。例如烧结普通砖、陶瓷面砖、轻混凝土等墙体材料，一般要求其抗冻等级为F15或F25；用于桥梁和道路的混凝土应为F50、F100或F200，而水工混凝土要求高达F500。

材料受冻融破坏主要是因其孔隙中的水结冰所致。水结冰时体积增大约9%，若材料孔隙中充满水，则结冰膨胀对孔壁产生很大的冻胀应力，当此应力超过材料的抗拉强度时，孔壁将产生局部开裂。随着冻融循环次数的增多，材料破坏加重。所以材料的抗冻性取决于其孔隙率、孔隙特征、充水程度和材料对结冰膨胀所产生的冻胀应力的抵抗能力。如果孔隙未充满水，即还未达到饱和，具有足够的自由空间，则即使受冻也不致产生很大的冻胀应力。极细的孔隙虽可充满水，但因孔壁对水的吸附力极大，吸附在孔壁上的水冰点很低，它在一般负温下不会结冰。粗大孔隙一般水分不会充满其中，对冻胀破坏可起缓冲作用。毛细管孔隙中易充满水分，又能结冰，故对材料的冰冻破坏影响最大。若材料的变形能力大、强度高、软化系数大，则其抗冻性较高。一般认为软化系数小于0.80的材料，其抗冻性较差。

另外，从外界条件来看，材料受冻融破坏的程度，与冻融温度、结冰速度、冻融频繁程度等因素有关。环境温度愈低、降温愈快、冻融愈频繁，则材料受冻融破坏愈严重。材料的冻融破坏作用是从外表面开始产生剥落，逐渐向内部深入发展。

抗冻性良好的材料，对于抵抗大气温度变化、干湿交替等破坏作用的能力较强，所以抗冻性常作为考查材料耐久性的一项重要指标。在设计寒冷地区及寒冷环境（如冷库）的建筑物时，必须要考虑材料的抗冻性。处于温暖地区的建筑物，虽无冰冻作用，但为抵抗大气的作用，确保建筑物的耐久性，也常对材料提出一定的抗冻性要求。

五、材料的热工性质

建筑材料除了须满足必要的强度及其他性能要求外，为了降低建筑物的使用能耗，以及为生产和生活创造适宜的条件，常要求土木工程建筑材料具有一定的热工性质，以维持室内温度。常考虑的热工性质有材料的导热性、热容量和比热容等。

（一）导热性

材料传导热量的能力称为导热性。材料的导热性可用导热系数表示。导热系数的物理意义是：厚度为1m的材料，当其相对两侧表面温度差为1K时，在1s时间内通过1m²面积的热量。用公式表示为：

$$\lambda = \frac{Qa}{(t_1 - t_2)A \cdot Z} \tag{1-16}$$

式中　　λ——材料的导热系数［W/（m·K）］；

　　　　Q——传导的热量（J）；

　　　　a——材料厚度（m）；

　　　　A——热传导面积（m²）；

　　　　Z——热传导时间（s）；

　　$t_1 - t_2$——材料两侧温度差（K）。

材料的导热系数愈小，表示其保温隔热性能愈好。各种材料的导热系数差别很大，大致在 0.029～3.5W/（m·K），如泡沫塑料导热系数为 0.035 W/（m·K），而大理石导热系数为 3.5 W/（m·K）。工程中通常把导热系数小于 0.23 W/（m·K）的材料称为保温隔热材料。

导热系数与材料的物质组成、微观结构、孔隙率、孔隙特征、湿度、温度和热流方向等有着密切关系。由于密闭空气的导热系数很小 [$\lambda < 0.23$ W/（m·K）]，所以，材料的孔隙率较大者其导热系数较小，但如果孔隙粗大或贯通，由于对流作用，材料的导热系数反而增高。材料受潮或受冻后，其导热系数大大提高，这是由于水和冰的导热系数比空气的导热系数大很多 [分别为 0.58W/（m·K）和 2.20W/（m·K）]。因此，保温隔热材料应经常处于干燥状态，以利于发挥材料的保温隔热效果。

（二）热容量与比热容

热容量是指材料受热时吸收热量或冷却时放出热量的性质，可用下式表示：

$$Q = m \cdot c \cdot (t_1 - t_2) \tag{1-17}$$

式中　Q——材料的热容量（J）；

　　　　m——材料的质量（g）；

　　$t_1 - t_2$——材料受热或冷却前后的温度差（K）；

　　　　c——材料的比热容 [J/（g·K）]。

比热容的物理意义是指 1g 质量的材料，在温度升高或降低 1K 时所吸收或放出的热量。用公式表示为：

$$c = \frac{Q}{m(t_1 - t_2)} \tag{1-18}$$

式中，c、Q、m、$(t_1 - t_2)$ 的意义，同前面所述。

比热容是反映材料的吸热或放热能力大小的物理量。不同的材料比热容不同，即使是同一种材料，由于所处物态不同，比热容也不同，例如，水的比热容为 4.19J/（g·K），而结冰后比热容则是 2.05J/（g·K）。

材料的比热容，对保持建筑物内部温度稳定有很大意义，比热容大的材料，能在热流变动或采暖设备供热不均匀时，缓和室内的温度波动。

材料的导热系数和热容量是设计建筑物围护结构（墙体、屋盖）进行热工计算时的重要参数，设计时应选用导热系数较小而热容量较大的土木工程材料，有利于保持建筑物室内温度的稳定性。同时，导热系数也是工业窑炉热工计算和确定冷藏保温隔热层厚度的重要数据。几种典型材料的热工性质指标如表 1-2 所示，由表可见，水的比热容最大。

几种典型材料的热工性质指标　　　　　　　　表 1-2

材　　料	导热系数 [W/（m·K）]	比热容 [J/（g·K）]	材　　料	导热系数 [W/（m·K）]	比热容 [J/（g·K）]
铜	350	0.38	松木（横纹）	0.15	1.63
钢	58	0.47	泡沫塑料	0.03	1.30
花岗岩（石）	3.1	0.82	冰	2.20	2.05
普通混凝土	1.6	0.86	水	0.58	4.19
烧结普通砖	0.65	0.85	静止空气	0.023	1.00

第二节 材料的力学性质

材料的力学性质是指材料在外力作用下的变形及抵抗破坏的性质。

一、材料的强度及强度等级

（一）强度

材料在外力作用下抵抗破坏的能力称为强度。当材料受外力作用时，其内部产生应力，外力增加，应力相应增大，直至材料内部质点间结合力不足以抵抗所作用的外力时，材料即发生破坏。材料破坏时，应力达到极限值，这个极限应力值就是材料的强度，也称为极限强度。

根据外力作用形式的不同，材料的强度有抗压强度、抗拉强度、抗弯（抗折）强度及抗剪强度等，如图1-3所示。

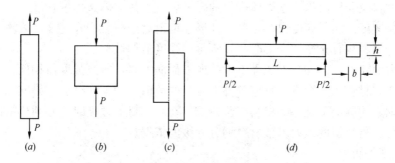

图1-3 材料受外力作用示意图

(a) 抗拉；(b) 抗压；(c) 抗剪；(d) 抗弯

材料的这些强度是通过静力试验来测定的，故总称为静力强度。材料的静力强度是通过标准试件的破坏试验而测得。材料的抗压、抗拉和抗剪强度的计算公式为：

$$f = \frac{P}{A} \tag{1-19}$$

式中　f——材料的强度（抗压、抗拉或抗剪）（N/mm²）；

　　　P——试件破坏时的最大荷载（N）；

　　　A——试件受力面积（mm²）。

材料的抗弯强度与试件的几何外形及荷载施加形式有关，对于矩形截面和条形试件，当两支点中间作用一集中荷载时，其抗弯强度按下式计算：

$$f_{tm} = \frac{3PL}{2bh^2} \tag{1-20}$$

式中　f_{tm}——材料的抗弯强度（N/mm²）；

　　　P——试件破坏时的最大荷载（N）；

　　　L——试件两支点间的距离（mm）；

　　b、h——分别为试件截面的宽度和高度（mm）。

（二）影响材料强度的主要因素

（1）材料的组成：材料的组成是材料性质的基础，不同化学成分或矿物成分的材料，具有不同的力学性质，它对材料的性质起着决定性作用。

（2）材料的结构：即使材料的组成相同，其结构不同，强度也不同。材料的孔隙率、孔隙特征及内部质点间结合方式等均影响材料的强度。晶体结构材料，其强度还与晶粒粗细有关，其中细晶粒的强度高。玻璃是脆性材料，抗拉强度很低，但当制成玻璃纤维后，具有较高的抗拉强度。一般材料的孔隙率愈小，强度愈高。对于同一品种的材料，其强度与孔隙率之间存在近似直线的反比关系。

（3）含水状态：大多数材料被水浸湿后或吸水饱和状态下的强度低于干燥状态下的强度。这是由于水分被组成材料的微粒表面吸附，形成水膜，增大材料内部质点间距离，材料体积膨胀，削弱微粒间的结合力。

（4）温度：温度升高，材料内部质点的振动加强，质点间距离增大，质点间的作用力减弱，材料的强度降低。

（5）试件的形状和尺寸：相同的材料及形状，小尺寸试件的强度高于大尺寸试件的强度；相同的材料及受压面积，立方体试件的强度要高于棱柱体试件的强度。

（6）加荷速度：加荷速度快时，由于变形速度落后于荷载增长速度，故测得的强度值偏高；反之，因材料有充裕的变形时间，测得的强度值偏低。

（7）受力面状态：试件受力表面不平整或表面润滑时，所测强度值偏低。

由此可知，材料的强度是在特定条件下测定的数值。为了使试验结果准确，且具有可比性，各个国家均制定了统一的材料试验标准。在测定材料强度时，必须严格按照规定的试验方法进行。材料强度是大多数材料划分等级的依据。

（三）强度等级

各种材料的强度差别甚大。建筑材料按其强度值的大小划分为若干个强度等级。如烧结普通砖按抗压强度分为 MU10～MU30 共五个强度等级；硅酸盐水泥按 28 天的抗压强度和抗折强度分为 42.5 级～62.5 级共三个强度等级；钢筋混凝土用的混凝土按其抗压强度分为 C15～C80 共十四个强度等级。建筑材料划分强度等级，对生产者和使用者均有重要意义，它可使生产者在控制质量时有据可依，从而保证产品质量；对使用者则有利于掌握材料的性能指标，以便于合理选用材料，正确地进行设计和便于控制工程施工质量。

强度指的是材料的实测极限应力值，是唯一的；而每一强度等级则包含一系列实测强度。常用建筑材料的强度见表 1-3 所示。

常用建筑材料的强度（MPa）　　　　表 1-3

材　料	抗压强度	抗拉强度	抗弯强度
花岗岩	100～250	5～8	10～14
烧结普通砖	7.5～30	—	1.8～4.0
普通混凝土	7.5～60	1～4	2.0～8.0
松木（顺纹）	30～50	80～120	60～100
钢材	235～1800	235～1800	—

（四）比强度

比强度反映材料单位体积质量的强度，其值等于材料强度与其表观密度之比。比强度是衡量材料轻质高强性能的重要指标。优质的结构材料，必须具有较高的比强度。几种主要材料的比强度见表 1-4 所示。

<table>
<tr><td colspan="4" align="center">几种主要材料的比强度　　　　　　　　　　　　　　　　　　表 1-4</td></tr>
</table>

材　料	表观密度 ρ_0 （kg/m³）	强度 f_c（MPa）	比强度（f_c/ρ_0）
低碳钢	7850	420	0.054
普通混凝土	2400	40	0.017
松木（顺纹抗拉）	500	100	0.200
松木（顺纹抗压）	500	36	0.072
玻璃钢	2000	450	0.225
烧结普通砖	1700	10	0.006

由表 1-4 中比强度数据可知，玻璃钢和木材是轻质高强的材料，它们的比强度大于低碳钢，而低碳钢的比强度大于普通混凝土。普通混凝土是表观密度大而比强度相对较低的材料，所以努力促进普通混凝土——这一当代最重要的结构材料，向轻质、高强发展是一项十分重要的工作。

二、材料的弹性与塑性

材料在外力作用下产生变形，当外力撤除后变形即可消失并能完全恢复到原始形状的性质称为弹性。这种可恢复的可逆变形称为弹性变形，具有这种性质的材料称为弹性材料。弹性材料的变形特征常用弹性模量 E 表示，其值等于应力（σ）与应变（ε）的之比，即：

$$E = \frac{\sigma}{\varepsilon}$$

(1-21)

弹性模量是衡量材料抵抗变形能力的一个重要指标。同一种材料在其弹性变形范围内，弹性模量为常数，弹性模量愈大，材料愈不易变形，亦即刚度愈好。弹性模量是结构设计的重要参数。

材料在外力作用下产生变形，当外力撤除后，不能恢复变形的性质称为塑性。这种不可恢复的不可逆变形称为塑性变形。具有这种性质的材料称为塑性材料。

实际上，纯弹性变形的材料是没有的，通常一些材料在受力不大时，表现为弹性变形，当外力超过一定值时，则呈现塑性变形，如低碳钢就是典型的这种材料。另外，许多材料在受力时，弹性变形和塑性变形同时产生，这种材料当外力取消后，弹性变形即可恢复，而塑性变形不能

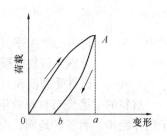

图 1-4　弹塑性材料的变形曲线

消失，混凝土就是这类材料的代表。弹塑性材料的变形曲线如图 1-4 所示，图中 ab 为可恢复的弹性变形，bo 为不可恢复的塑性变形。

三、材料的脆性与韧性

材料受外力作用，当外力达到一定值时，材料突然破坏，而无明显的塑性变形的性质称为脆性。具有这种性质的材料称为脆性材料。脆性材料的抗压强度远大于其抗拉强度，可高达数倍甚至数十倍。脆性材料抵抗冲击荷载或振动作用的能力很差，只适合用作承压构件。建筑材料中大部分无机非金属材料均属于脆性材料，如天然岩石、陶瓷、玻璃、普通混凝土等。

材料在冲击或振动荷载作用下，能吸收较多的能量，同时产生较大变形而不破坏的性

质称为韧性。具有这种性质的材料称为韧性材料。材料的韧性用冲击韧性指标 a_K 表示。冲击韧性指标是用带缺口的试件做冲击破坏试验时，断口处单位面积所吸收的能量。其计算公式为：

$$a_K = \frac{A_K}{A}$$ (1-22)

式中　　a_K——材料的冲击韧性指标（J/mm^2）；

　　　　A_K——试件破坏时所消耗的能量（J）；

　　　　A——试件受力净截面积（mm^2）。

在土木工程中，对于要求承受冲击荷载和有抗震要求的结构，如吊车梁、桥梁、路面等所用的材料，均应具有较高的韧性。

四、材料的硬度与耐磨性

（一）硬度

硬度是指材料表面抵抗硬物压入或刻划的能力。测定材料硬度的方法有多种，常用的有刻划法和压入法两种，不同材料其硬度的测定方法不同。刻划法常用于测定天然矿物的硬度，按刻划法的矿物硬度分为十级（莫氏硬度），其硬度递增顺序为滑石1级、石膏2级、方解石3级、萤石4级、磷灰石5级、正长石6级、石英7级、黄玉8级、刚玉9级、金刚石10级。钢材、木材及混凝土等材料的硬度常用压入法测定，例如布氏硬度。布氏硬度值是以压痕单位面积上所受压力来表示。

一般材料的硬度愈大，则其耐磨性愈好。工程中有时也可用硬度来间接推算材料的强度。

（二）耐磨性

耐磨性是材料表面抵抗磨损的能力。材料的耐磨性用磨损率表示，其计算公式为：

$$N = \frac{m_1 - m_2}{A}$$ (1-23)

式中　　N——材料的磨损率（g/cm^2）；

m_1、m_2——分别为材料磨损前、后的质量（g）；

　　　　A——试件受磨面积（cm^2）。

材料的耐磨性与材料的组成成分、结构、强度、硬度等因素有关。在土木工程中，对于用作踏步、台阶、地面、路面等部位的材料，应具有较高的耐磨性。一般说，强度较高且密实的材料，其硬度较大，耐磨性较好。

第三节　材料的耐久性

材料的耐久性是指在环境的多种因素作用下，能经久不变质、不破坏，长久地保持其性能的性质。

耐久性是材料的一项综合性质，诸如抗冻性、抗渗性、抗碳化性、抗风化性、大气稳定性、耐腐蚀性等均属耐久性的范围。此外，材料的强度、耐磨性、耐热性等也与材料的耐久性有着密切关系。

一、环境对材料的作用

在构筑物使用过程中，材料除内在原因使其组成、构造、性能发生变化以外，还长期受到周围环境及各种自然因素的作用而破坏。这些作用可概括为以下几方面：

1. 物理作用。包括环境温度、湿度的交替变化，即冷热、干湿、冻融等循环作用。材料在经受这些作用后，将发生膨胀、收缩，产生内应力。长期的反复作用，将使材料渐遭破坏。

2. 化学作用。包括大气和环境水中的酸、碱、盐等溶液或其他有害物质对材料的侵蚀作用，以及日光等对材料的作用，使材料产生本质的变化而破坏。

3. 机械作用。包括荷载的持续作用或交变作用引起材料的疲劳、冲击、磨损等破坏。

4. 生物作用。包括菌类、昆虫等的侵害作用，导致材料发生腐朽、蛀蚀等破坏。

各种材料耐久性的具体内容，因其组成和结构不同而异。例如钢材易氧化而锈蚀；无机非金属材料常因氧化、风化、碳化、溶蚀、冻融、热应力、干湿交替作用等而破坏；有机材料多因腐烂、虫蛀、老化而变质等。

二、材料耐久性的测定

对材料耐久性最可靠的判断，是对其在使用条件下进行长期的观察和测定，但这需要很长时间。为此，近年来采用快速检验法，这种方法是模拟实际使用条件，将材料在实验室进行有关的快速试验，根据试验结果对材料的耐久性作出判定。在实验室进行快速试验的项目主要有：干湿循环、冻融循环、人工碳化、加湿与紫外线干燥循环、盐溶液浸渍与干燥循环、化学介质浸渍等。

三、提高材料耐久性的重要意义

在设计选用建筑材料时，必须考虑材料的耐久性问题。采用耐久性良好的建筑材料，对节约材料、充分发挥建筑材料的正常服役性能、保证建筑结构长期正常使用、延长建筑物使用寿命、减少维修费用等，均具有十分重要的意义。

第四节　材料的组成、结构和构造

虽然环境因素对建筑材料性能的影响很大，但这些都属外因，外因要通过内因才起作用，所以对材料性质起决定性作用的应是其内部因素。所谓内部因素就是指材料的组成、结构、构造对材料性质的影响。

一、材料的组成

材料的组成包括材料的化学组成、矿物组成和相组成。它不仅影响着材料的化学性质，而且也是决定材料物理力学性质的重要因素。

（一）化学组成

化学组成是指构成材料的化学元素及化学物的种类及数量。当材料与自然环境或各类物质相接触时，它们之间必然按化学变化规律发生作用。如材料受到酸、碱、盐类物质的侵蚀作用，或材料遇到火焰的耐燃、耐火性能，以及钢材和其他金属材料的锈蚀等都属于化学作用。

（二）矿物组成

无机非金属材料中具有特定的晶体结构、物理力学性能的组织结构的称为矿物。矿物组成是指构成材料的矿物种类和数量。某些建筑材料如天然石材、无机胶凝材料等，其矿物组成是决定其材料性质的主要因素。水泥因所含有的熟料矿物不同或其含量不同，表现出的水泥性质各有差异。例如硅酸盐水泥中，硅酸三钙含量高，其硬化速度较快，强度较高。

（三）相组成

材料中具有相同的物理、化学性质的均匀部分称为相。自然界中的物质可分为气相、液相、固相。即使是同种物质在温度、压力等条件发生变化时常常会转变其存在状态，例如气相变为液相或固相。凡是由两相或两相以上物质组成的材料称为复合材料。建筑材料大多数可看作复合材料。

复合材料的性质与材料的组成及界面特性有密切关系。所谓界面从广义来讲是指多相材料中相与相之间的分界面。在实际材料中，界面是一个薄区，它的成分及结构与相是不一样的，它们之间是不均匀的，可将其作为"界面相"来处理。因此，通过改变和控制材料的相组成，可改善和提高材料的技术性能。

材料的化学组成有的简单，有的复杂。材料的化学组成决定着材料的化学稳定性、大气稳定性、耐火性等性质。例如石膏、石灰和石灰石的主要化学组成分别是 $CaSO_4$、CaO 和 $CaCO_3$，均比较单一，这些化学组成就决定了石膏、石灰易溶于水而耐水性差，而石灰石较稳定。花岗岩、水泥、木材、沥青等化学组成就比较复杂，花岗岩主要是由多种氧化物形成的天然矿物，如石英、长石、云母等组成，它强度高、抗风化性好；普通水泥主要由 CaO、SiO_2、Al_2O_3 等氧化物形成的硅酸钙及铝酸钙等矿物组成，它决定了水泥易水化形成凝胶体，具有胶凝性，且呈碱性；木材主要由 C、H、O 形成的纤维素和木质素组成，故易于燃烧；石油沥青则由多种 C-H 化合物及其衍生物组成，故决定了其易于老化等。

总之，各种材料均有其自己的化学成分，不同化学成分的材料，具有不同的化学、物理及力学性质。因此，化学成分（或组成）是材料性质的基础，它对材料的性质起着决定性作用。

人工复合材料，如混凝土、建筑涂料等是由各种原材料配合而成的，因此影响这类材料性质的主要因素是其原材料的品质及配合比例。

二、材料的结构

材料的结构可分为：微观结构、细观结构和宏观结构。

（一）微观结构

微观结构是指原子、分子层次的结构。可用电子显微镜和 X 射线来分析研究该层次上的结构特征。微观结构的尺寸范围在 $10^{-6} \sim 10^{-10}$ m。材料的许多物理性质，如强度、硬度、弹塑性、熔点、导热性、导电性等都是由其微观结构所决定。

从微观结构层次上，材料可分为晶体、玻璃体、胶体。

1. 晶体。质点（离子、原子、分子）在空间上按特定的规则呈周期性排列时所形成的结构称为晶体结构。晶体具有如下特点：

（1）具有特定的几何外形，这是晶体内部质点按特定规则排列的外部表现。

（2）具有各向异性，这是晶体的结构特征在性能上的反应。

（3）具有固定的熔点和化学稳定性，这是晶体键能和质点处于最低能量状态所决定的。

（4）结晶接触点和晶面是晶体结构破坏或变形的薄弱部位。

根据组成晶体的质点及化学键的不同，晶体可分为：

原子晶体：中性原子与共价键结合的晶体，如石英等。

离子晶体：正负离子与离子键结合的晶体，如 $CaCl_2$ 等。

分子晶体：以分子间的范德华力即分子键结合的晶体，如有机化合物。

金属晶体：以金属阳离子为晶格，由自由电子与金属阳离子间的金属键结合的晶体，如钢。

晶体内质点的相对密集程度和质点间的结合力，对晶体材料的性质有着重要的影响。例如碳素钢，其晶体中的质点相对密集程度较高，质点间又是以金属键联结着，结合力强，故钢材具有较高的强度、很大的塑性变形能力。同时，因其晶格间隙中存在着自由运动的电子，从而使钢材具有良好的导电性和导热性。而在硅酸盐矿物材料（如陶瓷）的复杂晶体结构（基本单元为硅氧四面体）中，质点的相对密集程度不高，且质点间大多是以共价键联结，结合力较弱，故这类材料的强度较低，变形能力差，呈现脆性。同时，晶粒的大小对材料性质也有重要影响，一般晶粒愈细，分布愈均匀，材料的强度愈高。所以改变晶粒的粗细程度，可使材料性质发生变化，如钢材的热处理就是利用这一原理。

如果材料的化学成分相同，而形成的晶体结构不同，则其性能有很大差异。如石英、石英玻璃和硅藻土，化学成分均为 SiO_2，但各自的性能颇不相同。另外，晶体结构的缺陷，对材料性质的影响也很大。

2. 玻璃体。将熔融物质迅速冷却（急冷），使其内部质点来不及作有规则的排列就凝固，这时形成的物质结构即为玻璃体，又称为无定形体或非晶体。玻璃体的结合键为共价键与离子键。其结构特征为构成玻璃体的质点在空间上呈非周期性排列。玻璃体无固定的几何外形，具有各向同性，破坏时也无清晰的解理面，加热时无固定的熔点，只出现软化现象。同时，因玻璃体是在快速急冷下形成的，故内应力较大，具有明显的脆性，例如玻璃。

对玻璃体结构的认识，目前有如下三种观点：

（1）构成玻璃体的质点呈无规则空间网络结构。此为无规则网络结构学说。

（2）构成玻璃体的微观组织为微晶子，微晶子之间，通过变形和扭曲的界面彼此相连。此为微晶子学说。

（3）构成玻璃体的微观结构为近程有序、远程无序。此为近程有序、远程无序学说。

由于玻璃体在凝固时质点来不及作定向排列，质点间的能量只能以内能的形式储存起来，因此玻璃体具有化学不稳定性，亦即存在化学潜能，在一定的条件下，易与其他物质发生化学反应。例如水淬粒化高炉矿渣、火山灰等均属玻璃体，经常大量用作硅酸盐水泥的掺合料，以改善水泥性能。玻璃体在烧土制品或某些天然岩石中，起着胶粘剂的作用。

3. 胶体。物质以极微小的质点（粒径为 $10^{-9} \sim 10^{-7}$ m）分散在介质中所形成的结构称为胶体。其中分散粒子一般带有电荷（正电荷或负电荷），而介质带有相反的电荷，从而使胶体保持稳定性。由于胶体的质点很微小，其总表面积很大，因而表面能很大，有很强的吸附力，所以胶体具有较强的粘结力。

在胶体结构中，若胶粒较少，则液体性质对胶体结构的强度及变形性质影响较大，这种胶体机构称为溶胶结构。溶胶具有较大的流动性，建筑材料中的涂料就是利用这一性质配制而成。若胶粒数量较多，则胶粒在表面能的作用下产生凝聚作用或由于物理化学作用而使胶粒产生彼此相联，形成空间网络结构，从而使胶体结构的强度增大，变形性能减小，形成固态或半固体状态，此胶体结构称为凝胶结构。凝胶具有触变性，即凝胶被搅拌或振动，又能变成溶胶。水泥浆、新拌混凝土、胶粘剂等均表现出触变性。当凝胶完全脱水硬化变成干凝胶体，它具有固体的性质，即产生强度。硅酸盐水泥主要水化产物的最后形式就是干凝胶体。

胶体结构与晶体及玻璃体结构相比，强度较低、变形较大。

对材料的组成和微观结构的分析与研究，通常采用 X 射线衍射分析、差热分析、红外光谱分析、扫描电镜分析、电子探针微区分析等方法。

（二）细观结构

细观结构（原称亚微观结构）是指用光学显微镜所能观察到的材料结构。其尺寸范围在 $10^{-3} \sim 10^{-6}$ m。建筑材料的细观结构，只能针对某种具体材料来进行分类研究。对混凝土可分为基相、集料相、界面；对天然岩石可分为矿物、晶体颗粒、非晶体组织；对钢材可分为铁素体、渗碳体、珠光体；对木材可分为木纤维、导管髓线、树脂道。

材料细观结构层次上的不同组织其性质各不相同，这些组织的特征、数量、分布和界面性质对材料性能有重要影响。

（三）宏观结构

建筑材料的宏观结构是指用肉眼或用放大镜能够分辨的粗大组织。其尺寸在 10^{-3} m 级以上。

1. 按孔隙特征分类

（1）密实结构。密实结构的材料内部基本上无孔隙，结构致密。这类材料的特点是强度和硬度较高，吸水性小，抗渗性和抗冻性较好，耐磨性较好，保温隔热性差。如钢材、天然石材、玻璃、玻璃钢等。

（2）多孔结构。多孔结构的材料其内部存在大体上呈均匀分布的独立或部分相通的孔隙，孔隙率较大。孔隙有大孔和微孔之分。具有多孔结构的材料，其性质决定于孔隙的特征、多少、大小及分布情况。一般来说，这类材料的强度较低，抗渗性和抗冻性较差，吸水性较大，保温隔热性较好。如加气混凝土、石膏制品、烧结普通砖等。

2. 按构造特征分类

（1）纤维结构。纤维结构的材料内部组成有方向性，纵向较紧密而横向较疏松，组织中存在相当多的孔隙，这类材料的性质具有明显的方向性，一般平行纤维方向的强度较高，导热性较好。如木材、玻璃纤维、石棉等。

（2）层状结构。层状结构的材料具有叠合结构，它是用胶结料将不同的片状材料或具有各向异性的片状材料胶合成整体，其每一层的材料性质不同，但叠合成层状构造的材料后，可获得平面各向同性，更重要的是可以显著提高材料的强度、硬度、保温隔热性或装饰性等性质，扩大其使用范围。如胶合板、纸面石膏板、塑料贴面板等。

（3）纹理结构。天然材料在生长或形成过程中自然造就天然纹理，如木材、大理石、花岗石等；人工材料可人为制作纹理，如瓷质彩胎砖、人造花岗岩板材等。这些天然或人工制造的纹理，使材料具有良好的装饰性。为了改善建筑材料的表面质感，目前广泛采用仿真技术，可研制出多种纹理构造的装饰材料。

（4）粒状结构。粒状构造的材料是指呈松散颗粒状的材料。颗粒有密实颗粒与轻质多孔颗粒之分。前者如砂子、石子等，因其致密、强度高，适合做承重的混凝土骨料。后者如陶粒、膨胀珍珠岩等，因其多孔结构，适合做保温隔热材料。粒状构造的材料，颗粒间存在大量的空隙，其空隙率主要取决于颗粒级配。

（5）堆聚结构。由集料与胶凝材料胶结成的结构。具有这种结构的材料种类繁多，如水泥混凝土、砂浆、沥青混凝土等均属于此类结构的材料。

三、材料的构造

材料的构造是指具有特定性质的材料结构单元相互组合搭配情况。构造概念比结构概念更强调了相同材料或不同材料的搭配组合关系。如木材的宏观构造和微观构造，就是指具有相同材料结构单元——木纤维管胞按不同的形态和方式在宏观和微观层次上的组合和搭配情况。它决定了木材的各向异性等一系列物理力学性质。又如具有特定构造的节能墙板，就是具有不同性质的材料经特定组合搭配而组成的一种复合材料，这种构造赋予墙板良好的隔热保温、隔声吸声、防火抗震、坚固耐久等整体功能和综合性质。

综上所述，材料由于组成、结构、构造不同，各种材料各具特性。为了充分利用材料的特性，近年来各国均在研制推广多功能的复合材料。随着材料科学的日益发展，对材料的组成、结构、构造与材料性质之间关系的进一步探索和掌握，将会更多地研制出性能优良的复合材料，以适应现代建筑的需要。

习题与复习思考题

1. 试分析材料的孔隙率、孔隙特征、孔隙尺寸对材料的强度、吸水性、导热性、抗渗性、抗冻性、耐腐蚀性、吸声性的影响。

2. 生产材料时，在组成一定的情况下，可采取哪些措施来提高材料的强度和耐久性？

3. 材料的密度、表观密度、堆积密度有何区别？如何测定？材料含水后对三者有什么影响？

4. 影响材料吸水率的因素有哪些？

5. 影响材料导热系数的因素有哪些？

6. 影响材料强度测试结果的试验条件有哪些？

7. 试分析材料的强度与强度等级的联系与区别。

8. 在有冲击、振动荷载的部位宜选用具有哪些特性的材料？为什么？

9. 什么是材料的耐久性？为什么对材料要有耐久性要求？

10. 某石子绝干时的质量为 m，将此石子表面涂一层已知密度的石蜡（$\rho_{蜡}$）后，称得总质量为 m_1。将此涂蜡的石子放入水中，称得在水中的质量为 m_2。问此方法可测得材料的哪项参数？试推导出计算公式。

11. 经测定，质量是 3.4kg，容积为 10.0L 的容量筒装满绝干石子后的总质量是 18.4kg。若向筒内注入水，待石子吸水饱和后，为注满此筒共注入水 4.27kg。将上述吸水饱和的石子擦干表面后称得总质量为 18.6kg（含筒重）。求该石子的表观密度、吸水率、堆积密度、开口孔隙率。

12. 称取堆积密度为 1500kg/m³ 的干砂 200g，将此砂装入容量瓶内，加满水并排尽气泡（砂已吸水饱和），称得总质量为 510g。将瓶内砂样倒出，向瓶内重新注满水，此时称得总质量为 386g，试计算砂的表观密度。

13. 某岩石试样干燥时的质量为 250g，将该岩石试样放入水中，待岩石试样吸水饱和后，排开水的体积为 100cm³。将该岩石试样用湿布擦干表面后，再次投入水中，此时排开水的体积为 125cm³。试求该岩石的表观密度、吸水率及开口孔隙率。

14. 含水率为10％的100g湿砂，其中干砂的质量为多少克？

15. 某同一组成的甲、乙两种材料，表观密度分别为1800kg/m³、1300kg/m³。试估计甲、乙两种材料的保温性能、强度、抗冻性有何区别？

16. 现有同一组成的甲、乙两种墙体材料，密度为2.7g/cm³。甲的绝干表观密度为1400kg/m³，质量吸水率为17％；乙的吸水饱和后表观密度为1862kg/m³，体积吸水率为46.2％。试求：①甲材料的孔隙率和体积吸水率；②乙材料的绝干表观密度和孔隙率；③评价甲、乙两材料，哪种材料更适宜做外墙板，说明依据。

第二章 无机气硬性胶凝材料

第一节 概 述

胶凝材料是指能将其他材料胶结成整体，并具有一定强度的材料。这里指的其他材料包括粉状材料（石粉、木屑等）、纤维材料（钢纤维、矿棉、玻纤、聚酯纤维等）、散粒材料（砂子、石子、轻集料等）、块状材料（砖、砌块等）、板材（石膏板、水泥板、聚苯板等）等。胶凝材料通常分为有机胶凝材料和无机胶凝材料两大类。

1. 有机胶凝材料

有机胶凝材料是指以天然或人工合成高分子化合物为基本组成的一类胶凝材料。最常用的有沥青、树脂、橡胶等。

2. 无机胶凝材料

无机胶凝材料是指以无机氧化物或矿物为主要组成的一类胶凝材料。最常用的有石灰、石膏、水玻璃、菱苦土和各种水泥。有时也包括粉煤灰、矿渣粉、沸石粉、硅灰、偏高岭土、火山灰等。

根据凝结硬化条件和使用特性，无机胶凝材料通常又分为气硬性和水硬性两类。

气硬性胶凝材料是指只能在空气中凝结硬化并保持和发展强度的材料。常用的有石灰、石膏、水玻璃、菱苦土等。这类材料在水中不凝结，也基本没有强度，即使在潮湿环境中强度也很低，通常不宜直接使用。

水硬性胶凝材料是指不仅能在空气中，而且能更好地在水中凝结硬化并保持和发展强度的材料，主要有各类水泥和某些复合材料。水是这类材料凝结硬化的必要条件，因此，在空气中使用时，凝结硬化初期要尽可能浇水或保持潮湿养护。

胶凝材料的凝结硬化过程通常伴随着一系列复杂的物理化学反应和体积变化，且许多内部和外部因素影响其过程，并最终使凝结硬化后的制品性能产生很大差异。不同胶凝材料之间的差异更大。

第二节 石 灰

石灰是一种传统的气硬性胶凝材料。原料来源广、生产工艺简单、成本低，并具有某些优异性能，至今仍在土木工程中广泛使用。

一、石灰的原材料

石灰最主要的原材料是含碳酸钙（$CaCO_3$）的石灰石、白云石和白垩。原材料的品种和产地不同，对石灰性质影响较大，一般要求原材料中黏土杂质含量小于 8%。

某些工业副产品也可作为生产石灰的原材料或直接使用。如：用碳化钙（CaC_2）制取乙炔时产生的电石渣，主要成分为氢氧化钙 [$Ca(OH)_2$]，可直接使用，但性能不尽理想。又如氨碱法制碱的残渣，主要成分为碳酸钙。本节主要介绍土木工程中最常用的以石灰石为原料生产的石灰。

二、石灰的生产

1. 生石灰

石灰的生产，实际上就是将石灰石在高温下煅烧，使碳酸钙分解成为 CaO 和 CO_2，CO_2 以气体逸出。反应式如下：

$$CaCO_3 \xrightarrow{900\sim1200℃} CaO + CO_2 \uparrow$$

生产所得的 CaO 称为生石灰，是一种白色或灰色的块状物质。

生石灰的特性：遇水快速产生水化反应，体积膨胀，并放出大量热。煅烧良好的生石灰能在几秒钟内与水反应完毕，体积膨胀两倍左右。

2. 钙质石灰与镁质石灰

由于原料中常含有碳酸镁（$MgCO_3$），煅烧后生成 MgO，根据标准规定（《建筑生石灰》JC/T479—92），将 MgO 含量≤5％的称为钙质生石灰；MgO 含量＞5％的称为镁质生石灰。同等级的钙质石灰质量优于镁质石灰。

3. 欠火石灰与过火石灰

当煅烧温度过低或时间不足时，由于 $CaCO_3$ 不能完全分解，亦即生石灰中含有石灰石 $CaCO_3$。这类石灰称为欠火石灰。由于 $CaCO_3$ 不溶于水，也无胶结能力，在熟化为石灰膏或消石灰粉时作为残渣被废弃，所以有效利用率下降。

当煅烧温度过高或时间过长时，部分块状石灰的表层会被煅烧成十分致密的釉状物，这类石灰称为过火石灰。过火石灰的特点为颜色较深，密度较大，与水反应熟化的速度较慢，往往要在石灰固化后才开始水化熟化，从而产生局部体积膨胀，影响工程质量。由于过火石灰在生产中是很难避免的，所以石灰膏在使用前必须经过"陈伏"。

三、石灰的熟化

（一）熟化与熟石灰

生石灰 CaO 加水反应生成 $Ca(OH)_2$ 的过程称为熟化。生成物 $Ca(OH)_2$ 称为熟石灰。反应式如下：

$$CaO + H_2O = Ca(OH)_2 + 64.9kJ$$

熟化过程的特点：

1. 速度快。煅烧良好的 CaO 与水接触时几秒钟内即反应完毕。
2. 体积膨胀。CaO 与水反应生成 $Ca(OH)_2$ 时，体积增大 1.5～2.0 倍。
3. 放出大量的热。1 摩尔 CaO 熟化生成 1 摩尔 $Ca(OH)_2$ 约产生 64.9kJ 热量。

（二）石灰膏

当熟化时加入大量的水，则生成浆状石灰膏。CaO 熟化生成 $Ca(OH)_2$ 的理论需水量只要 32.1％，实际熟化过程均加入过量的水。一方面考虑熟化时放热引起水分蒸发损失，另一方面是确保 CaO 充分熟化。通常在化灰池中进行石灰膏的生产，即将块状生石灰用水冲淋，通过筛网，滤去欠火石灰和杂质，流入化灰池沉淀而得。石灰膏面层必须蓄水保养，其目的是隔断与空气直接接触，防止干硬固化和碳化固结，以免影响正常使用和效果。

（三）消石灰粉

当熟化时加入适量（60%～80%）的水，则生成粉状熟石灰。这一过程通常称为消化，其产品称为消石灰粉。通常是在工厂集中生产消石灰粉，作为产品销售。

（四）石灰的"陈伏"

前面已经提到煅烧温度过高或时间过长，将产生过火石灰，这在石灰煅烧中是十分难免的。由于过火石灰的表面包覆着一层玻璃釉状物，熟化很慢，若在石灰使用并硬化后再继续熟化，则产生的体积膨胀将引起局部鼓泡、隆起和开裂。为消除上述过火石灰的危害，石灰膏使用前应在化灰池中存放 2 周以上，使过火石灰充分熟化，这个过程称为"陈伏"。消石灰粉一般也需要"陈伏"。

但若将生石灰磨细后使用，则不需要"陈伏"。这是因为粉磨过程使过火石灰表面积大大增加，与水熟化反应速度加快，几乎可以同步熟化，而且又均匀分散在生石灰粉中，不至引起过火石灰的种种危害。

四、石灰的凝结硬化

石灰在空气中的凝结硬化主要包括结晶和碳化两个过程。

结晶作用指的是石灰浆中多余水分蒸发或被砌体吸收，使 $Ca(OH)_2$ 以晶体形态析出，石灰浆体逐渐失去塑性，并凝结硬化产生强度的过程。

碳化作用指的是空气中的 CO_2 遇水生成弱碳酸，再与 $Ca(OH)_2$ 发生化学反应生成 $CaCO_3$ 晶体的过程。生成的 $CaCO_3$ 自身强度较高，且填充孔隙使石灰固化体更加致密，强度进一步提高。其反应式如下：

$$Ca(OH)_2 + CO_2 + nH_2O = CaCO_3 + (n+1)H_2O$$

石灰凝结硬化过程的特点：

1. 速度慢。水分从内部迁移到表层被蒸发或被吸收的过程本身较慢，若表层 $Ca(OH)_2$ 被碳化，生成的 $CaCO_3$ 在石灰表面形成更加致密的膜层，使水分子和 CO_2 的进出更加困难。因此，石灰的凝结硬化过程极其缓慢，通常需要几周的时间。加快硬化速度的简易方法有加强通风和提高空气中 CO_2 的浓度。

2. 体积收缩大。容易产生收缩裂缝。

五、石灰的主要技术性质

（一）保水性与可塑性好

$Ca(OH)_2$ 颗粒极细，比表面积很大，颗粒表面均吸附一层水膜，使得石灰浆具有良好的保水性和可塑性。因此，土木工程中常用来配制混合砂浆，以改善水泥砂浆保水性和塑性差的缺陷。

（二）凝结硬化慢、强度低

石灰浆凝结硬化时间一般需要几周，硬化后的强度一般小于 1MPa。如 1∶3 的石灰砂浆强度仅为 0.2～0.5MPa。但通过人工碳化，可使强度大幅度提高，如碳化石灰板及其制品，强度可达 10MPa。

（三）耐水性差

石灰浆在水中或潮湿环境中不产生强度，在流水中还会溶解流失，因此一般只在干燥环境中使用。但固化后的石灰制品经人工碳化处理后，耐水性大大提高，可用于潮湿环境。

（四）干燥收缩大

石灰浆体中游离水，特别是吸附水蒸发，引起硬化时体积收缩、开裂。碳化过程也引起体积收缩。因此，石灰一般不宜单独使用，通常掺入砂子、麻刀、纸筋等以减少收缩或提高抗裂能力。

六、石灰的应用

（一）石灰乳涂料和抹面

石灰乳通常采用石灰浆（膏）加入大量水调制成稀浆，用于要求不高的室内粉刷。目前已很少使用。

石灰膏掺入麻刀或纸筋作为墙面抹面材料，也称之为黄灰，过去较常用。目前主要采用石灰膏与水泥、砂或直接与砂配制成混合砂浆或石灰砂浆抹面。

（二）石灰混合砂浆

石灰、水泥和砂按一定比例与水配制成混合砂浆，用于砌筑和抹面（详见本书第五章）。

（三）石灰土和三合土

消石灰粉和黏土拌合后称为石灰土。石灰土中再加入砂和石屑、炉渣等即为三合土。由于 $Ca(OH)_2$ 能和黏土中部分活性 SiO_2 和 Al_2O_3 反应生成具有水硬性的产物，使密实度、强度和耐水性得到改善。因此可用于建筑物的地基加固，特别是软土地基固结和道路垫层，如石灰桩加固地基等。

但是，目前更常用的方法是石灰、粉煤灰和石子混合成"三合土"作为道路垫层，其固结强度高于黏土（因粉煤灰中活性 SiO_2 和 Al_2O_3 的含量高），且能利用废渣。

（四）用于生产硅酸盐制品

硅酸盐制品主要包括粉煤灰混凝土、粉煤灰砖、硅酸盐砌块、灰砂砖、加气混凝土等。它们主要以石英砂、粉煤灰、矿渣、炉渣等为原料，其中的 SiO_2、Al_2O_3 与石灰在蒸汽养护或蒸压养护条件下生成水化硅酸钙和水化铝酸钙等水硬性产物，产生强度。若没有 $Ca(OH)_2$ 参与反应，则强度很低。

生石灰块和粉料在运输和储存过程中应注意密封防潮，否则吸水潮解后与空气中 CO_2 作用生成碳酸钙，使石灰胶结能力下降。

七、石灰的技术标准

（一）建筑生石灰

根据 MgO 含量分为钙质石灰和镁质石灰；又根据 CaO 和 MgO 总含量及残渣、CO_2 含量和产浆量分为优等、一等和合格三个等级，见表 2-1。

建筑生石灰的技术指标 表 2-1

项　　目	钙质生石灰			镁质生石灰		
	优等品	一等品	合格品	优等品	一等品	合格品
CaO+MgO 含量（%，不小于）	90	85	80	85	80	75
未消化残渣含量（5mm 圆孔筛余,%，不大于）	5	10	15	5	10	15
二氧化碳（%，不大于）	5	7	9	6	8	10
产浆量（L/kg，不小于）	2.8	2.8	2.0	2.8	2.3	2.0

注：摘自《建筑生石灰》（JC/T 479—1992）。

（二）建筑生石灰粉

与生石灰一样，分为钙质和镁质生石灰粉；又根据 CaO 和 MgO 总含量、CO_2 含量和细度分为优等、一等和合格，见表 2-2。

建筑生石灰粉的技术指标　　　　　　　　　　表 2-2

项　目		钙质生石灰			镁质生石灰		
		优等品	一等品	合格品	优等品	一等品	合格品
CaO＋MgO 含量（%，不小于）		85	80	75	80	75	70
二氧化碳（%，不大于）		7	9	11	8	10	12
细度	0.90mm 筛筛余（%，不大于）	0.2	0.5	1.5	0.2	0.5	1.5
	0.125mm 筛筛余（%，不大于）	7.0	12.0	18.0	7.0	12.0	18.0

注：摘自《建筑生石灰粉》（JC/T 480—1992）。

（三）建筑消石灰粉

根据 MgO 含量分为钙质（MgO＜4%）、镁质（4%≤MgO＜24%）和白云石消石灰粉（24%≤MgO＜30%）三类，并根据 CaO 和 MgO 总含量、体积安定性和细度分为优等、一等和合格，见表 2-3。

建筑消石灰粉的技术指标　　　　　　　　　　表 2-3

项　目		钙质消石灰			镁质消石灰			白云石消石灰		
		优等品	一等品	合格品	优等品	一等品	合格品	优等品	一等品	合格品
CaO＋MgO 含量（%，不小于）		70	65	60	65	60	55	65	60	55
游离水（%）		0.4～2	0.4～2	0.4～2	0.4～2	0.4～2	0.4～2	0.4～2	0.4～2	0.4～2
体积安定性		合格	合格	—	合格	合格	—	合格	合格	—
细度	0.90mm 筛筛余（%，不大于）	0	0	0.5	0	0	0.5	0	0	0.5
	0.125mm 筛筛余（%，不大于）	3	10	15	3	10	15	3	10	15

注：摘自《建筑消石灰粉》（JC/T 481—1992）。

第三节　石　膏

一、石膏的原材料

（一）生石膏

生石膏通常指天然二水石膏，分子式为 $CaSO_4 \cdot 2H_2O$，也称为软石膏。是生产建筑石膏最主要的原料。生石膏粉加水不硬化、无胶结力。

（二）化工石膏

指含有二水硫酸钙（$CaSO_4 \cdot 2H_2O$）及 $CaSO_4$ 混合物的化工副产品。如生产磷酸和磷肥时的废料称为磷石膏；生产氢氟酸时的废料称为氟石膏等。此外还有盐石膏、芒硝石膏、钛石膏等，也可作为生产建筑石膏的原料，但性能不及用生石膏制得的建筑石膏。

（三）脱硫石膏

在火力发电厂的烟气中通常含有大量的 SO_2，直接排放将严重污染空气，因此，目前通常采用以石灰石浆液为脱硫剂，通过向吸收塔内喷入吸收剂浆液，与烟气充分接触混合，并对烟气进行洗涤，使得烟气中的 SO_2 与浆液中的 $CaCO_3$ 以及鼓入的强氧化空气反应，生成二水硫酸钙（$CaSO_4 \cdot 2H_2O$），称为脱硫石膏。

脱硫石膏的特性与天然生石膏相似，目前以得到广泛应用。

（四）硬石膏

指天然无水石膏，分子式 $CaSO_4$。不含结晶水，与生石膏差别较大。通常用于生产建筑石膏制品或添加剂。这里不作详细介绍。

二、建筑石膏的生产

将生石膏在 $107 \sim 170℃$ 条件下煅烧脱去部分结晶水而制得的半水石膏，称为建筑石膏，又称为熟石膏，分子式为 $CaSO_4 \cdot \frac{1}{2}H_2O$。其反应式如下：

$$CaSO_4 \cdot 2H_2O \xrightarrow{107 \sim 170℃} CaSO_4 \cdot \frac{1}{2}H_2O + 1\frac{1}{2}H_2O \uparrow$$

生石膏在加热过程中，随着温度和压力的不同，其产品的性能也随之变化。上述条件下生产的为 β 型半水石膏，也是最常用的建筑石膏。若将生石膏在 $125℃$、$0.13MPa$ 压力的蒸压锅内蒸炼，则生成 α 型半水石膏，其晶粒较粗，拌制石膏浆体时的需水量较小，因此，硬化后强度较高，故称为高强石膏。

当煅烧温度升高到 $170 \sim 300℃$ 时，半水石膏继续脱水，生成可溶性硬石膏（$CaSO_4 - Ⅲ$），凝结速度比半水石膏快，但需水量大，强度低。温度继续升高到 $400 \sim 1000℃$，则生成慢溶性硬石膏（$CaSO_4 - Ⅱ$）。这种石膏难溶于水，只有当加入某些激发剂后，才具有水化硬化能力，但强度较高，耐磨性能较好。将 $CaSO_4 - Ⅱ$ 与激发剂混磨后的产品称为硬石膏水泥。

三、建筑石膏的凝结硬化

（一）建筑石膏的水化

建筑石膏加水拌合后，与水发生水化反应生成二水硫酸钙的过程称为水化。反应式如下：

$$CaSO_4 \cdot \frac{1}{2}H_2O + 1\frac{1}{2}H_2O = CaSO_4 \cdot 2H_2O$$

生成的二水硫酸钙与生石膏分子式相同，但由于结晶度、结晶形态和结合状态不同，物理力学性能也不尽相同。其水化和凝结硬化机理可简单描述为：由于二水石膏的溶解度比半水石膏小，故二水石膏首先从饱和溶液中析晶沉淀，促使半水石膏继续溶解，这一反应过程连续不断进行，直至半水石膏全部水化生成二水石膏。

（二）建筑石膏的凝结硬化

随着水化反应的不断进行，自由水分被水化和蒸发而不断减少，加之生成的二水石膏微粒比半水石膏细，比表面积大，吸附更多的水，从而使石膏浆体很快失去塑性而凝结；又随着二水石膏微粒结晶长大，晶体颗粒逐渐互相搭接、交错、共生，从而产生强度，即硬化。实际上，上述水化和凝结硬化过程是相互交叉而连续进行的。

建筑石膏凝结硬化过程最显著的特点为：

1. 速度快。水化过程一般为 7～12min，整个凝结硬化过程只需 20～30min。

2. 体积微膨胀。建筑石膏凝结硬化过程产生约 1%左右的体积膨胀。这是其他胶凝材料所不具有的特性。

四、建筑石膏的主要技术性质

（一）凝结硬化快

建筑石膏加水拌合后 10min 内便失去塑性而初凝，30min 内即终凝硬化，并产生强度。由于初凝时间短不便施工操作，使用时一般均加入缓凝剂以延长凝结时间。常用的缓凝剂有：经石灰处理的动物胶（掺量 0.1%～0.2%）、亚硫酸酒精废液（掺量 1%）、硼砂、柠檬酸、聚乙烯醇等。掺缓凝剂后，石膏制品的强度将有所降低。

（二）强度较高

建筑石膏的强度发展快，一般 7h 即可达最大值。抗压强度约为 8～12MPa。

（三）体积微膨胀

建筑石膏凝结硬化过程的体积微膨胀特性，使得石膏制品表面光滑、体形饱满、无收缩裂纹，特别适用于刷面和制作建筑装饰制品。

（四）色白可加彩色

建筑石膏颜色洁白。杂质含量越少，颜色越白。可加入各种颜料调制成彩色石膏制品，且保色性好。

（五）保温性能好

由于石膏制品生产时往往加入过量的水，蒸发后形成大量的内部毛细孔，孔隙率达 50%～60%，表观密度小（800～1000kg/m³），导热系数小，故具有良好的保温绝热性能，常用作保温隔热材料，并具有一定的吸声效果。

（六）耐水性差但具有一定的调湿功能

建筑石膏制品的软化系数只有 0.2～0.3，不耐水。但由于毛细孔隙较多，比表面积大，当空气过于潮湿时能吸收水分；而当空气过于干燥时则能释放出水分，从而调节空气中的相对湿度。提高石膏耐水性的主要措施有掺加矿渣、粉煤灰等活性混合材，或者掺加防水剂、表面防水处理等。

（七）防火性好

建筑石膏制品的导热系数小，传热慢，比热又大，更重要的是二水石膏遇火脱水，产生的水蒸气能有效阻止火势蔓延，起到防火作用。但脱水后制品强度下降。

五、建筑石膏的应用

建筑石膏在土木工程中主要用作室内抹灰、粉刷，建筑装饰制品和石膏板。

（一）室内抹灰及粉刷

抹灰指的是以建筑石膏为胶凝材料，加入水和砂子配成石膏砂浆，作为内墙面抹平用。由建筑石膏特性可知，石膏砂浆具有良好的保温隔热性能，调节室内空气的湿度和良好的隔声与防火性能。由于不耐水，故不宜在外墙使用。

粉刷指的是建筑石膏加水和适量外加剂，调制成涂料，涂刷装修内墙面。表面光洁、细腻、色白，且透湿透气、凝结硬化快、施工方便、粘结强度高，是良好的内墙涂料。

（二）建筑装饰制品

以杂质含量少的建筑石膏（有时称为模型石膏）加入少量纤维增强材料和建筑胶水等

制作成各种装饰制品。也可掺入颜料制成彩色制品。

（三）石膏板

这是土木工程中使用量最大的一类板材。包括石膏装饰板、空心石膏板、蜂窝板等。作为装饰吊顶、隔板或保温、隔声、防火等使用（详见本书第七章和第十章）。

（四）其他用途

建筑石膏可作为生产某些硅酸盐制品时的增强剂，如粉煤灰砖、炉渣制品等。也可用作油漆或粘贴墙纸等的基层找平。

建筑石膏在运输和储存时要注意防潮，储存期一般不宜超过 3 个月，否则将使石膏制品的质量下降。

六、建筑石膏的技术标准

建筑石膏为粉状胶凝材料，堆积密度 $800\sim1000kg/m^3$，密度约为 $2.5\sim2.8g/cm^3$。建筑石膏按照强度、细度和凝结时间划分为优等品、一等品和合格品，见表 2-4。其中各等级建筑石膏的初凝时间均不得小于 6min；终凝时间不得大于 30min。表中所列强度指标为 2h 的强度值。

建筑石膏的质量指标　　　　　　　　　　　　　　　表 2-4

等　级	优等品	一等品	合格品
抗折强度	2.5	2.1	1.8
抗压强度	4.9	3.9	$2.0\sim2.9$
细度 0.2mm 方孔筛筛余（%），不大于	5.0	10.0	15.011

注：摘自《建筑石膏》（GB/T 17669—1999）。

第四节　水　玻　璃

一、水玻璃的组成

水玻璃分为钠水玻璃和钾水玻璃两类，俗称泡花碱。钠水玻璃为硅酸钠水溶液，分子式为 $Na_2O \cdot nSiO_2$。钾水玻璃为硅酸钾水溶液，分子式为 $K_2O \cdot nSiO_2$。土木工程中主要使用钠水玻璃。当工程技术要求较高时也可采用钾水玻璃。优质纯净的水玻璃为无色透明的黏稠液体，溶于水。当含有杂质时呈淡黄色或青灰色。

钠水玻璃分子式 $Na_2O \cdot nSiO_2$ 中的 n 称为水玻璃的模数，代表 Na_2O 和 SiO_2 的分子数比，是非常重要的参数。n 值越大，水玻璃的黏性和强度越高，但水中的溶解能力下降。当 n 大于 3.0 时，只能溶于热水中，给使用带来麻烦。n 值越小，水玻璃的黏性和强度越低，越易溶于水。故土木工程中常用模数 n 为 $2.6\sim2.8$，既易溶于水又有较高的强度。

我国生产的水玻璃模数一般在 $2.4\sim3.3$ 之间。水玻璃在水溶液中的含量（或称浓度）常用密度或者波美度表示。土木工程中常用水玻璃的密度一般为 $1.36\sim1.50g/cm^3$，相当于波美度 38.4~48.3°B′e 密度越大，水玻璃含量越高，相应的黏度也越大。

水玻璃通常采用石英粉（SiO_2）加上纯碱（Na_2CO_3），在 $1300\sim1400℃$ 的高温下煅烧生成固体 $Na_2O \cdot nSiO_2$，再在高温或高温高压水中溶解，制得溶液状水玻璃产品。

二、水玻璃的凝结固化

水玻璃在空气中的凝结固化与石灰的凝结固化非常相似，主要通过碳化和脱水结晶固结两个过程来实现，反应过程如下：

$$Na_2O \cdot nSiO_2 + mH_2O + CO_2 \longrightarrow Na_2CO_3 + nSiO_2 \cdot mH_2O$$

随着碳化反应的进行，硅胶（$nSiO_2 \cdot mH_2O$）含量增加，接着自由水分蒸发和硅胶脱水成固体 SiO_2 而凝结硬化，其特点是：

1. 速度慢。由于空气中 CO_2 浓度低，故碳化反应及整个凝结固化过程十分缓慢。

2. 体积收缩。

3. 强度低。

为加速水玻璃的凝结固化速度和提高强度，水玻璃使用时一般要求加入固化剂氟硅酸钠，分子式为 Na_2SiF_6。其反应过程如下：

$$2(Na_2O \cdot nSiO_2) + mH_2O + Na_2SiF_6 \longrightarrow (2n+1)SiO_2 \cdot mH_2O + 6NaF$$

氟硅酸钠的掺量一般为 $12\% \sim 15\%$。掺量少，凝结固化慢，且强度低；掺量太多，则凝结硬化过快，不便施工操作，而且硬化后的早期强度虽高，但后期强度明显降低。因此，使用时应严格控制固化剂掺量，并根据气温、湿度、水玻璃的模数、密度在上述范围内适当调整。即：气温高、模数大、密度小时选下限，反之亦然。

三、水玻璃的主要技术性质

（一）粘结力和强度较高

水玻璃硬化后的主要成分为硅凝胶（$nSiO_2 \cdot mH_2O$）和固体，比表面积大，因而具有较高的粘结力。但水玻璃自身质量、配合料性能及施工养护对强度有显著影响。

（二）耐酸性好

可以抵抗除氢氟酸（HF）、热磷酸和高级脂肪酸以外的几乎所有无机和有机酸。

（三）耐热性好

硬化后形成的二氧化硅网状骨架，在高温下强度下降很小，当采用耐热耐火骨料配制水玻璃砂浆和混凝土时，耐热度可达 1000℃。因此水玻璃混凝土的耐热度，也可以理解为主要取决于骨料的耐热度。

（四）耐碱性和耐水性差

因 SiO_2 和 $Na_2O \cdot nSiO_2$ 均溶于碱，故水玻璃不能在碱性环境中使用。同样由于 $Na_2O \cdot nSiO_2$、NaF、Na_2CO_3 均溶于水而不耐水，但可采用中等浓度的酸对已硬化水玻璃进行酸洗处理，提高耐水性。

四、水玻璃的应用

（一）涂刷材料表面，提高抗风化能力

水玻璃溶液涂刷或浸渍材料后，能渗入缝隙和孔隙中，固化的硅凝胶能堵塞毛细孔通道，提高材料的密度和强度，从而提高材料的抗风化能力。但水玻璃不得用来涂刷或浸渍石膏制品。因为水玻璃与石膏反应生成硫酸钠（Na_2SO_4），在制品孔隙内结晶膨胀，导致石膏制品开裂破坏。

（二）加固土壤

将水玻璃与氯化钙溶液交替注入土壤中，两种溶液迅速反应生成硅胶和硅酸钙凝胶，起到胶结和填充孔隙的作用，使土壤的强度和承载能力提高。常用于粉土、砂土和填土的地基加固，称为双液注浆。

（三）配制速凝防水剂

水玻璃可与多种矾配制成速凝防水剂，用于堵漏、填缝等局部抢修。这种多矾防水剂的凝结速度很快，一般为几分钟，其中四矾防水剂不超过 1min，故工地上使用时必须做到即配即用。

多矾防水剂常用胆矾（硫酸铜，$CuSO_4 \cdot 5H_2O$）、红矾（重铬酸钾，$K_2Cr_2O_7$）、明矾（也称白矾，硫酸铝钾）、紫矾等四种矾。

（四）配制耐酸胶凝、耐酸砂浆和耐酸混凝土

耐酸胶凝是用水玻璃和耐酸粉料（常用石英粉）配制而成，与耐酸砂浆和混凝土一样，主要用于有耐酸要求的工程，如硫酸池等。

（五）配制耐热胶凝、耐热砂浆和耐热混凝土

水玻璃胶凝主要用于耐火材料的砌筑和修补。水玻璃耐热砂浆和混凝土主要用于高炉基础和其他有耐热要求的结构部位。

第五节　镁质胶凝材料

一、原材料和生产

镁质胶凝材料是指以 MgO 为主要成分的无机气硬性胶凝材料，有时称为菱苦土。它是以 $MgCO_3$ 为主要成分的菱镁矿在 800℃ 左右煅烧而得。其生产方式与石灰相似，反应式如下：

$$MgCO_3 \xrightarrow{800℃} MgO + CO_2 \uparrow$$

块状 MgO 经磨细后，即成为白色或浅黄色粉末状菱苦土，类似于磨细生石灰粉。密度 $3.1 \sim 3.4g/cm^3$，堆积密度 $800 \sim 900kg/m^3$。

此外，蛇纹石（$3MgO \cdot 2SiO_2 \cdot 2H_2O$）、冶炼镁合金的溶渣（MgO 含量 > 25%）、白云石（$MgCO_3 \cdot CaCO_3$）等也可用来生产镁质胶凝材料，性质和用途与菱苦土相似。当采用白云石生产镁质胶凝材料时，温度不宜超过 800℃，防止 $CaCO_3$ 分解，产品组成为 MgO 和 $CaCO_3$ 的混合物。

二、镁质胶凝材料的凝结硬化

镁质胶凝材料与水拌合后的水化反应与石灰熟化相似。其特点是反应快（但比石灰熟化慢）、放出大量热。反应式如下：

$$MgO + H_2O = Mg(OH)_2 + Q$$

其凝结硬化机理与石灰完全相似，特点相同，即：速度慢；体积收缩大；而且强度很低。因此，很少直接加水使用。

为了加速凝结硬化速度、提高制品强度，镁质胶凝材料使用时均加入适量固化剂。最常用的固化剂为氯化镁溶液，也可用硫酸镁（$MgSO_4 \cdot 7H_2O$）、氯化铁（$FeCl_3$）或硫酸亚铁（$FeSO_4 \cdot H_2O$）等盐类的溶液。氯化镁和氯化铁溶液较常用，氯化镁固化剂的反应式如下：

$$mMgO + nMgCl_2 \cdot 6H_2O \longrightarrow mMgO \cdot nMgCl_2 \cdot 9H_2O$$

反应生成的氧氯化镁（$mMgO \cdot nMgCl_2 \cdot 9H_2O$）结晶速度比氢氧化镁（Mg(OH)$_2$）快，因而加速了镁质胶凝材料的凝结硬化速度，而且其制品强度显著提高。

氯化镁溶液（密度为 $1.2g/cm^3$）的掺量一般为镁质胶凝材料的 55%～60%。掺量太大则凝结速度过快，且收缩大、强度低。掺量过少，则硬化太慢、强度也低。此外，温度对凝结硬化很敏感，氯化镁掺量可作适当调整。

三、镁质胶凝材料的技术性质

（一）凝结时间

根据《建筑地面工程施工质量验收规范》（GB 50209—2002）规定，菱苦土用密度为 $1.2g/cm^3$ 的氯化镁溶液调制成标准稠度净浆，初凝时间不得早于 20min，终凝时间不得迟于 6h。

（二）强度高

用氯化镁溶液和菱苦土配制的制品，抗压强度可达 40～60MPa。其中 1 天强度可达最高强度的 60%～80%，7 天左右可达最高强度。且硬化后的表观密度小（1000～1100kg/m^3），属于轻质、早强、高强胶凝材料。

（三）粘结性能好

菱苦土与各种纤维材料的粘结性能很好，且碱性比水泥弱，不会腐蚀纤维材料。因此常用木屑、玻璃纤维等制作复合板材、地坪等，以提高制品的抗拉、抗折和抗冲击性能。

（四）耐水性差，易泛霜

镁质胶凝材料制品遇水或在潮湿环境中极易吸水变形，强度下降，且制品表面出现泛霜（俗称返卤）现象，影响正常使用。因此只能在干燥环境中使用。

制品中掺入硫酸镁和硫酸亚铁固化剂可提高耐水性，但强度相对较低。改善耐水性的最佳途径是掺入磷酸盐或防水剂（成本较高），也可掺入矿渣、粉煤灰等活性混合材料。

此外，由于制品中氯离子含量高，因此对铁钉、钢筋的锈蚀作用很强。应尽量避免用铁钉等固定板材或与钢材等易锈材料直接接触。

四、镁质胶凝材料的应用

（一）菱苦土木屑地面

以菱苦土、木屑、氯化钙及其他混合材料（滑石粉、砂、石屑、粉煤灰、颜料等）等制作地坪，具有一定弹性，且防火、防爆、导热性小、表面光洁、不起灰。主要用于室内车间地坪。

（二）板材

通常加入刨花、木丝、玻纤、聚酯纤维等，制作各种板材，如装饰板、防火板、隔墙板等。也可用来制作通风管道。加入发泡剂时，还可制作保温板。

习题与复习思考题

1. 下列名词的基本概念：胶凝材料、气硬性胶凝材料、水硬性胶凝材料、生石灰、熟石灰、消石灰、过火石灰、欠火石灰、石灰的陈伏、石灰土、三合土、生石膏、熟石膏、建筑石膏、二水石膏、半水石膏、硬石膏、无水石膏、高强石膏、水玻璃、水玻璃的模数、菱苦土。

2. 简述石灰熟化过程的特点。

3. 磨细生石灰为什么不经"陈伏"可直接使用？

4. 石灰的凝结硬化过程及特点是什么？提高凝结硬化速度的简易措施有哪些？

5. 生石灰的主要技术性质有哪些？使用时掺入麻刀、纸筋等的作用是什么？

6. 石灰的主要用途有哪些？

7. 某多层住宅楼室内抹灰采用的是石灰砂浆，交付使用后出现墙面普遍鼓包开裂，试分析其原因。欲避免这种情况发生，应采取什么措施？

8. 石灰是气硬性胶凝材料，为什么由它配制的石灰土和三合土可以用来建造灰土渠道、三合土滚水坝等水工建筑物？

9. 建筑石膏凝结硬化过程的特点是什么？与石灰凝结硬化过程相比怎样？

10. 建筑石膏的主要技术性质有哪些？

11. 建筑石膏的主要用途有哪些？

12. 用于墙面抹灰时，建筑石膏与石灰比较具有哪些优点？

13. 水玻璃（$Na_2O \cdot nSiO$）中 n 的大小与水玻璃哪些性能有关？建筑工程常用 n 值范围是多少？

14. 水玻璃中掺入固化剂的目的及常用固化剂名称是什么？

15. 简述水玻璃的主要技术性质和用途。

16. 菱苦土是最主要的镁质胶凝材料，其水化和凝结硬化与石灰相比有何异同？

17. 镁质胶凝材料的主要技术性质有哪些？

第三章 水 泥

水泥呈粉末状，与适量水拌合成塑性浆体，经过物理化学过程浆体能变成坚硬的石状体，并能将散粒状材料胶结成为整体。水泥是一种良好的胶凝材料，水泥浆体不但能在空气中硬化，还能更好地在水中硬化，保持并发展其强度，故水泥是水硬性胶凝材料。

水泥在工程材料中占有极其重要的地位，是最重要的建筑材料之一。它不但大量应用于工业与民用建筑工程中，还广泛地应用于农业、水利、公路、铁路、海港和国防等工程中，常用来制造各种形式的钢筋混凝土、预应力混凝土构件和建筑物，也常用于配制砂浆，以及用作灌浆材料等。

水泥的种类繁多，目前生产和使用的水泥品种已达 200 余种。按组成水泥的基本物质——熟料的矿物组成，一般可分为：①硅酸盐水泥，其中包括通用水泥，含硅酸盐水泥、普通硅酸盐水泥、矿渣硅酸盐水泥、火山灰质硅酸盐水泥、粉煤灰硅酸盐水泥、复合硅酸盐水泥等六个品种水泥，以及快硬硅酸盐水泥、白色硅酸盐水泥、抗硫酸盐硅酸盐水泥等；②铝酸盐水泥，如铝酸盐自应力水泥、铝酸盐水泥等；③硫铝酸盐水泥，如快硬硫铝酸盐水泥、Ⅰ型低碱硫铝酸盐水泥等；④氟铝酸盐水泥；⑤铁铝酸盐水泥；⑥少熟料或无熟料水泥。按水泥的特性与用途划分，可分为：①通用水泥，是指大量用于一般土木工程的水泥，如上述"六种"水泥；②专用水泥，是指专门用途的水泥，如砌筑水泥、油井水泥、道路水泥等；③特性水泥，是指某种性能比较突出的水泥，如快硬水泥、白色水泥、膨胀水泥、低热及中热水泥等。

本章以通用硅酸盐水泥为主要内容，在此基础上介绍其他品种水泥。

第一节 通用硅酸盐水泥概述

通用硅酸盐水泥是指组成水泥的基本物质——熟料的主要成分为硅酸钙，在所有的水泥中它应用最广。

一、通用硅酸盐水泥的生产

生产通用硅酸盐水泥的原料主要是石灰石和粘土质原料两类。石灰质原料主要提供 CaO，常采用石灰石、白垩、石灰质凝灰岩等。粘土质原料主要提供 SiO_2、Al_2O_3 及 Fe_2O_3，常采用粘土、粘土质页岩、黄土等。有时两种原料化学成分不能满足要求，还需加入少量校正原料来调整，常采用黄铁矿渣等。

通用硅酸盐水泥的生产工艺概括起来就是"两磨一烧"，如图 3-1 所示。

生产水泥时首先将原料按适当比例混合后再磨细，然后将制成的生料入窑进行高温煅烧；再将烧好的熟料配以适当的石膏和混合材料在磨机中磨成细粉，即得到水泥。

煅烧水泥熟料的窑型主要有两类：回转窑和立窑。立窑技术相对落后，能耗较高及产品质量较差将逐渐被淘汰，取而代之的是技术先进、能耗低、产品质量好、生产规模大

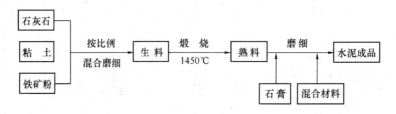

图 3-1　水泥生产工艺示意图

（可达 10000t/d）的窑外分解回转窑。

二、通用硅酸盐水泥的组成

通用硅酸盐水泥由硅酸盐水泥熟料、石膏调凝剂和混合材料三部分组成，如表 3-1 所示。

通用硅酸盐水泥的组成

表 3-1

品　　种	代　号	组成（质量分数）				
		熟料＋石膏	粒化高炉矿渣	火山灰质混合材料	粉煤灰	石灰石
硅酸盐水泥	P·Ⅰ	500	—	—	—	—
	P·Ⅱ	≥95	≤5	—	—	—
		≥95	—	—	—	≤5
普通硅酸盐水泥	P·O	≥80且＜95	>5且≤20			
矿渣硅酸盐水泥	P·S·A	≥50且＜80	>20且≤50	—	—	—
	P·S·B	≥30且＜50	>50且≤70	—	—	—
火山灰质硅酸盐水泥	P·P	≥60且＜80	—	>20且≤40	—	—
粉煤灰硅酸盐水泥	P·F	≥60且＜80	—	—	>20且≤40	—
复合硅酸盐水泥	P·C	≥50且＜80	>20且≤50			

（一）硅酸盐水泥熟料

以适当成分的生料煅烧至部分熔融，所得以硅酸钙为主要成分的产物，称为硅酸盐水泥熟料。生料中的主要成分是 CaO、SiO_2、Al_2O_3、Fe_2O_3，经高温煅烧后，反应生成硅酸盐水泥熟料中的四种主要矿物：硅酸三钙（$3CaO \cdot SiO_2$，简写式 C_3S）、硅酸二钙（$2CaO \cdot SiO_2$，简写式 C_2S）、铝酸三钙（$3CaO \cdot Al_2O_3$，简写式 C_3A）和铁铝酸四钙（$4CaO \cdot Al_2O_3 \cdot Fe_2O_3$，简写式 C_4AF）。硅酸盐水泥熟料的化学成分和矿物组分含量如表 3-2 所示。

（二）石膏

石膏是通用硅酸盐水泥中必不可少的组成材料，主要作用是调节水泥的凝结时间，常采用天然的或合成的二水石膏（$CaSO_4 \cdot 2H_2O$）。

（三）混合材料

混合材料是通用硅酸盐水泥中经常采用的组成材料，按其性能不同，可分为活性与非活性两大类。常用的混合材料有活性类的粒化高炉矿渣、火山灰质材料及粉煤灰等与非活性类的石灰石、石英砂、粘土、慢冷矿渣等。

化学成分	含量（%）	矿物成分	含量（%）
CaO	62～67	$3CaO \cdot SiO_2$（C_3S）	37～60
SiO_2	19～24	$2CaO \cdot SiO_2$（C_2S）	15～37
Al_2O_3	4～7	$3CaO \cdot Al_2O_3$（C_3A）	7～15
Fe_2O_3	2～5	$4CaO \cdot Al_2O_3 \cdot Fe_2O_3$（$C_4AF$）	10～18

第二节　硅酸盐水泥和普通硅酸盐水泥

在硅酸盐系水泥品种中，硅酸盐水泥和普通硅酸盐水泥的组成相差较小，性能较为接近。

一、硅酸盐水泥的水化和凝结硬化

水泥加水拌合后，最初形成具有可塑性的浆体（称为水泥净浆），随着水泥水化反应的进行逐渐变稠失去塑性，这一过程称为凝结。此后，随着水化反应的继续，浆体逐渐变为具有一定强度的坚硬的固体水泥石，这一过程称为硬化。可见，水化是水泥产生凝结硬化的前提，而凝结硬化则是水泥水化的必然结果。

（一）硅酸盐水泥的水化

硅酸盐水泥与水拌合后，其熟料颗粒表面的四种矿物立即与水发生水化反应，生成水化产物。各矿物的水化反应如下：

$$2(3CaO \cdot SiO_2) + 6H_2O = 3CaO \cdot 2SiO_2 \cdot 3H_2O + 3Ca(OH)_2$$
（水化硅酸钙凝胶）　　　（氢氧化钙晶体）

$$2(2CaO \cdot SiO_2) + 4H_2O = 3CaO \cdot 2SiO_2 \cdot 3H_2O + Ca(OH)_2$$

$$3CaO \cdot Al_2O_3 + 6H_2O = 3CaO \cdot Al_2O_3 \cdot 6H_2O$$
（水化铝酸钙晶体）

$$4CaO \cdot Al_2O_3 \cdot Fe_2O_3 + 7H_2O = 3CaO \cdot Al_2O_2 \cdot 6H_2O + CaO \cdot Fe_2O_3 \cdot H_2O$$
（水化铁酸钙凝胶）

上述反应中，硅酸三钙的水化反应速度快，水化放热量大，生成的水化硅酸钙（简写成 C—S—H）几乎不溶于水，而以胶体微粒析出，并逐渐凝聚成为凝胶。经电子显微镜观察，水化硅酸钙的颗粒尺寸与胶体相当，实际呈结晶度较差的箔片状和纤维颗粒，由这些颗粒构成的网状结构具有很高的强度。反应生成的氢氧化钙很快在溶液中达到饱和，呈六方板状晶体析出。硅酸三钙早期与后期强度均高。

硅酸二钙水化反应的产物与硅酸三钙的相同，只是数量上有所不同，而它水化反应慢，水化放热小。由于水化反应速度慢，因此早期强度低，但后期强度增进率大，一年后可赶上甚至超过硅酸三钙的强度。

铁铝酸四钙水化反应快，水化放热中等，生成的水化产物为水化铝酸三钙立方晶体与水化铁酸一钙凝胶，强度较低。

铝酸三钙的水化反应速度极快，水化放热量最大，其部分水化产物——水化铝酸三钙晶体在氢氧化钙的饱和溶液中能与氢氧化钙进一步反应，生成水化铝酸钙晶体，二者的强度均较低。上述熟料矿物水化与凝结硬化特性见表 3-3 与图 3-2。

矿物组成 特性 指标	3CaO·SiO₂ (C₃S)	2CaO·SiO₂ (C₂S)	3CaO·Al₂O₃ (C₃A)	4CaO·Al₂O₃·Fe₂O₃ (C₄AF)
密度（g/cm³）	3.25	3.28	3.04	3.77
水化反应速率	快	慢	最快	快
水化放热量	大	小	最大	中
强度　早期	高	低	低	低
强度　后期	高	高	低	低
收缩	中	中	大	小
抗硫酸盐侵蚀性	中	最好	差	好

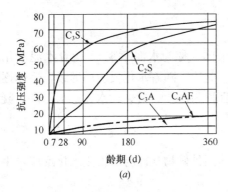 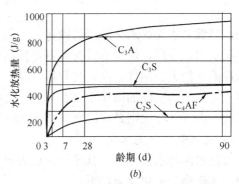

图 3-2　熟料矿物的水化和凝结硬化特性

（a）水泥熟料矿物在不同龄期的抗压强度；（b）水泥熟料矿物在不同龄期的水化放热

由上所述可知，正常煅烧的硅酸盐水泥熟料经磨细后与水拌合时，由于铝酸三钙的剧烈水化，会使浆体迅速产生凝结，这在使用时便无法正常施工；因此，在水泥生产时必须加入适量的石膏调凝剂（缓凝剂），使水泥的凝结时间满足工程施工的要求。水泥中适量的石膏与水化铝酸三钙反应生成高硫型水化硫铝酸钙，又称钙矾石或 AFt，其反应式如下：

$$3CaO·Al_2O_3·6H_2O+3(CaSO_4·2H_2O)+20H_2O \longrightarrow 3CaO·Al_2O_3·3CaSO_4·32H_2O$$

（高硫型水化硫铝酸钙晶体）

石膏完全消耗后，一部分钙矾石将转变为单硫型水化硫铝酸钙（简式 AFm）晶体，即：

$$3CaO·Al_2O_3·3CaSO_4·32H_2O+2(3CaO·Al_2O_3·6H_2O) \longrightarrow$$
$$3(3CaO·Al_2O_3)·CaSO_4·12H_2O$$

（低硫型水化硫酸铝钙晶体）

水化硫铝酸钙是难溶于水的针状晶体，它沉淀在熟料颗粒的周围，阻碍了水分的进入，因此起到了延缓水泥凝结的作用。

水泥的水化实际上是复杂的化学反应，上述反应是几个典型的水化反应式，若忽略一些次要的或少量的成分以及混合材料的作用，硅酸盐水泥与水反应后，生成的主要水化产物有：水化硅酸钙凝胶、水化铁酸钙凝胶、氢氧化钙晶体、水化铝酸钙晶体、水化硫铝酸钙晶体。在完全水化的水泥中，水化硅酸钙约占 70％，氢氧化钙约占 20％，钙矾石和单硫型水化硫铝酸钙约占 7％。

（二）硅酸盐水泥的凝结硬化过程

迄今为止，尚没有一种统一的理论来阐述水泥的凝结硬化具体过程，现有的理论还存在着许多问题有待于进一步的研究。一般按水化反应速率和水泥浆体的结构特征，硅酸盐水泥的凝结硬化过程可分为：初始反应期、潜伏期、凝结期、硬化期 4 个阶段。

1. 初始反应期。水泥与水接触后立即发生水化反应，在初始的 5～10min 内，放热速率剧增，可达此阶段的最大值，然后又降至很低。这个阶段称为初始反应期。在此阶段硅酸三钙开始水化，生成水化硅酸钙凝胶，同时释放出氢氧化钙，氢氧化钙立即溶于水中，钙离子浓度急剧增大，当达到过饱和时，则呈结晶析出。同时，暴露于水泥熟料颗粒表面的铝酸三钙也溶于水，并与已溶解的石膏反应，生成钙矾石结晶析出，附着在颗粒表面，在这个阶段中，水化的水泥只是极少的一部分。

2. 潜伏期。在初始反应期后，有相当长一段时间（约 1～2h），水泥浆的放热速率很低，这说明水泥水化十分缓慢。这主要是由于水泥颗粒表面覆盖了一层以水化硅酸钙凝胶为主的渗透膜层，阻碍了水泥颗粒与水的接触。在此期间，由于水泥水化产物数量不多，水泥颗粒仍呈分散状态，所以水泥浆基本保持塑性。

许多研究者将上述二个阶段合并称为诱导期。

3. 凝结、硬化期。在潜伏期后由于渗透压的作用，水泥颗粒表面的膜层破裂，水泥继续水化，放热速率又开始增大，6h 内可增至最大值，然后又缓慢下降。在此阶段，水化产物不断增加并填充水泥颗粒之间的空间，随着接触点的增多，形成了由分子力结合的凝聚结构，使水泥浆体逐渐失去塑性，这一过程称为水泥的凝结。此阶段结束约有 15％的水泥水化。

在凝结期后，放热速率缓慢下降，至水泥水化 24h 后，放热速率已降到一个很低值，约 4.0J／（g·h）以下，此时，水泥水化仍在继续进行，水化铁铝酸钙形成；由于石膏的耗尽，高硫型水化硫铝酸钙转变为低硫型水化硫铝酸钙，水化硅酸钙凝胶形成纤维状。在这一过程中，水化产物越来越多，它们更进一步地填充孔隙且彼此间的结合亦更加紧密，使得水泥浆体产生强度，这一过程称为水泥的硬化。硬化期是一个相当长的时间过程，在适当的养护条件下，水泥硬化可以持续很长时间，几个月、几年、甚至几十年后强度还会继续增长。

水泥石强度发展的一般规律是：3～7 天内强度增长最快，28 天内强度增长较快，超过 28 天后强度将继续发展但增长较慢。

需要注意的是：水泥凝结硬化过程的各个阶段不是彼此截然分开，而是交错进行的。

（三）水泥石的结构

在常温下硬化的水泥石，通常是由水化产物、未水化的水泥颗粒内核、孔隙等组成的多相（固、液、气）的多孔体系。

在水泥石中，水化硅酸钙凝胶对水泥石的强度及其他主要性质起支配作用。水泥石具有强度的实质，包括范德华键、氢键、原子价键等的作用力以及凝胶体的巨大内表面积的表面效应所产生的粘结力。

（四）影响硅酸盐水泥凝结硬化的主要因素

从硅酸盐水泥熟料的单矿物水化及凝结硬化特性不难看出，熟料的矿物组成直接影响着水泥水化与凝结硬化，除此以外，水泥的凝结硬化还与下列因素有关：

1. 水泥细度。水泥颗粒越细，与水起反应的表面积愈大，水化作用的发展就越迅速而充分，使凝结硬化的速度加快，早期强度大。但颗粒过细的水泥硬化时产生的收缩亦越大，而且磨制水泥能耗多、成本高，一般认为，水泥颗粒小于 $40\mu m$ 才具有较高的活性，大于 $100\mu m$ 活性就很小了。

2. 石膏掺量。石膏的掺入可延缓水泥的凝结硬化速率，有试验表明，当水泥中石膏掺入量（以 $SO_3\%$ 计）小于 1.3% 时，并不能阻止水泥快凝，但在掺量（以 $SO_3\%$ 计）大于 2.5% 以后，水泥凝结时间的增长很少。

3. 水泥浆的水灰比。拌合水泥浆时，水与水泥的重量比称为水灰比（W/C）。为使水泥浆体具有一定塑性和流动性，所以加入的水量通常要大大超过水泥充分水化时所需的水量，多余的水在硬化的水泥石内形成毛细孔隙，W/C 越大，硬化水泥石的毛细孔隙率越大，水泥石的强度随其增加而呈直线下降。

4. 温度与湿度。温度升高，水泥的水化反应加速，从而使其凝结硬化速率加快，早期强度提高，但后期强度反而可能有所下降；相反，在较低温度下，水泥的凝结硬化速度慢，早期强度低，但因生成的水化产物较致密而可以获得较高的最终强度；负温下水结成冰时，水泥的水化将停止。

水是水泥水化硬化的必要条件，在干燥环境中，水分蒸发快，易使水泥浆失水而使水化不能正常进行，影响水泥石强度的正常增长，因此用水泥拌制的砂浆和混凝土，在浇筑后应注意保水养护。

5. 养护龄期。水泥的水化硬化是一个较长时期不断进行的过程，随着时间的增加，水泥的水化程度提高，凝胶体不断增多，毛细孔减少，水泥石强度不断增加。

二、硅酸盐水泥的技术性质

根据国家标准《通用硅酸盐水泥》（GB 175—2007），对硅酸盐水泥的主要技术性质作出下列规定：

（一）细度

细度是指水泥颗粒的粗细程度，水泥细度通常采用筛析法或比表面积法测定。国家标准规定，硅酸盐水泥的比表面积不小于 $300m^2/kg$。水泥细度是鉴定水泥品质的选择性指标，但水泥的粗细将会影响其水化速度与早期强度，过细的水泥将对混凝土的性能产生不良影响。

（二）凝结时间

凝结时间是指水泥从加水开始，到水泥浆失去塑性所需的时间。凝结时间分初凝时间和终凝时间，初凝时间是指从水泥加水到水泥浆开始失去塑性的时间，终凝时间是指从水泥加水到水泥浆完全失去塑性的时间。国家标准规定，硅酸盐水泥的初凝时间不得早于45min，终凝时间不得迟于 390min。

水泥凝结时间的测定，是以标准稠度的水泥净浆，在规定温度和湿度条件下，用凝结时间测定仪测定。所谓标准稠度用水量是指水泥净浆达到规定稠度时所需的拌合用水量，以占水泥重量的百分率表示，硅酸盐水泥的标准稠度用水量，一般为 24%～30%。

水泥的凝结时间对水泥混凝土和砂浆的施工有重要的意义。初凝时间不宜过短，以便施工时有足够的时间来完成混凝土和砂浆拌合物的运输、浇捣或砌筑等操作；终凝时间不宜过长，是为了使混凝土和砂浆在浇捣或砌筑完毕后能尽快凝结硬化，以利于下一道工序的及早进行。

（三）安定性

安定性是指水泥浆体硬化后体积变化的均匀性。若水泥硬化后体积变化不稳定、均匀，即所谓的安定性不良，会导致混凝土产生膨胀破坏，造成严重的工程质量事故。

在水泥中，由于熟料煅烧不完全而存在游离 CaO 与 MgO（f-CaO、f-MgO），由于是高温生成，因此水化活性小，在水泥硬化后水化，产生体积膨胀；生产水泥时加入过多的石膏，在水泥硬化后还会继续与固态的水化铝酸钙反应生成水化硫铝酸钙，产生体积膨胀。这三种物质造成的膨胀均会导致水泥安定性不良，即使得硬化水泥石产生弯曲、裂缝甚至粉碎性破坏。沸煮能加速 f-CaO 的水化，国家标准规定通用水泥用沸煮法检验安定性；f-MgO 的水化比 f-CaO 更缓慢，沸煮法已不能检验，国家标准规定通用水泥 MgO 含量不得超过 5%，若水泥经压蒸法检验合格，则 MgO 含量可放宽到 6%；由石膏造成的安定性不良，需经长期浸在常温水中才能发现，不便于检验，所以国家标准规定硅酸盐水泥中的 SO_3 含量不得超过 3.5%。

（四）强度

水泥的强度是评定其质量的重要指标，也是划分水泥强度等级的依据。水泥的强度包括抗压强度与抗折强度，必须同时满足标准要求，缺一不可。硅酸盐水泥各强度等级、各龄期的强度值见表 3-4。

硅酸盐水泥各强度等级、各龄期的强度值（GB 175—2007）　　　表 3-4

强度等级	抗压强度（MPa）		抗折强度（MPa）	
	3d	28d	3d	28d
42.5	≥17.0	≥42.5	3.5	≥6.5
42.5R	≥22.0		4.0	
52.5	≥23.0	≥52.5	4.0	≥7.0
52.5R	≥27.0		5.0	
62.5	≥28.0	≥62.5	5.0	≥8.0
62.5R	≥32.0		5.5	

（五）碱含量

水泥中的碱含量是按 $Na_2O + 0.658K_2O$ 计算的重量百分率来表示。水泥中的碱会和骨料中的活性物质如活性 SiO_2 反应，生成膨胀性的碱硅酸盐凝胶，导致混凝土开裂破坏。这种反应和水泥的碱含量、骨料的活性物质含量及混凝土的使用环境有关。为防止碱骨料反应，即使在使用相同活性骨料的情况下，不同的混凝土配合比、使用环境对水泥的碱含量要求也不一样，因此，标准中将碱含量定为任选要求，当用户要求提供低碱水泥时，水泥中的碱含量应不大于 0.60% 或由供需双方协商确定。

（六）水化热

水泥在凝结硬化过程中因水化反应所放出的热量，称为水泥的水化热，通常以 kJ/kg 表示。大部分水化热是伴随着强度的增长在水化初期放出的。水泥的水化热大小和释放速率主要与水泥熟料的矿物组成、混合材料的品种与数量、水泥的细度及养护条件等有关，另外，加入外加剂可改变水泥的释热速率。大型基础、水坝、桥墩、厚大构件等大体积混凝土构筑物，由于水化热聚集在内部不易散发，内部温升可达 $50\sim60℃$ 甚至更高，内外温差产生的应力和温降收缩产生的应力会使混凝土产生裂缝，因此，大体积混凝土工程不宜采用水化热较大、放热较快的水泥，如硅酸盐水泥，因为它含熟料最多。但国家标准未就该项指标作具体的规定。

三、水泥石的腐蚀与防止

硅酸盐水泥硬化后，在通常使用条件下具有优良的耐久性。但在某些侵蚀性液体或气体等介质的作用下，水泥石结构会逐渐遭到破坏，这种现象称为水泥石的腐蚀。

（一）水泥石的几种主要侵蚀类型

导致水泥石腐蚀的因素很多，作用过程亦甚为复杂，仅介绍几种典型介质对水泥石的侵蚀作用。

1. 软水侵蚀（溶出性侵蚀）。不含或仅含少量重碳酸盐（含 HCO_3^- 的盐）的水称为软水，如雨水、蒸馏水、冷凝水及部分江水、湖水等。当水泥石长期与软水相接触时，水化产物将按其稳定存在所必需的平衡氢氧化钙（钙离子）浓度的大小，依次逐渐溶解或分解，从而造成水泥石的破坏，这就是溶出性侵蚀。

在各种水化产物中，$Ca(OH)_2$ 的溶解度最大（25℃约 1.3gCaO/L），因此首先溶出，这样不仅增加了水泥石的孔隙率，使水更容易渗入，而且由于 $Ca(OH)_2$ 浓度降低，还会使水化产物依次发生分解，如高碱性的水化硅酸钙、水化铝酸钙等分解成为低碱性的水化产物，并最终变成硅酸凝胶、氢氧化铝等无胶凝能力的物质。在静水及无压力水的情况下，由于周围的软水易为溶出的氢氧化钙所饱和，使溶出作用停止，所以对水泥石的影响不大；但在流水及压力水的作用下，水化产物的溶出将会不断地进行下去，水泥石结构的破坏将由表及里地不断进行下去。当水泥石与环境中的硬水接触时，水泥石中的氢氧化钙与重碳酸盐发生反应：

$$Ca(OH)_2 + Ca(HCO_3)_2 \longrightarrow CaCO_3 + 2H_2O$$

生成的几乎不溶于水的碳酸钙积聚在水泥石的孔隙内，形成致密的保护层，可阻止外界水的继续侵入，从而可阻止水化产物的溶出。

2. 盐类侵蚀。在水中通常溶有大量的盐类，某些溶解于水中的盐类会与水泥石相互作用产生置换反应，生成一些易溶或无胶结能力或产生膨胀的物质，从而使水泥石结构破坏。最常见的盐类侵蚀是硫酸盐侵蚀与镁盐侵蚀。

硫酸盐侵蚀是由于水中溶有一些易溶的硫酸盐，它们与水泥石中的氢氧化钙反应生成硫酸钙，硫酸钙再与水泥石中的固态水化铝酸钙反应生成钙矾石，体积急剧膨胀（约1.5倍），使水泥石结构破坏，其反应式是：

$$3CaO \cdot Al_2O_3 \cdot 6H_2O + 3(CaSO_4 \cdot 2H_2O) + 20H_2O \longrightarrow$$
$$3CaO \cdot Al_2O_3 \cdot 3CaSO_4 \cdot 32H_2O$$

钙矾石呈针状晶体，常称其为"水泥杆菌"。若硫酸钙浓度过高，则直接在孔隙中生成二水石膏结晶，产生体积膨胀而导致水泥石结构破坏。

镁盐侵蚀主要是氯化镁和硫酸镁与水泥石中的氢氧化钙起复分解反应，生成无胶结能力的氢氧化镁及易溶于水的氯化镁或生成石膏导致水泥石结构破坏，其反应式为：

$$MgCl_2+Ca(OH)_2 \longrightarrow Mg(OH)_2+CaCl_2$$
$$MgSO_4+Ca(OH)_2+2H_2O \longrightarrow CaSO_2 \cdot 2H_2O+Mg(OH)_2$$

可见，硫酸镁对水泥石起镁盐与硫酸盐双重侵蚀作用。

在海水、湖水、盐沼水、地下水、某些工业污水及流经高炉矿渣或煤渣的水中常含钾、钠、铵等硫酸盐；在海水及地下水中常含有大量的镁盐，主要是硫酸镁和氯化镁。

3. 酸类侵蚀。

(1) 碳酸侵蚀：在某些工业污水和地下水中常溶解有较多的二氧化碳，这种水分对水泥石的侵蚀作用称为碳酸侵蚀。首先，水泥石中的 $Ca(OH)_2$ 与溶有 CO_2 的水反应，生成不溶于水的碳酸钙；接着碳酸钙又再与碳酸水反应生成易于水的碳酸氢钙。反应式为：

$$Ca(OH)_2+CO_2+H_2O \longrightarrow CaCO_3+2H_2O$$
$$CaCO_3+CO_2+H_2O \longrightarrow Ca(HCO_3)_2$$

当水中含有较多的碳酸，上述反应向右进行，从而导致水泥石中的 $Ca(OH)_2$ 不断地转变为易溶的 $Ca(HCO_3)_2$ 而流失，进一步导致其他水化产物的分解，使水泥石结构遭到破坏。

(2) 一般酸侵蚀：水泥的水化产物呈碱性，因此酸类对水泥石一般都会有不同程度的侵蚀作用，其中侵蚀作用最强的是无机酸中的盐酸、氢氟酸、硝酸、硫酸及有机酸中的醋酸、蚁酸和乳酸等，它们与水泥石中的 $Ca(OH)_2$ 反应后的生成物，或者易溶于水，或者体积膨胀，都对水泥石结构产生破坏作用。例如盐酸和硫酸分别与水泥石中的 $Ca(OH)_2$ 作用：

$$2HCl+Ca(OH)_2 \longrightarrow CaCl_2+H_2O$$
$$H_2SO_4+Ca(OH)_2 \longrightarrow CaSO_4+2H_2O$$

反应生成的氯化钙易溶于水，生成的石膏继而又产生硫酸盐侵蚀作用。

4. 强碱侵蚀。水泥石本身具有相当高的碱度，因此弱碱溶液一般不会侵蚀水泥石，但是，当铝酸盐含量较高的水泥石遇到强碱（如氢氧化钠）作用后出会被腐蚀破坏。氢氧化钠与水泥熟料中未水化的铝酸三钙作用，生成易溶的铝酸钠：

$$3CaO \cdot Al_2O_3+6Na(OH)=3Na_2O \cdot Al_2O_3+3Ca(OH)_2$$

当水泥石被氢氧化钠浸润后又在空气中干燥，与空气中的二氧化碳作用生成碳酸钠，它在水泥石毛细孔中结晶沉积，会使水泥石胀裂。

除了上述 4 种典型的侵蚀类型外，糖、氨、盐、动物脂肪、纯酒精、含环烷酸的石油产品等对水泥石也有一定的侵蚀作用。

在实际工程中，水泥石的腐蚀常常是几种侵蚀介质同时存在、共同作用所产生的；但干的固体化合物不会对水泥石产生侵蚀，侵蚀性介质必须呈溶液状且浓度大于某一临界值。

水泥的耐蚀性可用耐蚀系数定量表示。耐蚀系数是以同一龄期下，水泥试体在侵蚀性溶液中养护的强度与在淡水中养护的强度之比，比值越大，耐蚀性越好。

(二) 水泥石腐蚀的防止

从以上对侵蚀作用的分析可以看出，水泥石被腐蚀的基本内因为：一是水泥石中存在有易被腐蚀的组分，如 $Ca(OH)_2$ 与水化铝酸钙；二是水泥石本身不致密，有很多毛细孔通道，侵蚀性介质易于进入其内部。因此，针对具体情况可采取下列措施防止水泥石的腐蚀：

1. 根据侵蚀介质的类型，合理选用水泥品种。如采用水化产物中 $Ca(OH)_2$ 含量较少的水泥，可提高对多种侵蚀作用的抵抗能力；采用铝酸三钙含量低于 5% 的水泥，可有效抵抗硫酸盐的侵蚀；掺入活性混合材料，可提高硅酸盐水泥抵抗多种介质的侵蚀作用。

2. 提高水泥石的密实度。水泥石（或混凝土）的孔隙率越小，抗渗能力越强，侵蚀介质也越难进入，侵蚀作用越轻。在实际工程中，可采用多种措施提高混凝土与砂浆的密实度。

3. 设置隔离层或保护层。当侵蚀作用较强或上述措施不能满足要求时，可在水泥制品（混凝土、砂浆等）表面设置耐腐蚀性高且不透水的隔离层或保护层。

四、硅酸盐水泥的特性与应用

1. 凝结硬化快，早期强度与后期强度均高。这是因为硅酸盐水泥中硅酸盐水泥熟料多，即水泥中 C_3S 多。因此适用于现浇混凝土工程、预制混凝土工程、冬期施工混凝土工程、预应力混凝土工程、高强混凝土工程等。

2. 抗冻性好。硅酸盐水泥石具有较高的密实度，且具有对抗冻性有利的孔隙特征，因此抗冻性好，适用于严寒地区遭受反复冻融循环的混凝土工程。

3. 水化热高。硅酸盐水泥中 C_3S 和 C_3A 含量高，因此水化放热速度快、放热量大，所以适用于冬期施工，不适用于大体积混凝土工程。

4. 耐腐蚀性差。硅酸盐水泥石中的 $Ca(OH)_2$ 与水化铝酸钙较多，所以耐腐蚀性差，因此不适用于受流动软水和压力水作用的工程，也不宜用于受海水及其他侵蚀性介质作用的工程。

5. 耐热性差。水泥石中的水化产物在 $250\sim300℃$ 时会产生脱水，强度开始降低，当温度达到 $700\sim1000℃$ 时，水化产物分解，水泥石的结构几乎完全破坏，所以硅酸盐水泥不适用于有耐热、高温要求的混凝土工程。但当温度为 $100\sim250℃$ 时，由于额外的水化作用及脱水后凝胶与部分 $Ca(OH)_2$ 的结晶对水泥石的密实作用，水泥石的强度并不降低。

6. 抗碳化性好。水泥石中 $Ca(OH)_2$ 与空气中 CO_2 的作用称为碳化。硅酸盐水泥水化后，水泥石中含有较多的 $Ca(OH)_2$，因此抗碳化性好。

7. 干缩小。硅酸盐水泥硬化时干燥收缩小，不易产生干缩裂纹，故适用于干燥环境。

五、普通硅酸盐水泥

按国家标准《通用硅酸盐水泥》（GB 175—2007）规定：普通硅酸盐水泥由硅酸盐水泥熟料、再加入＞5%且≤20%的活性混合材料及适量石膏组成，简称普通水泥，代号 P·O。活性混合材料的最大掺量不得超过 20%，其中允许用不超过水泥质量 5% 的窑灰或不超过水泥质量 8% 的非活性混合材料来代替。普通硅酸盐水泥各强度等级、各龄期强度值见表3-5。

普通硅酸盐水泥各强度等级、各龄期强度值（GB 175—2007）　　　　　　表3-5

强度等级	抗压强度（MPa）		抗折强度（MPa）	
	3d	28d	3d	28d
42.5	≥17.0	≥42.5	3.5	≥6.5
42.5R	≥22.0		4.0	
52.5	≥23.0	≥52.5	4.0	≥7.0
52.5R	≥27.0		5.0	

由组成可知，普通硅酸盐水泥与硅酸盐水泥的差别仅在于其中含有少量混合材料，而绝大部分仍是硅酸盐水泥熟料，故其特性与硅酸盐水泥基本相同；但由于掺入少量混合材料，因此与同强度等级硅酸盐水泥相比，普通硅酸盐水泥早期硬化速度稍慢、3天强度稍低、抗冻性稍差、水化热稍小、耐蚀性稍好。

普通硅酸盐水泥的终凝时间不得大于600min，其余技术性质要求同硅酸盐水泥。

第三节 掺大量混合材料的硅酸盐水泥

一、混合材料

磨制水泥时掺入的人工或天然矿物材料称为混合材料。混合材料按其性能可分为活性混合材料和非活性混合材料两大类。

（一）活性混合材料

常温下能与石灰、石膏或硅酸盐水泥一起，加水拌合后能发生水化反应，生成水硬性的水化产物的混合材料称为活性混合材料。常用的活性混合材料有粒化高炉矿渣、火山灰质混合材料、硅粉及粉煤灰。

1. 粒化高炉矿渣。粒化高炉矿渣是将炼铁高炉中的熔融炉渣经急速冷却后形成的质地疏松的颗粒材料。由于采用水淬方法进行急冷，故又称水淬高炉矿渣。急冷的目的在于阻止其中的矿物成分结晶，使其在常温下成为不稳定的玻璃体（一般占80%以上），从而具有较高的化学能即具有较高的潜在活性。

粒化高炉矿渣中的活性成分主要是活性 Al_2O_3 和活性 SiO_2，矿渣的活性用质量系数 K 评定，按国家标准《用于水泥中的粒化高炉矿渣》（GB/T 203—2008），K 是指矿渣的化学成分中 CaO、MgO、Al_2O_3 的质量分数之和与 SiO_2、MnO、TiO_2 的质量分数之和的比值。它反映了矿渣中活性组分与低活性和非活性组分之间的比例，K 值越大，则矿渣的活性越高。水泥用粒化高炉矿渣的质量系数不得小于1.2。

2. 火山灰质混合材料。火山灰质混合材料是指具有火山灰性的天然或人工的矿物材料。其品种很多，天然的有：火山灰、凝灰岩、浮石、浮石岩、沸石、硅藻土等；人工的有：烧页岩、烧粘土、煤渣、煤矸石、硅灰等。火山灰质混合材料的活性成分也是活性 Al_2O_3 和活性 SiO_2。

3. 硅粉。硅粉是硅铁合金生产过程排出的烟气，遇冷凝聚所形成的微细球形玻璃质粉末。硅粉颗粒的粒径约 $0.1\mu m$，比表面积在 $20000m^2/kg$ 以上，SiO_2 含量大于90%。由于硅粉具有很细的颗粒组成和很大的比表面积，因此其水化活性很大。当用于水泥和混凝土时，能加速水泥的水化硬化过程，改善硬化水泥浆体的微观结构，可明显提高混凝土的强度和耐久性。

4. 粉煤灰。粉煤灰是从燃煤发电厂的烟道气体中收集的粉末，又称飞灰。它以 Al_2O_3、SiO_2 为主要成分，含有少量 CaO，具有火山灰性，其活性主要取决于玻璃体的含量以及无定形 Al_2O_3 和 SiO_2 含量，同时颗粒形状及大小对其活性也有较大的影响，细小球形玻璃体含量越高，粉煤灰的活性越高。

国家标准《用于水泥和混凝土中的粉煤灰》（GB 1596—2005）规定，粉煤灰的活性用强度活性指数（粉煤灰取代30%水泥的试验胶砂与无粉煤灰的对比胶砂28d抗压强度之比）来评定，用于水泥中的粉煤灰要求活性指数不小于70%。

（二）非活性混合材料

凡常温下与石灰、石膏或硅酸盐水泥一起，加水拌合后不能发生水化反应或反应甚微，不能生成水硬性产物的混合材料称为非活性混合材料，常用的非活性混合材料主要有石灰石、石英砂及慢冷矿渣等。

二、活性混合材料的水化

磨细的活性混合材料与水调和后，本身不会硬化或硬化极其缓慢；但在饱和 $Ca(OH)_2$ 溶液中，常温下就会发生显著的水化反应：

$$x Ca(OH)_2 + 活性 SiO_2 + n_1 H_2O \longrightarrow x CaO \cdot SiO_2 \cdot (n_1 + x) H_2O$$
（水化硅酸钙）

$$y Ca(OH)_2 + 活性 Al_2O_3 + n_2 H_2O \longrightarrow y CaO \cdot Al_2O_3 \cdot (n_2 + y) H_2O$$
（水化铝酸钙）

生成的水化硅酸钙和水化铝酸钙是具有水硬性的产物，与硅酸盐水泥中的水化产物相同。当有石膏存在时，水化铝酸钙还可以和石膏进一步反应生成水化硫铝酸钙。由此可见，是氢氧化钙和石膏激发了混合材料的活性，故称它们为活性混合材料的激发剂；氢氧化钙称为碱性激发剂，石膏称为硫酸盐激发剂。

掺活性混合材料的硅酸盐水泥与水拌合后，首先是水泥熟料水化，之后是水泥熟料的水化产物——$Ca(OH)_2$ 与活性混合材料中的活性 SiO_2 和活性 Al_2O_3 发生水化反应（亦称二次反应）生成水化产物，由此过程可知，掺活性混合材料的硅酸盐系水泥的水化速度较慢，故早期强度较低，而由于水泥中熟料含量相对减少，故水化热较低。

三、混合材料在水泥生产中的作用

活性混合材料掺入水泥中的主要作用是：改善水泥的某些性能、调节水泥强度、降低水化热、降低生产成本、增加水泥产量、扩大水泥品种。

非活性混合材料掺入水泥中的主要作用是：调节水泥强度、降低水化热、降低生产成本、增加水泥产量。

四、矿渣硅酸盐水泥、火山灰质硅酸盐水泥、粉煤灰硅酸盐水泥、复合硅酸盐水泥

（一）组成与技术要求

按国家标准《通用硅酸盐水泥》（GB 175—2007）规定：由硅酸盐水泥熟料，再加入质量分数＞20％的单个或两个及以上不同品种的混合材料及适量石膏，组成上述四个品种的硅酸盐水泥。矿渣硅酸盐水泥、火山灰质硅酸盐水泥、粉煤灰硅酸盐水泥、复合硅酸盐水泥各强度等级、各龄期强度值见表3-6。

矿渣硅酸盐水泥、火山灰质硅酸盐水泥、粉煤灰硅酸盐水泥、复合硅酸盐水泥

各强度等级、各龄期强度值（GB 175—2007）　　　　　　　　表 3-6

强度等级	抗压强度（MPa）		抗折强度（MPa）	
	3d	28d	3d	28d
32.5	≥10.0	≥32.5	≥2.5	≥5.5
32.5R	≥15.0		≥3.5	
42.5	≥15.0	≥42.5	≥3.5	≥6.5
42.5R	≥19.0		≥4.0	
52.5	≥21.0	≥52.5	≥4.0	≥7.0
52.5R	≥23.0		≥4.5	

其终凝时间不大于 600min，细度为 $80\mu m$ 方孔筛筛余≤10％或 $45\mu m$ 方孔筛筛余≤30％，水泥中氧化镁含量≤6.0％（矿渣硅酸盐水泥中矿渣质量分数＞50％时，不作此项限定），矿渣硅酸盐水泥中的三氧化硫含量≤4.0％，其余技术性质指标同硅酸盐水泥。

（二）特性与应用

从这四种水泥的组成可以看出，它们的区别仅在于掺加的活性混合材料的不同，而由于四种活性混合材料的化学组成和化学活性基本相同，其水泥的水化产物及凝结硬化速度相近，因此这四种水泥的大多数性质和应用相同或相近，即这四种水泥在许多情况下可替代使用。同时，又由于这四种活性混合材料的物理性质和表面特征及水化活性等有些差异，使得这四种水泥分别具有某些特性。总之，这四种水泥与硅酸盐水泥或普通硅酸盐水泥相比，具有以下特点：

1. 四种水泥的共性。

（1）早期强度低、后期强度发展高。其原因是这四种水泥的熟料含量少且二次水化反应（即活性混合材料的水化）慢，故早期（3d、7d）强度低。后期由于二次水化反应的不断进行和水泥熟料的不断水化，水化产物不断增多，强度可赶上或超过同强度等级的硅酸盐水泥或普通硅酸盐水泥（见图 3-3）。活性混合材料的掺量越多，早期强度越低，但后期强度增长越多。

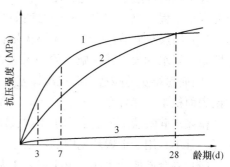

图 3-3　强度发展规律
1—硅酸盐水泥；2—掺混合材硅酸盐水泥；
3—混合材料

这四种水泥不适合用于早期强度要求高的混凝土工程，如冬期施工现浇工程等。

（2）对温度敏感，适合高温养护。这四种水泥在低温下水化明显减慢，强度较低。采用高温养护可大大加速活性混合材料的水化，并可加速熟料的水化，故可大大提高早期强度，且不影响常温下后期强度的发展（见图 3-3）。

（3）耐腐蚀性好。这四种水泥的熟料数量相对较少，水化硬化后水泥石中的氢氧化钙和水化铝酸钙的数量少，且活性混合材料的二次水化反应使水泥石中氢氧化钙的数量进一步降低，因此耐腐蚀性好，适合用于有硫酸盐、镁盐、软水等侵蚀作用的环境，如水工、海港、码头等混凝土工程。但当侵蚀介质的浓度较高或耐腐蚀性要求高时，仍不宜使用。

（4）水化热小。四种水泥中的熟料含量少，因而水化放热量少，尤其是早期放热速度慢，放热量少，适合用于大体积混凝土工程。

（5）抗冻性较差。矿渣和粉煤灰易泌水形成连通孔隙，火山灰一般需水量较大，会增加内部的孔隙含量，故这四种水泥的抗冻性均较差。

（6）抗碳化性较差。由于这四种水泥在水化硬化后，水泥石中的氢氧化钙的数量少，故抵抗碳化的能力差。因而不适合用于二氧化碳浓度含量高的工业厂房，如铸造、翻砂车间等。

2. 四种水泥的特性。

（1）矿渣硅酸盐水泥。由于粒化高炉矿渣玻璃体对水的吸附能力差，即对水分的保持能力差（保水性差），与水拌合时易产生泌水造成较多的连通孔隙，因此，矿渣硅酸盐水泥的抗渗性差，且干缩较大。矿渣本身耐热性好，且矿渣硅酸盐水泥水化后氢氧化钙的含量少，故矿渣硅酸盐水泥的耐热性较好。

矿渣硅酸盐水泥适合用于有耐热要求的混凝土工程，不适合用于有抗渗要求的混凝土工程。

（2）火山灰质硅酸盐水泥。火山灰质混合材料内部含有大量的微细孔隙，故火山灰质硅酸盐水泥的保水性高；火山灰质硅酸盐水泥水化后形成较多的水化硅酸钙凝胶，使水泥石结构致密，因而其抗渗性较好；火山灰质硅酸盐水泥的干缩大，水泥石易产生微细裂纹，且空气中的二氧化碳能使水化硅酸钙凝胶分解成为碳酸钙和氧化硅的混合物，使水泥石的表面产生起粉现象。火山灰质硅酸盐水泥的耐磨性也较差。

火山灰质硅酸盐水泥适合用于有抗渗性要求的混凝土工程，不宜用于干燥环境中的地上混凝土工程，也不宜用于有耐磨性要求的混凝土工程。

（3）粉煤灰硅酸盐水泥。粉煤灰是表面致密的球形颗粒，其吸附水的能力较差，即保水性差、泌水性大，其在施工阶段易使制品表面因大量泌水产生收缩裂纹（又称失水裂纹），因而粉煤灰硅酸盐水泥抗渗性差；粉煤灰硅酸盐水泥的干缩较小，这是因为粉煤灰的比表面积小，拌合需水量小的缘故。粉煤灰硅酸盐水泥的耐磨性也较差。

粉煤灰硅酸盐水泥适合用于承载较晚的混凝土工程，不宜用于有抗渗性要求的混凝土工程，且不宜用于干燥环境中的混凝土及有耐磨性要求的混凝土工程。

（4）复合硅酸盐水泥。由于掺入了两种或两种以上规定的混合材料，其效果不只是各类混合材料的简单混合，而是互相取长补短，产生单一混合材料不能起到的优良效果，因此，复合水泥的性能介于普通硅酸盐水泥和以上 3 种混合材料硅酸盐水泥之间。

通用水泥的特性与选用见表 3-7 和表 3-8。

通用硅酸盐水泥的性质 表 3-7

项　目	硅酸盐水泥	普通硅酸盐水泥	矿渣硅酸盐水泥	火山灰质硅酸盐水泥	粉煤灰硅酸盐水泥	复合硅酸盐水泥
性 质	1. 早期、后期强度高 2. 耐腐蚀性差 3. 水化热大 4. 抗碳化性好 5. 抗冻性好 6. 耐磨性好 7. 耐热性差	1. 早期强度稍低，后期强度高 2. 耐腐蚀性稍好 3. 水化热较好 4. 抗碳化性好 5. 抗冻性好 6. 耐磨性较好 7. 耐热性稍好 8. 抗渗性好	早期强度低，后期强度高 ‖ 1. 对温度敏感，适合高温养护；2. 耐腐蚀性好；3. 水化热小；4. 抗冻性较差；5. 抗碳化性较差 ‖ 1. 泌水性大、抗渗性差 2. 耐热性较好 3. 干缩较大		1. 保水性好、抗渗性好 2. 干缩大 3. 耐磨性差	1. 泌水性大（快）易产生失水裂纹、抗渗性差 2. 干缩小、抗裂性好 3. 耐磨性差	早期强度较高 干缩较大

48

		混凝土工程特点及所处环境条件	优先选用	可以选用	不宜选用
普通混凝土	1	在一般气候环境中的混凝土	普通水泥	矿渣水泥、火山灰水泥粉煤灰水泥、复合水泥	
	2	在干燥环境中的混凝土	普通水泥	矿渣水泥	火山灰水泥、粉煤灰水泥
	3	在高湿度环境中或长期处于水中的混凝土	矿渣水泥、火山灰水泥粉煤灰水泥、复合水泥	普通水泥	
	4	厚大体积的混凝土	矿渣水泥、火山灰水泥粉煤灰水泥、复合水泥	普通水泥	硅酸盐水泥
有特殊要求的混凝土	1	要求快硬、高强（>C40）的混凝土	硅酸盐水泥	普通水泥	矿渣水泥、火山灰水泥、粉煤灰水泥、复合水泥
	2	严寒地区的露天混凝土、寒冷地区处于水位升降范围内的混凝土	普通水泥	矿渣水泥（强度等级>32.5）	火山灰水泥、粉煤灰水泥
	3	严寒地区处于水位升降范围内的混凝土	普通水泥（强度等级>42.5）		火山灰水泥、矿渣水泥、粉煤灰水泥、复合水泥
	4	有抗渗要求的混凝土	普通水泥、火山灰水泥		矿渣水泥、粉煤灰水泥
	5	有耐磨性要求的混凝土	硅酸盐水泥、普通水泥	矿渣水泥（强度等级>32.5）	火山灰水泥、粉煤灰水泥
	6	受侵蚀性介质作用的混凝土	矿渣水泥、火山灰水泥、粉煤灰水泥、复合水泥		硅酸盐水泥、普通水泥

第四节　其他品种水泥

一、道路硅酸盐水泥

随着我国高等级道路的发展，水泥混凝土路面已成为主要路面类型之一。对专供公路、城市、道路和机场道面用的道路水泥，我国已制定了国家标准。

（一）定义

以适当成分的生料烧至部分熔融，所得以硅酸钙为主要成分和较多量的铁铝酸钙的硅酸盐熟料称为道路硅酸盐水泥熟料。由道路硅酸盐水泥熟料、0～10％活性混合材料和适量石膏磨细制成的水硬性胶凝材料，称为道路硅酸盐水泥（简称道路水泥）。

（二）技术要求

国家标准《道路硅酸盐水泥》（GB 13693—2005）规定的技术要求如下：

1. 化学组成。在道路水泥或熟料中含有下列有害成分，必须加以限制：

（1）氧化镁含量。水泥中氧化镁含量不得超过 5.0%。

（2）三氧化硫含量。水泥中三氧化硫不得超过 3.5%。

（3）烧失量。水泥中烧失量不得大于 3.0%。

（4）游离氧化钙含量。熟料中游离氧化钙含量，旋窑生产者不得大于 1.0%；立窑生产者不得大于 1.8%。

（5）碱含量。由供需双方商定，若使用活性骨料，用户要求提供低碱水泥时，水泥中碱含量应不超过 0.60%。碱含量应按 $\omega(Na_2O) + 0.658\omega(K_2O)$ 计算值表示。

2. 矿物组成。

（1）铝酸三钙含量。熟料中铝酸三钙含量应不超过 5.0%。

（2）铁铝酸四钙含量。熟料中铁铝酸四钙含量应不低于 16.0%。

铝酸三钙（C_3A）和铁铝酸四钙（C_4AF）含量按下式求得：

$$\omega(3CaO \cdot Al_2O_3) = 2.65(\omega(Al_2O_3) - 0.64\omega(Fe_2O_3)) \tag{3-1}$$

$$\omega(4CaO \cdot Al_2O_3 \cdot Fe_2O_3) = 3.04\omega(Fe_2O_3) \tag{3-2}$$

式中 $\omega(3CaO \cdot Al_2O_3)$ ——硅酸盐水泥熟料中 C_3A 的含量，单位为质量分数（%）；

$\omega(4CaO \cdot Al_2O_3 \cdot Fe_2O_3)$ ——硅酸盐水泥熟料中 C_4AF 的含量，单位为质量分数（%）；

$\omega(Al_2O_3)$ ——硅酸盐水泥熟料中三氧化二铝的含量，单位为质量分数（%）；

$\omega(Fe_2O_3)$ ——硅酸盐水泥熟料中三氧化二铁的含量，单位为质量分数（%）。

3. 物理力学性质。

（1）比表面积。比表面积为 $300 \sim 450 m^2/kg$。

（2）凝结时间。初凝不早于 1h，终凝不得迟于 10h。

（3）安定性。用沸煮法检验必须合格。

（4）干缩性。28d 干缩率应不大于 0.10%。

（5）耐磨性。28d 磨耗量应不大于 $3.00 kg/m^2$。

（6）强度。道路水泥按规定龄期的抗压和抗折强度划分，各龄期的抗压和抗折强度应不低于表 3-9 所规定数值。

道路水泥的强度等级、各龄期强度值（GB 13693—2005）　　　　表 3-9

强度等级	抗压强度（MPa）		抗折强度（MPa）	
	3d	28d	3d	28d
32.5	16.0	32.5	3.5	6.5
42.5	21.0	42.5	4.0	7.0
52.5	26.0	52.5	5.0	7.5

（三）特性与应用

道路水泥是一种强度高、特别是抗折强度高、耐磨性好、干缩性小、抗冲击性好、抗冻性和抗硫酸性比较好的专用水泥。它适用于道路路面、机场跑道道面、城市广场等工程。由于道路水泥具有干缩性小、耐磨、抗冲击等特性，可减少水泥混凝土路面的裂缝和磨耗等病害，减少维修、延长路面使用年限。

二、白色硅酸盐水泥

凡以适当成分的生料烧至部分溶融，所得以硅酸钙为主要成分、氧化铁含量很少的白色硅酸盐水泥熟料，加入适量石膏，磨细制成的水硬性胶凝材料，称为白色硅酸盐水泥（简称白水泥）。

白水泥的性能与硅酸盐水泥基本相同，所不同的是严格控制水泥原料的铁含量，并严防在生产过程中混入铁质。白水泥中的 Fe_2O_3 含量一般小于 0.5%，并尽可能除掉其他着色氧化物（MnO、TiO_2 等）。

白水泥的技术性质应满足国家标准《白色硅酸盐水泥》（GB/T 2015—2005）的规定，细度为 $80\mu m$ 方孔筛筛余不超过 10%；初凝应不早于 45min，终凝应不迟于 10h；安定性（沸煮法）合格；水泥中 SO_3 含量应不超过 3.5%。白水泥强度等级按规定的抗压和抗折强度来划分，各强度等级的各龄期强度应不低于表 3-10 所规定的数值。白水泥水泥白度值应不低于表 3-11 所规定的数值。

白色硅酸盐水泥的强度等级、各龄期强度值（GB/T 2015—2005）　　　表 3-10

强度等级	抗压强度（MPa）		抗折强度（MPa）	
	3d	28d	3d	28d
32.5	12.0	32.5	3.0	6.0
42.5	17.0	42.5	3.5	6.5
52.5	22.0	52.5	4.0	7.0

白色硅酸盐水泥白度等级（GB/T 2051—2005）　　　表 3-11

等级	特级	一级	二级	三级
白度（%）	86	84	80	75

三、铝酸盐水泥

凡以铝酸钙为主的铝酸盐水泥熟料，磨细制成的水硬性胶凝材料，称为铝酸盐水泥，代号 CA。

（一）铝酸盐水泥的组成、水化与硬化

铝酸盐水泥的主要化学成分是：CaO、Al_2O_3、SiO_2，生产原料是铝矾土和石灰石。

铝酸盐水泥的主要矿物成分是铝酸一钙（$CaO \cdot Al_2O_3$ 简写式 CA）和二铝酸一钙（$CaO \cdot 2Al_2O_3$ 简写式 CA_2），此外还有少量的其他铝酸盐和硅酸二钙。

铝酸一钙是铝酸盐水泥的最主要矿物，具有很高的活性，其特点是凝结正常、硬化迅速，是铝酸盐水泥强度的主要来源。

二铝酸一钙的凝结硬化慢，早期强度低，但后期强度较高。含量过多将影响水泥的快硬性能。

铝酸盐水泥的水化产物与温度密切相关，主要是十水铝酸一钙（$CaO \cdot Al_2O_3 \cdot 10H_2O$ 简写式 CAH_{10}）八水铝酸二钙（$2CaO \cdot Al_2O_3 \cdot 8H_2O$，简写式 C_2AH_8）和铝胶（$Al_2O_3 \cdot$

$3H_2O$）。

CAH_{10} 和 C_2AH_8 为片状或针状的晶体，它们互相交错搭接，形成坚固的结晶连生体骨架，同时生成的铝胶填充于晶体骨架的空隙中，形成致密的水泥石结构，因此强度较高。水化 5～7 天后，水化物的数量很少增长，故铝酸盐水泥的早期强度增长很快，后期强度增进很小。

特别需要指出的是，CAH_{10} 和 C_2AH_8 都是不稳定的，会逐步转化为 C_3AH_6，温度升高转化加快，晶体转变的结果，使水泥石内析出了游离水，增大了孔隙率；同时也由于 C_3AH_6 本身强度较低，且相互搭接较差，所以水泥石的强度明显下降，后期强度可能比最高强度降低达 40% 以上。

（二）铝酸盐水泥的技术性质

国家标准《铝酸盐水泥》（GB 201—2000）规定的技术要求是：

1. 化学成分：各类型水泥的化学成分要求见表 3-12。

各类型水泥化学成分（%）　　　　　　　　　表 3-12

水泥类型	Al_2O_3	SiO_2	Fe_2O_3	R_2O（Na_2O+0.658K_2O）	S[1]（全硫）	Cl[1]
CA-50	≥50，<60	≤8.0	≤2.5	≤0.40	≤0.1	≤0.1
CA-60	≥60，<68	≤5.0	≤2.0			
CA-70	≥68，<77	≤1.0	≤0.7			
CA-80	≥77	≤0.5	≤0.5			
1）当用户需要时，生产厂应提供结果和测定方法						

2. 细度：0.045mm 方孔筛筛余不大于 20% 或比表面积不小于 300m^2/kg。

3. 凝结时间：CA-50、CA-70、CA-80 的初凝不得早于 30min，终凝不得迟于 6h，CA-60 的初凝不得早于 60min，终凝不得迟于 18h。

4. 强度：各类型水泥各龄期强度值不得低于表 3-13 数值。

各类型水泥各龄期强度值（GB 201—2000）　　　　表 3-13

水泥类型	抗压强度（MPa）				抗折强度（MPa）			
	6h	1d	3d	28d	6h	1d	3d	28d
CA-50	20[1]	40	50	—	3.0[1]	5.5	6.5	—
CA-60	—	20	45	85	—	2.5	5.0	10.0
CA-70	—	30	40		—	5.0	6.0	
CA-80	—	25	30		—	4.0	5.0	
1）当用户需要时，生产厂应提供结果								

（三）铝酸盐水泥的特性与应用

与硅酸盐水泥相比，铝酸盐水泥具有以下特性及相应的应用：

1. 快硬早强。1d 强度高，适用于紧急抢修工程。

2. 水化热大。放热量主要集中在早期，1d 内即可放出水化总热量的 70%～80%，因此，不宜用于大体积混凝土工程，但适用于寒冷地区冬期施工的混凝土工程。

3. 抗硫酸盐侵蚀性好。是因为铝酸盐水泥在水化后几乎不含有 $Ca(OH)_2$，且结构致密。适用于抗硫酸盐及海水侵蚀的工程。

4. 耐热性好。是因为不存在水化产物 $Ca(OH)_2$ 在较低温度下的分解，且在高温时水化产物之间发生固相反应，生成新的化合物。因此，铝酸盐水泥可作为耐热砂浆或耐热混凝土的胶结材料，能耐 $1300\sim1400℃$ 高温。

5. 长期强度要降低。一般降低 $40\%\sim50\%$，因此不宜用于长期承载结构，且不宜用于高温环境中的工程。

四、快硬硫铝酸盐水泥

（一）快硬硫铝酸盐水泥的组成与水化

以适当成分的生料，经煅烧所得以无水硫铝酸钙和硅酸二钙为主要矿物成分的熟料，加入适量的石膏和 $0\sim10\%$ 的石灰石，磨细制成的早期强度高的水硬性胶凝材料，称为快硬硫铝酸盐水泥，代号 R·SAC。

生产快硬硫铝酸盐水泥的主要原料是矾土、石灰石和石膏。熟料的化学成分和矿物组成见表 3-14。

快硬硫铝酸盐水泥化学成分与矿物组成　　　　表 3-14

化学成分	含量（%）	矿物组成	含量（%）
CaO	40～44	$C_4A_3\bar{S}$	36～44
Al_2O_3	18～22	C_2S	23～34
SiO_2	8～12	C_2F	10～17
Fe_2O_3	6～10	$CaSO_4$	12～17
SO_3	12～16		

快硬硫铝酸盐的主要水化产物是：高硫型水化硫铝酸钙（AF_t）低硫型水化硫铝酸钙（AF_m）铝胶和水化硅酸盐，由于 $C_4A_3\bar{S}$、C_2S 和 $CaSO_4·2H_2O$ 在水化反应时互相促进，因此水泥的反应非常迅速，早期强度非常高。

（二）快硬硫铝酸盐水泥的技术性质

标准《快硬硫铝酸盐水泥、快硬铁铝酸盐水泥》（JC 933—2003）规定的技术要求是：

1. 比表面积：比表面积应小于 $350m^2/kg$；

2. 凝结时间：初凝不早于 25min，终凝不迟于 180min；

3. 强度：以 3d 抗压强度分为 42.5、52.5、62.5、72.5 四个等级，各强度等级水泥的各龄期强度应不低于表 3-15 数值。

快硬硫铝酸盐水泥各强度等级、各龄期强度值（JC 933—2003）　　表 3-15

强度等级	抗压强度（MPa）			抗折强度（MPa）		
	1d	3d	28d	1d	3d	28d
42.5	33.0	42.5	45.0	6.0	6.5	7.0
52.5	42.0	52.5	55.0	6.5	7.0	7.5
62.5	50.0	62.5	65.0	7.0	7.5	8.0
72.5	56.0	72.5	75.0	7.5	8.0	8.5

（三）快硬硫铝酸盐水泥的特性与应用

1. 凝结快、早期强度很高。1 天的强度可达 $34.5\sim59.0MPa$，因此特别适用抢修或紧急工程。

2. 水化放热快。但放热总量不大，因此适用于冬期施工，但不适用于大体积混凝土工程。

3. 硬化时体积微膨胀。因为水泥水化生成较多钙矾石，因此适用于有抗渗、抗裂要求的混凝土工程。

4. 耐蚀性好。因为水泥石中没有 $Ca(OH)_2$ 与水化铝酸钙，适用于有耐蚀性要求的混凝土工程。

5. 耐热性差。因为水化产物 AF_t 和 AF_m 中含有大量结晶水，遇热分解释放大量的水使水泥石强度下降，因此不适用于有耐热要求的混凝土工程。

习题与复习思考题

1. 硅酸盐水泥熟料的主要矿物组成是什么？它们单独与水作用时的特性如何？

2. 硅酸盐水泥的主要水化产物是什么？硬化水泥石的结构怎样？

3. 制造通用硅酸盐水泥时为什么必须掺入适量的石膏？石膏掺得太少或过多时，将产生什么情况？

4. 何谓水泥的凝结时间？国家标准为什么要规定水泥的凝结时间？

5. 硅酸盐水泥产生体积安定性不良的原因是什么？为什么？如何检验水泥的安定性？

6. 硅酸盐水泥强度发展的规律怎样？影响其凝结硬化的主要因素有哪些？怎样影响？

7. 现有甲、乙两厂生产的硅酸盐水泥熟料，其矿物组成如下表所示，试估计和比较这两个厂生产的硅酸盐水泥的强度增长速度和水化热等性质上有何差异？为什么？

生产厂	熟料矿物组成（%）			
	C_3S	C_2S	C_3A	C_4AF
甲　厂	52	21	10	17
乙　厂	45	30	7	18

8. 为什么生产硅酸盐水泥时掺适量石膏对水泥石不起破坏作用，而硬化水泥石在有硫酸盐的环境介质中生成石膏时就有破坏作用？

9. 硅酸盐水泥腐蚀的类型有哪些？腐蚀后水泥石破坏的形式有哪几种？

10. 何谓活性混合材料和非活性混合材料？它们加入硅酸盐水泥中各起什么作用？硅酸盐水泥常掺入哪几种活性混合材料？

11. 活性混合材料产生水硬性的条件是什么？

12. 某工地材料仓库存有白色胶凝材料 3 桶，原分别标明为磨细生石灰、建筑石膏和白水泥，后因保管不善，标签脱落，问可用什么简易方法来加以辨认？

13. 测得硅酸盐水泥标准试件的抗折和抗压破坏荷载如下，试评定其强度等级。

抗折破坏荷载（kN）		抗压破坏荷载（kN）	
3d	28d	3d	28d
1.79	2.90	42.1	84.8
		41.0	85.2
1.81	2.83	41.2	83.6
		40.3	83.9
1.92	3.52	43.5	87.1
		44.8	87.5

14. 在下列混凝土工程中，试分别选用合适的水泥品种，并说明选用的理由？

(1) 早期强度要求高、抗冻性好的混凝土；

(2) 抗软水和硫酸盐腐蚀较强、耐热的混凝土；

(3) 抗淡水侵蚀强、抗渗性高的混凝土；

(4) 抗硫酸盐腐蚀较高、干缩小、抗裂性较好的混凝土；

(5) 夏季现浇混凝土；

(6) 紧急军事工程；

(7) 大体积混凝土；

(8) 水中、地下的建筑物；

(9) 在我国北方，冬期施工混凝土；

(10) 位于海水下的建筑物；

(11) 填塞建筑物接缝的混凝土。

15. 铝酸盐水泥的特性如何？在使用中应注意哪些问题？

16. 快硬硫铝酸盐水泥有何特性？

第四章 混 凝 土

第一节 概 述

一、混凝土的分类

混凝土是指用胶凝材料将粗细骨料胶结成整体的复合固体材料的总称。混凝土的种类很多，分类方法也很多。

（一）按表观密度分类

1. 重混凝土。是指表观密度大于 2600kg/m³ 的混凝土，常由重晶石和铁矿石配制而成。

2. 普通混凝土。是指表观密度为 1950～2500kg/m³ 的水泥混凝土，主要以砂、石子和水泥配制而成，是土木工程中最常用的混凝土品种。

3. 轻混凝土。是指表观密度小于 1950kg/m³ 的混凝土，包括轻骨料混凝土、多孔混凝土和大孔混凝土等。

（二）按胶凝材料的品种分类

通常根据主要胶凝材料的品种，并以其名称命名，如水泥混凝土、石膏混凝土、水玻璃混凝土、硅酸盐混凝土、沥青混凝土、聚合物混凝土等。有时也以加入的特种改性材料命名，如水泥混凝土中掺入钢纤维时，称为钢纤维混凝土；水泥混凝土中掺大量粉煤灰时则称为粉煤灰混凝土等。

（三）按使用功能和特性分类

按使用部位、功能和特性通常可分为：结构混凝土、道路混凝土、水工混凝土、耐热混凝土、耐酸混凝土、防辐射混凝土、补偿收缩混凝土、防水混凝土、泵送混凝土、自密实混凝土、纤维混凝土、聚合物混凝土、高强混凝土、高性能混凝土等。

二、普通混凝土

普通混凝土是指以水泥为胶凝材料，砂子和石子为骨料，经加水搅拌、浇筑成型、凝结固化成具有一定强度的"人工石材"，即水泥混凝土，是目前工程上最大量使用的混凝土品种。

（一）普通混凝土的主要优点

1. 原材料来源丰富。混凝土中约 70% 以上的材料是砂石料，属地方性材料，可就地取材，避免远距离运输，因而价格低廉。

2. 施工方便。混凝土拌合物具有良好的流动性和可塑性，可根据工程需要浇筑成各种形状尺寸的构件及构筑物。既可现场浇筑成型，也可预制。

3. 性能可根据需要设计调整。通过调整各组成材料的品种和数量，特别是掺入不同外加剂和掺合料，可获得不同施工和易性、强度、耐久性或具有特殊性能的混凝土，满足工程上的不同要求。

4. 抗压强度高。混凝土的抗压强度一般在 7.5～60MPa 之间。当掺入高效减水剂和掺合料时，强度可达 100MPa 以上。

5. 耐久性好。原材料选择正确、配比合理、施工养护良好的混凝土具有优异的抗渗性、抗冻性和耐腐蚀性能，且对钢筋有保护作用，可保持混凝土结构长期使用性能稳定。

（二）普通混凝土存在的主要缺点

1. 自重大。$1m^3$ 混凝土重约 2400kg，故结构物自重较大，导致地基处理费用增加。

2. 抗拉强度低，抗裂性差。混凝土的抗拉强度一般只有抗压强度的 1/20～1/10，易开裂。

3. 收缩变形大。水泥水化凝结硬化引起的自身收缩和干燥收缩达 500×10^{-6} m/m 以上，易产生混凝土收缩裂缝。

（三）普通混凝土的基本要求

1. 满足便于搅拌、运输和浇捣密实的施工和易性。

2. 满足设计要求的强度等级。

3. 满足工程所处环境条件所必需的耐久性。

4. 满足上述三项要求的前提下，最大限度地降低水泥用量，节约成本，即经济合理性。

为了满足上述四项基本要求，就必须研究原材料性能，研究影响混凝土和易性、强度、耐久性、变形性能的主要因素；研究配合比设计原理、混凝土质量波动规律以及相关的检验评定标准等。这也是本章的重点和紧紧围绕的中心。

第二节 普通混凝土的组成材料

混凝土的性能在很大程度上取决于组成材料的性能。因此，必须根据工程性质、设计要求和施工现场条件合理选择原料的品种、质量和用量。要做到合理选择原材料，则首先必须了解组成材料的性质、作用原理和质量要求。

一、水泥

（一）水泥品种的选择

水泥品种的选择主要根据工程结构特点、工程所处环境及施工条件确定。如高温车间结构混凝土有耐热要求，一般宜选用耐热性好的矿渣水泥等。详见第三章水泥。

（二）水泥强度等级的选择

水泥强度等级的选择原则为：混凝土设计强度等级越高，则水泥强度等级也宜越高；设计强度等级低，则水泥强度等级也相应低。例如：C40 以下混凝土，一般选用强度等级 32.5 级的水泥；C45～C60 混凝土一般选用 42.5 级的水泥，在采用高效减水剂等条件下也可选用 32.5 级；大于 C60 的高强混凝土，一般宜选用 42.5 级或更高强度等级的水泥；对于 C15 以下的混凝土，则宜选择强度等级为 32.5 级的水泥，并外掺粉煤灰等混合材料。

二、细骨料

公称粒径在 0.15～5.0mm 之间的骨料称为细骨料，亦即砂。常用的细骨料有河砂、海砂、山砂和机制砂（有时也称为人工砂、加工砂）等。通常根据技术要求分为Ⅰ类、Ⅱ

类和Ⅲ类。Ⅰ类用于强度等级大于 C60 的混凝土；Ⅱ类用于 C30～C60 的混凝土；Ⅲ类用于小于 C30 的混凝土。

海砂可用于配制素混凝土，但不能直接用于配制钢筋混凝土，主要是氯离子含量高，容易导致钢筋锈蚀，如要使用，必须经过淡水冲洗，使有害成分含量减少到要求以下。山砂可以直接用于一般工程混凝土结构，当用于重要结构物时，必须通过坚固性试验和碱活性试验。机制砂是指将卵石或岩石用机械破碎的方法，通过冲洗、过筛制成。通常是在加工碎卵石或碎石时，将小于 10mm 的部分进一步加工而成。

细骨料的主要质量指标有：

1. 有害杂质含量。细骨料中的有害杂质主要包括两方面：①黏土和云母。它们粘附于砂表面或夹杂其中，严重降低水泥与砂的粘结强度，从而降低混凝土的强度、抗渗性和抗冻性，增大混凝土的收缩。②有机质、硫化物及硫酸盐。它们对水泥有腐蚀作用，从而影响混凝土的性能。因此对有害杂质含量必须加以限制。《建筑用砂》（GB/T 14684—2001）对有害物质含量的限值见表 4-1。

砂中有害物质含量限值　　　　　　　　　　　　　　表 4-1

项　　　目		Ⅰ　类	Ⅱ　类	Ⅲ　类
云母含量（按质量计,%）	<	1.0	2.0	2.0
硫化物及硫酸盐含量（按 SO₃ 质量计,%）	<	0.5	0.5	0.5
有机物含量（用比色法试验）		合格	合格	合格
轻物质（按质量计,%）	<	1.0	1.0	1.0
氯化物含量（以氯离子质量计,%）	<	0.01	0.02	0.06
含泥量（按质量计,%）	<	1.0	3.0	5.0
泥块含量（按质重计,%）	<	0	1.0	2.0

此外，由于氯离子对钢筋有严重的腐蚀作用，当采用海砂配制钢筋混凝土时，海砂中氯离子含量要求小于 0.06%（以干砂重计）；对预应力混凝土不宜采用海砂，若必须使用海砂时，需经淡水冲洗至氯离子含量小于 0.02%。用海砂配制素混凝土，氯离子含量不予限制。

2. 颗粒形状及表面特征。河砂和海砂经水流冲刷，颗粒多为近似球状，且表面少棱角、较光滑，配制的混凝土流动性往往比山砂或机制砂好，但与水泥的粘结性能相对较差；山砂和机制砂表面较粗糙，多棱角，故混凝土拌合物流动性相对较差，但与水泥的粘结性能较好。水灰比相同时，山砂或机制砂配制的混凝土强度略高；而流动性相同时，因山砂和机制砂用水量较大，故混凝土强度相近。

3. 坚固性。砂是由天然岩石经自然风化作用而成，机制砂也会含大量风化岩体，在冻融或干湿循环作用下有可能继续风化，因此对某些重要工程或特殊环境下工作的

天然砂的坚固性指标　　表 4-2

项　　　目	Ⅰ类	Ⅱ类	Ⅲ类
循环后质量损失（%）　<	8	8	10

混凝土用砂，应做坚固性检验。坚固性根据《建筑用砂》（GB/T 14684—2001）规定，天然砂采用硫酸钠溶液浸泡→烘干→浸泡循环试验法检验。测定 5 个循环后的质量损失率。指标应符合表 4-2 的要求。

4. 粗细程度与颗粒级配。砂的粗细程度是指不同粒径的砂粒混合体平均粒径大小。通常用细度模数（M_x）表示，其值并不等于平均粒径，但能较准确反映砂的粗细程度。细度模数 M_x 越大，表示砂越粗，单位重量总表面积（或比表面积）越小；M_x 越小，则砂比表面积越大。

砂的颗粒级配是指不同粒径的砂粒搭配比例。良好的级配指粗颗粒的空隙恰好由中颗粒填充，中颗粒的空隙恰好由细颗粒填充，如此逐级填充（如图 4-1 所示）使砂形成最致密的堆积状态，空隙率达到最小值，堆积密度达最大值。这样可达到节约水泥，提高混凝土综合性能的目标。因此，砂颗粒级配反映空隙率大小。

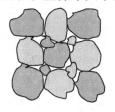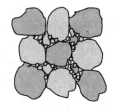

图 4-1 砂颗粒级配示意图

（1）细度模数和颗粒级配的测定。砂的粗细程度和颗粒级配用筛分析方法测定，用细度模数表示粗细，用级配区表示砂的级配。根据《建筑用砂》（GB/T 14684-2001），筛分析是用一套孔径为 4.75、2.36、1.18、0.600、0.300、0.150mm 的标准筛，将 500g 干砂由粗到细依次过筛（详见试验），称量各筛上的筛余量 m_i（g），计算各筛上的分计筛余百分率 a_i（%），再计算累计筛余百分率 A_i（%）。a_i 和 A_i 的计算关系见表 4-3。

累计筛余与分计筛余计算关系 表 4-3

筛孔尺寸（方孔筛）（mm）	筛余量（g）	分计筛余（%）	累计筛余（%）
4.75	m_1	$a_1 = m_1/m$	$A_1 = a_1$
2.36	m_2	$a_2 = m_2/m$	$A_2 = A_1 + a_2$
1.18	m_3	$a_3 = m_3/m$	$A_3 = A_2 + a_3$
0.600	m_4	$a_4 = m_4/m$	$A_4 = A_3 + a_4$
0.300	m_5	$a_5 = m_5/m$	$A_5 = A_4 + a_5$
0.150	m_6	$a_6 = m_6/m$	$A_6 = A_5 + a_6$
底盘	$m_底$	$m = m_1 + m_2 + m_3 + m_4 + m_5 + m_6 + m_底$	

细度模数根据下式计算（精确至 0.01）：

$$M_x = \frac{(A_2 + A_3 + A_4 + A_5 + A_6) - 5A_1}{100 - A_1} \quad (4-1)$$

根据细度模数 M_x 大小将砂按下列分类：

$M_x > 3.7$ 特粗砂；$M_x = 3.1 \sim 3.7$ 粗砂；$M_x = 3.0 \sim 2.3$ 中砂；

$M_x = 2.2 \sim 1.6$ 细砂；$M_x = 1.5 \sim 0.7$ 特细砂。

砂的颗粒级配根据 0.600mm 筛孔对应的累计筛余百分率 A_4，分成 I 区、II 区和 III 区三个级配区，见表 4-4。级配良好的粗砂应落在 I 区；级配良好的中砂应落在 II 区；细砂则在 III 区。实际使用的砂颗粒级配可能不完全符合要求，除了 4.75mm 和 0.600mm 对应的累计筛余率外，其余各档允许有 5% 的超界，当某一筛档累计筛余率超界 5% 以上时，说明砂级配很差，视作不合格。

筛孔尺寸（方孔筛）（mm）	累计筛余（%）		
	Ⅰ区	Ⅱ区	Ⅲ区
9.50	0	0	0
4.75	10～0	10～0	10～0
2.36	35～5	25～0	15～0
1.18	65～35	50～10	25～0
0.600	85～71	70～41	40～16
0.300	95～80	92～70	85～55
0.150	100～90	100～90	100～90

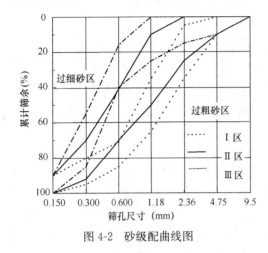

图 4-2 砂级配曲线图

以累计筛余百分率为纵坐标，筛孔尺寸为横坐标，根据表 4-4 的级区可绘制Ⅰ、Ⅱ、Ⅲ级配区的筛分曲线，如图 4-2 所示。在筛分曲线上可以直观地分析砂的颗粒级配优劣。

【例 4-1】 某工程用砂，经烘干、称量、筛分析，测得各号筛上的筛余量列于表 4-5。试评定该砂的粗细程度（M_x）和级配情况。

【解】 ①分计筛余百分率和累计筛余百分率计算结果列于表 4-6。

②计算细度模数：

$$M_x = \frac{(A_2 + A_3 + A_4 + A_5 + A_6) - 5A_1}{100 - A_1}$$

$$= \frac{(17.24 + 31.87 + 63.22 + 86.94 + 98.05) - 5 \times 5.71}{100 - 5.71} = 2.85$$

③确定级配区、绘制级配曲线：该砂样在 0.600mm 筛上的累计筛余百分率 $A_4 = 63.22$ 落在Ⅱ级区，其他各筛上的累计筛余百分率也均落在Ⅱ级区规定的范围内，因此可以判定该砂为Ⅱ级区砂。级配曲线图见 4-3。

筛分析试验结果 表 4-5

筛孔尺寸（mm）	4.75	2.36	1.18	0.600	0.300	0.150	底盘	合计
筛余量（g）	28.5	57.6	73.1	156.6	118.5	55.5	9.7	499.5

分计筛余百分率和累计筛余百分率计算结果 表 4-6

分计筛余百分率	a_1	a_2	a_3	a_4	a_5	a_6
（%）	5.71	11.53	14.63	31.35	23.72	11.11
累计筛余百分率	A_1	A_2	A_3	A_4	A_5	A_6
（%）	5.71	17.24	31.87	63.22	86.94	98.05

④结果评定：该砂的细度模数 $M_x = 2.85$，属中砂；Ⅱ级区砂，级配良好。可用于配制混凝土。

（2）砂的掺配使用。

配制普通混凝土的砂宜为中砂（$M_x = 2.3 \sim 3.0$），Ⅱ级区。但实际工程中往往出现砂偏细或偏粗的情况。通常有两种处理方法：

①当只有一种砂源时，对偏细砂适当减少砂用量，即降低砂率；对偏粗砂则适当增加

砂用量,即增加砂率。

②当粗砂和细砂可同时提供时,宜将细砂和粗砂按一定比例掺配使用,这样既可调整 M_x ,也可改善砂的级配,有利于节约水泥,提高混凝土性能。掺配比例可根据砂资源状况,粗细砂各自的细度模数及级配情况,通过试验和计算确定。

5. 砂的含水状态。砂的含水状态有如下 4 种,如图 4-4 所示。

①绝干状态:砂粒内外不含任何水,通常在 $105 \pm 5℃$ 条件下烘干而得。

②气干状态:砂粒表面干燥,内部孔隙中部分含水。指室内或室外(天晴)空气平衡的含水状态,其含水量的大小与空气相对湿度和温度密切相关。

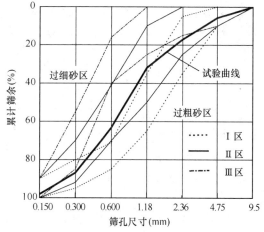

图 4-3 级配曲线

(a)　　　　(b)　　　　(c)　　　　(d)

图 4-4　砂含水状态示意图
(a) 绝干状态;(b) 气干状态;
(c) 饱和面干状态;(d) 湿润状态

③饱和面干状态:砂粒表面干燥,内部孔隙全部吸水饱和。水利工程上通常采用饱和面干状态计量砂用量。

④湿润状态:砂粒内部吸水饱和,表面还含有部分表面水。施工现场,特别是雨后常出现此种状况,搅拌混凝土中计量砂用量时,要扣除砂中的含水量;同样,计量水用量时,要扣除砂中带入的水量。

三、粗骨料

颗粒粒径大于 5mm 的骨料为粗骨料。混凝土工程中常用的有碎石和卵石两大类。碎石为岩石(有时采用大块卵石,称为碎卵石)经破碎、筛分而得;卵石多为自然形成的河卵石经筛分而得。通常根据卵石和碎石的技术要求分为Ⅰ类、Ⅱ类和Ⅲ类。Ⅰ类用于强度等级大于 C60 的混凝土;Ⅱ类用于 C30～C60 的混凝土;Ⅲ类用于小于 C30 的混凝土。

粗骨料的主要技术指标有:

1. 有害杂质。与细骨料中的有害杂质一样,主要有黏土、硫化物及硫酸盐、有机物等。根据《建筑用卵石、碎石》(GB/T 14685—2001),其含量应符合表 4-7 的要求。

碎石或卵石中技术指标　　　　　　　　　　　　表 4-7

项　　目		指　　标		
		Ⅰ类	Ⅱ类	Ⅲ类
含泥量(按质量计,%)	<	0.5	1.0	1.5
泥块含量(按质量计,%)	<	0	0.5	0.7
硫化物及硫酸盐含量(以 SO_3 质量计,%)	<	0.5	1.0	1.0
有机物含量(用比色法试验)		合格	合格	合格
针片状颗粒(按质量计,%)	<	5	15	25
坚固性质量损失(%)	<	5	8	12
碎石压碎指标	<	10	20	30
卵石压碎指标	<	12	16	16

2. 颗粒形态及表面特征。粗骨料的颗粒形状以近立方体或近球状体为最佳，但在岩石破碎生产碎石的过程中往往产生一定量的针、片状，使骨料的空隙率增大，并降低混凝土的强度，特别是抗折强度。针状是指长度大于该颗粒所属粒级平均粒径的 2.4 倍的颗粒；片状是指厚度小于平均粒径 0.4 倍的颗粒。各别类粗骨料针片状含量要符合表 4-7 的要求。

粗骨料的表面特征指表面粗糙程度。碎石表面比卵石粗糙，且多棱角，因此，拌制的混凝土拌合物流动性较差，但与水泥粘结强度较高，配合比相同时，混凝土强度相对较高。卵石表面较光滑，少棱角，因此拌合物的流动性较好，但粘结性能较差，强度相对较低。但若保持流动性相同，由于卵石可比碎石少用适量水，因此卵石混凝土强度并不一定低。

3. 粗骨料最大粒径。混凝土所用粗骨料的公称粒级上限称为最大粒径。骨料粒径越大，其表面积越小，通常空隙率也相应减小，因此所需的水泥浆或砂浆数量也可相应减少，有利于节约水泥、降低成本，并改善混凝土性能。所以在条件许可的情况下，应尽量选得较大粒径的骨料。但在实际工程上，骨料最大粒径受到多种条件的限制：①最大粒径不得大于构件最小截面尺寸的 1/4，同时不得大于钢筋净距的 3/4。②对于混凝土实心板，最大粒径不宜超过板厚的 1/3，且不得大于 40mm。③对于泵送混凝土，当泵送高度在 50m 以下时，最大粒径与输送管内径之比，碎石不宜大于 1:3；卵石不宜大于 1:2.5。④对大体积混凝土（如混凝土坝或围堤）或疏筋混凝土，往往受到搅拌设备和运输、成型设备条件的限制。有时为节省水泥，降低收缩，可在大体积混凝土中抛入大块石，常称作抛石混凝土。

4. 粗骨料的颗粒级配。石子的粒级分为连续粒级和单位级两种。连续粒级指 5mm 以上至最大粒径 D_{max}，各粒级均占一定比例，且在一定范围内。单粒级指从 1/2 最大粒径开始至 D_{max}。单粒级用于组成具有要求级配的连续粒级，也可与连续粒级混合使用，以改善级配或配成较大密实度的连续粒级。单粒级一般不宜单独用来配制混凝土，如必须单独使用，则应作技术经济分析，并通过试验证明不发生离析或影响混凝土的质量。

石子的级配与砂的级配一样，通过一套标准筛筛分试验，计算累计筛余率确定。根据《建筑用卵石、碎石》（GB/T 14685—2001），碎石和卵石级配均应符合表 4-8 的要求。

碎石和卵石的颗粒级配范围 表 4-8

级配情况	公称粒级（mm）	累计筛余（%）										
		筛孔尺寸（方孔筛）（mm）										
		2.36	4.75	9.50	16.0	19.0	26.5	31.5	37.5	53.0	63.0	75.0	90
连续粒级	5～10	95～100	80～100	0～15	0	—	—	—	—	—	—	—	—
	5～16	95～100	85～100	30～60	0～10	0	—	—	—	—	—	—	—
	5～20	95～100	90～100	40～80	—	0～10	0	—	—	—	—	—	—
	5～25	95～100	90～100	—	30～70	—	0～5	0	—	—	—	—	—
	5～31.5	95～100	90～100	70～90	—	15～45	—	0～5	0	—	—	—	—
	5～40	—	95～100	70～90	—	30～65	—	—	0～5	0	—	—	—

级配情况	公称粒级（mm）	累计筛余（%）											
		筛孔尺寸（方孔筛）（mm）											
		2.36	4.75	9.50	16.0	19.0	26.5	31.5	37.5	53.0	63.0	75.0	90
单粒级	10～20	—	95～100	85～100	—	0～15	0	—	—	—	—	—	—
	16～31.5	—	95～100	—	85～100	—	0～10	0	—	—	—	—	—
	20～40	—	—	95～100	—	80～100	—	0～10	0	—	—	—	—
	31.5～63	—	—	—	95～100	—	75～100	45～75	—	0～10	0	—	—
	40～80	—	—	—	—	95～100	—	70～100	—	30～60	0～10	0	

5. 粗骨料的强度。根据《建筑用卵石、碎石》（GB/T 14685—2001）和《普通混凝土用砂、石质量及检验方法标准》（JGJ 52—2006）规定，碎石和卵石的强度可用岩石的抗压强度或压碎值指标两种方法表示。

岩石的抗压强度采用 ϕ50mm×50mm 的圆柱体或边长为 50mm 的立方体试样测定。一般要求其抗压强度大于配制混凝土强度的 1.5 倍，且不小于 45MPa（饱水）。

根据《建筑用卵石、碎石》（GB/T 14685—2001），压碎值指标是将 9.5～19mm 的石子 G_1（g），装入专用试样筒中，施加 200kN 的荷载，卸载后用孔径 2.36mm 的筛子筛去被压碎的细粒，称量筛余，计作 G_2（g），则压碎值指标 Q_e（%）按下式计算：

$$Q = \frac{m - m_1}{m} \times 100$$

$$Q_e = \frac{G_1 - G_2}{G_1} \times 100$$

(4-2)

压碎值越小，表示石子强度越高，反之亦然。各类别骨料的压碎值指标应符合表 4-7 的要求。

6. 粗骨料的坚固性。粗骨料的坚固性指标与砂相似，各类别骨料的质量损失应符合表 4-7 的要求。

四、拌合用水

根据《混凝土用水标准》（JGJ 63—2006）的规定，凡符合国家标准的生活饮用水，均可拌制各种混凝土。海水可拌制素混凝土，但不宜拌制有饰面要求的素混凝土，更不得拌制钢筋混凝土和预应力混凝土。

值得注意的是，在野外或山区施工采用天然水拌制混凝土时，均应对水的有机质、Cl^- 和 SO_4^{2-} 含量等进行检测，合格后方能使用。

第三节　普通混凝土的技术性质

一、新拌混凝土的性能

（一）混凝土的和易性

1. 和易性的概念。

新拌混凝土的和易性，也称工作性，是指拌合物易于搅拌、运输、浇捣成型，并获得质量均匀密实的混凝土的一项综合技术性能。通常用流动性、黏聚性和保水性三项内容表示。流动性是指拌合物在自重或外力作用下产生流动的难易程度；黏聚性是指拌合物各组成材料之间不产生分层离析现象；保水性是指拌合物不产生严重的泌水现象。

通常情况下，混凝土拌合物的流动性越大，则保水性和黏聚性越差，反之亦然。和易性良好的混凝土是指既具有满足施工要求的流动性，又具有良好的黏聚性和保水性。良好的和易性既是施工的要求也是获得质量均匀密实混凝土的基本保证。

2. 和易性的测试和评定。

混凝土拌合物和易性是一项极其复杂的综合指标，到目前为止全世界尚无能够全面反映混凝土和易性的测定方法，通常通过测定流动性，再辅以其他直观观察或经验综合评定混凝土和易性。流动性的测定方法有坍落度法、维勃稠度法、探针法、斜槽法、流出时间法和凯利球法等十多种，对普通混凝土而言，最常用的是坍落度法和维勃稠度法。

(1) 坍落度法：将搅拌好的混凝土分三层装入坍落度筒中（见图 4-5a），每层插捣 25 次，抹平后垂直提起坍落度筒，混凝土则在自重作用下坍落，以坍落高度（单位：mm）代表混凝土的流动性。坍落度越大，则流动性越好。

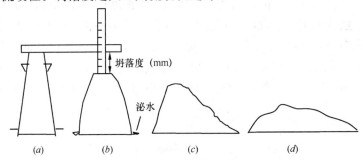

图 4-5 混凝土拌合物和易性测定
(a) 坍落度筒；(b) 坍落度测试；(c) 黏聚性欠佳；(d) 黏聚性不良

黏聚性通过观察坍落度测试后混凝土所保持的形状，或侧面用捣棒敲击后的形状判定，如图 4-5 所示。当坍落度筒一提起即出现图 4-5 (c) 或 (d)，表示黏聚性不良；敲击后出现图 4-5 (b) 状，则黏聚性好；敲击后出现图 4-5 (c) 状，则黏聚性欠佳；敲击后出现图 4-5 (d) 状，则黏聚性不良。

保水性是以水或稀浆从底部析出的量大小评定（见图 4-5b）。析出量大，保水性差，严重时粗骨料表面稀浆流失而裸露。析出量小则保水性好。

根据坍落度值大小将混凝土分为四类：

①大流动性混凝土：坍落度≥160mm；

②流动性混凝土：坍落度 100～150mm；

③塑性混凝土：坍落度 10～90mm；

④干硬性混凝土：坍落度＜10mm。

坍落度法测定混凝土和易性的适用条件为：

a. 粗骨料最大粒径≤40mm；

b. 坍落度≥10mm。

对坍落度小于 10mm 的干硬性混凝土，坍落度值已不能准确反映其流动性大小。如当两种混凝土坍落度均为零时，但在振捣器作用下的流动性可能完全不同。故一般采用维勃稠度法测定。

(2) 维勃稠度法：坍落度法的测试原理是混凝土在自重作用下坍落，而维勃稠度法则是在坍落度筒提起后，施加一个振动外力，测试混凝土在外力作用下完全填满面板所需时间（单位：s）代表混凝土流动性。时间越短，流动性越好；时间越长，流动性越差。如图 4-6 所示。

(3) 坍落度的选择原则：实际施工时采用的坍落度大小根据下列条件选择：

①构件截面尺寸大小：截面尺寸大，易于振捣成型，坍落度适当选小些，反之亦然。

②钢筋疏密：钢筋较密，则坍落度选大些；反之亦然。

③捣实方式：人工捣实，则坍落度选大些；机械振捣则选小些。

④运输距离：从搅拌机出口至浇捣现场运输距离较远时，应考虑途中坍落度损失，坍落度宜适当选大些，特别是商品混凝土。

⑤气候条件：气温高、空气相对湿度小时，因水泥水化速度加快及水分挥发加速，坍落度损失大，坍落度宜选大些，反之亦然。

一般情况下，坍落度可按表 4-9 选用。

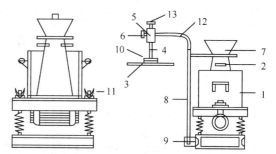

图 4-6 维勃稠度试验仪
1—容器；2—坍落度筒；3—圆盘；4—滑棒；5—套筒；
6、13—螺栓；7—漏斗；8—支柱；9—定位螺栓；
10—荷重；11—元宝螺栓；12—旋转架

混凝土浇筑时的坍落度 表 4-9

构件种类	坍落度（mm）
基础或地面等的垫层、无配筋的大体积结构（挡土墙、基础等）或配筋稀疏的结构	10～30
板、梁和大型及中型截面的柱子等	30～50
配筋密列的结构（薄壁、斗仓、筒仓、细柱等）	50～70
配筋特密的结构	70～90

3. 影响和易性的主要因素。

(1) 单位用水量

单位用水量是混凝土流动性的决定因素。用水量增大，流动性随之增大。但用水量大带来的不利影响是保水性和黏聚性变差，易产生泌水分层离析，从而影响混凝土的匀质性、强度和耐久性。大量的实验研究证明在原材料品质一定的条件下，单位用水量一旦选定，单位水泥用量增减 $50～100 kg/m^3$，混凝土的流动性基本保持不变，这一规律称为固定用水量定则。这一定则对普通混凝土的配合比设计带来极大便利，即可通过固定用水量保证混凝土坍落度的同时，调整水泥用量，即调整水灰比，来满足强度和耐久性要求。在进行混凝土配合比设计时，单位用水量可根据施工要求的坍落度和粗骨料的种类、规格，根据《普通混凝土配合比设计规程》（JGJ 55—2000）按表 4-10 选用，再通过试配调整，最终确定单位用水量。

混凝土单位用水量选用表

表 4-10

项　目	指标	卵石最大粒径（mm）				碎石最大粒径（mm）			
		10	20	31.5	40	16	20	31.5	40
坍落度（mm）	10～30	190	170	160	150	200	185	175	165
	35～50	200	180	170	160	210	195	185	175
	55～70	210	190	180	170	220	205	195	185
	75～90	215	195	185	175	230	215	205	195
维勃稠度（s）	16～20	175	160	—	145	180	170	—	155
	11～15	180	165	—	150	185	175	—	160
	5～10	185	170	—	155	190	180	—	165

注：1. 本表用水量系采用中砂时的平均取值，如采用细砂，每立方米混凝土用水量可增加 5～10kg，采用粗砂时则可减少 5～10kg；

2. 掺用各种外加剂或掺合料时，可相应增减用水量；

3. 本表不适用于水灰比小于 0.4 时的混凝土以及采用特殊成型工艺的混凝土。

（2）浆骨比

浆骨比指水泥浆用量与砂石用量之比值。在混凝土凝结硬化之前，水泥浆主要赋予流动性；在混凝土凝结硬化以后，主要赋予粘结强度。在水灰比一定的前提下，浆骨比越大，即水泥浆量越大，混凝土流动性越大。通过调整浆骨比大小，既可以满足流动性要求，又能保证良好的黏聚性和保水性。浆骨比不宜太大，否则易产生流浆现象，使黏聚性下降。浆骨比也不宜太小，否则因骨料间缺少粘结体，拌合物易发生崩塌现象。因此，合理的浆骨比是混凝土拌合物和易性的良好保证。

（3）水灰比

水灰比即水用量与水泥用量之比。在水泥用量和骨料用量不变的情况下，水灰比增大，相当于单位用水量增大，水泥浆很稀，拌合物流动性也随之增大，反之亦然。用水量增大带来的负面影响是严重降低混凝土的保水性，增大泌水，同时使黏聚性也下降。但水灰比也不宜太小，否则因流动性过低影响混凝土振捣密实，易产生麻面和空洞。合理的水灰比是混凝土拌合物流动性、保水性和黏聚性的良好保证。

（4）砂率

砂率是指砂子占砂石总重量的百分率，表达式为：

$$S_p = \frac{S}{S+G} \times 100 \tag{4-3}$$

式中　S_p——砂率（%）；

　　　S——砂子用量（kg）；

　　　G——石子用量（kg）。

砂率对和易性的影响非常显著。

①对流动性的影响。在水泥用量和水灰比一定的条件下，由于砂子与水泥浆组成的砂浆在粗骨料间起到润滑和辊珠作用，可以减小粗骨料间的摩擦力，所以在一定范围内，随砂率增大，混凝土流动性增大。另一方面，由于砂子的比表面积比粗骨料大，随着砂率增加，粗细骨料的总表积增大，在水泥浆用量一定的条件下，骨料表面包裹的浆量减薄，润

滑作用下降,使混凝土流动性降低。所以砂率超过一定范围,流动性随砂率增加而下降,如图 4-7 (*a*) 所示。

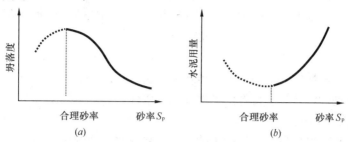

图 4-7　砂率与混凝土流动性和水泥用量的关系
(*a*) 砂率与坍落度的关系;(*b*) 砂率与水泥用量的关系

②对黏聚性和保水性的影响。砂率减小,混凝土的黏聚性和保水性均下降,易产生泌水、离析和流浆现象。砂率增大,黏聚性和保水性增加。但砂率过大,当水泥浆不足以包裹骨料表面时,则黏聚性反而下降。

③合理砂率的确定。合理砂率是指砂子填满石子空隙并有一定的富余量,能在石子间形成一定厚度的砂浆层,以减少粗骨料间的摩擦阻力,使混凝土流动性达最大值。或者在保持流动性不变的情况下,使水泥浆用量达最小值,如图 4-7 (*b*) 所示。

合理砂率的确定可根据上述两个原则通过试验确定,在大型混凝土工程中经常采用;对普通混凝土工程可根据经验或根据《普通混凝土配合比设计规程》(JGJ 55—2000) 参照表 4-11 选用。

混凝土砂率选用表　　　　　　　　　　　　　　　　　　　表 4-11

水灰比 (W/C)	卵石最大粒径 (mm)			碎石最大粒径 (mm)		
	10	20	40	16	20	40
0.40	26~32	25~31	24~30	30~35	29~34	27~32
0.50	30~35	29~34	28~33	33~38	32~37	30~35
0.60	33~38	32~37	31~36	36~41	35~40	33~38
0.70	36~41	35~40	34~39	39~44	38~43	36~41

注:1. 表中数值系中砂的选用砂率,对细砂或粗砂,可相应地减少或增大砂率;
　　2. 本砂率适用于坍落度为 10~60mm 的混凝土,坍落度如大于 60mm 或小于 10mm 时,应相应增大或减小砂率;按每增大 20mm,砂率增大 1% 的幅度予以调整;
　　3. 只用一个单粒级粗骨料配制混凝土时,砂率值应适当增大;
　　4. 掺有各种外加剂或掺合料时,其合理砂率值应经试验或参照其他有关规定选用;
　　5. 对薄壁构件砂率取偏大值。

(5) 水泥品种及细度

水泥品种不同时,达到相同流动性的需水量往往不同,从而影响混凝土流动性。另一方面,不同水泥品种对水的吸附作用往往不等,从而影响混凝土的保水性和黏聚性。如火山灰水泥、矿渣水泥配制的混凝土流动性比普通水泥小。在流动性相同的情况下,矿渣水泥的保水性能较差,黏聚性也较差。同品种水泥越细,流动性越差,但黏聚性和保水性越好。

(6) 骨料的品种和粗细程度

卵石表面光滑，碎石粗糙且多棱角，因此卵石配制的混凝土流动性较好，但黏聚性和保水性则相对较差。河砂与山砂的差异与上述相似。对级配符合要求的砂石料来说，粗骨料粒径越大，砂子的细度模数越大，则流动性越大，但黏聚性和保水性有所下降，特别是砂的粗细，在砂率不变的情况下，影响更加显著。

（7）外加剂

改善混凝土和易性的外加剂主要有减水剂和引气剂。它们能使混凝土在不增加用水量的条件下增加流动性，并具有良好的黏聚性和保水性。详见本章第四节。

（8）时间、气候条件

随着水泥水化和水分蒸发，混凝土的流动性将随着时间的延长而下降。气温高、湿度小、风速大将加速流动性的损失。

4.混凝土和易性的调整和改善措施

（1）当混凝土流动性小于设计要求时，为了保证混凝土的强度和耐久性，不能单独加水，必须保持水灰比不变，增加水泥浆用量。

（2）当坍落度大于设计要求时，可在保持砂率不变的前提下，增加砂石用量。实际上相当于减少水泥浆数量。

（3）改善骨料级配，既可增加混凝土流动性，也能改善黏聚性和保水性。但骨料占混凝土用量的75％左右，实际操作难度往往较大。

（4）掺减水剂或引气剂，是改善混凝土和易性的最有效措施。

（5）尽可能选用最优砂率。当黏聚性不足时可适当增大砂率。

（二）混凝土的凝结时间

混凝土的凝结时间与水泥的凝结时间有相似之处，但由于骨料的掺入，水灰比的变动及外加剂的应用，又存在一定的差异。水灰比增大，凝结时间延长；早强剂、速凝剂使凝结时间缩短；缓凝剂则使凝结时间大大延长。

混凝土的凝结时间分初凝和终凝。初凝指混凝土加水至失去塑性所经历的时间，亦即表示施工操作的时间极限；终凝指混凝土加水到产生强度所经历时间。初凝时间希望适当长，以便于施工操作；终凝与初凝的时间差则越短越好。

混凝土凝结时间的测定通常采用贯入阻力法。影响混凝土实际凝结时间的因素主要有水灰比、水泥品种、水泥细度、外加剂、掺合料和气候条件等。

二、硬化混凝土的性能

（一）混凝土的强度

强度是硬化混凝土最重要的性质，混凝土的其他性能与强度均有密切关系，混凝土的强度也是配合比设计、施工控制和质量检验评定的主要技术指标。混凝土的强度主要有抗压强度、抗折强度、抗拉强度和抗剪强度等，其中抗压强度值最大，也是最主要的强度指标。

1.混凝土的立方体抗压强度和强度等级。根据我国《普通混凝土力学性能试验方法标准》（GB/T 50081—2002）规定，立方体试件的标准尺寸为 150mm×150mm×150mm；标准养护条件为温度 20 ± 2℃，相对湿度 95％以上；标准龄期为 28 天。在上述条件下测得的抗压强度值称为混凝土立方体抗压强度，以 f_{cu} 表示。其测试和计算方法详见试验部分。

根据《混凝土结构设计规范》（GB 50010－2002），混凝土的强度等级应按立方体抗压强度标准值确定，混凝土立方体抗压强度标准值系指标准方法制作养护的边长为150mm的立方体试件，在28天龄期用标准方法测得的具有95％保证率的抗压强度。钢筋混凝土结构用混凝土分为C15、C20、C25、C30、C35、C40、C45、C50、C55、C60、C65、C70、C75、C80共14个等级。根据《混凝土质量控制标准》（GB 50164－1992）的规定，强度等级采用符号C和相应的标准值表示，普通混凝土划分为C7.5、C10、C15、C20、C25、C30、C35、C40、C45、C50、C55、C60共12个强度等级。如C30表示立方体抗压强度标准值为30MPa，亦即混凝土立方体抗压强度≥30MPa的概率要求95％以上。

混凝土强度等级的划分主要是为了方便设计、施工验收等。强度等级的选择主要根据建筑物的重要性、结构部位和荷载情况确定。

2. 轴心抗压强度。轴心抗压强度也称为棱柱体抗压强度。由于实际结构物（如梁、柱）多为棱柱体构件，因此采用棱柱体试件强度更有实际意义。它是采用150mm×150mm×（300～450）mm的棱柱体试件，经标准养护到28天测试而得。同一材料的轴心抗压强度 f_{cp} 小于立方体强度 f_{cu}，其比值大约为 $f_{cp}=$（0.7～0.8）f_{cu}。这是因为抗压强度试验时，试件在上下两块钢压板的摩擦力约束下，侧向变形受到限制，即"环箍效应"其影响高度大约为试件边长的0.866倍，如图4-8所示。因此立方体试件整体受到环箍效应的限制，测得的强度相对较高。而棱柱体试件的中间区域未受到"环箍效应"的影响，属纯压区，测得的强度相对较低。当钢压板

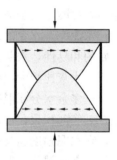

图4-8　钢压板对试件的约束作用

与试件之间涂上润滑剂后，摩擦阻力减小，环箍效应减弱，立方体抗压强度与棱柱体抗压强度趋于相等。

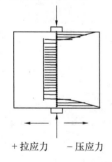

＋拉应力　－压应力

图4-9　劈裂抗拉试验装置示意图

3. 抗拉强度。混凝土的抗拉强度很小，只有抗压强度的1/20～1/10，混凝土强度等级越高，其比值越小。为此，在钢筋混凝土结构设计中，一般不考虑承受拉力，而是通过配置钢筋，由钢筋来承担结构的拉力。但抗拉强度对混凝土的抗裂性具有重要作用，它是结构设计中裂缝宽度和裂缝间距计算控制的主要指标，也是抵抗由于收缩和温度变形而导致开裂的主要指标。

用轴向拉伸试验测定混凝土的抗拉强度，由于荷载不易对准轴线而产生偏拉，且夹具处由于应力集中常发生局部破坏，因此试验测试非常困难，测试值的准确度也较低，故国内外普遍采用劈裂法间接测定混凝土的抗拉强度，即劈裂抗拉强度。

劈拉试验的标准试件尺寸为边长150mm的立方体，在上下两相对面的中心线上施加均布线荷载，使试件内竖向平面上产生均布拉应力，如图4-9所示。

此拉应力可通过弹性理论计算得出，计算式如下：

$$f_{st} = \frac{2P}{\pi A} = 0.637 \frac{P}{A} \tag{4-4}$$

式中　f_{st}——混凝土劈裂抗拉强度（MPa）；

P——破坏荷载（N）；

A——试件劈裂面积（mm^2）。

劈拉法不但大大简化了试验过程，而且能较准确地反应混凝土的抗拉强度。试验研究表明，轴拉强度低于劈拉强度，两者的比值约为 0.8～0.9。在无试验资料时，劈拉强度也可通过立方体抗压强度由下式估算：

$$f_{st} = 0.35 f_{cu}^{3/4} \tag{4-5}$$

4. 影响混凝土强度的主要因素。影响混凝土强度的因素很多，从内因来说主要有水泥强度、水灰比和骨料质量；从外因来说，则主要有施工条件、养护温度、湿度、龄期、试验条件和外加剂等。

（1）水泥强度和水灰比：混凝土的强度主要来自水泥石以及与骨料之间的粘结强度。水泥强度越高，则水泥石自身强度及与骨料的粘结强度就越高，混凝土强度也越高，试验证明，混凝土与水泥强度成正比关系。

水泥完全水化的理论需水量约为水泥重的 23% 左右，但实际拌制混凝土时，为获得良好的和易性，水灰比大约在 0.40～0.65 之间，多余水分蒸发后，在混凝土内部留下孔隙，且水灰比越大，留下的孔隙越大，使有效承压面积减少，混凝土强度也就越小。另一方而，多余水分在混凝土内的迁移过程中遇到粗骨料时，由于受到粗骨料的阻碍，水分往往在其底部积聚，形成水泡，极大地削弱砂浆与骨料的粘结强度，使混凝土强度下降。因此，在水泥强度和其他条件相同的情况下，水灰比越小，混凝土强度越高，水灰比越大，混凝土强度越低。但水灰比太小，混凝土过于干稠，使得不能保证振捣均匀密实，强度反而降低。试验证明，在相同的情况下，混凝土的强度（f_{cu}）与水灰比呈有规律的曲线关系，而与灰水比则呈线性关系。如图 4-10 所示，通过大量试验资料的数理统计分析，建立了混凝土强度经验公式（又称鲍罗米公式）：

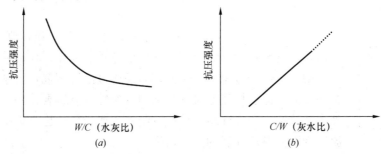

图 4-10　混凝土强度与水灰比及灰水比的关系

(a) 强度与水灰比的关系；(b) 强度与灰水比的关系

$$f_{cu} = \alpha_a f_{ce} \left(\frac{C}{W} - \alpha_b \right) \tag{4-6}$$

式中　f_{cu}——混凝土的立方体抗压强度（MPa）；

$\dfrac{C}{W}$——混凝土的灰水比，即 $1m^3$ 混凝土中水泥与水用量之比，其倒数即是水灰比；

f_{ce}——水泥的实际强度（MPa）；

α_a、α_b——与骨料种类有关的经验系数。

水泥的实际强度根据水泥胶砂强度试验方法测定。在进行混凝土配合比设计和实际施工中，需要事先确定水泥强度。当无条件时，可根据我国水泥生产标准及各地区实际情况，水泥实际强度以水泥强度等级乘以富余系数确定：

$$f_{ce} = K_c \cdot f_{ce,k} \qquad (4-7)$$

式中　K_c——水泥强度等级富余系数，一般取 1.05~1.15，如水泥已存放一定时间，则取 1.0；如存放时间超过 3 个月，或水泥已有结块现象，K_c 可能小于 1.0，必须通过试验实测；

　　　$f_{ce,k}$——水泥强度等级，如 42.5 级，$f_{ce,k}$ 取 42.5MPa。

经验系数 α_a、α_b 可通过试验或本地区经验确定。根据所用骨料品种，《普通混凝土配合比设计规程》（JGJ 55—2000）提供的参数为：

碎石：$\alpha_a = 0.46$，$\alpha_b = 0.07$

卵石：$\alpha_a = 0.48$，$\alpha_b = 0.33$

混凝土强度经验公式为配合比设计和质量控制带来极大便利。例如，当选定水泥强度等级（或强度）、水灰比和骨料种类时，可以推算混凝土 28 天强度值。又例如，根据设计要求的混凝土强度值，在原材料选定后，可以估算应采用的水灰比值。

【例 4-2】　已知某混凝土用水泥强度为 45.6MPa，水灰比 0.50，碎石。试估算该混凝土 28 天强度值。

【解】　因为：$W/C = 0.50$ 所以 $C/W = 1/0.5 = 2$

碎石：$\alpha_a = 0.46$，$\alpha_b = 0.07$

代入混凝土强度公式有：

$$f_{cu} = 0.46 \times 45.6(2 - 0.07) = 40.5\text{MPa}$$

答：估计该混凝土 28 天强度值为 40.5MPa。

【例 4-3】　已知某工程用混凝土采用强度等级为 42.5 的普通水泥（强度富余系数 K_c 为 1.10），卵石，要求配制强度为 36.8MPa 的混凝土。估算应采用的水灰比。

【解】　$f_{ce} = K_c \cdot f_{ce,k} = 1.10 \times 42.5 = 46.8\text{MPa}$

卵石：$\alpha_a = 0.48$，$\alpha_b = 0.33$

代入混凝土强度公式有：

$$36.8 = 0.48 \times 46.8 \times (C/W - 0.33)$$

解得：$C/W = 1.97$，所以：$W/C = 0.51$

答：配制该混凝土应采用的水灰比为 0.51。

（2）骨料的品质：骨料中的有害物质含量高，则混凝土强度低，骨料自身强度不足，也可能降低混凝土强度。在配制高强混凝土时尤为突出。

骨料的颗粒形状和表面粗糙度对强度影响较为显著，如碎石表面较粗糙，多棱角，与水泥砂浆的机械啮合力（即粘结度）提高，混凝土强度较高。相反，卵石表面光洁，强度也较低，这一点在混凝土强度公式中的骨料系数已有所反映。但若保持流动性相等，水泥用量相等时，由于卵石混凝土可比碎石混凝土适当少用部分水，即水灰比略小，此时，两者强度相差不大。砂的作用效果与粗骨料类似。

当粗骨料中针片状含量较高时，将降低混凝土强度，对抗折强度的影响更显著。所以在骨料选择时要尽量选用接近球状体的颗粒。

（3）施工条件：施工条件主要指搅拌和振捣成型。一般来说机械搅拌比人工搅拌均匀，因此强度也相对较高（如图4-11所示）；搅拌时间越长，混凝土强度越高，如图4-12。但考虑到能耗、施工进度等，一般要求控制在2～3min之间；投料方式对强度也有一定影响，如先投入粗骨料、水泥和适量水搅拌一定时间，再加入砂和其余水，能比一次全部投料搅拌提高强度10％左右。

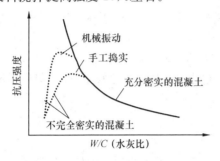

图 4-11　机械振动和手工捣实对混凝土强度的影响　　图 4-12　搅拌时间对混凝土强度的影响

（4）养护条件：混凝土浇筑成型后的养护温度、湿度是决定强度发展的主要外部因素。

养护环境温度高，水泥水化速度加快，混凝土强度发展也快，早期强度高；反之亦然。但是，当养护温度超过40℃以上时，虽然能提高混凝土的早期强度，但28天以后的强度通常比20℃标准养护的低。若温度在冰点以下，不但水泥水化停止，而且有可能因冰冻导致混凝土结构疏松，强度严重降低，尤其是早期混凝土应特别加强防冻措施。

湿度通常指的是空气相对湿度。相对湿度低，空气干燥，混凝土中的水分挥发加快，致使混凝土缺水而停止水化，混凝土强度发展受阻。另一方面，混凝土在强度较低时失水过快，极易引起干缩，影响混凝土耐久性。因此，应特别加强混凝土早期的浇水养护，确保混凝土内部有足够的水分使水泥充分水化。根据有关规定和经验，在混凝土浇筑完毕后12h内应开始对混凝土加以覆盖或浇水，对硅酸盐水泥、普通水泥和矿渣水泥配制的混凝土浇水养护不得少于7天；对掺有缓凝剂、膨胀剂、大量掺合料或有防水抗渗要求的混凝土浇水养护不得少于14天。

（5）龄期：龄期是指混凝土在正常养护下所经历的时间。随养护龄期增长，水泥水化程度提高，凝胶体增多，自由水和孔隙率减少，密实度提高，混凝土强度也随之提高。最初的7天内强度增长较快，而后增幅减少，28天以后，强度增长更趋缓慢，但如果养护条件得当，则在数十年内仍将有所增长。

普通硅酸盐水泥配制的混凝土，在标准养护下，混凝土强度的发展大致与龄期（天）的对数成正比关系，因此可根据某一龄期的强度推定另一龄期的强度。特别是以早期强度推算28天龄期强度。如下式：

$$f_{cu,28} = \frac{\lg 28}{\lg n} \cdot f_{cu,n} \tag{4-8}$$

式中，$f_{cu,28}$、$f_{cu,n}$分别为28天和第n天时的混凝土抗压强度。n必须≥3天。当采用早强型普通硅酸盐水泥时，由3～7天强度推算28天强度会偏大。

在实际工程中，可根据温度、龄期对混凝土强度的影响曲线，从已知龄期的强度估计另一龄期的强度，如图4-13所示。

（6）外加剂：在混凝土中掺入减水剂，可在保证相同流动性前提下，减少用水量，降低水灰比，从而提高混凝土的强度。掺入早强剂，则可有效加速水泥水化速度，提高混凝土早期强度，但对 28 天强度不一定有利，后期强度还有可能下降。

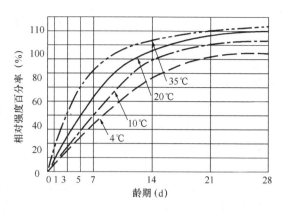

图 4-13　温度、龄期对混凝土强度的影响曲线

（7）试验条件对测试结果的影响：试验条件是指试件的尺寸、形状、表面状态和加载速度等。

①试件尺寸：大量的试验研究证明，试件的尺寸越小，测得的强度相对越高，这是由于大试件内存在孔隙、裂缝或局部缺陷的几率增大，使强度降低。因此，当采用非标准尺寸试件时，要乘以尺寸换算系数。根据《普通混凝土配合比设计规程》（JGJ 55—200）规定，100mm×100mm×100mm 立方体试件换算成 150mm 立方体标准试件时，应乘以系数 0.95；200mm×200mm×200mm 的立方体试件的尺寸换算系数为 1.05。

②试件形状：主要指棱柱体和立方体试件之间的强度差异。由于"环箍效应"的影响，棱柱体强度较低，这在前面已有分析。

③表面状态：表面平整，则受力均匀，强度较高；而表面粗糙或凹凸不平，则受力不均匀，强度偏低。若试件表面涂润滑剂及其他油脂物质时，"环箍效应"减弱，强度较低。

④含水状态：混凝土含水率较高时，由于软化作用，强度较低；而混凝土干燥时，则强度较高。且混凝土强度等级越低，差异越大。

⑤加载速度：根据混凝土受压破坏理论，混凝土破坏是在变形达到极限值时发生的。当加载速度较快时，材料变形的增长落后于荷载的增加速度，故破坏时的强度值偏高；相反，当加载速度很慢，混凝土将产生徐变，使强度偏低。

综上所述，混凝土的试验条件，将在一定程度上影响混凝土强度测试结果，因此，试验时必须严格执行有关标准规定，熟练掌握试验操作技能。

5. 提高混凝土强度的措施。根据上述影响混凝土强度的因素分析，提高混凝土强度可从以下几方面采取措施：

（1）采用高强度等级水泥。

（2）尽可能降低水灰比，或采用干硬性混凝土。

（3）采用优质砂石骨料，选择合理砂率。

（4）采用机械搅拌和机械振捣，确保搅拌均匀性和振捣密实性，加强施工管理。

（5）改善养护条件，保证一定的温度和湿度条件，必要时可采用湿热处理，提高早期强度。

（6）掺入减水剂或早强剂，提高混凝土的强度或早期强度。

（7）掺硅灰或超细矿渣粉等矿物外掺剂也是提高混凝土强度和耐久性的有效措施。

（二）混凝土的变形性能

混凝土在凝结硬化过程和凝结硬化以后，均将产生一定量的体积变形。主要包括化学收缩、干湿变形、自收缩、温度变形及荷载作用下的变形。

1. 化学收缩

由于水泥水化产物的体积小于反应前水泥和水的总体积，从而使混凝土出现体积收缩。这种由水泥水化和凝结硬化而产生的自身体积减缩，称为化学收缩。其收缩值随混凝土龄期的增加而增大，大致与时间的对数成正比，亦即早期收缩大，后期收缩小。收缩量与水泥用量和水泥品种有关。水泥用量越大，化学收缩值越大。这一点在富水泥浆混凝土和高强混凝土中尤应引起重视。化学收缩是不可逆变形。

2. 干缩湿胀

因混凝土内部水分蒸发引起的体积变形，称为干燥收缩。混凝土吸湿或吸水引起的膨胀，称为湿胀。在混凝土凝结硬化初期，如空气过于干燥或风速大、蒸发快，可导致混凝土塑性收缩裂缝。在混凝土凝结硬化以后，当收缩值过大，收缩应力超过混凝土极限抗拉强度时，可导致混凝土干缩裂缝。因此，混凝土的干燥收缩在实际工程中必须十分重视。

3. 自收缩

混凝土的自收缩问题早在 20 世纪 40 年代就由 Davis 提出，由于自收缩在普通混凝土中占总收缩的比例较小，在过去的 60 多年中几乎被忽略不计。但随着低水胶比高强高性能混凝土的应用，混凝土的自收缩问题重新得以关注。自收缩和干缩产生的机理在实质上可以认为是一致的，常温条件下主要由毛细孔失水，形成水凹液面而产生收缩应力。所不同的只是自收缩是因水泥水化导致混凝土内部缺水，外部水分未能及时补充而产生，这在低水胶比高强高性能混凝土中是极其普遍的。干缩则是混凝土内部水分向外部挥发而产生。研究结果表明，当混凝土的水胶比低于 0.3 时，自收缩率高达 $200 \times 10^{-6} \sim 400 \times 10^{-6}$。此外，胶凝材料的用量增加和硅灰、磨细矿粉的使用都将增加混凝土的自收缩值。

影响混凝土收缩值的因素主要有：

(1) 水泥用量：砂石骨料的收缩值很小，故混凝土的干缩主要来自水泥浆的收缩，水泥浆的收缩值可达 2000×10^{-6} m/m 以上。在水灰比一定时，水泥用量越大，混凝土干缩值也越大。故在高强混凝土配制时，尤其要控制水泥用量。相反，若骨料含量越高，水泥用量越少，则混凝土干缩越小。对普通混凝土而言，相应的干缩比为混凝土：砂浆：水泥浆＝1：2：4 左右。混凝土的极限收缩值约为 $(500 \sim 900) \times 10^{-6}$ m/m。

(2) 水灰比：在水泥用量一定时，水灰比越大，意味着多余水分越多，蒸发收缩值也越大。因此要严格控制水灰比，尽量降低水灰比。

(3) 水泥品种和强度：一般情况下，矿渣水泥比普通水泥收缩大。高强度水泥比低强度水泥收缩大。故对干燥环境施工和使用的混凝土结构，要尽量避免使用矿渣水泥。

(4) 环境条件：气温越高、环境湿度越小或风速越大，混凝土的干燥速度越快，在混凝土凝结硬化初期特别容易引起干缩开裂，故必须加强早期浇水养护。空气相对湿度越低，最终的极限收缩也越大。

干燥混凝土吸湿或吸水后，其干缩变形可得到部分恢复，这种变形称为混凝土的湿胀。对于已干燥的混凝土，即使长期泡在水中，仍有部分干缩变形不能完全恢复，残余收缩约为总收缩的 30%～50%。这是因为干燥过程中混凝土的结构和强度均发生了变化。但若混凝土一直在水中硬化时，体积不变，甚至略有膨胀，这是由于凝胶体吸水产生的溶胀作用，与化学收缩并不矛盾。

4. 温度变形

混凝土的温度膨胀系数大约为 $10 \times 10^{-6} \text{m/} (\text{m} \cdot \text{℃})$。即温度每升高或降低 1℃，长 1m 的混凝土将产生 0.01mm 的膨胀或收缩变形。混凝土的温度变形对大体积混凝土、纵长结构混凝土及大面积混凝土工程等极为不利，极易产生温度裂缝。如纵长 100m 的混凝土，温度升高或降低 30℃（冬夏季温差），则将产生 30mm 的膨胀或收缩，在完全约束条件下，混凝土内部将产生 7.5MPa 左右拉应力，足以导致混凝土开裂。故纵长结构或大面积混凝土均要设置伸缩缝、配制温度钢筋或掺入膨胀剂，防止混凝土开裂。

5. 荷载作用下的变形

（1）短期荷载作用下的变形：混凝土在外力下的变形包括弹性变形和塑性变形两部分。塑性变形主要由水泥凝胶体的塑性流动和各组成间的滑移产生，所以混凝土是一种弹塑性材料，在短期荷载作用下，其应力—应变关系为一条曲线，如图 4-14 所示。

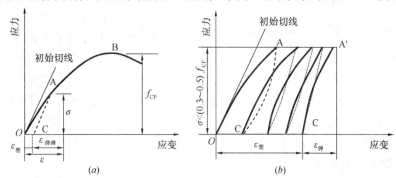

图 4-14　混凝土在荷载作用下的应力—应变关系

(a) 混凝土在压应力作用下的应力—应变关系；(b) 混凝土在低应力重复荷载下的应力—应变关系

（2）混凝土的静力弹性模量：弹性模量为应力与应变之比值。对纯弹性材料来说，弹性模量是一个定值，而对混凝土这一弹塑性材料来说，不同应力水平的应力与应变之比值为变数。应力水平越高，塑性变形比重越大，故测得的比值越小。因此，我国《普通混凝土力学性能试验方法标准》（GB/T 50081—2002）规定，混凝土的弹性模量是以棱柱体（150mm×150mm×300mm）试件抗压强度的 1/3 作为控制值，在此应力水平下重复加荷—卸荷至少 2 次以上，以基本消除塑性变形后测得的应力—应变之比值，是一个条件弹性模量，在数值上近似等于初始切线的斜率。表达式为：

$$E_S = \frac{\sigma}{\varepsilon} \tag{4-9}$$

式中　E_S——混凝土静力抗压弹性模量（MPa）；

σ——混凝土的应力取 1/3 的棱柱体轴心抗压强度（MPa）；

ε——混凝土应力为 σ 时的弹性应变（m/m，无量纲）。

影响弹性模量的因素主要有：①混凝土强度越高，弹性模量越大。C10～C60 混凝土的弹性模量约为 $1.75～3.60 \times 10^4$ MPa。②骨料含量越高，骨料自身的弹性模量越大，则混凝土弹性模量越大。③混凝土水灰比越小，混凝土越密实，弹性模量越大。④混凝土养护龄期越长，弹性模量也越大。⑤早期养护温度较低时，弹性模量较大，亦即蒸汽养护混凝土的弹性模量较小。⑥掺入引气剂将使混凝土弹性模量下降。

（3）长期荷载作用下的变形——徐变：混凝土在一定的应力水平（如 $50\% \sim 70\%$ 的极限强度）下，保持荷载不变，随着时间的延续而增加的变形称为徐变。徐变产生的原因主要是凝胶体的黏性流动和滑移。加荷早期的徐变增加较快，后期减缓，如图 4-15 所示。混凝土在卸荷后，一部分变形瞬间恢复，这一变形小于最初加荷时产生的弹塑性变形。在卸荷后一定时间内，变形还会缓慢恢复一部分，称为徐变恢复。最后残留部分的变形称为残余变形。混凝土的徐变一般可达 $300 \times 10^{-6} \sim 1500 \times 10^{-6}$ m/m。

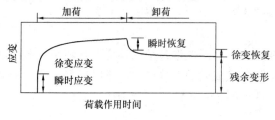

图 4-15　混凝土的应变与荷载作用时间的关系

混凝土的徐变在不同结构物中有不同的作用。对普通钢筋混凝土构件，能消除混凝土内部温度应力和收缩应力，减弱混凝土的开裂现象。对预应力混凝土结构，混凝土的徐变使预应力损失大大增加，这是极其不利的。因此预应力结构一般要求较高的混凝土强度等级以减小徐变及预应力损失。

影响混凝土徐变变形的因素主要有：①水泥用量越大（水灰比一定时），徐变越大。②W/C 越小，徐变越小。③龄期长、结构致密、强度高，则徐变小。④骨料用量多，弹性模量高，级配好，最大粒径大，则徐变小。⑤应力水平越高，徐变越大。此外还与试验时的应力种类、试件尺寸、温度等有关。

（三）混凝土的耐久性

混凝土的耐久性是指在外部和内部不利因素的长期作用下，保持其原有设计性能和使用功能的性质。是混凝土结构经久耐用的重要指标。外部因素指的是酸、碱、盐的腐蚀作用，冰冻破坏作用，水压渗透作用，碳化作用，干湿循环引起的风化作用，荷载应力作用和振动冲击作用等。内部因素主要指的是碱骨料反应和自身体积变化。通常用混凝土的抗渗性、抗冻性、抗碳化性能、抗腐蚀性能和碱骨料反应综合评价混凝土的耐久性。《混凝土结构设计规范》（GB 50010—2002）对混凝土结构耐久性作了明确界定。

1. 混凝土的抗渗性

混凝土的抗渗性是指抵抗压力液体（水、油、溶液等）渗透作用的能力。抗渗性是决定混凝土耐久性最主要的技术指标。因为混凝土抗渗性好，即混凝土密实性高，外界腐蚀介质不易侵入混凝土内部，从而抗腐蚀性能就好。同样，水不易进入混凝土内部，冰冻破坏作用和风化作用就小。因此混凝土的抗渗性可以认为是混凝土耐久性指标的综合体现。对一般混凝土结构，特别是地下建筑、水池、水塔、水管、水坝、排污管渠、油罐以及港工、海工混凝土结构，更应保证混凝土具有足够的抗渗性能。

混凝土的抗渗性能用抗渗等级表示。抗渗等级是根据《普通混凝土长期性能和耐久性能试验方法》（GBJ 82—85）的规定，通过试验确定。根据《混凝土质量控制标准》（GB 50164—1992）的规定，混凝土抗渗性能分为 P4、P6、P8、P10 和 P12 共 5 个等级，分别表示混凝土能抵抗 0.4、0.6、0.8、1.0 和 1.2MPa 的水压力而不渗漏。

影响混凝土抗渗性的主要因素有：

（1）水灰比和水泥用量：水灰比和水泥用量是影响混凝土抗渗透性能的最主要指标。水灰比越大，多余水分蒸发后留下的毛细孔道就多，亦即孔隙率大，又多为连通孔隙，故混凝土抗渗性能越差。特别是当水灰比大于0.6时，抗渗性能急剧下降。因此，为了保证混凝土的耐久性，对水灰比必须加以限制。如某些工程从强度计算出发可以选用较大水灰比，但为了保证耐久性又必须选用较小水灰比，此时只能提高强度、服从耐久性要求。为保证混凝土耐久性，水泥用量的多少，在某种程度上可由水灰比表示。因为混凝土达到一定流动性的用水量基本一定，水泥用量少，亦即水灰比大。我国《普通混凝土配合比设计规程》（JGJ 55—2000）对混凝土工程最大水灰比和最小水泥用量的限制条件见表4-12。

混凝土的最大水灰比和最小水泥用量　表 4-12

环境条件		结构物类别	最大水灰比			最小水泥用量（kg/m³）		
			素混凝土	钢筋混凝土	预应力混凝土	素混凝土	钢筋混凝土	预应力混凝土
1. 干燥环境		正常的居住或办公用房屋内部件	不作规定	0.65	0.60	200	260	300
2. 潮湿环境	无冻害	高湿度的室内部件、室外部件、在非侵蚀性土和（或）水中的部位	0.70	0.60	0.60	225	280	300
	有冻害	经受冻害的室外部件、在非侵蚀性土和（或）水中且经受冻害的部件、高湿度且经受冻害的室内部件	0.55	0.55	0.55	250	280	300
3. 有冻害和除冰剂的潮湿环境		经受冻害和除冰剂作用的室内和室外部件	0.50	0.50	0.50	300	300	300

注：1. 当用活性掺合料取代部分水泥时，表中的最大水灰比及最小水泥用量即为替代前的水灰比和水泥用量；
　　2. 配制C15级及其以下等级的混凝土时，可不受本表的限制。

（2）骨料含泥量和级配。骨料含泥量高，则总表面积增大，混凝土达到同样流动性所需用水量增加，毛细孔道增多；另一方面，含泥量大的骨料界面粘结强度低，也将降低混凝土的抗渗性能。若骨料级配差，则骨料空隙率大，填满空隙所需水泥浆增大，同样导致毛细孔增加，影响抗渗性能。如水泥浆不能完全填满骨料空隙，则抗渗性能更差。

（3）施工质量和养护条件。搅拌均匀、振捣密实是混凝土抗渗性能的重要保证。适当的养护温度和浇水养护是保证混凝土抗渗性能的基本措施。如果振捣不密实留下蜂窝、空洞，抗渗性就严重下降，如果温度过低产生冻害或温度过高产生温度裂缝，抗渗性能严重降低。如果浇水养护不足，混凝土产生干缩裂缝，也严重降低混凝土抗渗性能。因此，要保证混凝土良好的抗渗性能，施工养护是一个极其重要的环节。

此外，水泥品种、混凝土拌合物的保水性和黏聚性等，对混凝土抗渗性也有显著影响。

提高混凝土抗渗性的措施，除了对上述相关因素加以严格控制和合理选择外，可通过掺入引气剂或引气减水剂提高抗渗性。其主要作用机理是引入微细闭气孔、阻断连通毛细孔道，同时降低用水量或水灰比。对长期处于潮湿和严寒环境中混凝土的含气量应分别不小于4.5%（$D_{max}=40mm$）、5.5%（$D_{max}=25mm$）、5.0%（$D_{max}=20mm$）。

2. 混凝土的抗冻性

混凝土的抗冻性是指混凝土在吸水饱和状态下，能经受多次冻融循环而不破坏，同时也不严重降低强度的性能。

混凝土冻融破坏的机理，主要是内部毛细孔中的水结冰时产生 9% 左右的体积膨胀，在混凝土内部产生膨胀应力，当这种膨胀应力超过混凝土局部的抗拉强度时，就可能产生微细裂缝，在反复冻融作用下，混凝土内部的微细裂缝逐渐增多和扩大，最终导致混凝土强度下降，或混凝土表面（特别是棱角处）产生酥松剥落，直至完全破坏。

混凝土抗冻性以抗冻等级表示。抗冻等级的测定根据《普通混凝土长期性能和耐久性能试验方法》（GBJ 82—85）的规定进行。根据《混凝土质量控制标准》（GB 50164－1992）的规定，混凝土的抗冻等级分为 F10、F15、F25、F50、F100、F150、F200、F250 和 F300 共 9 个等级，其中的数字表示混凝土能经受的最大冻融循环次数。如 F200，即表示该混凝土能承受 200 次冻融循环，且强度损失小于 25%，质量损失小于 5%。

影响混凝土抗冻性的主要因素有：①水灰比或孔隙率。水灰比大，则孔隙率大，导致吸水率增大，冰冻破坏严重，抗冻性差。②孔隙特征。连通毛细孔易吸水饱和，冻害严重。若为封闭孔，则不易吸水，冻害就小。故加入引气剂能提高抗冻性。若为粗大孔洞，则混凝土一离开水面水就流失，冻害就小。故无砂大孔混凝土的抗冻性较好。③吸水饱和程度。若混凝土的孔隙非完全吸水饱和，冰冻过程产生的压力促使水分向孔隙处迁移，从而降低冰冻膨胀应力，对混凝土破坏作用就小。④混凝土的自身强度。在相同的冰冻破坏应力作用下，混凝土强度越高，冻害程度也就越低。此外还与降温速度和冰冻温度有关。

从上述分析可知，要提高混凝土抗冻性，关键是提高混凝土的密实性，即降低水灰比；加强施工养护，提高混凝土的强度和密实性，同时也可掺入引气剂等改善孔结构。

3. 混凝土的抗碳化性能

（1）混凝土碳化机理。混凝土碳化是指混凝土内水化产物 $Ca(OH)_2$ 与空气中的 CO_2 在一定湿度条件下发生化学反应，产生 $CaCO_3$ 和水的过程。反应式如下：

$$Ca(OH)_2 + CO_2 + H_2O = CaCO_3 + 2H_2O$$

碳化使混凝土的碱度下降，故也称混凝土中性化。碳化过程是由表及里逐步向混凝土内部发展的，碳化深度大致与碳化时间的平方根成正比，可用下式表示：

$$L = K\sqrt{t} \qquad\qquad (4\text{-}10)$$

式中　L——碳化深度（mm）；

　　　t——碳化时间（d）；

　　　K——碳化速度系数。

碳化速度系数与混凝土的原材料、孔隙率和孔隙构造、CO_2 浓度、温度、湿度等条件有关。在外部条件（CO_2 浓度、温度、湿度）一定的情况下，它反映混凝土的抗碳化能力强弱。K 值越大，混凝土碳化速度越快，抗碳化能力越差。

（2）碳化对混凝土性能的影响。碳化作用对混凝土的负面影响主要有两方面，一是碳化作用使混凝土的收缩增大，导致混凝土表面产生拉应力，从而降低混凝土的抗拉强度和抗折强度，严重时直接导致混凝土开裂。由于开裂降低了混凝土的抗渗性能，使得 CO_2 和其他腐蚀介质更易进入混凝土内部，加速碳化作用，降低耐久性。二是碳化作用使混凝土的碱度降低，失去混凝土强碱环境对钢筋的保护作用，导致钢筋锈蚀膨胀，严重时，使混凝土保护层沿钢筋纵向开裂，直至剥落，进一步加速碳化和腐蚀，严重影响钢筋混凝土结构的力学性能和耐久性能。

碳化作用生成的 $CaCO_3$ 能填充混凝土中的孔隙，使密实度提高；另一方而，碳化作用释放出的水分有利于促进未水化水泥颗粒的进一步水化。因此，碳化作用能适当提高混凝土的抗压强度，但对混凝土结构工程而言，碳化作用造成的危害远远大于抗压强度的提高。

（3）影响混凝土碳化速度的主要因素。

①混凝土的水灰比：前面已详细分析过，水灰比大小主要影响混凝土孔隙率和密实度。因此水灰比大，混凝土的碳化速度就快。这是影响混凝土碳化速度的最主要因素。

②水泥品种和用量：普通水泥水化产物中 $Ca(OH)_2$ 含量高，碳化同样深度所消耗的 CO_2 量要求多，相当于碳化速度减慢。而矿渣水泥、火山灰水泥、粉煤灰水泥、复合水泥以及高掺量混合材配制的混凝土，$Ca(OH)_2$ 含量低，故碳化速度相对较快。水泥用量大，碳化速度慢。

③施工养护：搅拌均匀、振捣成型密实、养护良好的混凝土碳化速度较慢。蒸汽养护的混凝土碳化速度相对较快。

④环境条件：空气中 CO_2 的浓度大，碳化速度加快。当空气相对湿度为 $50\% \sim 75\%$ 时，碳化速度最快。当相对湿度小于 20% 时，由于缺少水环境，碳化终止；当相对湿度达 100% 或水中混凝土，由于 CO_2 不易进入混凝土孔隙内，碳化也将停止。

（4）提高混凝土抗碳化性能的措施。从前述影响混凝土碳化速度的因素分析可知，提高混凝土抗碳化性能的关键是提高混凝土的密实性，降低孔隙率，阻止 CO_2 向混凝土内部渗透。绝对密实的混凝土碳化作用也就自然停止。因此提高混凝土碳化性能的主要措施为：尽可能降低混凝土的水灰比，提高密实度；加强施工养护，保证混凝土均匀密实，水泥水化充分；根据环境条件合理选择水泥品种；用减水剂、引气剂等外加剂降低水灰比或引入封密气孔改善孔结构；必要时还可以采用表面涂刷石灰水等加以保护。

4. 混凝土的碱—骨料反应

碱—骨料反应是指混凝土内水泥中所含的碱（K_2O 和 Na_2O），与骨料中的活性 SiO_2 发生化学反应，在骨料表面形成碱——硅酸凝胶，吸水后将产生 3 倍以上的体积膨胀，从而导致混凝土膨胀开裂而破坏。碱骨料反应引起的破坏，一般要经过若干年后才会发现，而一旦发生则很难修复，因此，对水泥中碱含量大于 0.6%；骨料中含有活性 SiO_2 且在潮湿环境或水中使用的混凝土工程，必须加以重视。大型水工结构、桥梁结构、高等级公路、飞机场跑道一般均要求对骨料进行碱活性试验或对水泥的碱含量加以限制。

5. 提高混凝土耐久性的措施

虽然混凝土工程因所处环境和使用条件不同，要求有不同的耐久性，但就影响混凝土耐久性的因素来说，良好的混凝土密实度是关键，因此提高混凝土的耐久性可以从以下几方而进行：

（1）控制混凝土最大水灰比和最小水泥用量；

（2）合理选择水泥品种；

（3）选用良好的骨料质量和级配；

（4）加强施工质量控制；

（5）采用适宜的外加剂；

（6）掺入粉煤灰、矿粉、硅灰或沸石粉等活性掺合料。

第四节　混凝土外加剂

外加剂是指能有效改善混凝土某项或多项性能的一类材料。其掺量一般只占水泥量的
5%以下，却能显著改善混凝土的和易性、强度、耐久性或调节凝结时间及节约水泥。外
加剂的应用促进了混凝土技术的飞速进步，技术经济效益十分显著，使得高强高性能混凝
土的生产和应用成为现实，并解决了许多工程技术难题。如远距离运输和高耸建筑物的泵
送问题；紧急抢修工程的早强速凝问题；大体积混凝土工程的水化热问题；纵长结构的收
缩补偿问题；地下建筑物的防渗漏问题等。目前，外加剂已成为除水泥、水、砂子、石子
以外的第五组成材料，应用越来越广泛。

一、外加剂的分类

混凝土外加剂一般根据其主要功能分类：

1. 改善混凝土流变性能的外加剂。主要有减水剂、引气剂、泵送剂等。

2. 调节混凝土凝结硬化性能的外加剂。主要有缓凝剂、速凝剂、早强剂等。

3. 调节混凝土含气量的外加剂。主要有引气剂、加气剂、泡沫剂等。

4. 改善混凝土耐久性的外加剂。主要有引气剂、防水剂、阻锈剂等。

5. 提供混凝土特殊性能的外加剂。主要有防冻剂、膨胀剂、着色剂、引气剂和泵送
剂等。

二、建筑工程中常用的混凝土外加剂品种

（一）减水剂

减水剂是指在混凝土坍落度相同的条件下，能减少拌合用水量；或者在混凝土配合比
和用水量均不变的情况下，能增加混凝土坍落度的外加剂。根据减水率大小或坍落度增加
幅度分为普通减水剂和高效减水剂两大类。此外，尚有复合型减水剂，如引气减水剂，既
具有减水作用，同时具有引气作用；早强减水剂，既具有减水作用，又具有提高早期强度
作用；缓凝减水剂，同时具有延缓凝结时间的功能等。

1. 减水剂的主要功能。

（1）配合比不变时显著提高流动性。

（2）流动性和水泥用量不变时，减少用水量，降低水灰比，提高强度。

（3）保持流动性和强度不变时，节约水泥用量，降低成本。

（4）配置高强高性能混凝土。

2. 减水剂的作用机理。减水剂提高混凝土拌合物流动性的作用机理主要包括分散作
用和润滑作用两方面。减水剂实际上为一种表面活性剂，长
分子链的一端易溶于水——亲水基，另一端难溶于水——憎
水基，如图 4-16 所示。

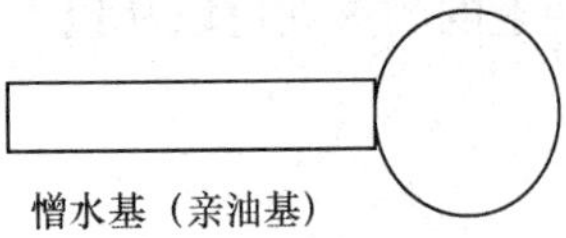

憎水基（亲油基）

亲水基

图 4-16　表面活性剂
（减水剂）分子链示意图

（1）分散作用：水泥加水拌合后，由于水泥颗粒分子引
力的作用，使水泥浆形成絮凝结构，使 10%～30% 的拌合水
被包裹在水泥颗粒之中，不能参与自由流动和润滑作用，从

而影响了混凝土拌合物的流动性（如图 4-17a）。当加入减水剂后，由于减水剂分子能定向吸附于水泥颗粒表面，使水泥颗粒表面带有同一种电荷（通常为负电荷），形成静电排斥作用，促使水泥颗粒相互分散，絮凝结构破坏，释放出被包裹部分水，参与流动，从而有效地增加混凝土拌合物的流动性（如图 4-17b）。

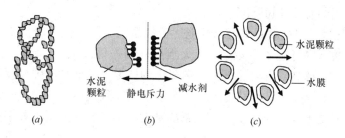

图 4-17　减水剂作用机理示意图

(a) 絮凝结构；(b) 静电斥力；(c) 水膜润滑

（2）润滑作用：减水剂中的亲水基极性很强，因此水泥颗粒表面的减水剂吸附膜能与水分子形成一层稳定的溶剂化水膜（图 4-17c），这层水膜具有很好的润滑作用，能有效降低水泥颗粒间的滑动阻力，从而使混凝土流动性进一步提高。

大量的试验研究表明，绝大部分减水剂将增大混凝土的收缩，特别是早期收缩增加更大，且混凝土水灰比越小，收缩增加值越大。

3. 常用减水剂品种。

（1）木质素系减水剂：木素质系减水剂主要有木质素磺酸钙（简称木钙，代号 MG），木质素磺酸钠（木钠）和木质素磺酸镁（木镁）三大类。工程上最常使用的为木钙。

MG 是由生产纸浆的木质废液，经中和发酵、脱糖、浓缩、喷雾干燥而制成的棕黄色粉末。

MG 属缓凝引气型减水剂，掺量拟控制在 0.2%～0.3% 之间，超掺有可能导致数天或数十天不凝结，并影响强度和施工进度，严重时导致工程质量事故。

MG 的减水率约为 10%，保持流动性不变，可提高混凝土强度 8%～10%；若不减水则可增大混凝土坍落度约 80～100mm；若保持和易性与强度不变时，可节约水泥 5%～10%；

MG 主要适用于夏季混凝土施工、滑模施工、大体积混凝土和泵送混凝土施工，也可用于一般混凝土工程。

MG 不宜用于蒸汽养护混凝土制品和工程。

（2）萘磺酸盐系减水剂：萘磺酸盐系减水剂简称萘系减水剂，它是以工业萘或由煤焦油中分馏出含萘的同系物经分馏为原料，经磺化、缩合等一系列复杂的工艺而制成的棕黄色粉末或液体。其主要成分为 β-萘磺酸盐甲醛缩合物。品种很多，如 FDN、NNO、NF、MF、UNF、XP、SN-Ⅱ、建 1、NHJ 等。

萘系减水剂多数为非引气型高效减水剂，适宜掺量为 0.5%～1.2%，减水率可达 15%～30%，相应地可提高 28 天强度 10% 以上，或节约水泥 10%～20%。

萘系减水剂对钢筋无锈蚀作用，具有早强功能。但混凝土的坍落度损失较大，故实际生产的萘系减水剂，绝大多数为复合型的，通常与缓凝剂或引气剂复合。

萘系减水剂主要适用于配制高强、早强、流态和蒸养混凝土制品和工程，也可用于一般工程。

（3）树脂系减水剂：树脂系减水剂为磺化三聚氰胺甲醛树脂减水剂，通常称为密胺树脂系减水剂。主要以三聚氰胺、甲醛和亚硫酸钠为原料，经磺化、缩聚等工艺生产而成的棕色液体。最常用的有 SM 树脂减水剂。

SM 为非引气型早强高效减水剂，性能优于萘系减水剂，但目前价格较高，适宜掺量 0.5%～2.0%，减水率可达 20% 以上，1 天强度提高一倍以上，7 天强度可达基准 28 天强度，长期强度也能提高，且可显著提高混凝土的抗渗、抗冻性和弹性模量。

掺 SM 减水剂的混凝土黏聚性较大，可泵性较差，且坍落度经时损失也较大。目前主要用于配制高强混凝土、早强混凝土、流态混凝土、蒸汽养护混凝土和铝酸盐水泥耐火混凝土等。

（4）糖蜜类减水剂：糖蜜类减水剂是以制糖业的糖渣和废蜜为原料，经石灰中和处理而成的棕色粉末或液体。国产品种主要有 3FG、TF、ST 等。

糖蜜减水剂与 MG 减水剂性能基本相同，但缓凝作用比 MG 强，故通常作为缓凝剂使用。适宜掺量 0.2%～0.3%，减水率 10% 左右。主要用于大体积混凝土、大坝混凝土和有缓凝要求的混凝土工程。

（5）复合减水剂：单一减水剂往往很难满足不同工程性质和不同施工条件的要求，因此，减水剂研究和生产中往往复合各种其他外加剂，组成早强减水剂、缓凝减水剂、引气减水剂、缓凝引气减水剂等。随着工程建设和混凝土技术进步的需要，各种新型多功能复合减水剂正在不断研制生产中，如 2～3h 内无坍落度损失的保塑高效减水剂等，这一类外加剂主要有：聚羧酸盐与改性木质素的复合物、带磺酸端基的聚羧酸多元聚合物、芳香族氨基磺酸系高分子化合物、改性羟基衍生物与烷基芳香磺酸盐的复合物、萘磺酸甲醛缩合物与木钙等的复合物、三聚氰胺甲醛缩合物与木钙等的复合物。

（6）聚羧酸系高性能减水剂：聚羧酸系高性能减水剂是近年来发展较快的新一代减水剂，是指由含有羧基的不饱和单体与其他单体共聚而成，合混凝土在减水、保坍、增强、收缩及环保等方面具有优良性能的系列减水剂。减水率可达 25% 以上，坍落度损失小，1 天强度增加 50% 以上，收缩率比可小于 100%，甲醛含量小于 0.05%，氯离子含量小于 0.6%。

掺聚羧酸系减水剂的混凝土具有相对较高的含气量，因此可泵性好，特别适用于配制高强泵送混凝土、具有早强要求的混凝土和流态混凝土。聚羧酸系减水剂的价格相对较高，但掺量相对较低，对配制高强度混凝土仍有较好的性价比，也可与其他减水剂复合使用。

其他减水剂新品种还有以甲基萘为原料的聚次甲基甲基萘磺酸钠减水剂；以古马隆为原料的氧茚树脂磺酸钠减水剂；氨基磺酸盐系高效减水剂；丙烯酸酯或醋酸乙烯的接枝共聚物系高效减水剂；聚羧酸醚系与交联聚合物的复合物系高效减水剂；顺丁烯二酸衍生共聚物系高效减水剂等。

（二）早强剂

早强剂是指能加速混凝土早期强度发展的外加剂。主要作用机理是加速水泥水化速度，加速水化产物的早期结晶和沉淀。主要功能是缩短混凝土施工养护期，加快施工进度，提高模板的周转率。主要适用于有早强要求的混凝土工程及低温、负温施工混凝土、有防冻要求的混凝土、预制构件、蒸汽养护等。早强剂的主要品种有氯盐、硫酸盐和有机胺三大类，但更多使用的是它们的复合早强剂。

1. 氯化钙早强剂。氯盐类早强剂主要有 $CaCl_2$、$NaCl$、KCl、$AlCl_3$ 和 $FeCl_3$ 等。工程上最常用的是 $CaCl_2$，为白色粉末，适宜掺量 0.5%～3%。由于 Cl^- 对钢筋有腐蚀作用，故钢筋混凝土中掺量应控制在 1% 以内。$CaCl_2$ 早强剂能使混凝土 3 天强度提高 50%～100%，7 天强度提高 20%～40%，但后期强度不一定提高，甚至可能低于基准混凝土。此外，氯盐类早强剂对混凝土耐久性有一定影响，因此 $CaCl_2$ 早强剂及氯盐复合早强剂不得在下列工程中使用：

（1）环境相对湿度大于 8%、水位升降区、露天结构或经常受水淋的结构。主要是防止泛卤。

（2）镀锌钢材或铝铁相接触部位及有外露钢筋埋件而无防护措施的结构。

（3）含有酸碱或硫酸盐侵蚀介质中使用的结构。

（4）环境温度高于 60℃ 的结构。

（5）使用冷拉钢筋或冷拔低碳钢丝的结构。

（6）给排水构筑物、薄壁构件、中级和重级吊车、屋架、落锤或锻锤基础。

（7）预应力混凝土结构。

（8）含有活性骨料的混凝土结构。

（9）电力设施系统混凝土结构。

此外，为消除 $CaCl_2$ 对钢筋的锈蚀作用，通常要求与阻锈剂亚硝酸钠复合使用。

2. 硫酸盐类早强剂。硫酸盐类早强剂主要有硫酸钠（即元明粉，俗称芒硝）、硫代硫酸钠、硫酸钙、硫酸铝及硫酸铝钾（即明矾）等。建筑工程中最常用的为硫酸钠早强剂。

硫酸钠为白色粉末，适宜掺量为 0.5%～2.0%，早强效果不及 $CaCl_2$。对矿渣水泥混凝土早强效果较显著，但后期强度略有下降。硫酸钠早强剂在预应力混凝土结构中的掺量不得大于 1%；潮湿环境中的钢筋混凝土结构中掺量不得大于 1.5%；严格控制最大掺量，超掺可导致混凝土后期膨胀开裂，强度下降；混凝土表面起"白霜"，影响外观和表面装饰。此外，硫酸钠早强剂不得用于下列工程：

（1）与镀锌钢材或铝铁相接触部位的结构及外露钢筋预埋件而无防护措施的结构。

（2）使用直流电源的工厂及电气化运输设施的钢筋混凝土结构。

（3）含有活性骨料的混凝土结构。

3. 有机胺类早强剂。有机胺类早强剂主要有三乙醇胺、三异醇胺等。工程上最常用的为三乙醇胺。三乙醇胺为无色或淡黄色油状液体，呈碱性，易溶于水。三乙醇胺的掺量极微，一般为水泥重的 0.02%～0.05%，虽然早强效果不及 $CaCl_2$，但后期强度不下降并略有提高，且无其他影响混凝土耐久性的不利作用。但掺量不宜超过 0.1%，否则可能导致混凝土后期强度下降。掺用时可将三乙醇胺先用水按一定比例稀释，以便于准确计量。此外，为改善三乙醇胺的早强效果，通常与其他早强剂复合使用。

4. 复合早强剂。为了克服单一早强剂存在的各种不足，发挥各自特点，通常将三乙醇胺、硫酸钠、氯化钙、氯化钠、石膏及其他外加剂复配组成复合早强剂效果大大改善，有时可产生超叠加作用。常用配方有：

（1）三乙醇胺 0.02%～0.05%＋NaCl0.5%。

（2）三乙醇胺 0.02%～0.05%＋NaCl0.3～0.5%＋亚硝酸钠 1%～2%。

（3）三乙醇胺 0.02%～0.05%＋生石膏 2%＋亚硝酸钠 1%。

（4）硫酸钠＋亚硝酸钠＋氯化钙＋氯化钠＝（1%～1.5%）＋（1%～3%）＋（0.3%～0.5%）＋（0.3%～0.5%）。

（5）硫酸钠＋NaCl＝（0.5%～1.5%）＋（0.3%～0.5%）。

（6）硫酸钠＋亚硝酸钠＝（0.5%～1.5%）＋1.0%。

（7）硫酸钠＋三乙醇胺＝（0.5%～1.5%）＋0.05%。

（8）硫酸钠＋三乙醇胺＋石膏＝（1%～1.5%）＋2%＋（0.03%～0.05%）。

（9）$CaCl_2$＋亚硝酸钠＝（0.5%～3.5%）＋1%。

（三）引气剂

引气剂是指混凝土在搅拌过程中能引入大量均匀、稳定且封闭的微小气泡的外加剂。气泡直径一般为 0.02～1.0mm，绝大部分小于 0.2mm。其作用机理为引气剂作用于气—液界面，使表面张力下降，从而形成稳定的微细封闭气孔。常用引气剂有松香树脂、烷基苯磺碱盐、脂肪醇磺酸盐等。最常用的为松香热聚树脂和松香皂两种。掺量一般为 0.005%～0.01%。严防超量掺用，否则将严重降低混土强度。当采用高频振捣时，引气剂掺量可适当提高。

1. 引气剂的主要功能。

（1）改善混凝土拌合物的和易性。在拌合物中，相互封闭的微小气泡能起到滚珠作用，减小骨料间的摩阻力，从而提高混凝土的流动性。若保持流动性不变，则可减少用水量，一般每增加 1% 的含气量可减少用水量 6%～10%。由于大量微细气泡能吸附一层稳定的水膜，从而减弱了混凝土的泌水性，故能改善混凝土的保水性和黏聚性。

（2）提高混凝土耐久性。由于大量的微细气泡堵塞和隔断了混凝土中的毛细孔通道，同时由于泌水少，泌水造成的孔缝也减少。因而能大大提高混凝土的抗渗性能。提高抗腐蚀性能和抗风化性能。另一方面，由于连通毛细孔减少，吸水率相应减小，且能缓冲水结冰时引起的内部水压力，从而使抗冻性大大提高。

2. 引气剂的应用和注意事项。引气剂主要应用于具有较高抗渗和抗冻要求的混凝土工程或贫混凝土，提高混凝土耐久性，也可用来改善泵送性。工程上常与减水剂复合使用，或采用复合引气减水剂。

由于引气剂导致混凝土含气量提高，混凝土有效受力面积减小，故混凝土强度将下降，一般每增加 1% 含气量，抗压强度下降 5% 左右，抗折强度下降 2%～3%。故引气剂的掺量必须通过含气量试验严格加以控制，普通混凝土中含气量的限值可按表 4-13 控制。

混凝土含气量限值   表 4-13

粗骨料最大粒径（mm）	10	15	20	25	40
含气量（%），≤	7.0	6.0	5.5	5.0	4.5

（四）缓凝剂

缓凝剂是指能延长混凝土的初凝和终凝时间的外加剂。最常用的缓凝剂为木钙和糖蜜。糖蜜的缓凝效果优于木钙，一般能缓凝 3h 以上。

缓凝剂的主要功能有：

1. 降低大体积混凝土的水化热和推迟温峰出现时间，有利于减小混凝土内外温差引起的应力开裂。

2. 便于夏季施工和连续浇捣的混凝土，防止出现混凝土施工缝。

3. 便于泵送施工、滑模施工和远距离运输。

4. 通常具有减水作用，故亦能提高混凝土后期强度或增加流动性或节约水泥用量。

（五）速凝剂

速凝剂是指能使混凝土迅速硬化的外加剂。一般初凝时间小于 5min，终凝时间小于 10h，1h 内即产生强度，3 天强度可达基准混凝土 3 倍以上，但后期强度一般低于基准混凝土。常用的速凝剂品种有红星Ⅰ型、711 型、782 型和 8604 型。

速凝剂主要用于喷射混凝土和紧急抢修工程、军事工程、防洪堵水工程等，如矿井、隧道、引水涵洞、地下工程岩壁衬砌、边坡和基坑支护等。

（六）防冻剂

防冻剂指能使混凝土中水的冰点下降，保证混凝土在负温下凝结硬化并产生足够强度的外加剂。绝大部分防冻剂由防冻组分、早强组分、减水组分或引气剂复合而成，主要适用于冬季负温条件下的施工。值得说明的一点是，防冻组分本身并不一定能提高硬化混凝土抗冻性。常用防冻剂各类有：

1. 氯盐类防冻剂：以氯化钙、氯化钠为主与其他低温早强剂、减水剂、引气剂等复合而成。

2. 氯盐类阻锈防冻剂：以氯盐和阻锈剂（亚硝酸钠、亚硝酸钙）为主与其他低温早强剂、减水剂、引气剂等复合而成。

3. 氯盐类防冻剂：以亚硝酸盐、硝酸盐、硫酸盐、碳酸盐为主要组分。

4. 无氯低碱/无碱类防冻剂：以亚硝酸钙、$CO(NH_2)_2$ 等为主要早强防冻组分，是一种具有较好发展前景的外加剂。

（七）膨胀剂

膨胀剂是指能使混凝土产生一定体积膨胀的外加剂。掺入膨胀剂的目的是补偿混凝土自身收缩、干缩和温度变形，防止混凝土开裂，并提高混凝土的密实性和防水性能。常用膨胀剂品种有硫铝酸钙、氧化钙、氧化镁、铁屑膨胀剂和复合膨胀剂。也有采用加气类膨胀剂，如铝粉膨胀剂。

目前建筑工程中膨胀剂的应用越来越多，如地下室底板和侧墙混凝土、钢管混凝土、超长结构混凝土、有防水要求的混凝土工程等。膨胀剂应用过程中应注意的问题：

1. 严格按照规定掺量掺加。掺量过低膨胀率小，起不到补偿收缩作用；掺量过高则会破坏混凝土结构。

2. 掺膨胀剂混凝土应加强养护。尤其是早期养护，以保证充分发挥膨胀剂的补偿收缩作用，浇水养护时间不得少于 14 天。如果不能保证充分潮湿养护，有可能产生比不掺膨胀剂更大的收缩，导致混凝土开裂。

（八）加气剂

以化学反应的方法引入大量封闭气泡，用以调节混凝土的含气量和表观密度，也可以用来生产轻混凝土。常用的加气剂有：

1. H_2 释放型加气剂：主要是较活泼的金属 Al、Mg、Zn 等在碱性条件下与水反应放出 H_2 气。

2. O_2 释放型加气剂：H_2O_2 在氧化剂 $Ca(ClO)_2$、$KMnO_4$ 等作用下放出 O_2 气。

3. N_2 释放型加气剂：主要是分子中含有 N-N 键的化合物，如偶氮类或肼类化合物在活化剂如铝酸盐、铜盐的作用下释放出 N_2 气。

4. C_2H_2 释放型加气剂：碳化钙与水反应生成乙炔气体。

5. 空气释放型加气剂：通过 30 目筛的流化焦或活性炭在混凝土拌制过程中逐渐释放吸附的空气。

6. 高聚物型加气剂：异丁烯-马来酸酐共聚物的 Mg 盐、天然高分子物质（如水解蛋白质和适量增稠剂），配成水溶液，用发泡机制得密度为 0.1～0.2kg/L 的泡沫，引入水泥砂浆或混凝土中，硬化后即得轻质砂浆或混凝土。

综合考虑引气质量、可控性和经济因素，实际工程中以 Al 粉较常用。

（九）絮凝剂

絮凝剂主要用以提高混凝土的黏聚性和保水性，使混凝土即使受到水的冲刷，水泥和集料也不离析分散。因此，这种混凝土又称为抗冲刷混凝土或水下不分散混凝土，适用于水下施工。常用的品种有：

1. 纤维素系：主要是非离子型水溶性纤维素醚，如亲水性强的羟基纤维素（HEC）、羟乙基甲基纤维素（HEMC）和羟丙基甲基纤维素（PHMC）等。它们的料度随分子量及取代基团的不同而不同。

2. 丙烯基系：以聚丙烯酰胺为主要成分。絮凝剂常与其他外加剂复合使用。如与减水剂复合、与引气剂复合、与调凝剂复合等。

（十）减缩剂

日本日产水泥公司和 Sanyo 化学工业公司于 1982 年首先研制成混凝土减缩剂（shrinkages reducing agent）。随后美国在 1985 年获得混凝土减缩剂的专利，在实际应用中取得了极其良好的技术效果。特别是对减小混凝土的自收缩具有很强的针对性。多年来，为了降低减缩剂的成本和改善混凝土的综合性能，对减缩剂的组成及复配技术开展了大量研究，并获得了多项专利。

减缩剂的主要作用机理是降低混凝土孔隙水的表面张力，从而减小毛细孔失水时产生的收缩应力。另一方面，减缩剂增强了水分子在凝胶体中的吸附作用，进一步减小混凝土的最终收缩值。根据毛细管强力理论，毛细孔失水时引起的收缩应力可由下式表示：

$$\Delta P = 2\sigma\cos\theta/r \tag{4-11}$$

式中　ΔP——毛细孔水凹液面产生的收缩应力（MPa）；

　　　σ——水的表面张力（N/mm）；

　　　θ——水凹液面与毛细孔壁的接触角；

　　　r——毛细孔半径（mm）。

显而易见，在一定的毛细孔半径时，水的表面张力下降，将直接降低由毛细减小孔失水时产生的收缩应力。另一方面，由水和减缩剂组成的溶液黏度增加，使得接触角 θ 增大，即 $\cos\theta$ 减小，从而进一步降低混凝土的收缩应力。

由减缩剂的作用机理可知，在原材料和配合比一定时，减缩率是一个相对稳定值，施工养护和环境条件对混凝土的减缩率影响较小。

此外，减缩剂几乎没有水泥适应性问题，这是因为减缩剂是通过水的物理过程起作用的，与水泥的矿物组成和掺合料等无关，且与其他混凝土外加剂有良好的相容性。

（十一）养护剂

养护剂又称混凝土养生液，其主要作用是涂敷于混凝土表面，形成一层致密的薄膜，使混凝土表面与空气隔绝，防止水分蒸发，使混凝土利用自身水分最大限度地完成水化的外加剂。按主要成膜物质分为三大类：

1. 无机物类：主要成分为水玻璃及硅溶胶。此类养护剂深敷于混凝土表面，能与水泥的水化产物氢氧化钙反应生成致密的硅酸钙，堵塞混凝土表面水分的蒸发孔道而达到加强养护的作用。

2. 有机物类：主要乳化石蜡类和氯乙烯-偏氯乙烯共聚乳液类等。此类养护剂敷于混凝土表面，基本上不与混凝土组分发生反应，而是在混凝土表面形成连续的不透水薄膜，起到保水和养护的作用。

3. 有机、无机复合类：主要由有机高分子材料（如氯乙烯-偏氯乙烯共聚乳液、乙烯-醋酸乙烯共聚乳液、聚醋酸乙烯乳液、聚乙烯醇树脂等）与无机材料（如水玻璃、硅溶胶等）及其他表面活性剂复合而成。

（十二）阻锈剂

阻锈剂是指能抑制或减轻混凝土中钢筋或其他预埋金属锈蚀的外加剂。钢筋或金属预埋件的锈蚀与其表面保护膜的情况有关。混凝土碱度高，埋入的金属表面形成钝化膜，有效地抑制钢筋锈蚀。若混凝土中存在氯化物，会破坏钝化膜，加速钢筋锈蚀。加入适宜的阻锈剂可以有效地防止锈蚀的发生或减缓锈蚀的速度。常用的种类有：

1. 阳离子型阻锈剂：以亚硝酸盐、铬酸盐、苯甲酸盐为主要成分。其特点是具有接受电子的能力，能抑制阳极反应。

2. 离子型阻锈剂：以碳酸钠和氢氧化钠等碱性物质为主要成分。其特点是阴离子为强的质子受体，它们通过提高溶液 pH 值，降低 Fe 离子的溶解度而减缓阳极反应或在阴极区形成难溶性被复膜而抑制反应。

3. 复合型阻锈剂：如硫代羟基苯胺。其特点是分子结构中具有两个或更多的定位基团，既可作为电子授体，又可作为电子受体，兼具以上两种阻锈剂的性质，能够同时影响阴阳极反应。因此，它不仅能抑制氯化物侵蚀，而且能抑制金属表面上微电池反应引起的锈蚀也很有效。

（十三）泵送剂

能改善混凝土拌合物泵送性能的外加剂称为泵送剂。所谓泵送性，是指混凝土拌合物具有能顺利通过输送管道、不阻塞、不离析、料塑性良好的性能。泵送剂是流化剂中的一种，它除了能大大提高拌合物流动性以外，还能在 60～180min 时间内保持其流动性，剩余坍落度应不小于原始的 55%。此外，它不是缓凝剂，缓凝时间不宜超过 120min（特殊情况除外）。

（十四）脱模剂

用于减小混凝土与模板粘着力，易于使二者脱离而不损坏混凝土或渗入混凝土内的外加剂。国内常用的脱模剂主要有下列几种：

1. 海藻酸钠 1.5kg，滑石粉 20kg，洗衣粉 1.5kg，水 80kg，将海藻酸钠先浸泡 2～3 天，再与其他材料混合，调制成白色脱模剂。常用于涂刷钢模。缺点是每涂一次不能多次使用，在冬期、雨期施工时，缺少防冻、防雨的有效措施。

2. 乳化机油（又名皂化石油）50％～55％，水（60～80℃）40％～45％，脂肪酸（油酸、硬脂酸或棕榈脂酸）1.5％～2.5％，石油产物（煤油或汽油）2.5％，磷酸（85％浓度）0.01％，苛性钾 0.02％，按上述重量比，先将乳化机油加热到 50～60℃，并将硬脂酸稍加粉碎，然后倒入已加热的乳化机油中，加以搅拌，使其溶解（硬脂酸溶点为 50～60℃）。

第五节　混凝土的质量检验和评定

一、混凝土质量波动的原因

在混凝土施工过程中，原材料、施工养护、试验条件、气候因素的变化，均可能造成混凝土质量的波动，影响到混凝土的和易性、强度及耐久性。由于强度是混凝土的主要技术指标，其他性能可从强度得到间接反映，故以强度为例分析波动的因素。

（一）原材料的质量波动

原材料的质量波动主要有：砂细度模数和级配的波动；粗骨料最大粒径和级配的波动；超逊径含量的波动；骨料含泥量的波动；骨料含水量的波动；水泥强度（不同批或不同厂家的实际强度可能不同）的波动；外加剂质量的波动（如液体材料的含固量、减水剂的减水率等）等。所有这些质量波动，均将影响混凝土的强度。在现场施工或预拌工厂生产混凝土时，必须对原材料的质量加以严格控制，及时检测并加以调整，尽可能减少原材料质量波动对混凝土质量的影响。

（二）施工养护引起的混凝土质量波动

混凝土的质量波动与施工养护有着十分紧密的关系。如混凝土搅拌时间长短；计量时未根据砂石含水量变动及时调整配合比；运输时间过长引起分层、析水；振捣时间过长或不足；浇水养护时间，或者未能根据气温和湿度变化及时调整保温保湿措施等。

（三）试验条件变化引起的混凝土质量波动

试验条件的变化主要指取样代表性，成型质量（特别是不同人员操作时），试件的养护条件变化，试验机自身误差以及试验人员操作的熟练程度等。

二、混凝土质量（强度）波动的规律

在正常的原材料供应和施工条件下，混凝土的强度有时偏高，有时偏低，但总是在配制强度的附近波动，质量控制越严，施工管理水平越高，则波动的幅度越小；反之，则波动的幅度越大。通过大量的数理统计分析和工程实践证明，混凝土的质量波动符合正态分布规律，正态分布曲线见图 4-18。

正态分布的特点：

1. 曲线形态呈钟形，在对称轴的两侧曲

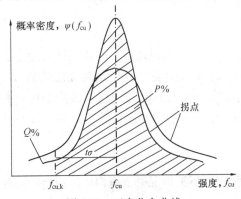

图 4-18　正态分布曲线

线上各有一个拐点。拐点至对称轴的距离等于1个标准差σ。

2. 曲线以平均强度为对称轴两边对称。即小于平均强度和大于平均强度出现的概率相等。平均强度值附近的概率（峰值）最高。离对称轴越远，出现的概率越小。

3. 曲线与横坐标之间围成的面积为总概率，即100%。

4. 曲线越窄、越高，相应的标准差值（拐点离对称距离）也越小，表明强度越集中于平均强度附近，混凝土匀质性好，质量波动小，施工管理水平高。若曲线宽且矮，相应的标准差越大，说明强度离散大、匀质性差、施工管理水平差。因此从概率分布曲线可以比较直观地分析混凝土质量波动的情况。

三、混凝土强度的匀质性评定

混凝土强度的均匀性，通常采用数理统计方法加以评定，主要评定参数有：

（一）强度平均值 $f_{cu,m}$

混凝土强度平均值按下式计算：

$$f_{cu,m} = \frac{1}{N}(f_{cu,1} + f_{cu,2} + \cdots f_{cu,N}) = \frac{1}{N}\sum_{i=1}^{N} f_{cu,i} \tag{4-12}$$

式中，N 为该批混凝土试件立方体抗压强度的总组数；$f_{cu,i}$ 为第 i 组试件的强度值。理论上，平均强度 $f_{cu,m}$ 与该批混凝土的配制强度相等，它只反映该批混凝土强度的总平均值，而不能反映混凝土强度的波动情况。例如平均强度 20MPa，可以由 15MPa、20MPa、25MPa 求得，也可以由 18MPa、20MPa、22MPa 求得，虽然平均值相等，但它们的均匀性显然后者优于前者。

（二）标准差 σ

混凝土强度标准差按下式计算：

$$\sigma = \sqrt{\frac{\sum_{i=1}^{N}(f_{cu,i} - f_{cu,m})^2}{N-1}} \tag{4-13}$$

由正态分布曲线可知，标准差在数值上等于拐点至对称轴的距离。其值越小，反映混凝土质量波动越小，均匀性越好。对平均强度相同的混凝土而言，标准差 σ 能确切反映混凝土质量的均匀性，但当平均强度不等时，并不确切。例如平均强度分别为 20MPa 和 50MPa 的混凝土，当 σ 均等于 5MPa 时，对前者来说波动已很大，而对后者来说波动并不算大。因此，对不同强度等级的混凝土单用标准差值尚难以评判其匀质性，宜采用变异系数加以评定。

（三）变异系数 C_v

变异系数 C_v 根据下式计算：

$$C_v = \frac{\sigma}{f_{cu,m}} \tag{4-14}$$

变异系数亦即为标准差 σ 与平均强度 $f_{cu,m}$ 的比值，实际上反映相对于平均强度而言的变异程度。其值越小，说明混凝土质量越均匀，波动越小。根据《混凝土强度检验评定标准》（GBJ 107—87）中规定，混凝土的生产质量水平，可根据不同强度等级，在统计同期内混凝土强度的标准差和试件强度不低于设计等级的百分率来评定。并将混凝土生产单位质量管理水平划分为"优良"、"一般"及"差"三个等级，见表4-14。

$$混凝土生产质量水平 \qquad\qquad 表\ 4\text{-}14$$

生产质量水平		优良		一般		差	
评定指标	强度等级生产单位	<C20	≥C20	<C20	≥C20	<C20	≥C20
混凝土强度标准差 σ（MPa）	预拌混凝土和预制混凝土构件厂	≤3.0	≤3.5	≤4.0	≤5.0	>4.0	>5.0
	集中搅拌混凝土的施工现场	≤3.5	≤4.0	≤4.5	≤5.5	>4.5	>5.5
强度等于或高于要求强度等级的百分率 P（%）	预拌混凝土厂和预制构件厂及集中搅拌的施工现场	≥95		>85		≤85	

（四）强度保证率（$P\%$）

根据数理统计的概念，强度保证率指混凝土强度总体中大于设计强度等级的概率，亦即混凝土强度大于设计等级的组数占总组数的百分率。可根据正态分布的概率函数计算求得：

$$P = \frac{1}{\sqrt{2\pi}} \int_{-t}^{\infty} e^{-\frac{t^2}{2}} \mathrm{d}t \qquad\qquad (4\text{-}15)$$

$$t = \frac{\mid f_{cu,k} - f_{cu,m} \mid}{\sigma} = \frac{\mid f_{cu,k} - f_{cu,m} \mid}{C_v \cdot f_{cu,m}} \qquad\qquad (4\text{-}16)$$

式中　P——强度保证率；

　　　t——概率度，或称为保证率系数，根据式（4-16）计算；

　　　$f_{cu,k}$——混凝土设计强度等级。

根据 t 值，可计算强度保证率 P。由于计算比较复杂，一般可根据表 4-15 直接查取 P 值。

$$不同\ t\ 值的强度保证率\ P\ 值 \qquad\qquad 表\ 4\text{-}15$$

t	0.00	0.50	0.80	0.84	1.00	1.04	1.20	1.28	1.40	1.50	1.60
P（%）	50.0	69.2	78.8	80.0	84.1	85.1	88.5	90.0	91.9	93.3	94.5
t	1.645	1.70	1.75	1.81	1.88	1.96	2.00	2.05	2.33	2.50	3.00
P（%）	95.0	95.5	96.0	96.5	97.0	97.5	97.7	98.0	99.0	99.4	99.87

（五）混凝土的配制强度

从上述分析可知，如果混凝土的平均强度与设计强度等级相等，强度保证率系数 $t=0$，此时保证率为 50%，亦即只有 50% 的混凝土强度大于等于设计强度等级，工程质量难以保证。因此，必须适当提高混凝土的配制强度，以提高保证率。这里指的配制强度实际上等于混凝土的平均强度。根据我国《普通混凝土配合比设计规程》（JGJ 55—2000）的规定，混凝土强度保证率必须达到 95% 以上，此时对应的保证率系数 $t=1.645$，由下式得：

$$f_{cu,h} = f_{cu,m} = f_{cu,k} + 1.645\sigma \qquad\qquad (4\text{-}17)$$

式中　$f_{cu,h}$——混凝土的配制强度（MPa）；

　　　σ——当生产单位或施工单位具有统计资料时，可根据实际情况自行控制取值，但强度等级小于等于 C25 时，不应小于 2.5MPa；当强度等级大于等于 C30 时，不应小于 3.0MPa；当无统计资料和经验时，可参考表 4-16 取值。

混凝土设计强度等级 $f_{cu,k}$	<C20	C20～C50	>C50
σ (MPa)	4.0	5.0	6.0

四、混凝土强度检验评定标准

1. 当混凝土的生产条件在较长时间内能保持一致，且同一品种混凝土的强度变异性能保持稳定时，应由连续的三组试件代表一个验收批，其强度应同时符合下列要求：

$$f_{cu,m} \geq f_{cu,k} + 0.7\sigma_0 \tag{4-18}$$

$$f_{cu,min} \geq f_{cu,k} - 0.7\sigma_0 \tag{4-19}$$

当混凝土强度等级不高于 C20 时，尚应符合下式要求：

$$f_{cu,min} \geq 0.85 f_{cu,k} \tag{4-20}$$

当混凝土强度等级高于 C20 时，尚应符合下式要求：

$$f_{cu,min} \geq 0.90 f_{cu,k} \tag{4-21}$$

式中 $f_{cu,m}$——同一验收批混凝土强度的平均值（N/mm²）；

$f_{cu,k}$——设计的混凝土强度的标准值（N/mm²）；

σ_0——验收批混凝土强度的标准差（N/mm²）；

$f_{cu,min}$——同一验收批混凝土强度的最小值（N/mm²）。

验收批混凝土强度的标准差，应根据前一检验期内同一品种混凝土试件的强度数据，按下式确定：

$$\sigma_0 = \frac{0.59}{m} \sum_{i=1}^{m} \Delta f_{cu,i} \tag{4-22}$$

式中 $\Delta f_{cu,i}$——前一检验期内第 i 验收批混凝土试件中强度的最大值与最小值之差；

m——前一检验期内验收批总批数。

2. 当混凝土的生产条件不能满足上述条件的规定时，或在前一检验期内的同一品种混凝土没有足够的强度数据用以确定验收批混凝土强度标准差时，应由不少于 10 组的试件代表一个验收批，其强度应同时符合下列要求：

$$f_{cu,m} - \lambda_1 \sigma_0 \geq 0.9 f_{cu,k} \tag{4-23}$$

$$f_{cu,min} \geq \lambda_2 f_{cu,k} \tag{4-24}$$

式中 σ_0——验收批混凝土强度标准差（N/mm²），当小于 $0.06 f_{cu,k}$ 时，取 $\sigma = 0.06 f_{cu,k}$；

λ_1，λ_2——合格判定系数，按表 4-17 取值。

合格判定系数 表 4-17

试件组数	10～14	15～24	≥25
λ_1	1.7	1.65	1.60
λ_2	0.9	0.85	

3. 对零星生产的预制构件或现场搅拌批量不大的混凝土，可采用非统计方法评定，验收批强度必须同时符合下列要求：

$$f_{cu,m} \geq 1.15 f_{cu,k} \tag{4-25}$$

$$f_{cu,min} \geq 0.95 f_{cu,k} \tag{4-26}$$

4. 当对混凝土的试件强度代表性有怀疑时，可采用从结构、构件中钻取芯样或其他非破损检验方法，对结构、构件中的混凝土强度进行推定，作为是否应进行处理的依据。

第六节　普通混凝土的配合比设计

一、混凝土配合比设计基本要求

混凝土配合比是指 $1m^3$ 混凝土中各组成材料的用量，或各组成材料之重量比。配合比设计的目的是为满足以下四项基本要求：

1. 满足施工要求的和易性。

2. 满足设计的强度等级，并具有 95％ 的保证率。

3. 满足工程所处环境对混凝土的耐久性要求。

4. 经济合理，最大限度节约水泥，降低混凝土成本。

二、混凝土配合比设计中的三个基本参数

为了达到混凝土配合设计的四项基本要求，关键是要控制好水灰比（W/C）、单位用水量（W_0）和砂率（S_p）三个基本参数。这三个基本参数的确定原则如下：

1. 水灰比。

水灰比根据设计要求的混凝土强度和耐久性确定。确定原则为：在满足混凝土设计强度和耐久性的基础上，选用较大水灰比，以节约水泥，降低混凝土成本。

2. 单位用水量。

单位用水量主要根据坍落度要求和粗骨料品种、最大粒径确定。确定原则为：在满足施工和易性的基础上，尽量选用较小的单位用水量，以节约水泥。因为当 W/C 一定时，用水量越大，所需水泥用量也越大。

3. 砂率。

合理砂率的确定原则为：砂子的用量填满石子的空隙略有富余。砂率对混凝土和易性、强度和耐久性影响很大，也直接影响水泥用量，故应尽可能选用最优砂率，并根据砂子细度模数、坍落度要求等加以调整，有条件时宜通过试验确定。

三、混凝土配合比设计方法和原理

混凝土配合比设计的基本方法有两种：一是体积法（又称绝对体积法）；二是重量法（又称假定表观密度法），基本原理如下：

1. 体积法基本原理。体积法的基本原理为混凝土的总体积等于砂子、石子、水、水泥体积及混凝土中所含的少量空气体积之总和。若以 V_h、V_c、V_w、V_s、V_g、V_k 分别表示混凝土、水泥、水、砂、石子、空气的体积，则有：

$$V_h = V_w + V_c + V_s + V_g + V_k \tag{4-27}$$

若以 C_0、W_0、S_0、G_0 分别表示 $1m^3$ 混凝土中水泥、水、砂、石子的用量（kg），以 ρ_w、ρ_c、ρ_s、ρ_g 分别表示水、水泥的密度和砂、石子的表观密度（g/cm^3），10α 表示混凝土中空气体积，则上式可改为：

$$\frac{C_0}{\rho_c} + \frac{W_0}{\rho_w} + \frac{S_0}{\rho_s} + \frac{G_0}{\rho_g} + 10\alpha = 1000 \tag{4-28}$$

式中，α 为混凝土含气量百分率（％），在不使用引气型外加剂时，可取 $\alpha=1$。

2. 重量法基本原理。重量法基本原理为混凝土的总重量等于各组成材料重量之和。

当混凝土所用原材料和三项基本参数确定后，混凝土的表观密度（即 $1m^3$ 混凝土的重量）接近某一定值。若预先能假定出混凝土表观密度，则有：

$$C_0 + W_0 + S_0 + G_0 = \rho_{0h} \tag{4-29}$$

式中，ρ_{0h} 为 $1m^3$ 为混凝土的重量（kg），即混凝土的表观密度。可根据原材料、和易性、强度等级等信息在 $2350 \sim 2450kg/m^3$ 之间选用。

混凝土配合比设计中砂、石料用量指的是干燥状态下的重量。水工、港工、交通系统常采用饱和面干状态下的重量。

四、混凝土配合比设计步骤

混凝土配合比设计步骤为：首先根据原始技术资料计算"初步计算配合比"；然后经试配调整获得满足和易性要求的"基准配合比"；再经强度和耐久性检验定出满足设计要求、施工要求和经济合理的"试验室配合比"；最后根据施工现场砂、石料的含水率换算成"施工配合比"。

（一）初步计算配合比计算步骤

1. 计算混凝土配制强度（$f_{cu,h}$）。

$$f_{cu,h} = f_{cu,m} = f_{cu,k} + 1.645\sigma \tag{4-30}$$

2. 根据配制强度和耐久性要求计算水灰比（W/C）。

（1）根据强度要求计算水灰比。

由式：$f_{cu,h} = Af_{ce}\left(\dfrac{C}{W} - B\right)$ 则有：$\dfrac{W}{C} = \dfrac{Af_{ce}}{f_{cu,h} + ABf_{ce}}$

（2）根据耐久性要求查表 4-12，得最大水灰比限值。

（3）比较强度要求水灰比和耐久性要求水灰比，取两者中的最小值。

3. 根据施工要求的坍落度和骨料品种、粒径，由表 4-10 选取每立方米混凝土的用水量（W_0）。

4. 计算每立方米混凝土的水泥用量（C_0）。

（1）计算水泥用量

$$C_0 = W_0 \div \dfrac{W}{C}$$

（2）查表 4-12，复核是否满足耐久性要求的最小水泥用量，取两者中的较大值。

5. 确定合理砂率（S_p）。

（1）可根据骨料品种、粒径及 W/C 查表 4-11 选取。实际选用时可采用内插法，并根据附加说明进行修正。

（2）在有条件时，可通过试验确定最优砂率。

6. 计算砂、石用量（S_0、G_0），并确定初步计算配合比。

（1）重量法：

$$\begin{cases} C_0 + W_0 + S_0 + G_0 = \rho_{0h} \\ S_p = \dfrac{S_0}{S_0 + G_0} \end{cases} \tag{4-31}$$

（2）体积法：

$$\begin{cases} \dfrac{C_0}{\rho_0} + \dfrac{W_0}{\rho_w} + \dfrac{S_0}{\rho_s} + \dfrac{G_0}{\rho_g} + 10\alpha = 1000 \\ S_p = \dfrac{S_0}{S_0 + G_0} \end{cases} \qquad (4\text{-}32)$$

（3）配合比的表达方式：

①根据上述方法求得的 C_0、W_0、S_0、G_0，直接以每立方米混凝土材料的用量（kg）表示。

②根据各材料用量间的比例关系表示：$C_0 : S_0 : G_0 = 1 : S_0/C_0 : G_0/C_0$，再加上 W/C 值。

（二）基准配合比和试验室配合比的确定

初步计算配合比是根据经验公式和经验图表估算而得，因此不一定符合实际情况，必经通过试拌验证。当不符合设计要求时，需通过调整使和易性满足施工要求，使 W/C 满足强度和耐久性要求。

1. 和易性调整——确定基准配合比。根据初步计算配合比配成混凝土拌合物，先测定混凝土坍落度，同时观察黏聚性和保水性。如不符合要求，按下列原则进行调整：

（1）当坍落度小于设计要求时，可在保持水灰比不变的情况下，增加用水量和相应的水泥用量（水泥浆）。

（2）当坍落度大于设计要求时，可在保持砂率不变的情况下，增加砂、石用量（相当于减少水泥浆用量）。

（3）当黏聚性和保水性不良时（通常是砂率不足），可适当增加砂用量，即增大砂率。

（4）当拌合物显得砂浆量过多时，可单独加入适量石子，即降低砂率。

在混凝土和易性满足要求后，测定拌合物的实际表观密度（ρ_h），并按下式计算每 $1m^3$ 混凝土的各材料用量——即基准配合比：

令： $$A = C_{拌} + W_{拌} + S_{拌} + G_{拌}$$

则有：

$$\begin{cases} C_j = \dfrac{C_{拌}}{A} \times \rho_h \\ W_j = \dfrac{W_{拌}}{A} \times \rho_h \\ S_j = \dfrac{S_{拌}}{A} \times \rho_h \\ G_j = \dfrac{G_{拌}}{A} \times \rho_h \end{cases} \qquad (4\text{-}33)$$

式中
A——试拌调整后，各材料的实际总用量（kg）；

ρ_h——混凝土的实测表观密度（kg/m³）；

$C_{拌}$、$W_{拌}$、$S_{拌}$、$G_{拌}$——试拌调整后，水泥、水、砂子、石子实际拌合用量（kg）；

C_j、W_j、S_j、G_j——基准配合比中 $1m^3$ 混凝土的各材料用量（kg）。

如果初步计算配合比和易性完全满足要求而无需调整，也必须测定实际混凝土拌合物的表观密度，并利用上式计算 C_j、W_j、S_j、G_j。否则将出现"负方"或"超方"现象。亦即初步计算 $1m^3$ 混凝土，在实际拌制时，少于或多于 $1m^3$。当混凝土表观密度实测值与计算值之差的绝对值不超过计算值的 2% 时，则初步计算配合比即为基准配合比，无需调整。

2. 强度和耐久性复核——确定试验室配合比。根据和易性满足要求的基准配合比和水灰比，配制一组混凝土试件；并保持用水量不变，水灰比分别增加和减少 0.05 再配制二组混凝土试件，用水量应与基准配合比相同，砂率可分别增加和减少 1%。制作混凝土强度试件时，应同时检验混凝土拌合物的流动性、黏聚性、保水性和表观密度，并以此结果代表相应配合比的混凝土拌合物的性能。

三组试件经标准养护 28 天，测定抗压强度，以三组试件的强度和相应灰水比作图，确定与配制强度相对应的灰水比，并重新计算水泥和砂石用量。当对混凝土的抗渗、抗冻等耐久性指标有要求时，则制作相应试件进行检验。强度和耐久性均合格的水灰比对应的配合比，称为混凝土试验室配合比。计作 C、W、S、G。

（三）施工配合比

试验室配合比是以干燥（或饱和面干）材料为基准计算而得，但现场施工所用的砂、石料常含有一定水分，因此，在现场配料前，必须先测定砂石料的实际含水率，在用水量中将砂石带入的水扣除，并相应增加砂石料的称量值。设砂的含水率为 $a\%$，石子的含水率为 $b\%$，则施工配合比按下列各式计算：

$$水泥：C' = C$$
$$砂子：S' = S(1 + a\%)$$
$$石子：G' = G(1 + b\%)$$
$$水：W' = W - S \cdot a\% - G \cdot b\%$$

【例 4-4】 某框架结构钢筋混凝土，混凝土设计强度等级为 C30，现场机械搅拌，机械振捣成型，混凝土坍落度要求为 50～70mm，并根据施工单位的管理水平和历史统计资料，混凝土强度标准差 σ 取 4.0MPa。所用原材料如下：

水泥：普通硅酸盐水泥 32.5 级，密度 $\rho_c = 3.1$，水泥强度富余系数 $K_c = 1.12$；
砂：河砂 $M_x = 2.4$，Ⅱ级配区，$\rho_s = 2.65g/cm^3$；
石子：碎石，$D_{max} = 40mm$，连续级配，级配良好，$\rho_g = 2.70g/cm^3$；
水：自来水。
求：混凝土初步计算配合比。

【解】 1. 确定混凝土配制强度（$f_{cu,h}$）。

$$f_{cu,h} = f_{cu,k} + 1.645\sigma = 30 + 1.645 \times 4.0 = 36.58MPa$$

2. 确定水灰比（W/C）。

（1）根据强度要求计算水灰比（W/C）：

$$\frac{W}{C} = \frac{Af_{ce}}{f_{cu,h} + ABf_{ce}} = \frac{0.46 \times 32.5 \times 1.12}{36.58 + 0.46 \times 0.03 \times 32.5 \times 1.12} = 0.45$$

（2）根据耐久性要求确定水灰比（W/C）：

由于框架结构混凝土梁处于干燥环境，对水灰比无限制，故取满足强度要求的水灰比即可。

3. 确定用水量（W_0）。

查表 4-10 可知，坍落度 55～70mm 时，用水量 185kg。

4. 计算水泥用量（C_0）。

$$C_0 = W_0 \times \frac{C}{W} = 185 \times \frac{1}{0.45} = 411\text{kg}$$

根据表 4-12，满足耐久性对水泥用量的最小要求。

5. 确定砂率（S_p）。

参照表 4-11，通过插值（内插法）计算，取砂率 $S_p = 32\%$。

6. 计算砂、石用量（S_0、G_0）。

采用体积法计算，因无引气剂，取 $a=1$。

$$\begin{cases} \dfrac{411}{3.1} + \dfrac{185}{1} + \dfrac{S_0}{2.65} + \dfrac{G_0}{2.70} + 10 \times 1 = 1000 \\ \dfrac{S_0}{S_0 + G_0} = 32\% \end{cases}$$

解上述联立方程得：$S_0 = 577\text{kg}$；$G_0 = 1227\text{kg}$。

因此，该混凝土初步计算配合为：$C_0 = 411\text{kg}$，$W_0 = 185\text{kg}$，$S_0 = 577\text{kg}$，$G_0 = 1227\text{kg}$。或者：$C : S : G = 1 : 1.40 : 2.99$，$W/C = 0.45$

【例 4-5】 承上题，根据初步计算配合比，称取 12L 各材料用量进行混凝土和易性试拌调整。测得混凝土坍落度 $T = 20\text{mm}$，小于设计要求，增加 5％的水泥和水，重新搅拌测得坍落度为 65mm，且黏聚性和保水性均满足设计要求，并测得混凝土表观密度 $\rho_h = 2390\text{kg/m}^3$，求基准配合比。又经混凝土强度试验，恰好满足设计要求，已知现场施工所用砂含水率 4.5％，石子含水率 1.0％，求施工配合比。

【解】 1. 基准配合比：

（1）根据初步计算配合比计算 12L 各材料用量为：

$$C = 4.932\text{kg}, W = 2.220\text{kg}, S = 6.92\text{kg}, G = 14.72\text{kg}$$

（2）增加 5％的水泥和水用量为：

$$\Delta C = 0.247\text{kg}, \Delta W = 0.111\text{kg}$$

（3）各材料总用量为：

$$A = (4.932 + 0.247) + (2.220 + 0.111) + 6.92 + 14.72 = 29.15\text{kg}$$

（4）根据式（4-33）计算得基准配合比为：$C_j = 425$，$W_j = 191$，$S_i = 567$，$G_j = 1207$。

2. 施工配合比：

根据题意，试验室配合比等于基准配合比，则施工配合比为：

$$C = C_j = 425\text{kg}$$
$$S = 567 \times (1 + 4.5\%) = 593\text{kg}$$
$$G = 1207 \times (1 + 1\%) = 1219\text{kg}$$
$$W = 191 - 567 \times 4.5\% - 1207 \times 1\% = 153\text{kg}$$

【例 4-6】 承上题求得的混凝土基准配合比，若掺入减水率为 18％的高效减水剂，并保持混凝土强度不变，拌合时，砂、石用量按上题基准配合比采用，重新搅拌后测得坍落度满足设计要求，且实测混凝土表观密度 $\rho_h = 2400\text{kg/m}^3$（高效减水剂的质量忽略不计）。求掺减水剂后混凝土的配合比。1m³ 混凝土节约水泥多少千克？

【解】 （1）减水率 18％，则实际需水量为：

$$W = 191 - 191 \times 18\% = 157\text{kg}$$

（2）保持强度不变，即保持水灰比不变，则实际水泥用量为：

$$C = 157/0.45 = 349\text{kg}$$

（3）掺减水剂后混凝土配合比如下：

$$各材料总用量 = 349 + 157 + 567 + 1207 = 2280\text{kg}$$

所以，　　$C' = \dfrac{349}{2280} \times 2400 = 367\text{kg} \quad W' = \dfrac{157}{2280} \times 2400 = 165\text{kg}$

$$S' = \dfrac{567}{2280} \times 2400 = 597\text{kg} \quad G' = \dfrac{1207}{2280} \times 2400 = 1271\text{kg}$$

因此，实际每立方米混凝土节约水泥：425－367＝58kg。

第七节　高强高性能混凝土

根据《高强混凝土结构技术规程》（CECS 104：99），将强度等级大于等于 C50 的混凝土称为高强混凝土；将具有良好的施工和易性和优异耐久性，且均匀密实的混凝土称为高性能混凝土；同时具有上述各性能的混凝土称为高强高性能混凝土；而《普通混凝土配合比设计规范》（JGJ 55—2000）中则将强度等级大于等于 C60 的混凝土称为高强混凝土；《混凝土结构设计规范》（GB 50010—2002）则未明确区分普通混凝土或高强混凝土，只规定了钢筋混凝土结构的混凝土强度等级不应低于 C15，混凝土强度范围从 C15～C80。综合国内外对高强混凝土的研究和应用实践，以及现代混凝土技术的发展，将大于等于 C60 的混凝土称为高强度混凝土是比较合理的。

一、高强高性能混凝土的原材料

（一）水泥

水泥的品种通常选用硅酸盐水泥和普通水泥，也可采用矿渣水泥等。强度等级选择一般为：C50～C80 混凝土宜用强度等级 42.5；C80 以上选用更高强度的水泥。1m³ 混凝土中的水泥用量要控制在 500kg 以内，且尽可能降低水泥用量。水泥和矿物掺合料的总量不应大于 600kg/m³。

（二）掺合料

1. 硅粉：它是生产硅铁时产生的烟灰，故也称硅灰，是高强混凝土配制中应用最早、技术最成熟、应用较多的一种掺合料。硅粉中活性 SiO_2 含量达 90％以上，比表面积达 15000m²/kg 以上，火山灰活性高，且能填充水泥的空隙，从而极大地提高混凝土密实度和强度。硅灰的适宜掺量为水泥用量的 5％～10％。

研究结果表明，硅粉对提高混凝土强度十分显著，当外掺 6％～8％的硅灰时，混凝土强度一般可提高 20％以上，同时可提高混凝土的抗渗、抗冻、耐磨、耐碱－骨料反应等耐久性能。但硅灰对混凝土也带来不利影响，如增大混凝土的收缩值、降低混凝土的抗裂性、减小混凝土流动性、加速混凝土的坍落度损失等。

2. **磨细矿渣**：通常将矿渣磨细到比表面积 350m²/kg 以上，从而具有优异的早期强度和耐久性。掺量一般控制在 20%～50% 之间。矿粉的细度越大，其活性越高，增强作用越显著，但粉磨成本也大大增加。与硅粉相比，增强作用略逊，但其他性能优于硅粉。

3. 优质粉煤灰：一般选用 I 级灰，利用其内含的玻璃微珠润滑作用，降低水灰比，以及细粉末填充效应和火山灰活性效应，提高混凝土强度和改善综合性能。掺量一般控制在 20%～30% 之间。I 级粉煤灰的作用效果与矿粉相似，且抗裂性优于矿粉。

4. 沸石粉：天然沸石含大量活性 SiO_2 和微孔，磨细后作为混凝土掺合料能起到微粉和火山灰活性功能，比表面积 500m^2/kg 以上，能有效改善混凝土黏聚性和保水性，并增强了内养护，从而提高混凝土后期强度和耐久性，掺量一般为 5%～15%。

5. 偏高岭土：偏高岭土是由高岭土（$Al_2O_3 \cdot 2SiO_2 \cdot 2H_2O$）在 700～800℃ 条件下脱水制得的白色粉末，平均粒径 1～2μm，SiO_2 和 Al_2O_3 含量 90% 以上，特别是 Al_2O_3 较高。在混凝土中的作用机理与硅粉及其他火山灰相似，除了微粉的填充效应和对硅酸盐水泥的加速水化作用外，主要是活性 SiO_2 和 Al_2O_3 与 $Ca(OH)_2$ 作用生成 CSH 凝胶和水化铝酸钙（C_4AH_{13}、C_3AH_6）水化硫铝酸钙（$C_2A\overline{S}H_8$）。由于其极高的火山灰活性，故有超级火山灰（Super-Pozzolan）之称。

掺入偏高岭土能显著提高混凝土的早期强度和长期抗压强度、抗弯强度及劈裂抗拉强度。由于高活性偏高岭土对钾、钠和氯离子的强吸附作用和对水化产物的改善作用，能有效抑制混凝土的碱-骨料反应和提高抗硫酸盐腐蚀能力。我国《高强高性能混凝土用矿物外加剂》（GB/T 18736—2002）规定了用于高强高性能混凝土有矿物外加剂的技术性能要求。

（三）外加剂

高效减水剂（或泵送剂）是高强高性能混凝土最常用的外加剂品种，减水率一般要求大于 20%，以最大限度降低水灰比，提高强度。为改善混凝土的施工和易性及提供其他特殊性能，也可同时掺入引气剂、缓凝剂、防水剂、膨胀剂、防冻剂等。掺量可根据不同品种和要求根据需要选用。

（四）砂、石料

一般宜选用级配良好的中砂，细度模数宜大于 2.6。含泥量不应大于 1.5%，当配制 C70 以上混凝土，含泥量不应大于 1.0%。有害杂质控制在国家标准以内。

石子宜选用碎石，最大骨料粒径一般不宜大于 25mm，强度宜大于混凝土强度的 1.20 倍。对强度等级大于 C80 的混凝土，最大粒径不宜大于 20mm。针片状含量不宜大于 5%，含泥量不应大 1.0%，对强度等级大于 C100 的混凝土，含泥量不应大于 0.5%。

二、高强高性能混凝土的配合比设计

高强高性能混凝土配合比设计理论尚不完善，一般可遵循下列原则进行。

（一）水灰比 W/C

普通混凝土配合比设计中的鲍罗米公式对 C60 以上的混凝土已不尽适用，但水灰比仍是决定混凝土强度的主要因素，目前尚无完善的公式可供选用，故配合比设计时通常根据设计强度等级、原材料和经验选定水灰比。

（二）用水量和水泥用量

普通水泥中用水量根据坍落度要求、骨料品种、粒径选择。高强度高性能混凝土可参考执行，当由此确定的用水量导致水泥或胶凝材料总用量过大时，可通过调整减水剂品种或掺量来降低用水量或胶凝材料用量。也可以根据强度和耐久性要求，首先确定水泥或胶凝材料用量，再由水灰比计算用水量，当流动性不能满足设计要求时，再通过调整减水剂品种或掺量加以调整。

（三）砂率

对泵送高强混凝土，砂率的选用要考虑可泵性要求，一般为34%～44%，在满足施工工艺和施工和易性要求时，砂率宜尽量选小些，以降低水泥用量。从原则上来说，砂率宜通过试验确定最优砂率。

（四）高效减水剂

高效减水剂的品种选择原则，除了考虑减水率大小外，尚要考虑对混凝土坍落度损失、保水性和黏聚性的影响，更要考虑对强度、耐久性和收缩的影响。

减水剂的掺量可根据减水率的要求，在允许掺量范围内，通过试验确定。但一般不宜因减水的需要而超量掺用。

（五）掺合料

其掺量通常根据混凝土性能要求和掺合料品种性能，结合原有试验资料和经验选择并通过试验确定。

其他设计计算步骤与普通混凝土基本相同。

三、高强高性能混凝土的主要技术性质

1. 高强混凝土的早期强度高，但后期强度增长率一般不及普通混凝土。故不能用普通混凝土的龄期—强度关系式（或图表），由早期强度推算后期强度。如C60～C80混凝土，3天强度约为28天的60%～70%；7天强度约为28天的80%～90%。

2. 高强高性能混凝土由于非常致密，故抗渗、抗冻、抗碳化、抗腐蚀等耐久性指标均十分优异，可极大地提高混凝土结构物的使用年限。

3. 由于混凝土强度高，因此构件截面尺寸可大大减小，从而改变"肥梁胖柱"的现状，减轻建筑物自重，简化地基处理，并使高强钢筋的应用和效能得以充分利用。

4. 高强混凝土的弹性模量高，徐变小，可大大提高构筑物的结构刚度。特别是对预应力混凝土结构，可大大减小预应力损失。

5. 高强混凝土的抗拉强度增长幅度往往小于抗压强度，即拉压比相对较低，且随着强度等级提高，脆性增大，韧性下降。

6. 高强混凝土的水泥用量较大，故水化热大，自收缩大，干缩也较大，较易产生裂缝。

四、高强高性能混凝土的应用

高强高性能混凝土作为住房和城乡建设部推广应用的十大新技术之一，是建设工程发展的必然趋势。发达国家早在20世纪50年代即已开始研究应用。我国约在20世纪80年代初首先在轨枕和预应力桥梁中得到应用。高层建筑中应用则始于20世纪80年代末，进入90年代以来，研究和应用增加，北京、上海、广州、深圳等许多大中城市已建起了多幢高强高性能混凝土建筑。

随着国民经济的发展，高强高性能混凝土在建筑、道路、桥梁、港口、海洋、大跨度及预应力结构、高耸建筑物等工程中的应用将越来越广泛，强度等级也将不断提高，C50～C80的混凝土将普遍得到使用，C80以上的混凝土将在一定范围内得到应用。

第八节 粉煤灰混凝土

粉煤灰混凝土是指以一定量粉煤灰取代部分水泥配制而成的混凝土。

一、粉煤灰的技术要求

粉煤灰的技术性能和主要功能在"水泥"一章中已有阐述，在混凝土中的主要功能是利用其火山灰活性、玻璃微珠改善和易性及粉末效应。根据《粉煤灰混凝土应用技术规程》（GBJ 146—90），粉煤灰按其质量指标分为三级，见表4-18。

粉煤灰质量指标的分级   表4-18

质量指标 粉煤灰等级	细度（45μm）方孔筛筛余（%）	烧失量（%）	需水量比（%）	SO$_3$含量（%）
Ⅰ级	≤12	≤5	≤95	≤3
Ⅱ级	≤20	≤8	≤105	≤3
Ⅲ级	≤45	≤15	≤115	≤3

Ⅰ级灰的品位较高，具有一定减水作用，强度活性也较高，可用于普通钢筋混凝土、高强混凝土和后张法预应力混凝土。Ⅱ级灰一般不具有减水作用，主要用于普通钢筋混凝土。Ⅲ级灰品位较低，也较粗，活性较差，一般只能用于素混凝土和砂浆，若经专门试验也可以用于钢筋混凝土。

二、粉煤灰取代水泥的最大限量

混凝土中掺入粉煤灰后，虽然可以改善混凝土的某些性能（降低水化热、提高抗侵蚀性、提高密实度、改善抗渗性等），但由于粉煤灰的水化消耗了 Ca(OH)$_2$，降低混凝土的碱度，因而影响了混凝土的抗碳化性能，减弱了混凝土对钢筋锈蚀的保护作用。为了保证混凝土结构的耐久性，《粉煤灰混凝土应用技术规程》（GBJ 146—90）中规定了粉煤灰的最大限量见表4-19。

粉煤灰取代水泥的最大限量（GBJ 146—90）   表4-19

混凝土种类	粉煤灰取代水泥的最大限量（%）			
	硅酸盐水泥	普通水泥	矿渣水泥	火山灰水泥
预应力钢筋混凝土	25	15	10	—
钢筋混凝土，高强度混凝土，高抗冻融性混凝土，蒸养混凝土	30	25	20	15
中、低强度混凝土，泵送混凝土，大体积混凝土，水下混凝土，地下混凝土，压浆混凝土	50	40	30	20
碾压混凝土	65	55	45	35

三、粉煤灰混凝土配合比设计

粉煤灰混凝土配合比的设计是以普通混凝土初步计算配合比为标准，按等和易性、等强度原则，用超量取代法、等量取代法或外掺法设计计算，再经试配调整确定。最常用的方法是超量取代法，其配合比设计的基本原理如下。

1. 按表 4-19 选择粉煤灰取代率（f）。

2. 计算粉煤灰混凝土中水泥用量（C）。

$$C = C_0(1-f) \tag{4-34}$$

式中 C_0——每立方米混凝土初步计算水泥用量（kg）。

3. 按表 4-20 选择超量系数（K）。

粉煤灰超量系数（GBJ 146—90）　　　　　　　　　　　　　表 4-20

粉煤灰级别	I	II	III
超量系数 K	1.1～1.4	1.3～1.7	1.5～2.0

4. 计算 $1m^3$ 混凝土中的粉煤灰用量 F（kg）。

$$F = K(C_0 - C) \tag{4-35}$$

5. 计算超量部分粉煤灰的体积（V_R）。

$$V_R = \frac{F}{\rho_F} - \frac{C_0 - C}{\rho_C} \tag{4-36}$$

式中 ρ_F、ρ_C——分别为粉煤灰和水泥的密度。

6. 计算细骨料（砂）用量。根据粉煤灰混凝土的设计原理，要扣除与粉煤灰超量部分等体积的砂。按下式计算：

$$S = S_0 - V_R \times \rho_S \tag{4-37}$$

7. 水和粗骨料用量保持不变。

四、粉煤灰混凝土的主要技术性质

1. 粉煤灰混凝土的施工和易性优于普通混凝土，可泵性明显改善，特别是较易振捣密实，均质性良好，因而抗渗性能较好。

2. 粉煤灰混凝土的水化热较低，较适合于大体积混凝土工程。

3. 粉煤灰混凝土的抗侵蚀性能较好。

4. 粉煤灰混凝土的碱度降低，故抗碳化性能下降，对钢筋的保护作用有所下降。

5. 粉煤灰混凝土的早期强度较低，后期强度增长较大，因此，地下结构和大体积混凝土宜采用 56 天、60 天或 90 天作为设计强度等级的龄期，地上结构有条件的也可采用 56 天或 60 天龄期。对堤坝及某些大型基础混凝土结构甚至可以采用 180 天龄期。

第九节 轻 混 凝 土

轻混凝土是指表观密度小于 $1950kg/m^3$ 的混凝土。可分为轻骨料混凝土、多孔混凝土和无砂大孔混凝土三类。轻混凝土的主要特点为：

1. 表观密度小。轻混凝土与普通混凝土相比，其表观密度一般可减小 1/4～3/4，使上部结构的自重明显减轻，从而显著地减少地基处理费用，并且可减小柱子的截面尺寸。又由于构件自重产生的恒载减小，因此可减少梁板的钢筋用量。此外，还可降低材料运输费用，加快施工进度。

2. 保温性能良好。材料的表观密度是决定其导热系数的最主要因素，因此轻混凝土通常具有良好的保温性能，降低建筑物使用能耗。

3. 耐火性能良好。轻混凝土具有保温性能好、热膨胀系数小等特点，遇火强度损失小，故特别适用于耐火等级要求高的高层建筑和工业建筑。

4. 力学性能良好。轻混凝土的弹性模量较小、受力变形较大，抗裂性较好，能有效吸收地震能，提高建筑物的抗震能力，故适用于有抗震要求的建筑。

5. 易于加工。轻混凝土中，尤其是多孔混凝土，易于打入钉子和进行锯切加工。这对于施工中固定门窗框、安装管道和电线等带来很大方便。

6. 变形较大。轻骨料混凝土的变形比普通混凝土大，弹性模量较小，约为同级别普通混凝土的 50%～70%，收缩和徐变比普通混凝土相应地大 20%～50% 和 30%～60%，热膨胀系数则比普通混凝土低 20% 左右。

轻混凝土在主体结构的中应用尚不多，主要原因是价格较高。但是，若对建筑物进行综合经济分析，则可收到显著的技术和经济效益，尤其是考虑建筑物使用阶段的节能效益，其技术经济效益更佳。

一、轻骨料混凝土

用轻粗骨料、轻细骨料（或普通砂）和水泥配制而成的混凝土，其干表观密度不大于 $1950kg/m^3$，称为轻骨料混凝土。当粗细骨料均为轻骨料时，称为全轻混凝土；当细骨料为普通砂时，称砂轻混凝土。

（一）轻骨料的种类及技术性质

1. 轻骨料的种类。凡是骨料粒径为 5mm 以上，堆积密度小于 $1000kg/m^3$ 的轻质骨料，称为轻粗骨料。粒径小于 5mm，堆积密度小于 $1200kg/m^3$ 的轻质骨料，称为轻细骨料。

轻骨料按来源不同分为三类：①天然轻骨料（如浮石、火山渣及轻砂等）；②工业废料轻骨料（如粉煤灰陶粒、膨胀矿渣、自燃煤矸石等）；③人造轻骨料（如膨胀珍珠岩、页岩陶粒、黏土陶粒等）。

2. 轻骨料的技术性质。轻骨料的技术性质主要有堆积密度、强度、颗粒级配和吸水率等，此外，还有耐久性、体积安定性、有害成分含量等。

（1）堆积密度：轻骨料的堆积密度直接影响所配制的轻骨料混凝土的表观密度和性能，轻粗骨料按堆积密度划分为 10 个等级：200、300、400、500、600、700、800、900、1000、1100kg/m³。轻砂的堆积密度为 410～1200kg/m³。

（2）强度：轻粗骨料的强度，通常采用"筒压法"测定其筒压强度。筒压强度是间接反映轻骨料颗粒强度的一项指标，对相同品种的轻骨料，筒压强度与堆积密度常呈线性关系。但筒压强度不能反映轻骨料在混凝土中的真实强度，因此，技术规程中还规定采用强度标号来评定轻粗骨料的强度。"筒压法"和强度标号测试方法可参考有关规范。

（3）吸水率：轻骨料的吸水率一般都比普通砂石料大，因此将显著影响混凝土拌合物的和易性、水灰比和强度的发展。轻骨料的用水量概念与普通混凝土略有区别，加入拌合物中的水量称为总用水量，可分为两部分，一部分被骨料吸收，其数量相当于 1h 的吸水量，这部分水称为附加用水量，其余部分称为净用水量，使拌合物获得要求的流动性和保证水泥水化的进行。因此，在设计轻骨料混凝土配合比时，必须根据轻骨料的 1h 吸水率计算附加用水量。

（4）最大粒径与颗粒级配：保温及结构保温轻骨料混凝土用的轻骨料，其最大粒径不宜大于 40mm。结构轻骨料混凝土的轻骨料不宜大于 20mm。

对轻粗骨料的级配要求，其自然级配的空隙率不应大于 50％。轻砂的细度模数不宜大于 4.0；大于 5mm 的筛余量不宜大于 10％。

（二）轻骨料混凝土的强度等级

轻骨料混凝土按干表观密度一般为 600～1900kg/m³，共分为 14 个等级。强度等级按立方体抗压强度标准值分为 LC5.0、LC7.5、LC10、LC15、LC20、LC25、LC30、LC35、LC40、LC45、LC50、LC55、LC60 等 13 个等级。

按用途不同，轻骨料混凝土分为三类，其相应的强度等级和表观密度要求见表 4-21。

轻骨料混凝土按用途分类 表 4-21

类 别 名 称	混凝土强度等级的合理范围	混凝土密度等级的合理范围	用 途
保温轻骨料混凝土	LC5.0	≤800	主要用于保温的围护结构或热工构筑物
结构保温轻骨料混凝土	LC5.0、LC7.5、LC10、LC15	800～1400	主要用于既承重又保温的围护结构
结构轻骨料混凝土	LC15、LC20、LC25、LC30、LC35、LC40、LC45、LC50、LC55、LC60	1400～1900	主要用于承重构件或构筑物

对于轻骨料混凝土，由于轻骨料自身强度较低，因此其强度的决定因素除了水泥强度与水灰比（水灰比考虑净用水量）外，还取决于轻骨料的强度。与普通混凝土相比，采用轻骨料会导致混凝土强度下降，并且骨料用量越多，强度降低越大，其表观密度也越小。

轻骨料混凝土的另一特点是，由于受到轻骨料自身强度的限制，因此，每一品种轻骨料只能配制一定强度的混凝土，如要配制高于此强度的混凝土，即使降低水灰比，也不可能使混凝土强度有明显提高，或提高幅度很小。

（三）轻骨料混凝土的制作与使用特点

1. 轻骨料本身吸水率较天然砂、石为大，若不进行预湿，则拌合物在运输或浇筑过程中的坍落度损失较大，在设计混凝土配合比时须考虑轻骨料附加水量。

2. 拌合物中粗骨料容易上浮，也不易搅拌均匀，应选用强制式搅拌机作较长时间的搅拌。轻骨料混凝土成型时振捣时间不宜过长，以免造成分层，最好采用加压振捣。

3. 轻骨料吸水能力较强，要加强浇水养护，防止早期干缩开裂。

（四）轻骨料混凝土配合比设计要点

轻骨料混凝土配合比设计的基本要求与普通混凝土相同，但应满足对混凝土表观密度的要求。

轻骨料混凝土配合比设计方法与普通混凝土基本相似，分为绝对体积法和松散体积法。砂轻混凝土宜采用绝对体积法，松散体积法宜用于全轻混凝土，然后按设计要求的混凝土表观密度为依据进行校核，最后通过试拌调整得出，详见《轻骨料混凝土技术规程》（JGJ 51—2002）。

轻骨料混凝土与普通混凝土配合比设计中的不同之处主要有两点，一是用水量为净用水量与附加用水量两者之和；二是砂率为砂的体积占砂石总体积之比值。

二、多孔混凝土

多孔混凝土中无粗、细骨料，内部充满大量细小封闭的孔，孔隙率高达60％以上。多孔混凝土可分为加气混凝土和泡沫混凝土两种。近年来，也有用压缩空气经过充气介质弥散成大量微气泡，均匀地分散在料浆中而形成多孔结构。这种多孔混凝土称为充气混凝土。

根据养护方法不同，多孔混凝土可分为蒸压多孔混凝土和非蒸压（蒸养或自然养护）多孔混凝土两种。由于蒸压加气混凝土在生产和制品性能上有较多优越性，以及可以大量地利用工业废渣，故近年来发展应用较为迅速。

多孔混凝土质轻，其表观密度不超过1000kg/m³，通常在300～800kg/m³之间；保温性能优良，导热系数随其表观度降低而减小，一般为0.09～0.17W/（m·K）；可加工性好，可锯、可刨、可钉、可钻，并可用胶粘剂粘结。

（一）蒸压加气混凝土

蒸压加气混凝土是用钙质材料（水泥、石灰）、硅质材料（石英砂、尾矿粉、粉煤灰、粒状高炉矿渣、页岩等）和适量加气剂为原料，经过磨细、配料、搅拌、浇筑、切割和蒸压养护（在压力为0.8～1.5MPa下养护6～8h）等工序生产而成。加气剂一般采用铝粉膏，也可采用双氧水、碳化钙、漂白粉等。

蒸压加气混凝土通常是在工厂预制成砌块或条板等制品。蒸压加气混凝土砌块按其强度和表观密度划分产品等级，我国《蒸压加气混凝土砌块》（GB 11968—2006）对此有具体规定。

蒸压加气混凝土砌块适用于承重和非承重的内墙和外墙。加气混凝土条板可用于工业和民用建筑中，作承重和保温合一的屋面板和隔墙板。另外，还可用加气混凝土和普通混凝土预制成复合墙板，用作外墙板。蒸压加气混凝土还可做成各种保温制品，如管道保温壳等。

蒸压加气混凝土的吸水率大，且强度较低，其所用砌筑砂浆及抹面砂浆需专门配制。墙体外表面必须作饰面处理，与门窗固定方法也与砖墙不同。

（二）泡沫混凝土

泡沫混凝土是将由水泥等拌制的料浆与由泡沫剂搅拌造成的泡沫混合搅拌，再经浇筑、养护硬化而成的多孔混凝土。

配制自然养护的泡沫混凝土时，水泥强度等级不宜低于32.5，否则强度太低。当生产中采用蒸汽养护或蒸压养护时，不仅可缩短养护时间，且能提高强度，还能掺用粉煤灰、煤渣或矿渣，以节省水泥，甚至可以全部利用工业废渣代替水泥。如以粉煤灰、石灰、石膏等为胶凝材料，再经蒸压养护，制成蒸压泡沫混凝土。

泡沫混凝土的技术性质和应用，与相同表观密度的加气混凝土大体相同。也可在现场直接浇筑，用作屋面保温层。

三、大孔混凝土

大孔混凝土指无细骨料的混凝土，按其粗骨料的种类，可分为普通无砂大孔混凝土和轻骨料大孔混凝土两类。普通大孔混凝土是用碎石、卵石、重矿渣等配制而成。轻骨料大孔混凝土则是用陶粒、浮石、碎砖、煤渣等配制而成。有时为了提高大孔混凝土的强度，也可掺入少量细骨料，这种混凝土称为少砂混凝土。

普通大孔混凝土的表观密度在 1500～1900kg/m³ 之间，抗压强度为 3.5～10MPa。轻骨料大孔混凝土的表现密度在 500～1500kg/m³ 之间，抗压强度为 1.5～7.5MPa。

大孔混凝土的导热系数小，保温性能好，收缩一般较普通混凝土小 30％～50％，抗冻性优良。

大孔混凝土宜采用单一粒级的粗骨料，如粒径为 10～20mm 或 10～30mm。不允许采用小于 5mm 和大于 40mm 的骨料。

大孔混凝土适用于制作墙体小型空心砌块、砖和各种板材，也可用于现浇墙体。普通大孔混凝土还可制成滤水管、滤水板等，广泛用于市政工程。

第十节　特种混凝土

一、抗渗混凝土

抗渗混凝土系指抗渗等级不低于 P6 级的混凝土。即它能抵抗 0.6MPa 静水压力作用而不发生透水现象。为了提高混凝土的抗渗性，通常采用合理选择原材料、提高混凝土的密实程度以及改善混凝土内部孔隙结构等方法来实现。目前，常用的抗渗混凝土的配制方法有以下几种。

（一）富水泥浆法

这种方法是依靠采用较小的水灰比、较高的水泥用量和砂率，提高水泥浆的质量和数量，使混凝土更密实。

（二）骨料级配法

骨料级配法是通过改善骨料级配，使骨料本身达到最大密实程度的堆积状态。为了降低空隙率，还应加入约占骨料量 5％～8％ 的粒径小于 0.16mm 的细粉料。同时严格控制水灰比、用水量及拌合物的和易性，使混凝土结构致密，提高抗渗性。

（三）外加剂法

这种方法与前面两种方法比，施工简单，造价低廉，质量可靠，被广泛采用。它是在混凝土中掺适当品种的外加剂，改善混凝土内孔结构，隔断或堵塞混凝土中各种孔隙、裂缝、渗水通道等，达到改善混凝土抗渗的目的。常采用引气剂（如松香热聚物）、密实剂（如采用 $FeCl_3$ 防水剂）、高效减水剂（降低水灰比）、膨胀剂（防止混凝土收缩开裂）等。

（四）特种水泥法

采用无收缩不透水水泥、膨胀水泥等来拌制混凝土，能够改善混凝土内的孔结构，有效提高混凝土的致密度和抗渗能力。

二、耐热混凝土

耐热混凝土是指能长期在高温（200～900℃）作用下保持所要求的物理和力学性能的一种特种混凝土。

普通混凝土不耐高温，其原因是：水泥石中的氢氧化钙及石灰岩质的粗骨料在高温下均要产生分解，石英砂在高温下要发生晶型转变而体积膨胀，加之水泥石与骨料的热膨胀系数不同。所有这些，均将导致普通混凝土在高温下产生裂缝，强度严重下降，甚至破坏。

耐热混凝土是由合适的胶凝材料、耐热粗、细骨料及水，按一定比例配制而成。根据所用胶凝材料不同，通常可分为矿渣水泥耐热混凝土、铝酸盐水泥耐热混凝土、水玻璃耐热混凝土、磷酸盐耐热混凝土。这些耐热混凝土其极限使用温度可达到 900～1700℃ 不等。

耐热混凝土多用于高炉基础、焦炉基础，热工设备基础及围护结构、护衬、烟囱等。

三、耐酸混凝土

能抵抗多种酸及大部分腐蚀性气体侵蚀作用的混凝土称为耐酸混凝土。

（一）水玻璃耐酸混凝土

水玻璃耐酸混凝土由水玻璃作胶结料，氟硅酸钠作促硬剂，与耐酸粉料及耐酸粗、细骨料按一定比例配制而成。能抵抗除氢氟酸以外的各种酸类的侵蚀，特别是对硫酸、硝酸有良好的抗腐性，且具有较高的强度，28d 强度可达 15MPa。多用于化工车间的地坪、酸洗槽、贮酸池等。

（二）硫磺耐酸混凝土

它是以硫磺为胶凝材料，聚硫橡胶为增韧剂，掺入耐酸粉料和细骨料，经加热（160～170℃）熬制成硫磺砂浆，灌入耐酸粗骨料中冷却后即为硫磺耐酸混凝土。其抗压强度可达 40MPa 以上，常用于地面、设备基础、贮酸池槽等。

四、泵送混凝土

泵送混凝土系指坍落度不小于 100mm，并用泵送施工的混凝土。它能一次连续完成水平运输和垂直运输，效率高、节约劳动力，因而，近年来国内外应用也十分广泛。

泵送混凝土拌合物必须具有较好的可泵性。所谓可泵性，即拌合物具有顺利通过管道、摩擦阻力小、不离析、不阻塞和黏聚性良好的性能。

我国《混凝土泵送施工技术规程》（JGJ/T 10—95）对泵送混凝土的原材料选用、坍落度控制、配合比设计等均作了具体要求。其中配合比设计时水胶比不宜大于 0.60，水泥和矿物掺合料总量不宜小于 300kg/m³，且不宜采用火山灰水泥，砂率宜为 35％～45％。采用引气剂的泵送混凝土，其含气量不宜超过 4％。

实践证明，泵送混凝土掺用优质的磨细粉煤灰和矿粉后，可显著改善和易性及节约水泥，而强度不降低。泵送混凝土的用水量和用灰量较大，使混凝土易产生离析和收缩裂纹等问题。

五、聚合物混凝土

聚合物混凝土是由有机聚合物、无机胶凝材料和骨料结合而成的新型混凝土，常用的有以下两类。

（一）聚合物浸渍混凝土（PIC）

将已硬化的混凝土干燥后浸入有机单体中，用加热或辐射等方法使混凝土孔隙内的单体聚合，使混凝土与聚合物形成整体，称为聚合物浸渍混凝土。

浸渍所用的单体有：甲基丙烯酸甲酯（MMA）、苯乙烯（S）、丙烯腈（AN）、聚脂—苯乙烯等。

聚合物浸渍混凝土具有高强、耐蚀、抗冲击等优良的物理力学性能。与基材（混凝土）相比，抗压强度可提高 2～4 倍，一般可达 150MPa。适用于要求高强度、高耐久性的特殊构件，特别适用于输送液体的有筋管道、无筋管和坑道。

（二）聚合物水泥混凝土（PCC）

聚合物水泥混凝土是用聚合物乳液拌和水泥，并掺入砂或其他骨料而制成。生产工艺与普通混凝土相似，便于现场施工。

聚合物可用天然聚合物（如天然橡胶）和各种合成聚合物（如聚醋酸乙烯、苯乙烯、聚氯乙烯等）。矿物胶凝材料可用普通水泥和高铝水泥。

聚合物水泥混凝土粘结性能好，耐久性和耐磨性高，抗折强度明显提高，但不及聚合物浸渍混凝土显著，抗压强度有可能下降。多用于无缝地面，也常用于混凝土路面和机场跑道面层和构筑物的防水层。

六、纤维混凝土

纤维混凝土是以混凝土为基体，外掺各种纤维材料而成。掺入纤维的目的是提高混凝土的抗拉、抗弯、冲击韧性，也可以有效改善混凝土的脆性性质。

常用的纤维材料有钢纤维、玻璃纤维、石棉纤维、碳纤维和合成纤维等。所用的纤维必须具有耐碱、耐海水、耐气候变化的特性。

在纤维混凝土中，纤维的含量，纤维的几何形状以及纤维的分布情况，对其性质有重要影响。常用的钢纤维混凝土一般可提高抗拉强度2倍左右，抗冲击强度提高5倍以上。

纤维混凝土目前主要用于复杂应力结构构件、对抗冲击性要求高的工程，如飞机跑道、高速公路、桥面面层、管道等。随着纤维混凝土技术的提高，各类纤维性能的改善，成本的降低，在建筑工程中的应用将会越来越广泛。

七、防辐射混凝土

能遮蔽X、γ射线等对人体有危害的混凝土，称为防辐射混凝土。它由水泥、水及重骨料配制而成，其表观密度一般在3000kg/m³以上。混凝土愈重，其防护X、γ射线的性能越好，且防护结构的厚度可减小。但对中子流的防护，除需要混凝土很重外，还需要含有足够多的最轻元素——氢。

配制防辐射混凝土时，宜采用胶结力强、水化结合水量高的水泥，如硅酸盐水泥，最好使用硅酸锶等重水泥。常用重骨料主要有重晶石（$BaSO_4$）、褐铁矿（$2Fe_2O_3 \cdot 3H_2O$）、磁铁矿（Fe_3O_4）、赤铁矿（Fe_2O_3）等。另外，掺入硼和硼化物及锂盐等，也能有效改善混凝土的防护性能。

防辐射混凝土主要用于原子能工业以及应用放射性同位素的装置中，如反应堆、加速器、放射化学装置、海关、医院等的防护结构。

八、彩色混凝土

彩色混凝土，也称为面层着色混凝土。通常采用彩色水泥或白水泥加颜料按一定比例配制成彩色饰面料，先铺于模底，厚度不小于10mm，再在其上浇筑普通混凝土，这称为反打一步成型。也可冲压成型。除此之外，还可采取在新浇混凝土表面上干撒着色硬化剂显色，或者采用化学着色剂渗入已硬化混凝土的毛细孔中，生成难溶且抗磨的有色沉淀物显示色彩。

彩色混凝土目前多用于制作路面砖，有人行道砖和车行道砖两类，按其形状又分为普通型砖和异型砖两种。采用彩色路面砖铺路面，可形成多彩美丽的图案和永久性的交通管理标志，具有美化城市的作用。

九、碾压式水泥混凝土

碾压式水泥混凝土是以较低的水泥用量和很小的水灰比配制而成的超干硬性混凝土，经机械振动碾压密实而成，通常简称为碾压混凝土。碾压混凝土的原材料与普通混凝土基本相同，通常掺大量的粉煤灰。配合比设计主要通过击实试验，以最大表观密度或强度为技术指标，来选择合理的集料级配、砂率、水泥用量和最佳含水量，采用体积法计算砂石用量，并通过试拌调整和强度验证，最终确定配合比。

这种混凝土主要用来铺筑路面和坝体，具有强度高、密实度大、耐久性好和成本低、工效高等优点。当碾压混凝土应用于大体积混凝土工程时，由于水化热小，可以大大简化降温措施，节约降温费用。对混凝土路面工程，其养护费用远低于沥青混凝土路面，而且使用年限较长。

习题与复习思考题

1. 简述砂颗粒级配、细度模数的概念及测试和计算方法。

2. 简述石子最大粒径、针片状、压碎指标的概念及测试和计算方法。

3. 简述粗骨料最大粒径的限制条件。

4. 减水剂的作用机理和使用效果是什么？

5. 从技术经济及工程持点考虑，针对大体积混凝土、高强混凝土、普通现浇混凝土、混凝土预制构件、喷射混凝土和泵送混凝土工程或制品，选用合适的外加剂品种，并简要说明理由。

6. 简述混凝土拌合物和易性的概念、测试方法、主要影响因素、调整方法及改善措施。

7. 简述混凝土立方体抗压强度、棱柱体抗压强度、抗拉强度和劈裂抗拉强度的概念及相互关系。

8. 影响混凝土强度的主要因素及提高强度的主要措施有哪些？

9. 在什么条件下能使混凝土的配制强度与其所用水泥的强度等级相等？

10. 影响混凝土干缩值大小的主要因素有哪些？

11. 简述温度变形对混凝土结构的危害。

12. 影响混凝土耐久性的主要因素及提高耐久性的措施有哪些？

13. 混凝土的合理砂率及确定的原则是什么？

14. 混凝土质量（强度）波动的主要原因有哪些？

15. 甲、乙两种砂，取样筛分结果如下：

筛孔尺寸（mm）		4.75	2.36	1.18	0.600	0.300	0.150	<0.150
筛余量（g）	甲 砂	0	0	30	80	140	210	40
	乙 砂	30	170	120	90	50	30	10

（1）分别计算细度模数并评定其级配。

（2）欲将甲、乙两种砂混合配制出细度模数为 2.7 的砂，问两种砂的比例应各占多少？混合砂的级配如何？

16. 某道路工程用石子进行压碎值指标测定，称取 13.2～16mm 的试样 3000g，压碎试验后采用 2.36mm 的筛子过筛，称得筛上石子重 2815g，筛下细料重 185g。求该石子的压碎值指标。

17. 钢筋混凝土梁的截面最小尺寸为 320mm，配置钢筋的直径为 20mm，钢筋中心距离为 80mm，问可选用最大粒径为多少的石子？

18. 某工程用碎石和普通水泥 32.5 级配制 C40 混凝土，水泥强度富余系数 1.10，混凝土强度标准差 4.0MPa。求水灰比。若改用普通水泥 42.5 级，水泥强度富余系数同样为 1.10，水灰比为多少？

19. 三个建筑工地生产的混凝土，实际平均强度均为 23.0MPa，设计要求的强度等级均为 C20，三个工地的强度变异系数 C_v 值分别为 0.102、0.155 和 0.250。问三个工地生产的混凝土强度保证率（P）分别是多少？并比较三个工地施工质量控制水平。

20. 某工程设计要求的混凝土强度等级为 C25，要求强度保证率 $P=95\%$。试求：

(1) 当混凝土强度标准差 $\sigma=5.5\text{MPa}$ 时，混凝土的配制强度应为多少？

(2) 若提高施工管理水平，σ 降为 3.0MPa 时，混凝土的配制强度为多少？

(3) 若采用普通硅酸盐水泥 32.5 和卵石配制混凝土，用水量为 180kg/m^3，水泥富余系数 $K_c=1.10$。问 σ 从 5.5MPa 降到 3.0MPa，每立方米混凝土可节约水泥多少千克？

21. 某工程在一个施工期内浇筑的某部位混凝土，各班测得的混凝土 28d 的抗压强度值（MPa）如下：

22.6；23.6；30.0；33.0；23.2；23.2；22.8；27.2；21.2；26.0；24.0；30.8；22.4；21.2；24.4；24.4；23.2；24.4；22.0；26.20；21.8；29.0；19.9；21.0；29.4；21.2；24.4；26.8；24.2；19.0；20.6；21.8；28.6；26.8；28.6；28.8；37.8；36.8；29.2；35.6；28.0。（试件尺寸：150mm×150mm×150mm）

该部位混凝土设计强度等级为 C20，试计算此批混凝土的平均强度 $f_{cu,m}$、标准差 σ、变异系数 C_v 及强度保证率 P。

22. 已知混凝土的水灰比为 0.60，每立方米混凝土拌合用水量为 180kg，采用砂率 33%，水泥的密度 $\rho_c=3.10\text{g/cm}^3$，砂子和石子的表观密度分别为 $\rho_s=2.62\text{g/cm}^3$ 及 $\rho_g=2.70\text{g/cm}^3$。试用体积法求 1m^3 混凝土中各材料的用量。

23. 某实验室试拌混凝土，经调整后各材料用量为：普通水泥 4.5kg，水 2.7kg，砂 9.9kg，碎石 18.9kg，又测得拌合物表观密度为 2.38kg/L，试求：

(1) 每立方米混凝土的各材料用量；

(2) 当施工现场砂子含水率为 3.5%，石子含水率为 1% 时，求施工配合比；

(3) 如果把实验室配合比直接用于现场施工，则现场混凝土的实际配合比将如何变化？对混凝土强度将产生多大影响？

24. 某混凝土预制构件厂，生产预应力钢筋混凝土大梁，需用设计强度为 C40 的混凝土，拟用原材料为：

水泥：普通硅酸盐水泥 42.5 级，水泥强度富余系数为 1.10，$\rho_c=3.15\text{g/cm}^3$；

中砂：$\rho_s=2.66\text{g/cm}^3$，级配合格；

碎石：$\rho_g=2.70\text{g/cm}^3$，级配合格，$D_{max}=20\text{mm}$。

已知单位用水量 $W=170\text{kg}$，标准差 $\sigma=5\text{MPa}$。试用体积法计算混凝土配合比。并求出每拌三包水泥（每包水泥重 50kg）的混凝土时各材料用量。

25. 今用普通硅酸盐水泥 42.5 级，配制 C20 碎石混凝土，水泥强度富余系数为 1.10，耐久性要求混凝土的最大水灰比为 0.60，问混凝土强度富余多少？若要使混凝土强度不产生富余，可采取什么方法？

26. 某建筑公司拟建一栋面积 5000m² 的 6 层住宅楼，估计施工中要用 125m³ 现浇混凝土，已知混凝土的配合比为 $1:1.74:3.56$，$W/C=0.56$，现场供应的原材料情况为：

水泥：普通水泥 32.5 级，$\rho_c=3.1\text{g/cm}^3$；

砂：中砂、级配合格，$\rho_s=2.60\text{g/cm}^3$；

石：5～40mm 碎石，级配合格，$\rho_g=2.70\text{g/cm}^3$。

试求：(1) 1m^3 混凝土中各材料的用量；

(2) 如果在上述混凝土中掺入 1.5% 的减水剂，并减水 18%，减水泥 15%，计算每立方米混凝土的各种材料用量；

(3) 本工程混凝土可省水泥约多少吨？

第五章 砂　　浆

　　砂浆是由胶凝材料、细集料以及填料、纤维、添加剂和水按一定比例配合，经搅拌并硬化而成。从某种意义上可以说砂浆是无粗集料的混凝土。

　　按所用胶凝材料，砂浆可分为水泥砂浆、水泥石灰混合砂浆、石灰砂浆、水玻璃耐酸砂浆和聚合物砂浆。按照生产方式可分为预拌砂浆、现场搅拌砂浆。按功能和用途可分为砌筑砂浆、抹面砂浆、装饰砂浆、防水砂浆、保温砂浆、耐酸砂浆、耐热砂浆、防腐砂浆、抗裂砂浆和修补砂浆等。

　　建设工程中，砂浆主要用于砌体的砌筑、墙地面找平、防水抹面、粘贴墙地砖、装饰面层、勾缝、修补和作为墙地面的保温层等，随着砂浆日益多功能化，在保温隔热、吸声、防辐射、耐酸、耐腐蚀等更多领域可以应用。

第一节　砂浆的组成材料

一、胶凝材料

　　常用的砂浆胶凝材料有水泥、石灰和聚合物等。胶凝材料的品种根据砂浆的使用环境和用途选择。

　　（一）水泥

　　通用水泥均可以用来配制砂浆，也可采用砌筑水泥。水泥品种的选择与混凝土相同。由于砂浆强度相对于混凝土较低，因此通常选用强度等级为 32.5 级的水泥，以保证砂浆的和易性。混合砂浆和聚合物砂浆采用的水泥强度等级也不宜大于 42.5 级。当必须采用高强度等级的水泥时，可掺入适量掺合料，以调节强度与砂浆的和易性。

　　砌筑水泥（GB/T 3183—2003）是在硅酸盐水泥熟料中掺入大量的炉渣、灰渣等混合材经磨细后制得的和易性较好的水硬性胶凝材料，代号 M，主要用于配制砂浆。砌筑水泥中的熟料含量一般为 15%～25%，强度较低，见表 5-1。细度为 0.080mm 方孔筛筛余不得超过 10%。初凝不得早于 60min，终凝不得迟于 12h。

砌筑水泥各等级、各龄期强度值　　　　　　　　表 5-1

水泥强度等级	抗压强度（MPa）		抗折强度（MPa）	
	7d	28d	7d	28d
12.5	7.0	12.5	1.5	3.0
22.5	10.0	22.5	2.0	4.0

　　（二）石灰

　　为了改善砂浆的和易性和节约水泥，通常在砂浆中掺入适量的石灰。过去使用较多的为石灰膏，目前使用较多的为消石灰粉和磨细生石灰粉。石灰在水泥砂浆中用作保水增稠材料，具有保水性好、价格低廉的优点，可有效避免砌体如砖的高吸水性而导致的砂浆起壳脱落现象，因此广泛用作配制砌筑砂浆与抹面砂浆，是一种传统的建筑材料。但由于石灰耐水性差，加之质量不稳定，导致所配置的砂浆强度低、粘结性差，影响砌体工程质量，而且由于石灰粉掺加时粉尘大，施工现场劳动条件差，环境污染也十分严重，所以目前的使用已受到限制。

（三）可再分散乳胶粉

可再分散乳胶粉是高分子聚合物乳液经喷雾干燥以及后续处理而成的粉状热塑性树脂，可以增加砂浆的内聚力、黏聚力和柔韧性。可再分散乳胶粉的生产工艺流程示意图见图 5-1。

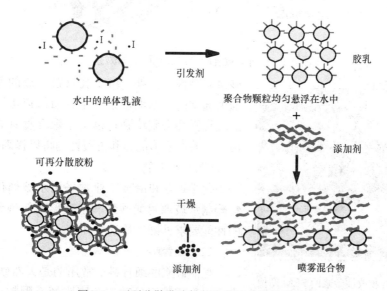

图 5-1　可再分散乳胶粉的生产工艺流程示意图

可再分散乳胶粉的成分包括以下五种：

（1）聚合物树脂。位于胶粉颗粒的核心部分，也是可再分散乳胶粉发挥作用的主要成分。例如，聚醋酸乙烯酯/乙烯树脂。（2）内添加剂。起到改性树脂的作用。例如，增塑剂可降低树脂成膜温度，但并非每一种乳胶粉都有添加剂成分。（3）保护胶体。是乳胶粉颗粒表面上包裹的一层亲水性的材料，绝大多数可再分散乳胶粉的保护胶体为聚乙烯醇。（4）外添加剂。是为进一步扩展乳胶粉的性能而另外添加的材料，如高效塑化剂等。也不是每一种可再分散乳胶都含有这种添加剂。（5）抗结块剂。为细矿物填料，主要用于防止乳胶粉在储运过程中结块以及便于胶粉流动（如从纸袋或槽车中倾倒出来）。

可再分散乳胶粉加入到水中后，在亲水性的保护胶体以及机械剪切力的作用下，乳胶粉颗粒可快速分散到水中，使可再分散乳胶粉成膜。随着聚合物薄膜的最终形成，在固化的砂浆中形成了由无机与有机胶凝材料构成的体系，即水硬性材料构成的脆硬性骨架，以及可再分散乳胶粉在间隙和固体表面成膜构成的柔性网络。可再分散乳胶粉在水中的再分散过程见图 5-2，其和水泥砂浆共同形成的复合结构的电子显微图像见图 5-3。

掺入可再分散乳胶粉后，可提高砂浆含气量，从而对新拌砂浆起到润滑的作用，而且分散时对水的亲和也增加了浆体的黏稠度，提高了施工砂浆的内聚力，所以可以改善新拌

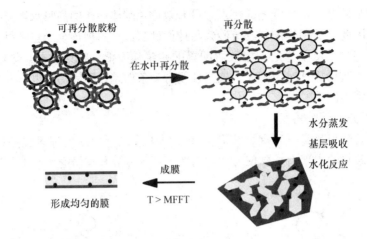

图 5-2　可再分散乳胶粉在水中的再分散过程

图 5-3　聚合物改性砂浆的 SEM 图像

砂浆和易性。另外，由于乳胶粉形成的薄膜的拉伸强度通常高于水泥砂浆一个数量级以上，所以砂浆的抗拉强度得到增强；也由于聚合物具有较好的柔性，砂浆的变形能力和抗裂性均得以提高。

（四）水玻璃

化学工业和冶金工业常采用水玻璃作为胶凝材料配制水玻璃耐酸砂浆和水玻璃耐热砂浆。水玻璃的性能要求见第二章胶凝材料。

二、细骨料

配制砂浆的细骨料最常用的是天然砂、机制砂，也可以采用膨胀珍珠岩和膨胀蛭石颗粒。砂应符合混凝土用砂的技术性质要求。由于砂浆层较薄，砂的最大粒径应有所限制，理论上不应超过砂浆层厚度的 1/5～1/4。例如砖砌体用砂浆宜选用中砂，最大粒径不宜大于 2.5mm；石砌体用砂浆宜选用粗砂，砂的最大粒径不宜大于 5.0mm；光滑的抹面及勾缝的砂浆宜采用含泥量低的细砂，其最大粒径不宜大于 1.2mm。由于砂中的含泥量对砂浆强度，特别是对干缩性能影响较大，因此，配制砌筑砂浆的砂含泥量不应超过 5%。砂的具体性能要求见第四章混凝土。

珍珠岩是一种火山玻璃质岩，显微镜下观察其基质部分有明显的圆弧裂开，构成珍珠结构并具波纹构造、珍珠和油脂光泽。在快速加热条件下，它可膨胀成一种低密度、多孔状材料，称膨胀珍珠岩。由于其容量小、导热率低、耐火和隔声性能好，且无毒、价格低等特点，故可用作保温砂浆的骨料。但由于大多数膨胀珍珠岩含硅量高（通常超过70%），多孔具有吸附性，对隔热保温极为不利，特别是在潮湿的地方，膨胀珍珠岩制品容易吸水致使其导热率急剧增大，高温时水分又易蒸发，带走大量的热，从而失去保温隔热性能。所以采用膨胀珍珠岩配制保温砂浆时应注意防水。

蛭石是由黑云母、金云母、绿泥石等矿物风化或热液蚀变而来，工业上常使用的是由蛭石和黑云母、金云母形成的层间矿物。将蛭石去除杂质后，破碎、过筛、干燥处理后进行焙烧膨化，可得膨胀蛭石。膨胀蛭石也是保温砂浆常用的集料。

三、添加剂和纤维

为改善新拌及硬化后砂浆的各种性能或赋予砂浆某些特殊性能，常在砂浆中掺入适量添加剂和纤维。

（一）纤维

砂浆中掺适量纤维，可以提高砂浆的抗裂性能，包括抵抗早期塑性收缩裂缝和后期干燥收缩裂缝。常用纤维材料有耐碱玻璃纤维、岩棉纤维、钢纤维、碳纤维和聚丙烯等各种化学纤维，其中聚丙烯纤维是目前最常用的纤维品种，其在每立方米砂浆中的掺量一般为 1.0～1.5kg。聚丙烯纤维直径一般为 20～80μm，密度为 0.91g/cm³，抗拉强度为 260～414MPa，弹性模量 0.15～0.8GPa，极限延伸率为 15%～160%，不溶于水，与大部分酸、碱和有机溶剂接触不发生作用，具有良好的耐久性。

（二）保水增稠剂

用于干粉砂浆的保水剂和增稠剂有纤维素醚和淀粉醚。纤维素醚主要采用天然纤维通过碱溶、接枝反应（醚化）、水洗、干燥、研磨等工序加工而成。纤维素醚可以分为离子型和非离子性。离子型主要有羧甲基纤维素盐，非离子型主要有甲基纤维素、甲基羟乙基（丙基）纤维素、羟乙基纤维素等。常用的纤维素醚有羟甲基乙基纤维素醚（MHEC）和羟甲基丙基纤维素醚（MHPC）。

纤维素醚的添加量很低，但能显著改善新拌砂浆的性能，是影响砂浆施工性能的一种主要添加剂。纤维素醚为流变改性剂，用来调节新拌砂浆的流变性能，主要有以下功能：

（1）增加新拌砂浆的稠度，防止离析并获得均匀一致的可塑体。

（2）具有一定引气作用，还可以稳定砂浆中引入的均匀细小气泡。

（3）作为保水剂，有助于保持薄层砂浆中的水分（自由水），从而在砂浆施工后使水泥可以有更多的时间水化。

淀粉醚不仅可以显著增加砂浆的稠度，而且可以降低新拌砂浆的垂流程度，砂浆需水量和屈服值也略有增加，可以作为砂浆的抗悬挂剂。

（三）微沫剂

20 世纪 70 年代开始在水泥砂浆中掺入松香皂等引气剂来代替部分或全部石灰，掺入微沫剂能改善砂浆的和易性，即在水泥砂浆中掺入松香皂等引气剂来代替部分或全部石灰。微沫剂实际上为引气剂的一种，在砂浆搅拌过程可形成大量微小、封闭和稳定的气泡，一方面能增加浆体体积，改善和易性，使得用水量相应减少，而且搅拌后产生的适量微气泡使拌合物骨料颗粒间的接触点大大减少，降低了颗粒间的摩擦力，砂浆内聚性好，便于施工。另一方面，微小的封闭气泡可以改善砂浆的抗渗性能，特别是提高砂浆的保温性能。但微沫剂掺加量过多将明显降低砂浆的强度和粘结性。

（四）憎水剂

憎水剂可以防止水分进入砂浆，同时还可以保持砂浆处于开放状态从而允许水蒸气的扩散。主要有脂肪酸金属盐、硅烷和特殊的憎水性可再分散聚合物粉末等三个系列。

（五）消泡剂

消泡剂的功能与引气剂相反。引气剂定向吸附于气—液表面稳定的单分子膜包裹空气从而形成微小气泡。消泡剂在溶液中比稳泡剂更容易被吸附，当其进入液膜后，可以使已吸附于气—液表面的引气剂分子基团脱附，因而使之不易形成稳定的膜，降低液体的黏度，使液膜失去弹性，加速液体渗出，最终使液膜变薄破裂，从而可以减少砂浆中的气泡尤其是大气泡的含量。

消泡剂作用机理分为破泡作用和抑泡作用。破泡作用：破坏泡沫稳定存在的条件，使稳定存在的气泡变为不稳定的气泡并使之进一步变大、析出，并使已经形成的气泡破灭。抑泡作用：不仅能使已生成的气泡破灭，而且能较长时间抑制气泡形成。

消泡剂也是一类表面活性剂，常用作消泡剂的有磷酸酯类（磷酸三丁酯）、有机硅化合物、聚醚、高碳醇（二异丁基甲醇）、异丙醇、脂肪酸及其脂、二硬脂酸酰乙二胺等。

（六）其他外加剂

另外砂浆中还有许多其他的外加剂，如提高流动性的减水剂、调节凝结时间的缓凝剂和速凝剂、提高砂浆早期强度的早强剂等，这些外加剂的内容参见第四章混凝土部分。

四、填料

为改善砂浆的和易性、节约胶凝材料用量、降低砂浆成本，同时改善砂浆性能，在配制砂浆时可掺入粉煤灰、矿渣微粉、硅灰、炉灰、黏土膏、电石渣、碳酸钙粉等作为填料。粉煤灰、矿渣微粉、硅灰以及沸石粉具有一定的火山灰活性，参见第四章混凝土。电石渣的主要组成为 $Ca(OH)_2$，可以替代部分或全部石灰。

（一）碳酸钙粉

碳酸钙粉来自于石灰岩矿石。根据碳酸钙生产方法的不同，可以将碳酸钙分为轻质碳酸钙、重质碳酸钙和活性碳酸钙。

重质碳酸钙简称重钙，是用机械方式直接粉碎天然的大理石、方解石、石灰石、白垩、贝壳等而制得。

轻质碳酸钙又称为沉淀碳酸钙，简称轻钙，是将石灰石等原料煅烧生成石灰和二氧化碳，再加水消化石灰生成石灰乳，然后再通入二氧化碳碳化石灰乳生成碳酸钙沉淀，最后经脱水、干燥和粉碎而制得。或者先用碳酸钠和氯化钙进行反应生成碳酸钙沉淀，然后经脱水、干燥和粉碎而制得。由于轻质碳酸钙的沉降体积（2.4～2.8ml/g）比重质碳酸钙的沉降体积（1.1～1.4ml/g）大，所以称之为轻质碳酸钙。

活性碳酸钙又称改性碳酸钙、表面处理碳酸钙、胶质碳酸钙，简称活钙，是用表面改性剂对轻质碳酸钙或重质碳酸钙进行表面改性而制得的。由于经表面改性剂改性后的碳酸钙一般都具有补强作用，即所谓的"活性"，所以习惯上把改性碳酸钙都称为活性碳酸钙。

（二）膨润土

膨润土内含有蒙脱土，是以蒙脱土石为主要成分的层状硅酸盐。

膨润土具有很强的吸湿性，能吸附相当于自身体积8～20倍的水而膨胀至30倍；在水介质中能分散成胶体悬浮液，并具有一定的黏滞性、触变性和润滑性，它和泥砂等的掺和物具有可塑性和粘结性，有较强的阳离子交换能力和吸附能力。

膨润土为溶胀材料，其溶胀过程将吸收大量的水，使砂浆中的自由水减少，导致砂浆流动性降低，流动性损失加快；膨润土为类似蒙脱石的硅酸盐，主要具有柱状结构，因而其水解后，在砂浆中可形成卡屋结构，增大砂浆的稳定性，同时其特有的滑动效果，在一定程度上提高砂浆滑动性能，增大可泵性。

（三）凹凸棒土

凹凸棒土是指以凹凸棒石为主要组成部分的一种黏土矿，凹凸棒石是一种层链状结构的含水富镁铝硅酸黏土矿物。

由于凹凸棒土具有特殊的物理化学性质，在石油、化工、造纸、医药、农业等方面都得到广泛的应用。在建筑领域中，除了作为涂料填充剂，矿棉胶粘剂和防渗材料外，凹凸棒土其他的应用还在开发。改性凹凸棒土用作砂浆保水增稠外加剂的应用研究正在得到人们的广泛重视。

五、水

拌制砂浆用水与混凝土拌合用水的要求相同，均需满足《混凝土拌合用水标准》（JGJ 63—89）的规定。

第二节　砂浆的主要技术性质

建筑砂浆的主要技术性质包括新拌砂浆的和易性、密度、凝结时间，以及硬化砂浆的强度、粘结性、收缩和抗渗性等。

一、新拌砂浆的技术性质

新拌砂浆的技术性质主要指和易性、密度、凝结时间、含气量等，其中和易性包括流动性和保水性两项指标。

1. 流动性

流动性指砂浆在自重或外力作用下产生流动的难易程度。砂浆流动性实质上反映了砂浆的稠度。流动性的大小用砂浆稠度测定仪测定，以圆锥体沉入砂浆中深度表示，单位为毫米（mm），称为稠度。影响砂浆流动性的主要因素有：

（1）胶凝材料及掺加料的品种和用量（常用灰砂比表示）；

（2）砂的粗细程度、形状及级配；

（3）用水量；

（4）外加剂品种与掺量；

（5）搅拌时间及环境条件等。

砂浆流动性的选择与基底材料种类、施工条件以及天气情况等有关。对于多孔吸水性砌体材料（砖）和干热天气，稠度一般选 70～90mm；对于密实不吸水砌体材料和湿冷天气，稠度一般选 30～50mm。

2. 保水性

保水性指新拌砂浆保持水分，各组成材料不产生离析的性能。如果砂浆保水性不良，运输、存放和施工过程容易产生泌水、分层、离析或水分被基面过快吸收，导致施工困难，并影响胶凝材料的正常水化硬化，降低砂浆强度以及与基层的粘结强度。影响保水性的主要因素有胶凝材料的用量和品种，石灰膏、黏土膏、微沫剂等能有效改善砂浆的保水性。

但砂浆的保水性不宜过高。一方面导致挂灰困难，影响砌筑和粉刷施工。另一方面由于内部水分无法在塑性阶段挥发或被基层吸收，使砂浆强度下降，并增大砂浆的干燥收缩。

建筑砂浆的保水性可用分层度表示。分层度的测定是先测定砂浆稠度，再将砂浆装入分层度筒内，静置 30min 后，去掉上部三分之二的砂浆，取剩余部分砂浆经拌合 2min 后再测稠度，两次测得的稠度差值即为砂浆的分层度（以 mm 计）。

对于保水性能特别优良的砂浆，采用分层度已很难精确反映砂浆的保水性能，也可采用规范《建筑砂浆基本性能试验方法标准》（JGJ/T 70—2009）中建筑砂浆的保水性试验指标来表示，其试验过程为，在砂浆装入密封好的试模后盖上棉纱和滤纸，然后用 2kg 的重物压 2min，测试被滤纸吸走的水分，以重物压前后砂浆含水量的比值表示预拌砂浆的保水性能。

3. 新拌砂浆的其他性能

新拌砂浆的密度是砂浆拌合物捣实后的单位体积质量。是以人工或机械捣实的砂浆拌合物质量除以砂浆密度测定仪的容积来表示。新拌砂浆拌合物的凝结时间采用贯入阻力法测定，以贯入阻力值达到 0.5MPa 时所需的时间来表示。新拌砂浆的含气量反映新拌砂浆内部所含气体的多少，可采用仪器法或重度法测定，具体测定过程可参考规范《建筑砂浆基本性能试验方法标准》（JGJ/T 70—2009）进行。

二、硬化后砂浆的主要技术性质

1. 立方体抗压强度和强度等级

砂浆抗压强度以 70.7mm×70.7mm×70.7mm 的带底试模所成型的立方体试件强度表示，3 个为一组。砂浆抗压强度试件成型后在室温为 20±5℃的环境下静置 24±2h 左右且气温较低时不能超过两昼夜，然后拆模放入温度为 20±2℃、相对湿度为 90%以上的标准养护室中养护至规定龄期进行测试。根据《砌筑砂浆配合比设计规程》（JGJ 98—2000）的规定，砂浆强度等级分为 M2.5、M5、M7.5、M10、M15、M20 等 6 个等级。对不吸水基层材料，砂浆强度主要取决于水泥强度和水灰比。对吸水性基层材料，砂浆强度主要取决于水泥强度和水泥用量，而与水灰比无关。

2. 拉伸粘结强度

砂浆与基材之间的粘结强度直接影响到砌体的抗裂性、整体性、砌体强度、抗震性以及粉刷层的抗剥落性能。一般来说，砂浆抗压强度越高，粘结强度也越高。当然，基层材料的吸水性能、表面状态、清洁程度、湿润状况以及施工养护等都影响到粘结强度。砂浆中掺入聚合物可有效提高砂浆的粘结强度。

砂浆拉伸粘结强度的试验方法参见规范《建筑砂浆基本性能试验方法标准》（JGJ/T 70—2009）和《预拌砂浆》（JG/T 230—2007）。试验装拉伸粘结强度用示意图见图 5-4。具体试验过程如下所述，先按照水泥∶砂∶水＝1∶3∶0.5 的质量比例成型养护好基底水泥砂浆试件，然后制备砂浆料浆，其中干混砂浆料浆、湿拌砂浆料浆和现拌砂浆料浆的干物料总量不少于 10kg，并在成型框中按规定工艺成型检验砂浆，每组至少制备 10 个试件，养护 13d 后用环氧树脂粘结上夹具，继续养护 1d 后测试拉伸粘结强度。

3. 导热系数

导热系数的测试方法有防护热箱法、热流计法、热线法等。导热系数的计算参见第一章。图 5-5 为某热流计式导热仪构造和试验示意图。

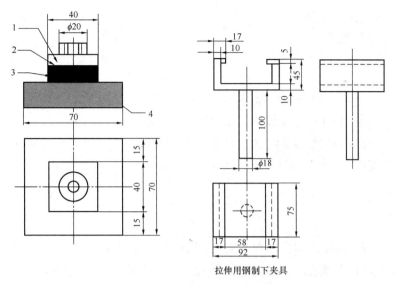

图 5-4　砂浆拉伸粘结强度示意图

1—拉伸用钢制上夹具；2—胶粘剂；3—检验砂浆；4—水泥砂浆块

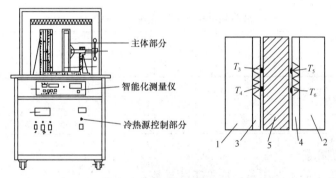

图 5-5　热流计式导热仪构造和试验示意图

1—热板；2—冷板；3—热板侧热流计；4—冷板侧热流计；5—试样

第三节　砌筑砂浆的配合比设计

目前常用的砌筑砂浆有水泥砂浆和水泥混合砂浆两大类。根据《砌筑砂浆配合比设计规程》（JGJ 98—2000）的规定，水泥砂浆配合比可根据表 5-2 选用，并通过试配确定。

水泥砂浆材料用量（kg/m³）　　　　　　　　　　　　　　　表 5-2

强度等级	水泥用量	砂子用量	用水量
M2.5～M5	200～300	1m³ 干燥状态下砂的堆积密度值	270～330
M7.5～M10	220～280		
M15	280～340		
M20	340～400		

注：1. 此表水泥强度等级为 32.5 级，大于 32.5 级水泥用量宜取下限；
　　2. 根据施工水平合理选择水泥用量；
　　3. 当采用细砂或粗砂时，用水量分别取上限或下限；
　　4. 稠度小于 70mm 时，用水量可小于下限；
　　5. 施工现场气候炎热或干燥时，可酌量增加用水量；
　　6. 试配强度应按照式（5-1）进行计算。

水泥混合砂浆配合比设计步骤如下：

一、确定试配强度

砂浆的试配强度可按下式确定：

$$f_{m,0} = f_2 + 0.645\sigma \qquad (5\text{-}1)$$

式中　$f_{m,0}$——砂浆的试配强度，精确至 0.1MPa；

　　　f_2——砂浆抗压强度平均值，精确至 0.1MPa；

　　　σ——砂浆现场强度标准差，精确至 0.01MPa。

砌筑砂浆现场强度标准差 σ，按式（5-2）计算：

$$\sigma = \sqrt{\frac{\sum\limits_{i=1}^{n} f_{m,i}^2 - N\mu_{fm}^2}{N-1}} \qquad (5\text{-}2)$$

式中　$f_{m,i}$——统计周期内同一品种砂浆第 i 组试件的强度（MPa）；

　　　μ_{fm}——统计周期内同一品种砂浆 N 组试件强度的平均值（MPa）；

　　　N——统计周期内同一品种砂浆试件的组数，$N \geqslant 25$。

当不具有近期统计资料时，砂浆现场强度标准差 σ 可按表 5-3 取用。

砂浆强度标准差 σ 选用值（MPa）　　　　表 5-3

砂浆强度等级 施工水平	M2.5	M5.0	M7.5	M10.0	M15.0	M20.0
优　良	0.50	1.00	1.50	2.00	3.00	4.00
一　般	0.62	1.25	1.88	2.50	3.75	5.00
较　差	0.75	1.50	2.25	3.00	4.50	6.00

二、计算水泥用量

每立方米砂浆中的水泥用量，应按下式计算：

$$Q_c = \frac{1000(f_{m,0} - \beta)}{\alpha \cdot f_{ce}} \qquad (5\text{-}3)$$

式中　Q_c——每立方米砂浆中的水泥用量，精确至 1kg；

　　　$f_{m,0}$——砂浆的试配强度，精确至 0.1MPa；

　　　f_{ce}——水泥的实测强度，精确至 0.1MPa；

　　　α、β——砂浆的特征系数，其中 $\alpha = 3.03$，$\beta = -15.0\%$。

在无法取得水泥的实测强度 f_{ce} 时，可按下式计算：

$$f_{ce} = r_c \cdot f_{ce,k} \qquad (5\text{-}4)$$

式中　$f_{ce,k}$——水泥强度等级对应的强度值（MPa）；

　　　r_c——水泥强度等级值的富余系数，该值应按实际统计资料确定。无统计资料时取 $r_c = 1.0$。

当计算出水泥砂浆中的水泥用量不足 200kg/m³ 时，应按 200kg/m³ 采用。

三、水泥混合砂浆的掺合料用量

水泥混合砂浆的掺合料应按下式计算：

$$Q_D = Q_A - Q_C \qquad\qquad (5\text{-}5)$$

式中　Q_D——每立方米砂浆中掺合料用量，精确至 1kg；石灰膏、黏土膏使用时的稠度为（120±5）mm；

　　　Q_C——每立方米砂浆中水泥用量，精确至 1kg；

　　　Q_A——每立方米砂浆中水泥和掺加料的总量，精确至 1kg；宜在 300～350kg/m³ 之间。

四、确定砂子用量

每立方米砂浆中砂子用量 Q_s（kg/m³），取干燥状态（含水率小于 0.5%）的堆积密度值。

五、确定用水量

每立方米砂浆中用水量 Q_w（kg/m³），可根据砂浆稠度要求选用 240～310kg，并通过试验确定。

第四节　预　拌　砂　浆

一、预拌砂浆的种类

预拌砂浆可分为干混砂浆和湿拌砂浆。

干混砂浆曾称为干粉料、干混料或干粉砂浆。它是由胶凝材料、细骨料、外加剂、聚合物干粉、掺合料等固体材料组成，经工厂准确配料和均匀混合而制成的砂浆半成品，不含拌合水。拌合水是使用前在施工现场搅拌时加入。

早在 19 世纪，奥地利就发明了干混砂浆，到 20 世纪 60 年代，欧洲的干混砂浆得到迅速发展，主要原因是第二次世界大战后欧洲需要大量建设，且在当时缺乏熟练工的情况下，需简化施工程序，更重要的是人们认识到干混砂浆对优化建筑工程品质的重要性。此外，粉状外加剂的发明和拌料技术的进步促进了干混砂浆的发展。到 20 世纪 80 年代，干混砂浆在欧洲已很普遍，例如德国当时就有 100 多家干混砂浆生产厂，2000 年产量达 950 万 t。我国在 20 世纪 90 年代末开始大力发展干混砂浆，至今已发展到 300 多家生产厂，年产量达 120 万 t 以上。厂家主要分布在北京、上海、广州及其周边地区。目前只有少数厂家可生产系列产品。主要产品是混凝土地面用水泥基耐磨材料（曾称为混凝土地面硬化剂）、瓷砖胶粘剂、混凝土界面剂、罩面材料等。

干混砂浆为采用新技术与新材料以及保证工程质量创造了有利条件，而且有利于文明施工和环境保护。随着研究开发和推广应用的深入，干混砂浆在品质、效率、经济和环保等方面的优越性正被逐步认识。

湿拌砂浆与干混砂浆有相似之处，原材料基本相同，所不同的主要是水是在工厂直接加入的，类似于预拌混凝土。但预拌混凝土到施工现场后的浇筑速度较快，对坍落度和初凝时间的控制主要是考虑运输和浇筑时间。而预拌砂浆到施工现场后用于砌筑或粉刷（地坪除外），施工时间要长得多，因此对流动度损失和初凝时间的控制要求更高。

二、预拌砂浆的配合比设计（供参考）

（一）配合比设计步骤

预拌砂浆的配合比设计步骤如下：

1. 计算砂浆试配强度 $f_{\text{m,0}}$

按式（5-6）计算 $f_{\text{m,0}}$。

2. 选取用水量 Q_{w}

根据砂浆设计稠度以及水泥、粉煤灰、外加剂和砂的品质，按表5-4选取 Q_{w}。

预拌砂浆用水量选用表　　　　　　　　　　　　　　　　　　　　表 5-4

砂浆种类	用水量（kg/m³）	砂浆种类	用水量/（kg/m³）
砌　筑 抹　灰	260~320 270~320	地　面	250~300

3. 选取保水增稠功能外加剂用量 Q_{cf}

保水增稠功能外加剂用量可选用各类砂浆稠化粉、再分散乳胶粉等材料，其用量宜为 30~70kg/m³（若采用保水增稠剂，用量为胶凝材料的 1%~2%）。水泥用量少时，砂浆稠化粉用量取上限；水泥用量多时，砂浆稠化粉取下限。

4. 取粉煤灰掺量 β_{f}

粉煤灰掺量以粉煤灰占水泥和粉煤灰总量的百分数表示，其值不应大于 50%。

5. 计算水泥用量 Q_{c} 和粉煤灰用量 Q_{f}

由
$$f_{\text{m,0}} = A f_{\text{c}} \frac{Q_{\text{c}} + K Q_{\text{f}}}{Q_{\text{w}}} + B \tag{5-6}$$

$$\beta_{\text{f}} = \frac{Q_{\text{f}}}{Q_{\text{c}} + Q_{\text{f}}} \tag{5-7}$$

解得

$$Q_{\text{f}} = \frac{Q_{\text{w}}(f_{\text{m,0}} - B)}{A f_{\text{c}} \left(\dfrac{1}{\beta_{\text{f}}} - 1 + K\right)} \tag{5-8}$$

$$Q_{\text{C}} = \left(\frac{1}{\beta_{\text{f}}} - 1\right) Q_{\text{f}} \tag{5-9}$$

式中　　β_{f}——粉煤灰掺量（%）；

$f_{\text{m,0}}$——砂浆配置强度（MPa）；

f_{c}——水泥实测 28d 抗压强度（MPa）；

Q_{w}——用水量（kg/m³）；

Q_{f}——粉煤灰用量（kg/m³）；

K、A、B——回归系数，$K=0.516$，$A=0.487$，$B=-5.19$。

外墙抹灰砂浆水泥用量不宜少于 250kg/m³，地面面层砂浆水泥用量不宜少于 300kg/m³。

6. 计算砂用量 Q_{s}

由
$$\frac{Q_{\text{c}}}{\rho_{\text{c}}} + \frac{Q_{\text{f}}}{\rho_{\text{f}}} + \frac{Q_{\text{cf}}}{\rho_{\text{cf}}} + \frac{Q_{\text{s}}}{\rho_{\text{s}}} + \frac{Q_{\text{a}}}{\rho_{\text{a}}} + \frac{Q_{\text{w}}}{\rho_{\text{w}}} + 0.01 = 1 \tag{5-10}$$

得
$$Q_{\text{s}} = \rho_{\text{s}} \left(1 - \frac{Q_{\text{c}}}{\rho_{\text{c}}} - \frac{Q_{\text{f}}}{\rho_{\text{f}}} - \frac{Q_{\text{cf}}}{\rho_{\text{cf}}} - \frac{Q_{\text{a}}}{\rho_{\text{a}}} - \frac{Q_{\text{w}}}{\rho_{\text{w}}} - 0.01\right) \tag{5-11}$$

式中　　　　　　ρ——材料的密度（kg/m³）；

Q——材料的用量（kg/m³）；

下标 c、f、cf、s、a、w——分别指水泥、粉煤灰、稠化粉、砂、外加剂和水；

　　　　0.01——不用引气剂时，砂浆的含气量（m³）。

7. 校核砂灰体积比

按下式计算灰砂体积比：

$$\text{灰砂体积比} = （水泥＋粉煤灰＋稠化粉）体积 ： 砂体积 \quad (5\text{-}12)$$

如果计算得到的灰砂体积比不符合表 5-5 中的范围，应对配合比作适当的调整。

8. 缓凝功能外加剂掺量

凝结时间应根据施工组织来确定。缓凝剂掺量根据其产品说明和砂浆凝结时间要求经试配确定。

灰 砂 体 积 比 　　　表 5-5

砂浆种类	（水泥＋粉煤灰＋稠化粉）体积：砂绝对体积
砌筑砂浆	（1：3.5）～（1：4.5）
抹灰砂浆	（1：2.5）～（1：4.0）
地面砂浆	（1：2.2）～（1：3.0）

（二）配合比的试配与校核

1. 和易性校核

采用工程中实际使用的材料，按计算配合比试拌砂浆，测定拌合物的稠度和分层度，当不能满足要求时，应调整材料用量，直到符合要求。调整拌合物性能后得到的配合比称为基准配合比。

2. 凝结时间校核

试配时至少应采用三个不用的配合比，其中一个为基准配合比，另外两个配合比的水泥用量或水泥与粉煤灰的总量按基准配合比分别增减 10%。在保证稠度，分层度合格的条件下，适当调整掺合料、保水增稠材料和缓凝剂的用量。

按上述三个配合比配置砂浆，测定凝结时间，并制作立方体试件，养护至 28d 后测定其抗压强度，选取凝结时间和抗压强度符合要求且水泥用量最低的配合比作为砂浆的配合比。

（三）配合比设计实例

【例 5-1】　工程需要 RP15 预拌抹灰砂浆，稠度要求为 90mm，凝结时间要求为 24h。原材料主要参数：32.5 级普通硅酸盐水泥，实测强度为 36.5MPa，密度为 3100kg/m³；中砂，表观密度为 2650kg/m³；Ⅱ级低钙干排粉煤灰，密度为 2100kg/m³；砂浆稠化粉，密度为 2300kg/m³；某预拌砂浆专用液体缓凝功能外加剂，密度为 1100kg/m³。施工水平一般。

【解】

（1）计算砂浆试配强度：查表 5-3 得砂浆强度标准差值为 3.75MPa，则试配强度为：

$$f_{m,0} = f_2 + 0.645\sigma = 15.0 + 0.645 \times 3.75 = 17.4\text{MPa}$$

（2）选取用水量：按表 5-4，初步取 $Q_w = 300\text{kg/m}^3$；该值还需通过试拌，按砂浆稠度要求进行调整。

（3）选取粉煤灰掺量：取 $\beta_f = 30\%$。

（4）计算粉煤灰用量：

$$Q_f = \frac{Q_w(f_{m,0} - B)}{Af_c\left(\dfrac{1}{\beta_f} - 1 + K\right)} = \frac{300 \times (17.4 + 5.19)}{0.487 \times 36.5 \times (0.3^{-1} - 1 + 0.516)} = 134\text{kg/m}^3$$

（5）计算水泥用量：

$$Q_c = \left(\frac{1}{\beta_f} - 1\right)Q_f = (0.3^{-1} - 1) \times 134 = 313\text{kg/m}^3$$

（6）选取砂浆稠化粉用量：根据水泥用量，取 $Q_{cf}=50kg/m^3$。

（7）计算缓凝功能外加剂用量：根据砂浆的凝结时间要求为24h和其产品说明，取缓凝功能外加剂掺量为粉煤灰总质量为1.3%，则缓凝剂的用量为：

$$Q_a = \beta_a(Q_c + Q_f + Q_{cf}) = 1.3\% \times (313 + 134 + 50) = 6.5 kg/m^3$$

（8）计算砂用量：

$$
\begin{aligned}
Q_s &= \rho_s\left(1 - \frac{Q_c}{\rho_c} - \frac{Q_f}{\rho_f} - \frac{Q_{cf}}{\rho_{cf}} - \frac{Q_a}{\rho_a} - \frac{Q_w}{\rho_w} - 0.01\right) \\
&= 2650 \times \left(1 - \frac{313}{3100} - \frac{134}{2100} - \frac{50}{2300} - \frac{6.5}{1100} - \frac{300}{1000} - 0.01\right) \\
&= 1319 kg/m^3
\end{aligned}
$$

（9）校核灰砂比：

灰砂比 ＝（水泥＋粉煤灰＋稠化粉）体积：砂体积

$$= (313/3100 + 134/2100 + 50/2300) : (1319/2650)$$

$$= 1 : 2.7$$

该灰砂比在表5-5的范围内。

（10）砂浆中各组成材料的用量：

水泥用量 $\qquad\qquad$ $Q_c = 313kg/m^3$

粉煤灰用量 $\qquad\qquad$ $Q_f = 134kg/m^3$

稠化粉用量 $\qquad\qquad$ $Q_{cf} = 50kg/m^3$

缓凝剂用量 $\qquad\qquad$ $Q_a = 6.5kg/m^3$

砂用量 $\qquad\qquad$ $Q_s = 1319kg/m^3$

用水量 $\qquad\qquad$ $Q_w = 300kg/m^3$

（11）砂浆中各组成材料的比例：

水泥：粉煤灰：稠化粉：缓凝剂：砂：水＝1：0.43：0.16：0.02：4.2：0.96

第五节 其 他 砂 浆

一、普通抹面砂浆

凡涂抹在基底材料的表面，兼有保护基层和增加美观作用的砂浆，可统称为抹面砂浆。根据抹面砂浆功能不同，一般可将抹面砂浆分为普通抹面砂浆、防水砂浆、装饰砂浆和特种砂浆（如绝热、吸声、耐酸、防射线砂浆）等。抹面砂浆一般不承受荷载，与基层要有足够的粘结强度，面层要求平整、光洁、细致、美观。为了防止砂浆层的收缩开裂，可加入纤维材料、聚合物或掺加料。抹面砂浆的主要技术指标是和易性以及粘结强度。

常用的普通抹面砂浆有水泥砂浆、石灰砂浆、水泥石灰混合砂浆、麻刀石灰砂浆（简称麻刀灰）、纸筋石灰砂浆（简称纸筋灰）以及通过掺入各种微沫剂配制的水泥砂浆或混合砂浆等。

水泥砂浆主要用于潮湿或强度要求较高的部位；混合砂浆多用于室内抹灰或要求不高的外墙；石灰砂浆、麻刀灰、纸筋灰多用于室内抹灰。

二、装饰砂浆

装饰砂浆是指涂抹在建筑物内外墙表面，具有美观装饰效果的抹面砂浆。装饰砂浆的底层和中层抹灰与普通抹面砂浆基本相同，但是其面层要选用具有一定颜色的胶凝材料和骨料或者经各种加工处理，使得建筑物表面呈现各种不同的色彩、线条和花纹等装饰效果。

装饰砂浆一般采用水泥胶结料，灰浆类饰面砂浆多采用白色水泥或彩色水泥。所用集料除普通天然砂外，石碴类饰面常使用石英砂、彩釉砂、着色砂、彩色石碴等。颜料应采用耐碱性和耐候性优良的矿物颜料。

常用的装饰砂浆饰面方式有灰浆类饰面和石碴类饰面两大类。灰浆类饰面主要通过水泥砂浆的着色或对水泥砂浆表面进行艺术加工，从而获得具有特殊色彩、线条、纹理等质感的饰面。其主要优点是材料来源广泛，施工操作简便，造价比较低廉，而且通过不同的工艺加工，可以创造不同的装饰效果。常用的灰浆类饰面有拉毛灰、甩毛灰、仿面砖、拉条、喷涂、和弹涂等。

石碴类饰面采用天然大理石、花岗石以及其他天然或人工石材经破碎成 4~8mm 的石碴粒料，再用水泥（普通水泥、白水泥或彩色水泥）作胶结料，采用不同的加工方法除去表面水泥浆皮，使石碴呈现不同的外露形式以及水泥浆与石碴的色泽对比，构成不同的装饰效果。石碴类饰面比灰浆类饰面色泽较明亮，质感相对丰富，不易褪色，耐光性和耐污染性也较好。常用的石碴类饰面有：水刷石、干粘石、斩假石和水磨石等。

三、防水砂浆

防水砂浆的配制方法和防水混凝土类似，主要通过掺入少量能改善抗渗性的有机物或无机物类外加剂，从而达到防水的目的。主要有引气剂防水砂浆、减水剂防水砂浆、三乙醇胺防水砂浆和三氯化铁防水砂浆。

1. 引气剂防水砂浆

引气剂防水砂浆是国内应用较普遍的一种外加剂防水砂浆，是由砂浆拌合物中掺入微量引气剂配制而成的。它具有良好的和易性、抗渗性、抗冻性和耐久性，且经济效益显著。最常使用的引气剂为松香酸钠引气剂。

2. 减水剂防水砂浆

通过掺入各种减水剂配制的防水砂浆，统称为减水剂防水砂浆。减水剂在防水砂浆中常用掺量，与配制减水剂砂浆相当。砂浆中掺入减水剂后，由于减水剂分子对水泥颗粒的吸附-分散、润滑和湿润作用，减少拌合用水量，从而提高新拌砂浆的保水性和抗离析性。保持相同的和易性情况下，掺加减水剂能减少砂浆拌合用水量，使得砂浆中超过水泥水化所需的水量减少，这部分自由水蒸发后留下的毛细孔体积就相应减小，提高了砂浆的密实性。

使用引气型减水剂，可以在砂浆中引入一定量独立、分散的小气泡，由于这种气泡的阻隔作用，改变了毛细管的数量和特征。

3. 三乙醇胺防水砂浆

三乙醇胺一般用作早强剂，亦可用来配制防水砂浆。用微量（占水泥质量的 0.05%）三乙醇胺的防水砂浆称为三乙醇胺防水砂浆。

三乙醇胺防水砂浆不仅具有良好的抗渗性，而且具有早强和增强作用，适用于需要早强的防水工程。在砂浆中掺入微量三乙醇胺能提高抗渗性的基本原理为：三乙醇胺能加速水泥的水化作用，促使水泥水化早期就生成较多的含水结晶产物，相应地减少了游离水，也就减少了由于游离水蒸发而遗留下来的毛细孔，从而提高了砂浆的抗渗性。

4. 氯化铁防水砂浆

氯化铁防水砂浆是在砂浆拌合物中，加入少量氯化铁防水剂配制成具有高抗渗性、高密实度的砂浆。

氯化铁防水剂的主要成分为氯化铁、氯化亚铁、硫酸铝等，它们能与水泥中 C_3S、C_2S 水化释放出的 $Ca(OH)_2$ 发生反应，生成氢氧化铁、氢氧化亚铁和氢氧化铝等不溶于水的胶体，这些胶体可以填充砂浆内的空隙，堵塞毛细管渗水通道，增加砂浆的密实性。氯化铁与 $Ca(OH)_2$ 作用生成氯化钙，不但能起填充作用，而且这种新生态的氯化钙能激化水泥熟料矿物，加速其水化速度，并与硅酸二钙、铝酸三钙和水反应生成氯硅酸钙和氯铝酸钙晶体提高了砂浆的密实性，因而提高抗渗性。

5. 膨胀防水砂浆

膨胀防水砂浆就是利用膨胀水泥或掺加膨胀剂配置的，在凝结硬化过程中产生一定的体积膨胀，补偿由于干燥失水和温度造成的收缩。

膨胀剂种类繁多，膨胀源各异，如 Aft，$Ca(OH)_2$，$Mg(OH)_2$，$Fe(OH)_3$ 等。由于膨胀源不用，在水化过程中发生的物理化学变化也不同，因此，补偿收缩的效果也不同。

四、保温和吸声砂浆

1. 膨胀聚苯颗粒保温砂浆

膨胀聚苯颗粒保温砂浆是指以聚苯乙烯（EPS）颗粒作为主要轻骨料，水泥为胶结料，再配以合成纤维、高分子聚合物胶粘剂、辅助性骨料等配置的保温砂浆。目前广泛应用于各种外墙外保温或内保温体系，其导热率小，保温性能优良，同时因合成纤维和聚合物胶粘剂的有效应用，具有良好的抗裂性、抗渗性，具备较好的性价比，是目前市场上主流产品之一。

2. 无机轻骨料保温砂浆

无机轻骨料保温砂浆是指采用水泥等胶凝材料和膨胀珍珠岩、膨胀蛭石、陶粒砂等无机轻质多孔骨料，按照一定比例配制的砂浆。其具有质量轻、保温隔热性能好〔导热系数一般为 $0.07\sim0.10W/(m\cdot K)$〕等特点，主要用于屋面、墙体保温和热水、空调管道的保温层。

3. 相变保温砂浆

将已经过处理的相变材料掺入抹面砂浆中即制成相变保温砂浆。相变材料可以用很小的体积贮存很多的热能而且在吸热的过程中保持温度基本不变。当环境升高到相变温度以上时，砂浆内的相变材料会由固相向液相转变，吸收热量，把多余的能量储存起来，使室温上升缓慢；当环境温度降低，降低到相变温度以下，砂浆内的相变材料会由液相向固相转变，释放出热量，保持室内温度适宜。因此可用作室内的冬季保温和夏季制冷材料，令室内保持良好的热舒适度，通过这种方法可以降低建筑能耗，从而实现建筑节能。变相砂浆的保温隔热原理即是使墙体对温度产生热惰性，长时间维持在一定的温度范围，不因环境温度的改变而改变。相变保温砂浆由于其蓄热能力较高，制备工艺简单，愈来愈受到人们的关注。

4. 吸声砂浆

吸声砂浆与保温砂浆类似，也是采用水泥等胶凝材料和聚苯颗粒、膨胀珍珠岩、膨胀蛭石、陶粒砂等轻质骨料，按照一定比例配制的砂浆。由于其骨料内部孔隙率大，因此吸声性能也十分优良。吸声砂浆还可以在砂浆中掺入锯末、玻璃纤维、矿物棉等材料拌制而成。主要用于室内吸声墙面和顶面。

五、其他特种砂浆

1. 自流平地坪砂浆

是在水泥基材料中加入聚合物及各种外加剂，完工后表面光滑平整，且具有高抗压强度。直流平地坪砂浆适合于仓库、停车场、工业厂房、学校、医院、展览厅等的施工，也可作为环氧地坪、聚氨酯地坪、PVC薄地砖、饰面砖、木质砖、地毯等面材的高平整基层。

2. 耐酸砂浆

一般采用水玻璃作为胶凝材料，再配以耐酸骨料拌制而成，并掺入氟硅酸钠作为固化剂。耐酸砂浆主要作为衬砌材料、耐酸地面或内壁防护层等。

水玻璃类材料是由水玻璃（钠水玻璃或钾水玻璃）和硬化剂为主要材料组成的耐酸材料。水玻璃类材料是无机质的化学反应型胶凝材料。钠水玻璃与氟硅酸钠的反应产物是硅酸凝胶，因凝胶中不断脱水，缩合形成稳定的 $-Si-O-Si-$ 结构。该结果对大多数无机酸是稳定的，因此水玻璃类材料具有优良的耐酸性、耐热性和较高的力学性能。除热磷酸、氢氟酸、高级脂肪酸外，水玻璃类材料对大多数无机酸、有机酸酸性气体均有优良的耐腐蚀稳定性，尤其是对强氧化性酸，高浓度硫酸、硝酸、铬酸有足够的耐蚀能力。

密实型水玻璃砂浆由于密实度高，不仅保留了水玻璃类材料原有的良好化学稳定性，而且可以抑制酸液的渗透能力，使得酸液的渗透深度一般只有 $2\sim5mm$，从而提高了其抵抗结晶盐破坏的能力。

3. 防辐射砂浆

防辐射砂浆不但要求密度大，含结合水多，而且要求砂浆的导热率高（使局部的温度升高最小），热膨胀系数低（使由于温度的应变最小）和低的干燥收缩（使湿差应变最小），还要求砂浆具有良好的均质性，不允许存在空洞、裂纹等缺陷。此外，砂浆还应具有一定的结构强度和耐火性。一般采用重水泥（钡水泥、锶水泥）或重质骨料（磺铁矿、重晶石、硼砂等）拌制而成，可防止各类辐射，主要用于射线防护工程。

习题与复习思考题

1. 简述砂浆和易性的概念、指标和测试方法。
2. 对于吸水性不同的基层砌筑砂浆，其强度的影响因素有何不同？
3. 试分析影响砂浆粘结强度的主要因素。
4. 配制砂浆时，为什么除水泥外常常还要加入一定量的其他胶凝材料？
5. 某工程砌筑烧结多孔砖用水泥石灰混合砂浆，要求砂浆的强度等级为 M5。现场有强度等级为 32.5 和 42.5 级的矿渣硅酸盐水泥可供选用。已知所用水泥的堆积密度为 1100kg/m³；中砂的含水率为 0.3％、堆积密度为 1500kg/m³；石灰膏的表观密度为 1300kg/m³。试计算砂浆的体积配合比。
6. 推广应用预拌砂浆的主要技术经济意义有哪些？
7. 防水砂浆和保温砂浆的种类有哪些？

第六章 建 筑 钢 材

建筑钢材是指用于土木工程中的各种型钢、钢板、钢筋、钢丝等。

建筑钢材是在严格的技术控制条件下生产的，与非金属材料相比，具有品质均匀致密、强度和硬度高、塑性和韧性好、能经受冲击和振动荷载等优点；钢材还具有优良的加工性能，可以锻压、焊接、铆接和切割，便于装配。

采用各种型钢和钢板制作的钢结构，具有强度高、自重轻等特点，适用于大跨度结构、多层及高层结构、受动力荷载的结构和重型工业厂房结构等。

第一节 钢 的 分 类

钢的分类方法很多，通常有以下几种分类方法。

一、按冶炼时脱氧程度分类

1. 沸腾钢。炼钢时仅加入锰铁进行脱氧，脱氧不完全。这种钢液铸锭时，有大量的一氧化碳气体逸出，钢液呈沸腾状，故称为沸腾钢，代号为"F"。

沸腾钢组织不够致密，成分不太均匀，硫、磷等杂质偏析较严重，故质量较差。但因其成本低、产量高，故被广泛用于一般工程。

2. 镇静钢。炼钢时采用锰铁、硅铁和铝锭等作为脱氧剂，脱氧完全。这种钢液铸锭时基本没有气体逸出，能平静地充满锭模并冷却，故称为镇静钢，代号为"Z"。

镇静钢虽成本较高，但其组织致密，成分均匀，含硫量较少，性能稳定，故质量好。适用于预应力混凝土等重要结构工程。

3. 半镇静钢。脱氧程度介于沸腾钢和镇静钢之间，故称为半镇静钢，代号为"b"。半镇静钢的质量介于沸腾钢和镇静钢之间。

4. 特殊镇静钢。比镇静钢脱氧程度更充分彻底的钢，故称为特殊镇静钢，代号为"TZ"。特殊镇静钢的质量最好，适用于特别重要的结构工程。

与机械制造、国防工业及工具等用钢相比，建筑用钢对其质量和性能要求相对较低，用量较大，所以，建筑钢材中多采用镇静钢或半镇静钢。

二、按化学成分分类

1. 碳素钢。化学成分主要是铁，其次是碳，故也称碳钢或铁碳合金，其含碳量为 $0.02\% \sim 2.06\%$。碳素钢除了铁、碳外还含有极少量的硅、锰和微量的硫、磷等元素。碳素钢按含碳量多少又分为：

（1）低碳钢：含碳量小于 0.25%；

（2）中碳钢：含碳量为 $0.25\% \sim 0.60\%$；

（3）高碳钢：含碳量大于 0.6%。

低碳钢在土木工程中应用最广泛。

2. 合金钢。合金钢是在炼钢过程中，为改善钢材的性能，特意加入某些合金元素而制得的一种钢。常用合金元素有：硅、锰、钛、钒、铌、铬等。按合金元素总含量多少，合金钢又分为：

(1) 低合金钢：合金元素总含量小于 5%；

(2) 中合金钢：合金元素总含量为 5%～10%；

(3) 高合金钢：合金元素总含量大于 10%。

低合金钢为土木工程中常用的主要钢种。

三、按有害杂质含量分类

根据钢中有害杂质磷（P）和硫（S）含量的多少，钢材可分为以下四类：

1. 普通钢：磷含量不大于 0.045%，硫含量不大于 0.050%；

2. 优质钢：磷含量不大于 0.035%，硫含量不大于 0.035%；

3. 高级优质钢：磷含量不大于 0.025%，硫含量不大于 0.025%；

4. 特级优质钢：磷含量不大于 0.025%，硫含量不大于 0.015%。

四、按用途分类

1. 结构钢：主要用于建筑结构，如钢结构用钢、钢筋混凝土结构用钢等。一般为低碳钢、中碳钢、低合金钢。

2. 工具钢：主要用于各种刀具、量具及模具的钢，一般为高碳钢。

3. 特殊钢：具有特殊的物理、化学及机械性能的钢，如不锈钢、耐热钢、耐酸钢、耐磨钢、磁性钢等，一般为合金钢。

4. 专用钢：具有专门用途的钢，如铁道用钢、压力容器用钢、船舶用钢、桥梁用钢、建筑装饰用钢等。

钢材的产品一般分为型材、板材、线材和管材等。型材包括钢结构用的角钢、工字钢、槽钢、方钢、吊车轨、钢板桩等。板材包括用于建造房屋、桥梁及建筑机械的中、厚钢板，用于屋面、墙面、楼板等的薄钢板。线材包括钢筋混凝土用钢筋和预应力混凝土用钢丝、钢绞线等。管材包括钢桁架和供水、供气（汽）管线等。

第二节 钢材的技术性质

钢材的技术性质主要包括力学性能和工艺性能两个方面。

一、抗拉性能

抗拉性能是钢材最重要的技术性质。根据低碳钢受拉时的应力—应变曲线（如图 6-1），可了解抗拉性能的下列特征指标。

1. 弹性阶段：OA 阶段，如卸去荷载，试件将恢复原状，表现为弹性变形，与 A 点相对应的应力为弹性极限，用 σ_p 表示。此阶段应力 σ 与应变 ε 成正比，其比值为常数，即弹性模量，用 E 表示。弹性模量反映了钢材抵抗变形的能力，它是钢材在受力条件下计算结构变形的重要指标。土木工程中常用的低碳钢的弹性模量 E 为 20×

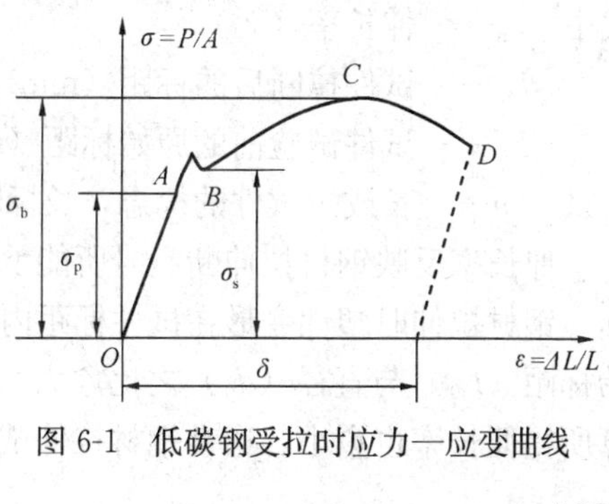

图 6-1 低碳钢受拉时应力—应变曲线

$10^4 \sim 21 \times 10^4 \, \text{MPa}$，$\sigma_p$ 为 $180 \sim 200 \text{MPa}$。

2. 屈服阶段：AB 阶段，当荷载增大，试件应力超过 σ_p 时，应变增加很快，而应力基本不变，这种现象称为屈服，此时，应力与应变不再成比例，开始产生塑性变形。图中最高点所对应的应力为屈服上限，最低点 B 所对应的应力为屈服下限。屈服上限与试验过程中的许多因素有关。屈服下限比较稳定，容易测试，所以规范规定以屈服下限的应力值作为钢材的屈服强度，用 σ_s 表示。屈服强度是钢材开始丧失对变形的抵抗能力，并开始产生大量塑性变形时所对应的应力。

中碳钢和高碳钢没有明显的屈服现象，规范规定以 0.2% 残余变形所对应的应力值作为名义屈服强度，用 $\sigma_{0.2}$ 表示。

屈服强度对钢材使用意义重大，一方面，当钢材的实际应力超过屈服强度时，变形即迅速发展，将产生不可恢复的永久变形，尽管尚未破坏但已不能满足使用要求；另一方面，当应力超过屈服强度时，受力较高部位的应力不再提高，而自动将荷载重新分配给某些应力较低部位。因此，屈服强度是设计中确定钢材的容许应力及强度取值的主要依据。

3. 强化阶段：BC 阶段，当荷载超过屈服点以后，由于试件内部组织结构发生变化，抵抗变形能力又重新提高，故称为强化阶段。对应于最高点 C 点的应力为强度极限或抗拉强度，用 σ_b 表示。抗拉强度是钢材所能承受的最大拉应力，即当拉应力达到强度极限时，钢材完全丧失了对变形的抵抗能力而断裂。

通常，钢材是在弹性范围内使用的，但在应力集中处，其应力可能超过屈服强度，此时由于产生一定的塑性变形，可使结构中的应力产生重分布，从而使结构免遭破坏。

抗拉强度虽然不能直接作为计算依据，但屈服强度与抗拉强度的比值，即"屈强比"（σ_s/σ_b）对工程应用有较大意义。工程使用的钢材不仅希望具有高的屈服强度，还希望具有一定的屈强比。屈强比愈小，钢材在应力超过屈服强度工作时的可靠性愈大，即延缓结构损坏过程的潜力愈大，因而结构的安全储备愈大，结构愈安全。但屈强比过小，钢材强度的有效利用率低，造成浪费。常用碳素钢的屈强比为 $0.58 \sim 0.63$，合金钢的屈强比为 $0.65 \sim 0.75$。

4. 颈缩阶段：CD 阶段，当钢材强化达到最高点后，试件薄弱处的截面显著缩小，产生"颈缩现象"，由于试件断面急剧缩小，塑性变形迅速增加，拉力也随着下降，最后试件拉断。试件拉断后的标距增量与原始标距之比的百分率为伸长率（断后伸长率），按式 (6-1) 计算：

$$\delta_n = \frac{L_1 - L_0}{L_0} \times 100\% \tag{6-1}$$

式中　δ_n——伸长率（%）；

L_1——试件拉断后的标距（mm）；

L_0——试件试验前的原始标距（mm）；

n——长或短试件的标志，长标距试件 $n=10$，短标距试件 $n=5$。

伸长率反映钢材拉伸断裂时所能承受的塑性变形能力，是衡量钢材塑性的重要技术指标。钢材拉伸时塑性变形在试件标距内的分布是不均匀的，颈缩处的伸长较大，故试件原始标距（L_0）与直径（d_0）之比愈大，颈缩处的伸长值在总伸长值中所占比例愈小，计算所得伸长率也愈小。通常钢材拉伸试件取 $L_0=5d$，或 $L_0=10d$，其伸长率分别以 δ_5 和

δ_{10}表示。对于同一钢材，δ_5大于δ_{10}。

传统的伸长率（断后伸长率）只反映颈缩断口区域的残余变形，不反映颈缩出现之前整体的平均变形，也不反映弹性变形，这与钢材拉断时刻应变状态下的变形相差较大，而且，各类钢材的颈缩特征也有差异，再加上断口拼接误差，较难真实反映钢材的拉伸变形特性。为此，以钢材在最大力时的总伸长率，作为钢材的拉伸性能指标更为合理。钢材的最大力总伸长率，可按公式（6-2）计算：

$$\delta_{gt} = \left(\frac{L - L_0}{L_0} + \frac{\sigma_b}{E}\right) \times 100\% \tag{6-2}$$

式中　　δ_{gt}——最大力总伸长率（%）；

L——试样拉断后测量区标记间的距离（mm）；

L_0——试验前测量区标记间的距离（mm）；

σ_b——抗拉强度（MPa）；

E——钢材的弹性模量（MPa）。

二、冷弯性能

冷弯性能是钢材在常温条件下，承受弯曲变形的能力，是反映钢材缺陷的一种重要工艺性能。

钢材的冷弯性能以试验时的弯曲角度和弯心直径作为指标来表示。

钢材冷弯时弯曲角度愈大，弯心直径愈小，则表示对冷弯性能的要求愈高。试件弯曲处若无裂纹、断裂及起层等现象，则认为其冷弯性能合格。

钢材的冷弯性能与伸长率一样，也是反映钢材在静荷载作用下的塑性，而且冷弯是在更苛刻的条件下对钢材塑性的严格检验，它能反映钢材内部组织是否均匀、是否存在内应力及夹杂物等缺陷。在工程中，冷弯试验还被用作严格检验钢材焊接质量的一种手段。

三、冲击韧性

冲击韧性是钢材抵抗冲击荷载的能力。钢材的冲击韧性用试件冲断时单位面积上所吸收的能量来表示。冲击韧性按式（6-3）计算：

$$a_k = \frac{W}{A} \tag{6-3}$$

式中　　a_k——冲击韧性（J/cm^2）；

W——试件冲断时所吸收的冲击能（J）；

A——试件槽口处最小横截面积（cm^2）。

影响钢材冲击韧性的主要因素有：化学成分、冶炼质量、冷作硬化及时效、环境温度等。

钢材的冲击韧性随温度的降低而下降，其规律是：开始冲击韧性随温度的降低而缓慢下降，但当温度降至一定的范围（狭窄的温度区间）时，钢材的冲击韧性骤然下降很多而呈脆性，即冷脆性，此时的温度称为脆性转变温度，见图6-2。脆性转变温度越低，表明钢材的低温冲击韧性越好。为此，在负温下使用的结构，设计时

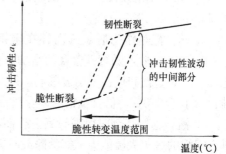

图 6-2　钢的脆性转变温度

必须考虑钢材的冷脆性，应选用脆性转变温度低于最低使用温度的钢材，并满足规范规定的一20℃或一40℃条件下冲击韧性指标的要求。

四、硬度

硬度是指钢材抵抗硬物压入表面的能力。硬度值与钢材的力学性能之间有着一定的相关性。

我国现行标准测定金属硬度的方法有：布氏硬度法、洛氏硬度法和维氏硬度法三种。常用的硬度指标为布氏硬度和洛氏硬度。

1. 布氏硬度

布氏硬度试验是按规定选择一个直径为 D（mm）的淬硬钢球或硬质合金球，以一定荷载 P（N）将其压入试件表面，持续至规定时间后卸去荷载，测定试件表面上的压痕直径 d（mm），根据计算或查表确定单位面积上所承受的平均应力值，其值作为硬度指标（无量纲），称为布氏硬度，代号为 HB。

布氏硬度法比较准确，但压痕较大，不宜用于成品检验。

2. 洛氏硬度

洛氏硬度试验是将金刚石圆锥体或钢球等压头，按一定试验荷载压入试件表面，以压头压入试件的深度来表示硬度值（无量纲），称为洛氏硬度，代号为 HR。

洛氏硬度法的压痕小，所以常用于判断工件的热处理效果。

第三节　钢材的化学成分及其对钢材性能的影响

钢材中除了主要化学成分铁（Fe）以外，还含有少量的碳（C）、硅（Si）、锰（Mn）、磷（P）、硫（S）、氧（O）、氮（N）、钛（Ti）、钒（V）等元素，这些元素虽然含量少，但对钢材性能有很大影响。

1. 碳。碳是决定钢材性能的最重要元素。碳对钢材性能的影响如图 6-3 所示。当钢中含碳量小于 0.8% 时，随着含碳量的增加，强度和硬度提高，而塑性和韧性降低；含碳量在 0.8%～1.0% 时，随着含碳量的增加，强度和硬度提高，而塑性降低，钢材为脆性，含碳量在 1.0% 左右时，钢材的强度达到最高；当含碳量大于 1.0% 时，随着含碳量的增加，钢材的硬度提高，脆性增大，而强度和塑性降低。当含碳量大于 0.3% 时，随着含碳量的增加，钢材的可焊性显著降低，焊接性能变差，冷脆性和时效敏感性增大，耐大气锈蚀性降低。

一般工程所用的碳素钢为低碳钢，即含碳量小于 0.25%；工程所用的低合金钢，其含碳量小于 0.52%。

2. 硅。硅是作为脱氧剂而存在于钢中，是钢中有益的主要合金元素。硅含量较低（小于 1.0%）时，随着硅含量的增加，能提高钢材的强度、抗疲劳性、耐腐蚀性及抗氧化性，而对塑性和韧性无明显影响，但对可焊性和冷加工性能有所影响。通常，碳素钢的硅含量小于 0.3%，低合金钢的硅含量小于 1.8%。

3. 锰。锰是炼钢时用来脱氧去硫而存在于钢中的，是钢中有益的主要合金元素。锰具有很强的脱氧去硫能力，能消除或减轻氧、硫所引起的热脆性。随着锰含量的增加，大大改善钢材的热加工性能，同时能提高钢材的强度、硬度及耐磨性。当锰含量小于 1.0%

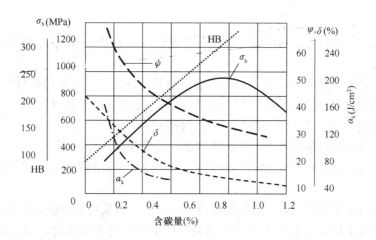

图 6-3　含碳量对碳素钢性能的影响

σ_b—抗拉强度；δ—伸长率；a_k—冲击韧性；ψ—断面收缩率；HB—硬度

时，对钢材的塑性和韧性无明显影响。一般低合金钢的锰含量为 $1.0\%\sim2.0\%$。

4. 磷。磷是钢中很有害的元素。随着磷含量的增加，钢材的强度、屈强比、硬度提高，而塑性和韧性显著降低。特别是温度愈低，对塑性和韧性的影响愈大，显著加大钢材的冷脆性。通常，磷含量要小于 0.045%。

磷也使钢材的可焊性显著降低。但磷可提高钢材的耐磨性和耐蚀性，故在低合金钢中可配合其他元素作为合金元素使用。

5. 硫。硫是钢中很有害的元素。随着硫含量的增加，加大钢材的热脆性，降低钢材的各种机械性能，也使钢材的可焊性、冲击韧性、耐疲劳性和抗腐蚀性等均降低。通常，硫含量要小于 0.045%。

6. 氧。氧是钢中的有害元素。随着氧含量的增加，钢材的强度有所降低，塑性特别是韧性显著降低，可焊性变差。氧的存在会造成钢材的热脆性。通常，氧含量要小于 0.03%。

7. 氮。氮对钢材性能的影响与碳、磷相似。随着氮含量的增加，可使钢材的强度提高，但塑性特别是韧性显著降低，可焊性变差，冷脆性加剧。氮在铝、铌、钒等元素的配合下可以减少其不利影响，改善钢材性能，可作为低合金钢的合金元素使用。通常，氮含量要小于 0.008%。

8. 钛。钛是强脱氧剂。随着钛含量的增加，能显著提高强度，改善韧性、可焊性，但稍降低塑性。钛是常用的微量合金元素。

9. 钒。钒是弱脱氧剂。钒加入钢中可减弱碳和氮的不利影响。随着钒含量的增加，有效地提高强度，但有时也会增加焊接淬硬倾向。钒也是常用的微量合金元素。

第四节　钢材的冷加工、时效和焊接

一、钢材的冷加工

将钢材于常温下进行冷拉、冷拔、冷轧、冷扭等，使之产生一定的塑性变形，强度和硬度明显提高，塑性和韧性有所降低，这个过程称为钢材的冷加工（或冷加工强化、冷作强化)。

土木工程中对大量使用的钢筋,往往同时进行冷加工和时效处理,常用的冷加工方法是冷拉和冷拔。

1. 冷拉。将热轧钢筋用拉伸设备在常温下拉长,使之产生一定的塑性变形称为冷拉。冷拉后的钢筋不仅屈服强度提高 20%～30%,同时还增加钢筋长度(4%～10%),因此冷拉也是节约钢材(一般 10%～20%)的一种措施。

钢材经冷拉后屈服阶段缩短,伸长率减小,材质变硬。

实际冷拉时,应通过试验确定冷拉控制参数。冷拉参数的控制,直接关系到冷拉效果和钢材质量。

钢筋的冷拉可采用控制应力或控制冷拉率的方法。当采用控制应力方法时,在控制应力下的最大冷拉率应满足规定要求,当最大冷拉率超过规定要求时,应进行力学性能检验。当采用控制冷拉率方法时,冷拉率必须由试验确定,测定冷拉率时钢筋的冷拉应力应满足规定要求。对不能分清炉罐号的热轧钢筋,不应采取控制冷拉率的方法。

2. 冷拔。将光圆钢筋通过硬质合金拔丝模孔强行拉拔。钢筋在冷拔过程中,不仅受拉,同时还受到挤压作用。经过一次或多次冷拔后,钢筋的屈服强度可提高 40%～60%,但塑性大大降低,具有硬钢的性质。

二、钢材的时效处理

将经过冷加工后的钢材,在常温下存放 15～20 天,或加热至 100～200℃并保持 2h 左右,其屈服强度、抗拉强度及硬度进一步提高,这个过程称为时效处理。前者称为自然时效,后者称为人工时效。

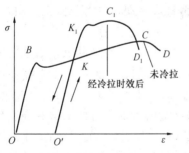

图 6-4　钢筋冷拉时效后
应力—应变曲线的变化

通常对强度较低的钢筋可采用自然时效,强度较高的钢筋则需采用人工时效。

钢材经冷加工及时效处理后,其性能变化规律如图 6-4 所示。

图 6-4 中 $OBCD$ 为未经冷拉和时效处理试件的 σ-ε 曲线。当试件冷拉至超过屈服强度的任意一个 K 点时卸荷载,此时由于试件已产生塑性变形,曲线沿 KO' 下降,KO' 大致与 BO 平行。如果立即重新拉伸,则新的屈服点将提高至 K 点,以后的 σ-ε 曲线将与原来曲线 KCD 相似。如果在 K 点卸荷载后不立即重新拉伸,而将试件进行自然时效或人工时效,然后再拉伸,则其屈服点又进一步提高至 K_1 点,继续拉伸时曲线沿 $K_1C_1D_1$ 发展。这表明钢筋经冷拉和时效处理后,屈服强度得到进一步提高,抗拉强度亦有所提高,塑性和韧性则相应降低。

三、钢材的焊接

焊接是把两块金属局部加热,使其接缝部分迅速熔融或半熔融,使其牢固连接起来。焊接是各种型钢、钢板、钢筋等钢材的主要连接方式。土木工程的钢结构中,焊接结构要占 90%以上。在钢筋混凝土结构中,大量的钢筋接头、钢筋网片、钢筋骨架、预埋铁件及钢筋混凝土预制构件的安装等,都要采用焊接。

钢材的焊接性能是指在一定的焊接工艺条件下,在焊缝及其附近过热区(热影响区)

不产生裂纹及硬脆倾向，焊接后钢材的力学性能，特别是强度不低于原有钢材（母材）的强度。

（一）钢材焊接的基本方法

钢材的主要焊接方法：

1. 电弧焊。以焊条作为一极，钢材为另一极，利用焊接电流通过产生的电弧热进行焊接的一种熔焊方法。

2. 闪光对焊。将两钢材安放成对接形式，利用电阻热使对接点金属熔化，产生强烈飞溅，形成闪光，迅速施加顶锻力完成的一种压焊方法。

3. 电渣压力焊。将两钢材安放成竖向对接形式，利用焊接电流通过两钢材端面间隙，在焊剂层下形成电弧过程和电渣过程，产生的电弧热和电阻热，熔化钢材，加压完成的一种压焊方法。

4. 埋弧压力焊。将两钢材安放成 T 形接头形式，利用焊接电流通过，在焊剂层下产生电弧，形成熔池，加压完成的一种压焊方法。

5. 电阻点焊。将两钢材安放成交叉叠接形式，压紧于两电极之间，利用电阻热熔化母材金属，加压形成焊点的一种压焊方法。

6. 气压焊。采用氧乙炔火焰或其他火焰对两钢材对接处加热，使其达到塑性状态（固态）或熔化状态（熔态）后，加压完成的一种压焊方法。

焊接过程的特点是：在很短的时间内达到很高的温度；金属熔化的体积很小；由于金属传热快，故冷却的速度很快。因此，在焊件中常发生复杂的、不均匀的反应和变化；存在剧烈的膨胀和收缩。因而易产生变形、内应力和组织的变化。

经常发生的焊接缺陷有以下几种：

焊缝金属缺陷：裂纹（主要是热裂纹）、气孔、夹杂物（脱氧生成物和氮化物）。

基体金属热影响区的缺陷：裂纹（冷裂纹）、晶粒粗大和析出物脆化（碳、氮等原子在焊接过程中形成碳化物或氮化物，在缺陷处析出，使晶格畸变加剧所引起的脆化）。

由于焊接件在使用过程中的主要力学性能是强度、塑性、韧性和耐疲劳性，因此，对焊接件质量影响最大的焊接缺陷是裂纹、缺口和由于硬化而引起的塑性和冲击韧性的降低。

（二）影响钢材焊接质量的主要因素

1. 钢材的可焊性。可焊性好的钢材，焊接质量易于保证。含碳量小于 0.25% 的碳素钢具有良好的可焊性。加入合金元素（如硅、锰、钒、钛等），将增大焊接处的硬脆性，降低可焊性，特别是硫能使焊接产生热裂纹及硬脆性。

2. 焊接工艺。钢材的焊接由于局部金属在短时间内达到高温熔融，焊接后又急速冷却，因此必将伴随产生急剧的膨胀、收缩、内应力及组织变化，从而引起钢材性能的改变。所以，必须正确掌握焊接方法，选择适宜的焊接工艺及控制参数。

3. 焊条、焊剂等焊接材料。根据不同材质的被焊钢材，选用适宜的并符合质量要求的焊条、焊剂。但焊条的强度必须大于被焊钢材的强度。

钢材焊接后必须取样进行焊接质量检验，一般包括拉伸试验和冷弯试验，要求试验时试件的断裂不能发生在焊接处。

第五节 钢材的技术标准与选用

钢材可分为钢筋混凝土结构用钢和钢结构用钢两大类。

一、主要钢种

（一）碳素结构钢

1. 碳素结构钢的牌号及其表示方法

根据国家标准《碳素结构钢》（GB/T 700—2006）的规定，碳素结构钢牌号分为 Q195、Q215、Q235 和 Q275。

碳素结构钢的牌号由屈服强度的字母 Q、屈服强度特征值、质量等级符号（A、B、C、D）、脱氧程度符号（F、Z、TZ）等四个部分按顺序组成。镇静钢（Z）和特殊镇静钢（TZ）在钢的牌号中省略。按硫、磷杂质含量由多到少，质量等级分为 A、B、C、D。如 Q235-A·F，表示此碳素结构钢是屈服强度为 235MPa 的 A 级沸腾钢；Q235—C，表示此碳素结构钢是屈服强度为 235MPa 的 C 级镇静钢。

2. 碳素结构钢的技术要求

按照国家标准《碳素结构钢》（GB/T 700—2006）的规定，碳素结构钢的技术要求如下：

（1）化学成分：各牌号碳素结构钢的化学成分应符合表 6-1 的规定。

（2）力学性能：

碳素结构钢的强度、冲击韧性等指标应符合表 6-2 的规定，冷弯性能应符合表 6-3 的要求。

碳素结构钢的化学成分 　　　　　　　　　　　　　　　　　表 6-1

牌号	质量等级	化学成分（%）					脱氧方法
		C	Mn	Si	S	P	
					≤		
Q195	—	0.12	0.50	0.30	0.040	0.035	F、Z
Q215	A	0.15	1.20	0.35	0.050	0.045	F、Z
	B				0.045		
Q235	A	0.22	1.40	0.35	0.050	0.045	F、Z
	B	0.20①			0.045		
	C	0.17			0.045	0.040	Z
	D				0.035	0.035	TZ
Q275	A	0.24	1.50	0.35	0.050	0.045	F、Z
	B	0.21			0.045		Z
		0.22				0.040	
	C	0.20			0.040		
	D				0.035	0.035	TZ

注：①经需方同意，Q235B 的碳含量可不大于 0.22%。

牌号	质量等级	拉伸试验												冲击试验(V形)	
		屈服强度 σ_S(MPa),不小于						抗拉强度 σ_b (MPa)	断后伸长率 δ(%),不小于					温度(℃)	冲击功(纵向)(J) 不小于
		厚度(或直径)(mm)							钢材厚度(或直径)(mm)						
		≤16	>16~40	>40~60	>60~100	>100~150	>150~200		≤40	>40~60	>60~100	>100~150	>150~200		
Q195	—	195	185	—	—	—	—	315~430	33	—	—	—	—	—	
Q215	A	215	205	195	185	175	165	335~450	31	30	29	27	26	—	
	B													+20	27
Q235	A	235	225	215	215	195	185	370~500	26	25	24	22	21	—	
	B													+20	27
	C													0	
	D													-20	
Q275	A	275	265	255	245	225	215	410~540	22	21	20	18	17	—	
	B													+20	27
	C													0	
	D													-20	

牌 号	试样方向	冷弯试验（B=2a，180°）	
		钢材厚度 a（或直径）（mm）	
		≤60	>60~100
		弯心直径 d	
Q195	纵	0	—
	横	0.5a	
Q215	纵	0.5a	1.5a
	横	a	2a
Q235	纵	a	2a
	横	1.5a	2.5a
Q275	纵	1.5a	2.5a
	横	2a	3a

注：B 为试样宽度，a 为试样厚度（或直径）。

从表 6-1、表 6-2 和表 6-3 可以看出，碳素结构钢随着牌号的增大，其含碳量和含锰量增加，强度和硬度提高，而塑性和韧性降低，冷弯性能逐渐变差。

3. 碳素结构钢的应用

结构钢选用碳素结构钢，应综合考虑结构的工作环境条件、承受荷载类型（动载或静载等）、承受荷载方式（直接或间接等）、连接方式（焊接或非焊接等）等。碳素结构钢由于其综合性能较好，且成本较低，目前在土木工程中应用广泛。应用最广泛的碳素结构钢是 Q235，由于其具有较高的强度，良好的塑性、韧性及可焊性，综合性能好，故能较好地满足一般钢结构和钢筋混凝土结构的用钢要求。用 Q235 大量轧制各种型钢、钢板及钢筋。其中 Q235-A，一般仅适用于承受静荷载作用的结构；Q235-C 和 Q235-D，可用于重要的焊接结构。

Q195 和 Q215，强度低，塑性和韧性较好，具有良好的可焊性，易于冷加工，常用作钢钉、铆钉、螺栓及钢丝等，也可用作轧材用料。Q215 经冷加工后可代替 Q235 使用。

Q255 和 Q275 强度较高，但塑性、韧性和可焊性较差，不易焊接和冷弯加工，可用于轧制钢筋、制作螺栓配件等，但更多用于机械零件和工具等。

（二）优质碳素结构钢

根据国家标准《优质碳素结构钢》（GB/T 699—1999）的规定，共有 31 个牌号。

优质碳素结构钢的牌号是由两位数字和字母两部分组成。两位数字表示平均碳含量的万分数；字母分别表示锰含量、冶金质量等级、脱氧程度。普通锰含量（0.35%～0.80%）的不写"Mn"，较高锰含量（0.80%～1.20%）的，在两位数字后加注"Mn"；高级优质碳素结构钢加注"A"，特级优质碳素结构钢加注"E"；沸腾钢加注"F"，半镇静钢加注"b"。例如：15F 号钢表示平均碳含量为 0.15%、普通锰含量的优质沸腾钢；45Mn 号钢表示平均碳含量为 0.45%、较高锰含量的优质镇静钢。

优质碳素结构钢的力学性能主要取决于碳含量，碳含量高的强度高，但塑性和韧性降低。

在土木工程中，优质碳素结构钢主要用于重要结构。常用 30～45 号钢，制作钢铸件及高强螺栓；常用 65～80 号钢，制作碳素钢丝、刻痕钢丝和钢绞线；常用 45 号钢，制作预应力混凝土用的锚具。

（三）低合金高强度结构钢

低合金高强度结构钢是在碳素结构钢的基础上，加入总量小于 5% 的合金元素制成的结构钢。所加入的合金元素主要有锰、硅、钒、钛、铌、铬、镍等。

1. 低合金高强度结构钢的牌号及其表示方法

根据国家标准《低合金高强度结构钢》（GB/T 1591—1994）的规定，共有五个牌号，即 Q295、Q345、Q390、Q420 和 Q460。

低合金高强度结构钢的牌号是由屈服强度字母 Q、屈服强度特征值、质量等级符号（A、B、C、D、E）三个部分组成。

2. 低合金高强度结构钢的技术要求及应用

按照国家标准《低合金高强度结构钢》（GB/T 1591—1994）的规定，低合金高强度结构钢的化学成分与力学性能应符合表 6-4 和表 6-5 的要求。

低合金高强度结构钢的化学成分   表 6-4

牌号	质量等级	化 学 成 分 (%)										
		C≤	Mn	Si	P≤	S≤	V	Nb	Ti	Al≥	Cr≤	Ni≤
Q295	A	0.16	0.80～1.50	0.55	0.045	0.045	0.02～0.15	0.015～0.060	0.02～0.20	—		
	B	0.16	0.80～1.50	0.55	0.040	0.040	0.02～0.15	0.015～0.060	0.02～0.20	—		
Q345	A	0.02	1.00～1.60	0.55	0.045	0.045	0.02～0.15	0.015～0.060	0.02～0.20	—		
	B	0.02	1.00～1.60	0.55	0.040	0.040	0.02～0.15	0.015～0.060	0.02～0.20	—		
	C	0.20	1.00～1.60	0.55	0.035	0.035	0.02～0.15	0.015～0.060	0.02～0.20	0.015		
	D	0.18	1.00～1.60	0.55	0.030	0.030	0.02～0.15	0.015～0.060	0.02～0.20	0.015		
	E	0.18	1.00～1.60	0.55	0.025	0.025	0.02～0.15	0.015～0.060	0.02～0.20	0.015		

牌号	质量等级	化学成分（%）										
		C≤	Mn	Si	P≤	S≤	V	Nb	Ti	Al≥	Cr≤	Ni≤
Q390	A	0.20	1.00～1.60	0.55	0.045	0.045	0.02～0.20	0.015～0.060	0.02～0.20	—	0.30	0.70
	B	0.20	1.00～1.60	0.55	0.040	0.040	0.02～0.20	0.015～0.060	0.02～0.20	—	0.30	0.70
	C	0.20	1.00～1.60	0.55	0.035	0.035	0.02～0.20	0.015～0.060	0.02～0.20	0.015	0.30	0.70
	D	0.20	1.00～1.60	0.55	0.030	0.030	0.02～0.20	0.015～0.060	0.02～0.20	0.015	0.30	0.70
	E	0.20	1.00～1.60	0.55	0.025	0.025	0.02～0.20	0.015～0.060	0.02～0.20	0.015	0.30	0.70
Q420	A	0.20	1.00～1.70	0.55	0.045	0.045	0.02～0.20	0.015～0.060	0.02～0.20	—	0.40	0.70
	B	0.20	1.00～1.70	0.55	0.040	0.040	0.02～0.20	0.015～0.060	0.02～0.20	—	0.40	0.70
	C	0.20	1.00～1.70	0.55	0.035	0.035	0.02～0.20	0.015～0.060	0.02～0.20	0.015	0.40	0.70
	D	0.20	1.00～1.70	0.55	0.030	0.030	0.02～0.20	0.015～0.060	0.02～0.20	0.015	0.40	0.70
	E	0.20	1.00～1.70	0.55	0.025	0.025	0.02～0.20	0.015～0.060	0.02～0.20	0.015	0.40	0.70
Q460	C	0.20	1.00～1.70	0.55	0.035	0.035	0.02～0.20	0.015～0.060	0.02～0.20	0.015	0.70	0.70
	D	0.20	1.00～1.70	0.55	0.030	0.030	0.02～0.20	0.015～0.060	0.02～0.20	0.015	0.70	0.70
	E	0.20	1.00～1.70	0.55	0.025	0.025	0.02～0.20	0.015～0.060	0.02～0.20	0.015	0.70	0.70

注：表中的 Al 为全铝含量。如化验酸熔铝时，其含量应不小于 0.010%。

低合金高强度结构钢的力学性能　　表 6-5

牌号	质量等级	屈服强度 σ_s（MPa）				抗拉强度 σ_b（MPa）	伸长率 δ_5（%）	冲击功（A_{kv}）（纵向）（J）				180°弯曲试验 d—弯心直径；a—试件厚度（直径）	
		厚度（直径、边长）（mm）						+20℃	0℃	-20℃	-40℃	钢材厚度（直径）（mm）	
		≤15	>16～35	>35～50	>50～100							≤16	>16～100
		≥					≥						
Q295	A	295	275	255	235	390～570	23					$d=2a$	$d=3a$
	B	295	275	255	235	390～570	23	34				$d=2a$	$d=3a$
Q345	A	345	325	295	275	470～630	21					$d=2a$	$d=3a$
	B	345	325	295	275	470～630	21	34				$d=2a$	$d=3a$
	C	345	325	295	275	470～630	22		34			$d=2a$	$d=3a$
	D	345	325	295	275	470～630	22			34		$d=2a$	$d=3a$
	E	345	325	295	275	470～630	22				27	$d=2a$	$d=3a$
Q390	A	390	370	350	330	490～650	19					$d=2a$	$d=3a$
	B	390	370	350	330	490～650	19	34				$d=2a$	$d=3a$
	C	390	370	350	330	490～650	20		34			$d=2a$	$d=3a$
	D	390	370	350	330	490～650	20			34		$d=2a$	$d=3a$
	E	390	370	350	330	490～650	20				27	$d=2a$	$d=3a$
Q420	A	420	400	380	360	520～680	18					$d=2a$	$d=3a$
	B	420	400	380	360	520～680	18	34				$d=2a$	$d=3a$
	C	420	400	380	360	520～680	19		34			$d=2a$	$d=3a$
	D	420	400	380	360	520～680	19			34		$d=2a$	$d=3a$
	E	420	400	380	360	520～680	19				27	$d=2a$	$d=3a$

牌号	质量等级	屈服强度 σ_s (MPa)				抗拉强度 σ_b (MPa)	伸长率 δ_5 (%)	冲击功 (A_{kv})(纵向)(J)				180°弯曲试验 d—弯心直径；a—试件厚度(直径)	
		厚度(直径)(边长)(mm)						+20℃	0℃	-20℃	-40℃	钢材厚度(直径)(mm)	
		≤15	>16~35	>35~50	>50~100			≥				≤16	>16~100
		≥											
Q460	C	460	440	420	400	550~720	17					$d=2a$	$d=3a$
	D	460	440	420	400	550~720	17		34			$d=2a$	$d=3a$
	E	460	440	420	400	550~720	17			34	27	$d=2a$	$d=3a$

低合金高强度结构钢与碳素结构钢相比，具有较高的强度，综合性能好，所以在相同使用条件下，可比碳素结构钢节省用钢 20%～30%，对减轻结构自重有利。同时低合金高强度结构钢还具有良好的塑性、韧性、可焊性、耐磨性、耐蚀性、耐低温性等性能，有利于延长钢材的服役性能，延长结构的使用寿命。

低合金高强度结构钢主要用于轧制各种型钢、钢板、钢管及钢筋，广泛用于钢结构和钢筋混凝土结构中，特别适用于各种重型结构、高层结构、大跨度结构及大柱网结构等。

（四）合金结构钢

1. 合金结构钢的牌号及其表示方法

根据国家标准《合金结构钢》（GB/T 3077—1999）的规定，合金结构钢共有 77 个牌号。

合金结构钢的牌号是由两位数字、合金元素、合金元素平均含量、质量等级符号等四部分组成。两位数字表示平均含碳量的万分数；当含硅量的上限≤0.45% 或含锰量的上限≤0.9% 时，不加注 Si 或 Mn，其他合金元素无论含量多少均加注合金元素符号；合金元素平均含量小于 1.5% 时不加注，合金元素平均含量为 1.50%～2.49% 或 2.50%～3.49% 或 3.50%～4.49% 时，在合金元素符号后面加注 2 或 3 或 4；优质钢不加注，高级优质钢加注"A"，特级优质钢加注"E"。例如 20Mn2 钢，表示平均含碳量为 0.20%、含硅量上限≤0.45%、平均含锰量为 0.15%～2.49% 的优质合金结构钢。

2. 合金结构钢的性能及应用

合金结构钢的分类与优质碳素结构钢的分类相同。合金结构钢的特点是均含有 Si 和 Mn，生产过程中对硫、磷等有害杂质控制严格，并且均为镇静钢，因此质量稳定。

合金结构钢与碳素结构钢相比，具有较高的强度和较好的综合性能，即具有良好的塑性、韧性、可焊性、耐低温性、耐锈蚀性、耐磨性、耐疲劳性等性能，有利于节省用钢，有利于延长钢材的服役性能，延长结构的使用寿命。

合金结构钢主要用于轧制各种型钢（角钢、槽钢、工字钢）、钢板、钢管、铆钉、螺栓、螺帽及钢筋，特别是用于各种重型结构、大跨度结构、高层结构等，其技术经济效果更为显著。

二、钢筋混凝土结构用钢

钢筋混凝土结构用钢，主要由碳素结构钢和低合金结构钢轧制而成，主要有热轧钢筋、冷加工钢筋、热处理钢筋、预应力混凝土用钢丝和钢绞线等。按直条或盘条（也称盘圆）供货。

（一）钢筋混凝土用钢筋

钢筋混凝土用钢筋，根据其表面形状分为光圆钢筋和带肋钢筋两类。带肋钢筋有月牙肋钢筋和等高肋钢筋等，见图 6-5。

按标准规定，钢筋拉伸、冷弯试验时，试样不允许进行车削加工。计算钢筋强度时钢筋截面面积应采用其公称横截面积。

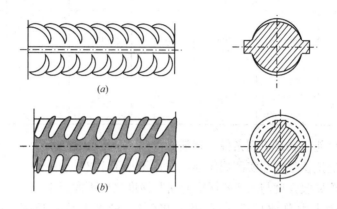

图 6-5　带肋钢筋

（a）月牙肋钢筋；（b）等高肋钢筋

1. 钢筋混凝土用热轧光圆钢筋。根据国家标准《钢筋混凝土用热轧光圆钢筋》（GB 1499.1—2008）的规定，热轧光圆钢筋的力学性能和冷弯性能应符合表 6-6 的规定。

热轧光圆钢筋的牌号是由 HPB 和屈服强度特征值组成。其中 H、P、B 分别为热轧（Hot rolled）、光圆（Plain）、钢筋（Bars）3 个词的英文首位字母。

2. 钢筋混凝土用热轧带肋钢筋。根据国家标准《钢筋混凝土用热轧带肋钢筋》（GB 1499.2—2007）的规定，热轧带肋钢筋的力学性能和冷弯性能应符合表 6-6 的规定。

普通热轧带肋钢筋的牌号是由 HRB 和屈服强度特征值组成。其中 H、R、B 分别为热轧（Hot rolled）、带肋（Ribbed）、钢筋（Bars）3 个词的英文首位字母。

细晶粒热轧带肋钢筋的牌号是由 HRBF 和屈服强度特征组成，其中 F 为细（Fine）的英文首位字母，其他字母含义同前。

热轧光圆钢筋、热轧带肋钢筋的牌号、力学性能、冷弯性能　　　表 6-6

表面形状	牌　号	公称直径 a（mm）	屈服强度 σ_s（MPa）	抗拉强度 σ_b（MPa）	断后伸长率 δ（%）	最大力总伸长率 δ_{gt}（%）	冷弯试验（180°）弯心直径（d）钢筋公称直径（a）
			不　小　于				
光圆钢筋	HPB235	5.5～20	235	370	23	10	$d=a$
	HPB300		300	400	23	10	$d=a$

表面形状	牌 号	公称直径 a (mm)	屈服强度 σ_s (MPa)	抗拉强度 σ_b (MPa)	断后伸长率 δ (%)	最大力总伸长率 δ_{gt} (%)	冷弯试验 (180°) 弯心直径 (d) 钢筋公称直径 (a)
			不 小 于				
带肋钢筋	HRB335 HRBF335	6~25 28~40 >40~50	335	455	17	7.5	3a 4a 5a
	HRB400 HRBF400	6~25 28~40 >40~50	400	540	16	7.5	4a 5a 6a
	HRB500 HRBF500	6~25 28~40 >40~50	500	630	15	7.5	6a 7a 8a

根据需要，可使用满足下列条件的钢筋：

(1) 钢筋实测抗拉强度与实测屈服强度之比不小于 1.25；

(2) 钢筋实测屈服强度与表 6-8 规定的屈服强度之比不大于 1.30；

(3) 钢筋的最大力总伸长率 δ_{gt} 不小于 9.0%。最大力总伸长率，可按公式（6-4）计算：

$$\delta_{gt} = \left(\frac{L - L_0}{L_0} + \frac{\sigma_b}{E} \right) \times 100\% \tag{6-4}$$

式中　δ_{gt}——最大力总伸长率（%）；

　　　L——试样拉断后测量区标记间的距离（mm）；

　　　L_0——试验前测量区标记间的距离（mm）；

　　　σ_b——抗拉强度（MPa）；

　　　E——钢筋的弹性模量，其值可取为 2×10^5 MPa。

热轧光圆钢筋是用 Q215 或 Q235 碳素结构钢轧制而成的钢筋。其强度较低，塑性及焊接性能好，伸长率高，便于弯折成型和进行各种冷加工，广泛用于普通钢筋混凝土构件中，作为中小型钢筋混凝土结构的主要受力钢筋和各种钢筋混凝土结构的箍筋等。

热轧带肋钢筋是用低合金镇静钢和半镇静钢轧制成的钢筋，其强度较高，塑性和焊接性能较好，因表面带肋，加强了钢筋与混凝土之间的粘结力，广泛用于大、中型钢筋混凝土结构的受力钢筋，经过冷拉后可用作预应力钢筋。

（二）冷轧带肋钢筋

冷轧带肋钢筋是由热轧光圆钢筋为母材，经冷轧减径后在其表面冷轧成二面或三面横肋（月牙肋）的钢筋，见图 6-6。

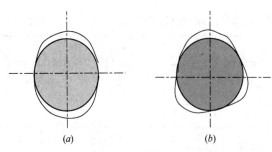

图 6-6　冷轧带肋钢筋横截面上月牙肋分布情况
(a) 二面有肋；(b) 三面有肋

1. 牌号。根据国家标准《冷轧带肋钢筋》（GB 13788—2000）的规定，冷轧带肋钢筋的牌号由 CRB 和钢筋的抗拉强度特征值组成，分为 CRB550、CRB650、CRB800、CRB970、CRB1170 五个牌号，其中 C、R、B 分别表示冷轧（Cold rolled）、带肋（Ribbed）、钢筋（Bars）的英文首位字母。

2. 技术性能。冷轧带肋钢筋的化学成分、力学性能和工艺性能应符合国家标准《冷轧带肋钢筋》（GB 13788—2000）的有关规定。力学性能和工艺性能要求见表 6-7。

冷轧带肋钢筋的力学性能和工艺性能　　　　　　　　　表 6-7

牌　号	反复弯曲次数	抗拉强度 σ_b (MPa) 不小于	伸长率（%）不小于		冷弯（180°）弯心直径（D）（d 为钢筋公称直径）	初始应力松弛（$\sigma_{con}=0.7\sigma_b$）	
			δ_{10}	δ_{100}		1000h 不大于（%）	10h 不大于（%）
CRB550	—	550	8.0	—	D=3d	—	—
CRB650	3	650	—	4.0	—	8	5
CRB800	3	800	—	4.0	—	8	5
CRB970	3	970	—	4.0	—	8	5
CRB1170	3	1170	—	4.0	—	8	5

CRB550 为普通钢筋混凝土用钢筋，其他牌号为预应力混凝土用钢筋。

（三）预应力混凝土用热处理钢筋

预应力混凝土用热处理钢筋是由热轧螺纹钢筋（即普通热轧中碳低合金钢筋）经淬火和回火等调质处理制成的螺纹钢筋。

1. 热处理钢筋代号和外形。代号为 RB150，数字表示抗拉强度等级数值。热处理钢筋按其螺纹外形分为纵肋和无纵肋两种。

2. 技术性能。根据国家标准《预应力混凝土用热处理钢筋》（GB 4463—1992）规定，其力学性能应符合表 6-8 的要求。

预应力混凝土用热处理钢筋的力学性能　　　　　　　　表 6-8

公称直径（mm）	牌　　　号	屈服强度（MPa）	抗拉强度（MPa）	伸长率 δ_{10}（%）
		不　小　于		
6	40Si$_2$Mn			
8.2	48Si$_2$Mn	1325	1470	6
10	45Si$_2$Cr			

3. 应用。预应力混凝土用热处理钢筋具有高强度、高韧性和高握裹力等优点，主要用于预应力混凝土桥梁轨枕，还用于预应力梁、板结构及吊车梁等。

预应力混凝土用热处理钢筋成盘供应，开盘后能自行伸直，不需调直和焊接，施工方便，且节约钢材。

（四）预应力混凝土用钢丝

预应力混凝土用钢丝是应用索氏体化盘条制造，经冷拉或消除应力处理制成。

根据国家标准《预应力混凝土用钢丝》（GB/T 5223—2002）规定：钢丝按加工状态

分为冷拉钢丝（代号为 WCD）和消除应力钢丝两类，消除应力钢丝按松弛性能又分为低松弛钢丝（代号为 WLR）和普通松弛钢丝（代号为 WNR）两种；钢丝按外形分为光圆钢丝（代号为 P）、螺旋肋钢丝（代号为 H）和刻痕钢丝（代号为 I）三种。钢丝的产品标记是由预应力钢丝、公称直径、抗拉强度等级、加工状态代号、外形代号、标准号六部分组成，例如：预应力钢丝 7.00-1570-WLR-H-GB/T5223-2002。

冷拉钢丝、消除应力光圆及螺旋肋钢丝、消除应力刻痕钢丝的力学性能应符合表6-9、表6-10、表6-11的规定。

冷拉钢丝的力学性能 表 6-9

公称直径 d_n (mm)	抗拉强度 σ_b (MPa) 不小于	规定非比例伸长应力 $\sigma_{p0.2}$ (MPa) 不小于	最大力总伸长率 ($L_0=200mm$) δ_{gt} (%) 不小于	弯曲次数 (次/180°) 不小于	弯曲半径 R (mm)	断面收缩率 ψ (%) 不小于	每210mm扭距的扭转次数 n 不小于	初始应力为70%公称抗拉强度时，1000h后应力松弛率 r (%) 不小于
3.00	1470	1100	1.5	4	7.5	—	—	8
4.00	1570	1180		4	10	35	8	
	1670	1250						
5.00	1770	1330		4	15		8	
6.00	1470	1100		5	15		7	
7.00	1570	1180		5	20	30	6	
	1670	1250						
8.00	1770	1330		5	20		5	

消除应力光圆及螺旋肋钢丝的力学性能 表 6-10

公称直径 d_n (mm)	抗拉强度 σ_b (MPa) 不小于	规定非比例伸长应力 $\sigma_{p0.2}$ (MPa) 不小于 WLR	WNR	最大力总伸长率 ($L_0=200mm$) δ_{gt} (%) 不小于	弯曲次数/(次/180°) 不小于	弯曲半径 R (mm)	初始应力相当于公称抗拉强度的百分数 (%)	1000h后应力松弛率 r (%) 不大于 WLR	WNR
								对所有规格	
4.00	1470	1290	1250	3.5	3	10	60	1.0	4.5
	1570	1380	1330						
4.80	1670	1470	1410		4	15			
	1770	1560	1500						
5.00	1860	1640	1580						
6.00	1470	1290	1250		4	15	70	2.0	8
6.25	1570	1380	1330		4	20			
	1670	1470	1410		4	20			
7.00	1770	1560	1500		4	20			
8.00	1470	1290	1250		4	20	80	4.5	12
9.00	1570	1380	1330		4	25			
10.00	1470	1290	1250		4	25			
12.00					4	30			

消除应力的刻痕钢丝的力学性能　　　　　表 6-11

公称直径 d_n（mm）	抗拉强度 σ_b（MPa）不小于	规定非比例伸长应力 $\sigma_{p0.2}$（MPa）不小于 WLR	规定非比例伸长应力 $\sigma_{p0.2}$（MPa）不小于 WNR	最大力总伸长率（$L_0=200$mm）δ_{gt}（%）不小于	弯曲次数（次/180°）不小于	弯曲半径 R（mm）	初始应力相当于公称抗拉强度的百分数（%）	1000h 后应力松弛率 r（%）不大于 WLR	1000h 后应力松弛率 r（%）不大于 WNR
≤5.00	1470	1290	1250			15	60	1.5	4.5
	1570	1380	1330						
	1670	1470	1410						
	1770	1560	1500	3.5	3				
	1860	1640	1580				70	2.5	8
>5.00	1470	1290	1250			20	80	4.5	12
	1570	1380	1330						
	1670	1470	1410						
	1770	1560	1500						

（WLR、WNR 的应力松弛性能栏标注"对所有规格"）

　　预应力混凝土用钢丝具有强度高、柔性好、松弛率低、抗腐蚀性强、质量稳定、安全可靠等特点，主要用于大跨度屋架及薄腹梁、大跨度吊车梁、桥梁等的预应力结构。

　　（五）预应力混凝土用钢绞线

　　预应力混凝土用钢绞线是由若干根直径为 2.5～6.0mm 的用索氏体化盘条制造的冷拉光圆钢丝或刻痕钢丝捻制，再进行连续的稳定化处理而制成。钢绞线按结构分为五类，其代号为：1×2（用两根钢丝捻制）、1×3（用三根钢丝捻制）、1×3I（用三根刻痕钢丝捻制）、1×7（用七根钢丝捻制的标准型）、（1×7）C（用七根钢丝捻制又经模拔）。预应力混凝土用钢绞线的产品标记是由预应力钢绞线、结构代号、公称直径、强度级别、标准号五部分组成，例如：预应力钢绞线 1×7-15.20-1860-GB/T 5224—2003。

　　根据国家标准《预应力混凝土用钢绞线》（GB/T 5224—2003）规定，预应力混凝土用钢绞线的力学性能应符合表 6-12、表 6-13、表 6-14 的规定。

1×2 结构钢绞线力学性能　　　　　表 6-12

钢绞线结构	钢绞线公称直径 D_n（mm）	抗拉强度 σ_b（MPa）不小于	整根钢绞线的最大力 F_m（kN）不小于	规定非比例延伸力 $F_{p0.2}$（kN）不小于	最大力总伸长率（$L_0=400$mm）δ_{gt}（%）不小于	初始负荷相当于公称最大力的百分数（%）	1000h 后应力松弛率 r（%）不大于
1×2	5.00	1570	15.4	13.9		60	1.0
		1720	16.9	15.2			
		1860	18.3	16.5			
		1960	19.2	17.3	3.5	70	
	5.80	1570	20.7	18.6			2.5
		1720	22.7	20.4			
		1860	24.6	22.1		80	
		1960	25.9	23.3			

（应力松弛性能栏标注"对所有规格"）

钢绞线结构	钢绞线公称直径 D_n (mm)	抗拉强度 σ_b (MPa) 不小于	整根钢绞线的最大力 F_m (kN) 不小于	规定非比例延伸力 $F_{p0.2}$ (kN) 不小于	最大力总伸长率 ($L_0=400\text{mm}$) δ_{gt} (%) 不小于	应力松弛性能 初始负荷相当于公称最大力的百分数 (%)	1000h后应力松弛率 r (%) 不大于
							对所有规格
1×2	8.00	1470	36.9	33.2			4.5
		1570	39.4	35.5			
		1720	43.2	38.9			
		1860	46.7	42.0			
		1960	49.2	44.3			
	10.00	1470	57.8	52.0			
		1570	61.7	55.5			
		1720	67.6	60.8			
		1860	73.1	65.8			
		1960	77.0	69.3			
	12.00	1470	83.1	74.8			
		1570	88.7	79.8			
		1720	97.2	87.5			
		1860	105	94.5			

1×3 结构钢绞线力学性能　　　　　　　　　　　　　　　　　　表 6-13

钢绞线结构	钢绞线公称直径 D_n (mm)	抗拉强度 σ_b (MPa) 不小于	整根钢绞线的最大力 F_m (kN) 不小于	规定非比例延伸力 $F_{p0.2}$ (kN) 不小于	最大力总伸长率 ($L_0=400\text{mm}$) δ_{gt} (%) 不小于	应力松弛性能 初始负荷相当于公称最大力的百分数 (%)	1000h后应力松弛率 r (%) 不大于
							对所有规格
1×3	6.20	1570	31.1	28.0		60	1.0
		1720	34.1	30.7			
		1860	36.8	33.1			
		1960	38.8	34.9			
	6.50	1570	33.3	30.0	3.5	70	2.5
		1720	36.5	32.0			
		1860	39.4	35.5			
		1960	41.6	37.4			
	8.6	1470	55.4	49.9			
		1570	59.2	53.3			
		1720	64.8	58.3			
		1860	70.1	63.1			
		1960	73.9	66.5			
	8.74	1570	60.6	54.5		80	4.5
		1670	64.5	58.1			
		1860	71.8	64.6			

钢绞线结构	钢绞线公称直径 D_n (mm)	抗拉强度 σ_b (MPa) 不小于	整根钢绞线的最大力 F_m (kN) 不小于	规定非比例延伸力 $F_{p0.2}$ (kN) 不小于	最大力总伸长率 ($L_0=400mm$) δ_{gt} (%) 不小于	应力松弛性能	
						初始负荷相当于公称最大力的百分数(%)	1000h后应力松弛率 r (%) 不大于
						对所有规格	
1×3	10.80	1470	86.8	77.9			
		1570	92.5	83.3			
		1720	101	90.9			
		1860	110	99.0			
		1960	115	104			
	12.90	1470	125	113			
		1570	133	120			
		1720	146	131			
		1860	158	152			
		1960	166	149			
1×3I	8.74	1570	60.6	54.5			
		1670	64.5	58.1			
		1860	71.8	64.6			

1×7 结构钢绞线力学性能　　表 6-14

钢绞线结构	钢绞线公称直径 D_n (mm)	抗拉强度 σ_b (MPa) 不小于	整根钢绞线的最大力 F_m (kN) 不小于	规定非比例延伸力 $F_{p0.2}$ (kN) 不小于	最大力总伸长率 ($L_0=400mm$) δ_{gt} (%) 不小于	应力松弛性能	
						初始负荷相当于公称最大力的百分数(%)	1000h后应力松弛率 r (%) 不大于
						对所有规格	
1×7	9.50	1720	94.3	84.9	3.5	60	1.0
		1860	102	91.8			
		1960	107	96.3			
	11.10	1720	128	115			
		1860	138	124			
		1960	145	131		70	2.5
	12.70	1720	170	153			
		1860	184	166			
		1960	193	174			
	15.20	1470	206	185			
		1570	220	198			
		1670	234	211		80	4.5
		1720	241	217			
		1860	260	234			
		1960	274	247			
	15.70	1770	266	239			
		1860	279	251			
	17.80	1720	327	294			
		1860	353	318			
(1×7) C	12.70	1860	208	187			
	15.20	1860	300	270			
	18.00	1720	384	346			

预应力钢绞线具有强度高、与混凝土粘结性能好、易于锚固等特点，多使用于大跨度、重荷载的预应力混凝土结构。

三、钢结构用钢

在钢结构用钢中一般可直接选用各种规格与型号的型钢，构件之间可直接连接或附以板进行连接。连接方式为铆接、螺栓连接或焊接。因此，钢结构所用钢材主要是型钢和钢板。型钢和钢板的成型有热轧和冷轧。

1. 热轧型钢

热轧型钢主要采用碳素结构钢 Q235-A，低合金高强度结构钢 Q345 和 Q390 热轧成型。

常用的热轧型钢有角钢、工字钢、槽钢、T 型钢、H 型钢、Z 型钢等。热轧型钢的标记方式为一组符号中需要标出型钢名称、横断面主要尺寸、型钢标准号及钢牌号与钢种标准。例如，用碳素结构钢 Q235－A 轧制的，尺寸为 160mm×160mm×16mm 的等边角钢，应标示为：

$$热轧等边角钢\frac{160×160×16－GB\ 9787—88}{Q235－A－GB\ 706—88}$$

碳素结构钢 Q235-A 制成的热轧型钢，强度适中，塑性和可焊性较好，冶炼容易，成本低，适用于土木工程中的各种钢结构。低合金高强度结构钢 Q345 和 Q390 制成的热轧型钢，性能较前者好，适用于大跨度、承受动荷载的钢结构。

2. 钢板和压型钢板

钢板是用碳素结构钢和低合金高强度结构钢经热轧或冷轧生产的扁平钢材。以平板状态供货的称为钢板，以卷状态供货的称为钢带。厚度大于 4mm 以上为厚板，厚度小于或等于 4mm 的为薄板。

热轧碳素结构钢厚板，是钢结构的主要用钢材。薄板用于屋面、墙面或压型板原料等。低合金高强度结构钢厚板，用于重型结构、大跨度桥梁和高压容器等。

压型钢板是用薄板经冷压或冷轧成波形、双曲线、V 形等形状，压型钢板有涂层、镀锌、防腐等薄板。具有单位质量轻、强度高、抗震性能好、施工快、外形美观等优点。主要用于维护结构、楼板、屋面等。

3. 冷弯薄壁型钢

冷弯薄壁型钢是用 2～6mm 的薄钢板经冷弯或模压而制成，有角钢、槽钢等开口薄壁型钢及方形、矩形等空心薄壁型钢，用于轻型钢结构。

冷弯薄壁型钢的表示方法与热轧型钢相同。

土木工程中钢筋混凝土用钢材和钢结构用钢材，主要根据结构的重要性、承受荷载类型（动荷载或静荷载）、承受荷载方式（直接或间接等）、连接方法（焊接或铆接）、温度条件（正温或负温）等，综合考虑钢种或钢牌号、质量等级和脱氧程度等进行选用，以保证结构的安全。

第六节　钢材的锈蚀与防止

一、钢材的锈蚀

钢材的锈蚀是指其表面与周围介质发生化学作用或电化学作用而遭到破坏。

钢材的锈蚀可使钢材的有效截面积减小、产生锈坑应力集中、锈蚀膨胀混凝土胀裂、削弱混凝土对钢筋的握裹力等，使结构性能降低或加速结构破坏。尤其在冲击荷载、循环交变荷载作用下，将产生锈蚀疲劳现象，使钢材的疲劳强度大为降低，甚至出现脆性断裂。

根据锈蚀作用机理，钢材的锈蚀可分为化学锈蚀和电化学锈蚀两种。

（一）化学锈蚀

化学锈蚀是指钢材直接与周围介质发生化学反应而产生的锈蚀。这种锈蚀多数是氧化作用，使钢材表面形成疏松的氧化物。在常温下，钢材表面形成薄层氧化保护膜（钝化膜）FeO，可以起一定的防止钢材锈蚀的作用，故在干燥环境中，钢材锈蚀进展缓慢。但在温度或湿度较高的环境中，化学锈蚀进展加快。

（二）电化学锈蚀

电化学锈蚀是指钢材与电解质溶液接触，形成微电池而产生的锈蚀。潮湿环境中钢材表面会被一层电解质水膜所覆盖，而钢材本身含有铁、碳等多种成分，由于这些成分的电极电位不同，形成许多微电池。在阳极区，铁被氧化成为 Fe^{2+} 离子进入水膜；在阴极区，溶于水膜中的氧被还原为 OH^- 离子。随后两者结合生成不溶于水的 $Fe(OH)_2$，并进一步氧化成为疏松易剥落的红棕色铁锈 $Fe(OH)_3$。

电化学锈蚀是钢材锈蚀的最主要形式。

影响钢材锈蚀的主要因素有环境中的湿度、氧，介质中的酸、碱、盐，钢材的化学成分及表面状况等。一些卤素离子，特别是氯离子能破坏氧化膜（钝化膜），促进锈蚀反应，使锈蚀迅速发展。

钢材锈蚀时，伴随着体积膨胀，一般锈胀 1.5～3 倍，最严重的可达到原体积的 6 倍，在钢筋混凝土中会使周围的混凝土胀裂。埋入混凝土中的钢材，由于混凝土的碱性介质（新浇混凝土的 pH 值为 12 左右），在钢材表面形成碱性氧化膜（钝化膜），阻止锈蚀继续发展，故混凝土中的钢材一般不易锈蚀。

二、防止钢材锈蚀的措施

钢结构防止锈蚀通常采用表面刷漆的方法。常用的底漆有红丹、环氧富锌漆、铁红环氧底漆等，面漆有调和漆、醇酸磁漆、酚醛磁漆等。薄壁钢材可采用热浸镀锌或镀锌后加涂塑料涂层等措施。

混凝土配筋的防锈措施，根据结构的性质和所处环境等，考虑混凝土的质量要求，主要是提高混凝土的密实度，保证足够的钢筋保护层厚度，限制氯盐外加剂的掺入量。混凝土中还可掺用阻锈剂。

预应力钢筋一般含碳量较高，又多是经过变形加工或冷加工，因而对锈蚀破坏很敏感，特别是高强度热处理钢筋，容易产生锈蚀现象。所以，重要的预应力混凝土结构，除了禁止掺用氯盐外，还应对原材料进行严格检验。

钢材的化学成分对耐锈蚀性影响很大，通过加入某些合金元素，可以提高钢材的耐锈蚀能力。例如，在钢中加入一定量的铬、镍、钛等合金元素，可制成不锈钢。

习题与复习思考题

1. 为什么说屈服点（σ_s）、抗拉强度（σ_b）和伸长率（δ）是钢材的重要技术性能指标？

2. 冷弯性能的表示方法及其实际意义？

3. 随含碳量增加，碳素钢的性能有何变化？

4. 碳素结构钢中，若含有较多的磷、硫或者氮、氧及锰、硅等元素时，对钢性能的主要影响如何？

5. 碳素结构钢的牌号如何表示？为什么 Q235 号钢被广泛用于土木工程中？

6. 试比较 Q235-A·F、Q235-B·b、Q235-C 和 Q235-D 在性能和应用上有什么区别？

7. 低合金高强度结构钢的主要用途及被广泛采用的原因？

8. 对热轧钢筋进行冷拉并时效处理的主要目的及主要方法？

9. 下列符号表示的意义是什么？ $\sigma_{0.2}$、δ_5、δ_{10}、a_k

10. 从进货的一批钢筋中抽样，并截取两根钢筋做拉伸试验，测得如下结果：屈服下限荷载分别为 42.4kN、41.5kN，抗拉极限分别为 62.0kN、61.6kN，钢筋公称直径为 12mm，标距为 60mm，拉断时长度分别为 71.1mm 和 71.5mm，试评定其牌号？说明其利用率及使用中安全可靠程度如何？

第七章　墙体、屋面及门窗材料

第一节　墙　体　材　料

墙体材料是房屋建筑的主要围护材料和结构材料。常用的墙体材料有砖、砌块和板材三大类。其中实心黏土砖在我国已有数千年的应用历史，但由于实心黏土砖毁田取土、生产能耗大、抗震性能差、块体小、自重大、自然耗损大、劳动生产率低、不利于施工机械化等缺点，目前正逐步被限制和淘汰使用。

墙体材料的发展方向是生产和应用多孔砖、空心砖、废渣砖、建筑砌块和建筑板材等各种新型墙体材料，主要目标是节能、节土、利废、保护环境和改善建筑功能。同时要求轻质高强，减轻构筑物自重，简化地基处理；有利于推进施工机械化、加快施工速度、降低劳动强度、提高劳动生产率和工程质量；有利于加速住宅产业化的进程，且抗震性能好、平面布置灵活、便于房屋改造。

一、砖

砖的种类很多，按所用原材料可分为黏土砖、页岩砖、煤矸石砖、粉煤灰砖、灰砂砖和煤渣砖等；按生产工艺可分为烧结砖和非烧结砖，其中非烧结砖又可分为压制砖、蒸养砖和蒸压砖等；按有无孔洞可分为多孔砖和实心砖。

（一）烧结普通砖

凡通过高温焙烧而制得的砖统称为烧结砖。根据原料不同分为烧结黏土砖、烧结粉煤灰砖、烧结页岩砖和烧结煤矸石砖等。对孔洞率小于15%的烧结砖，称为烧结普通砖。

烧结黏土实心砖，目前已被限制或淘汰使用，但由于我国已有建筑中的墙体材料绝大部分为此类砖，是一段不能割裂的历史。而且，烧结多孔砖可以认为是从实心砖演变而来。另一方面，烧结粉煤灰砖、烧结页岩砖和烧结煤矸石砖等的规格尺寸和基本要求均与烧结黏土实心砖相似。因此，我们仍应对其学习了解。

1. 生产工艺

烧结黏土砖以粉质或砂质黏土为主要原料，经取土、炼泥、制坯、干燥、焙烧等工艺制成。其中焙烧是制砖工艺的关键环节。一般是将焙烧温度控制在 $900\sim1100℃$ 之间，使砖坯烧至部分熔融而烧结。如果焙烧温度过高或时间过长，则易产生过火砖。过火砖的特点为色深、敲击声脆、变形大等。如果焙烧温度过低或时间不足，则易产生欠火砖。欠火砖的特点为色浅、敲击声哑，强度低、吸水率大、耐久性差等。当砖窑中焙烧时为氧化气氛，因生成三氧化铁（Fe_2O_3）而使砖呈红色，称为红砖。若在氧化气氛中烧成后，再在还原气氛中闷窑，红色 Fe_2O_3 还原成青灰色氧化亚铁（FeO），称为青砖。青砖一般较红砖致密、耐碱、耐久性好，但由于价格高，目前主要用于有特殊要求的一些清水墙中。此外，生产中可将煤渣、含炭量高的粉煤灰等工业废料掺入制坯的土中制作内燃砖。当砖焙烧到一定温度时，废渣中的炭也在干坯体内燃烧，因此可以节省大量的燃料和 $5\%\sim10\%$

的黏土原料。内燃砖燃烧均匀，表观密度小，导热系数低，且强度可提高约 20%。

烧结粉煤灰砖、烧结页岩砖和烧结煤矸石砖的生产工艺基本相似，主要为配料、制坯、干燥、焙烧等工艺。

2. 主要技术性质

根据国家标准《烧结普通砖》（GB/T 5101—2003）的规定，烧结普通砖的技术要求包括形状、尺寸、外观质量、强度等级和耐久性等方面。根据尺寸偏差和外观质量分为优等品、一等品和合格品 3 个等级。

烧结普通砖为长方体，其标准尺寸为 240mm×115mm×53mm，加上砌筑用灰缝的厚度 10mm，则 4 块砖长、8 块砖宽，16 块砖厚分别恰好为 1m，故每 1m³ 砖砌体需用砖 512 块。

烧结黏土实心砖的强度等级根据 10 块砖的抗压强度平均值、标准值或最小值划分，共分为 MU30、MU25、MU20、MU15、MU10 五个等级，其具体要求如表 7-1 所示。

普通黏土砖的强度等级（MPa）　　　　　　　　　　表 7-1

强度等级	抗压强度	变异系数 $\delta \leqslant 0.21$	变异系数 > 0.21
	平均值 $\overline{f} \geqslant$	强度标准值 $f_k \geqslant$	单块最小值 $f_{min} \geqslant$
MU30	30.0	22.0	25.0
MU25	25.0	18.0	22.0
MU20	20.0	14.0	16.0
MU15	15.0	10.0	12.0
MU10	10.0	7.5	7.5

烧结页岩砖以页岩为主要原料，经破碎、粉磨、成型、制坯、干燥和焙烧等工艺制成，其焙烧温度一般在 1000℃ 左右。生产这种砖可完全不用黏土，配料时所需水分较少，有利于砖坯的干燥，且制品收缩小。砖的颜色与黏土砖相似，但表观密度较大，约为 1500~2750kg/m³，抗压强度为 7.5~15MPa，吸水率为 20% 左右，可代替实心黏土砖应用于建筑工程中。为减轻自重，可制成烧结页岩多孔砖。页岩砖的质量标准与检验方法及应用范围均与烧结普通砖相同。

烧结煤矸石砖以煤矸石为原料，经配料、粉碎、磨细、成型、焙烧而制得。焙烧时基本不需外投煤，因此生产煤矸石砖不仅节省大量的黏土原料和减少废渣的占地，也节省了大量燃料。烧结煤矸石砖的表观密度一般为 1500kg/m³ 左右，比实心黏土砖小，抗压强度一般为 10~20MPa，吸水率为 15% 左右，抗风化性能优良。煤矸石砖的质量标准与检验方法及应用范围均与烧结普通砖相同。

烧结粉煤灰砖以粉煤灰为主要原料，掺入适量黏土（二者体积比为 1:1~1.25）或膨润土等无机复合掺合料，经均化配料、成型、制坯、干燥、焙烧而制成。由于粉煤灰中存在部分未燃烧的炭，能耗降低，也称为半内燃砖。表观密度为 1400kg/m³ 左右，抗压强度 10~15MPa，吸水率 20% 左右。颜色从淡红至深红。烧结粉煤灰砖的质量标准与检验方法及应用范围均与烧结普通砖相同。

烧结普通砖的强度试验根据《砌墙砖试验方法》（GB/T 2542—2003）进行。砖的强度等级评定按下列步骤进行：

a. 按下式计算平均强度：

$$\overline{f} = \frac{1}{10} \sum_{i=1}^{10} f_i$$

b. 按下式计算变异系数和标准差：

$$\delta = \frac{S}{\overline{f}}$$

$$S = \sqrt{\frac{1}{9} \sum_{i=1}^{10} (f_i - \overline{f})^2}$$

式中　δ——砖强度变异系数，精确至 0.01；

　　S——10 块砖强度标准差，精确至 0.01MPa；

　　$\overline{f}$——10 块砖强度平均值，精确至 0.1MPa；

　　f_i——单块砖强度测定值，精确至 0.01MPa。

c. 当变异系数 $\delta \leqslant 0.21$ 时，根据表 7-1 中的 $\overline{f}$ 和 f_k 指标评定砖的强度等级，f_k 按下式计算：

$$f_k = \overline{f} - 1.85S$$

d. 当变异系数 $\delta > 0.21$ 时，根据表 7-1 中的 $\overline{f}$ 和 f_{min} 指标评定砖的强度等级。

f_{min} 指 10 块砖试样中的最小抗压强度值，精确至 0.1MPa。

抗风化性能是烧结普通砖的重要耐久性指标之一，对砖的抗风化性能要求应根据各地区的风化程度而定。砖的抗风化性能通常用抗冻性、吸水率及饱和系数三项指标表示。饱和系数是指常温 24h 吸水率与 5h 沸煮吸水率之比。

原料中若夹带石灰或内燃料（粉煤灰、炉渣）中带入 CaO，在高温煅烧过程中生成过火石灰，在砖体内吸水膨胀，导致破坏，这种现象称为石灰爆裂。

3. 烧结普通砖的应用

烧结普通砖具有良好的耐久性，主要应用于承重和非承重墙体，以及柱、拱、窑炉、烟囱、市政管沟及基础等。

（二）烧结多孔砖和烧结空心砖

烧结多孔砖的孔洞率要求大于 16%，一般超过 25%，孔洞尺寸小而多，且为竖向孔。多孔砖使用时孔洞方向平行于受力方向。主要用于六层及以下的承重砌体。烧结空心砖的孔洞率大于 35%，孔洞尺寸大而少，且为水平孔。空心砖使用时的孔洞通常垂直于受力方向。主要用于非承重砌体。

多孔砖的技术性能应满足国家标准《烧结多孔砖》（GB 13544—2000）的要求。根据其尺寸规格分为 M 型和 P 型两类，见图 7-1 和表 7-2。圆孔直径必须小于等于 22mm，非圆孔内切圆直径小于等于 15mm，手抓孔一般为（30~40）mm×（75~85）mm。空心砖规格尺寸较多，常见形式见图 7-2。

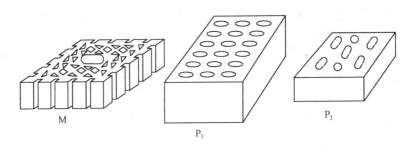

图 7-1 烧结多孔砖

烧结多孔砖规格尺寸 表 7-2

代 号	长度（mm）	宽度（mm）	厚度（mm）
M	190	190	90
P	240	115	90

与烧结普通砖相比，多孔砖和空心砖可节省黏土 20%～30%，节约燃料 10%～20%，减轻自重 30%左右，且烧成率高，施工效率高，并改善绝热性能和隔声性能。

多孔砖根据抗压强度平均值和抗压强度标准值或抗压强度最小值分为 MU30、MU25、MU20、MU15、MU10 共 5 个强度等级。强度指标与烧结普通砖相同。并根据强度等级、尺寸偏差、外观质量和耐久性指标划分为优等品（A）、一等品（B）和合格品（C）。

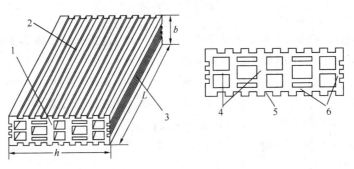

图 7-2 烧结空心砖

1—顶面；2—大面；3—条面；4—肋；5—凹线槽；6—外壁

L—长度；b—宽度；h—高度

空心砖的技术性能应满足国家标准《烧结空心砖和空心砌块》（GB 13545—2003）的要求。根据大面和条面抗压强度分为 MU10、MU7.5、MU5.0、MU3.5、MU2.5 五个强度等级，同时按表观密度分为 800、900、1000、1100 四个密度级别。并根据尺寸偏差、外观质量、强度等级和耐久性等分为优等品（A）、一等品（B）和合格品（C）三个等级。各技术指标见表 7-3 和表 7-4。

多孔砖和空心砖的抗风化性能、石灰爆裂性能、泛霜性能等耐久性技术要求与烧结普通砖基本相同，吸水率相近。

（三）非烧结砖

非烧结砖的强度是通过配料中掺入一定量胶凝材料或在生产过程中形成一定量的胶凝

物质而制得。是替代烧结普通砖的新型墙体材料之一。非烧结砖的主要缺点是干燥收缩较大和压制成型产品的表面过于光洁，干缩值一般在0.50mm/m以上，容易导致墙体开裂和粉刷层剥落。

空心砖强度等级指标　　表7-3

强度等级	抗压强度（MPa）			密度等级范围（kg/m³）
	抗压强度平均值 $\overline{f}$，大于等于	变异系数 $\delta \leqslant 0.21$ 强度标准值 f_k，大于等于	变异系数 $\delta > 0.21$ 单块最小抗压强度值 f_{min}，大于等于	
MU10.0	10.0	7.0	8.0	
MU7.5	7.5	5.0	5.8	
MU5.0	5.0	3.5	4.0	≤1100
MU3.5	3.5	2.5	2.8	
MU2.5	2.5	1.6	1.8	≤800

空心砖密度等级（单位：kg/m³）　　表7-4

密度等级	5块密度平均值	密度等级	5块密度平均值
800	≤800	1000	901～1000
900	801～900	1100	1001～1100

1. 蒸压灰砂砖和空心砖。蒸压灰砂砖和空心砖是以石灰和砂为主要原料，经磨细、混合搅拌、陈化、压制成型和蒸压养护制成的。一般石灰占10%～20%，砂占80%～90%。

蒸压养护的压力为0.8～1.0MPa、温度175℃左右，经6h左右的湿热养护，使原来在常温常压下几乎不与$Ca(OH)_2$反应的砂（晶态二氧化硅），产生具有胶凝能力的水化硅酸钙凝胶，水化硅酸钙凝胶与$Ca(OH)_2$晶体共同将未反应的砂粒粘结起来，从而使砖具有强度。

蒸压灰砂砖的规格与烧结普通砖相同。根据国家标准《蒸压灰砂砖》（GB 11945—1999）的规定，分为MU25、MU20、MU15、MU10四个强度等级。强度等级MU15及以上的砖可用于基础及其他建筑部位。MU10砖可用于砌筑防潮层以上的墙体。

蒸压灰砂空心砖（JC/T 637—1996）类似于烧结多孔砖，孔洞率要求大于15%，规格较多，目前生产和应用较少。

灰砂砖不宜在温度高于200℃以及承受急冷、急热或有酸性介质侵蚀的建筑部位长期使用。

2. 粉煤灰砖。粉煤灰砖是以粉煤灰和石灰为主要原料，掺加适量石膏和炉渣，加水混合拌成坯料，经陈化、轮碾、加压成型，再通过常压或高压蒸汽养护而制成的一种墙体材料。其尺寸规格与烧结普通砖相同。

根据《粉煤灰砖》（JC 239—2001）的规定，粉煤灰砖根据外观质量、强度、抗冻性和干燥收缩值分为优等品、一等品和合格品。粉煤灰砖的强度等级分为MU30、MU25、MU20、MU15和MU10五级。其强度和抗冻性指标要求如表7-5所示，一般要求优等品和一等品干燥收缩值不大于0.65mm/m，合格品干燥收缩值不大于0.75 mm/m。

粉煤灰砖可用于工业与民用建筑的墙体和基础。但用于基础或用于易受冻融和干湿交替作用的建筑部位时，必须采用一等品与优等品。用粉煤灰砖砌筑的建筑物，应适当增设圈梁及伸缩缝或其他措施，以避免或减少收缩裂缝。

粉煤灰砖不得用于长期受热（200℃以上）、受急冷急热和有酸性介质侵蚀的部位。

粉煤灰砖强度指标   表 7-5

强度等级	抗压强度（MPa）≥		抗折强度（MPa）≥		抗冻性	
	10 块平均值	单块最小值	10 块平均值	单块最小值	抗压强度（MPa）≥	
MU30	30.0	24.0	6.2	5.0	24.0	质量损失率，单块值 ≤2.0%
MU25	25.0	20.0	5.0	4.0	20.0	
MU20	20.0	16.0	4.0	3.2	16.0	
MU15	15.0	12.0	3.3	2.6	12.0	
MU10	10.0	8.0	2.5	2.0	8.0	

注：强度级别以蒸汽养护后一天强度为准。

3. 煤渣砖。煤渣砖也称炉渣砖，是以煤燃烧后的残渣为主要原料，配以一定数量的石灰和少量石膏，经配料、加水搅拌、陈化、轮碾、成型和蒸养或蒸压养护而制得的实心砌墙砖。其规格与烧结普通砖相同。

煤渣砖的抗压强度为 10～25MPa，表观密度 1500～2000kg/m³，其主要强度指标参见表 7-6。煤渣砖可以用于建筑物的墙体和基础，但是用于基础或易受冻融和干湿循环的部位必须采用强度等级 MU15 及以上的砖。防潮层以下建筑部位也应采用强度等级 MU15 及以上的煤渣砖。

煤渣砖强度指标   表 7-6

强度等级	抗压强度（MPa）		抗折强度（MPa）		碳化性能（MPa）
	10 块平均值≥	单块最小值≥	10 块平均值≥	单块最小值≥	碳化后平均值≥
20	20.0	15.0	4.0	3.0	14.0
15	15.0	11.0	3.2	2.4	10.5
10	10.0	7.5	2.5	1.9	7.0
7.5	7.5	5.6	2.0	1.5	5.2

4. 混凝土多孔砖。混凝土多孔砖以水泥为主要胶结材料，砂、石为主要骨料，加水搅拌、振压成型，经自然养护制成的一种多排小孔砌筑材料，是近年来研制生产的新产品。孔洞率大于 30％，主规格尺寸为 240mm×115mm×90mm，共分为 MU30、MU25、MU20、MU15、MU10 五个强度等级。可用于承重或非承重砌体，当用于±0.000 以下的基础时，宜采用相配套的混凝土实心砖（规格尺寸与烧结普通砖相同），且强度等级不宜小于 MU15。

二、建筑砌块

建筑砌块的尺寸大于砖，并且为多孔或轻质材料，主要品种有：混凝土空心砌块（包括小型砌块和中型砌块两类）、蒸压加气混凝土砌块、轻集料混凝土砌块、粉煤灰砌块、煤矸石空心砌块、石膏砌块、菱镁砌块、大孔混凝土砌块等。其中目前应用较多的是混凝土小型空心砌块、蒸压加气混凝土砌块、粉煤灰硅酸盐砌块和石膏砌块。

（一）普通混凝土小型空心砌块

普通混凝土小型空心砌块（GB/T 8239—1997）主要以水泥、砂、石和外加剂为原材料，经搅拌成型和自然养护制成，空心率为 25%～50%，采用专用设备进行工业化生产。

混凝土小型空心砌块于 19 世纪末期起源于美国，目前在各发达国家已经十分普及。它具有强度高、自重轻、耐久性好等优点，部分砌块还具有美观的饰面以及良好的保温隔热性能，适合于建造各种类型的建筑物，包括高层和大跨度建筑，以及围墙、挡土墙、花坛等设施，应用范围十分广泛。砌块建筑还具有使用面积增大、施工速度较快、建筑造价和维护费用较低等优点。但混凝土小型空心砌块的收缩较大，易产生收缩变形、不便砍削施工和管线布置等不足之处。

混凝土小型空心砌块主要技术性能指标有：

1. 形状、规格。混凝土砌块各部位的名称见图7-3，其中主规格尺寸为 390mm×190mm×190mm，空心率不小于 25%。

根据尺寸偏差和外观质量分为优等品（A）、一等品（B）和合格品（C）三级。

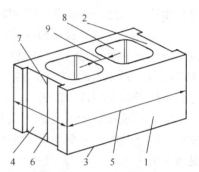

图 7-3　砌块各部位的名称

1—条面；2—坐浆面（肋厚较小的面）；
3—铺浆面（肋厚较大的面）；4—顶面；
5—长度；6—宽度；7—高度；
8—壁；9—肋

为了改善单排孔砌块对管线布置和砌筑效果带来的不利影响，近年来对孔洞结构做了大量的改进。目前实际生产和应用较多的为双排孔、三排孔和多排孔结构。另一方面，为了确保肋与肋之间的砌筑灰缝饱满和布浆施工的方便，砌块的底部均采用半封底结构。

2. 强度等级。根据混凝土砌块的抗压强度值划分为 MU3.5、MU5.0、MU7.5、MU10.0、MU15.0、MU20.0 共 6 个等级。抗压强度试验根据（GB/T 419—1997）进行。每组 5 个砌块，上、下表面用水泥砂浆抹平，养护后进行抗压试验，以 5 个砌块的平均值和单块最小值确定砌块的强度等级，见表 7-7。

混凝土砌块强度等级表　　　　　　　　　　　　　表 7-7

强度等级	砌块抗压强度		强度等级	砌块抗压强度	
	平均值不小于	单块最小值不小于		平均值不小于	单块最小值不小于
MU3.5	3.5	2.8	MU10.0	10.0	8.0
MU5.0	5.0	4.0	MU15.0	15.0	12.0
MU7.5	7.5	6.0	MU20.0	20.0	16.0

3. 相对含水率。相对含水率指混凝土砌块出厂含水率与砌块的吸水率之比值，是控制收缩变形的重要指标。对年平均相对湿度大于 75% 的潮湿地区，相对含水率要求不大于 45%；对年平均相对湿度 RH 在 50%～75% 的地区，相对含水率要求不大于 40%；对年平均相对湿度 RH<50% 的地区，相对含水率要求不大于 35%。

4. 抗渗性。用于外墙面或有防渗要求的砌块，尚应满足抗渗性要求。它以 3 块砌块中任一块水面下降高度不大于 10mm 为合格。

此外，混凝土砌块的技术性质尚有抗冻性、干燥收缩值、软化系数和抗碳化性能等。

由于混凝土砌块的收缩较大，特别是肋厚较小，砌体的粘结面较小，粘结强度较低，砌体容易开裂，因此应采用专用砌筑砂浆和粉刷砂浆，以提高砌体的抗剪强度和抗裂性能。同时应增加构造措施。

（二）蒸压加气混凝土砌块

目前常用的蒸压加气混凝土砌块有以粉煤灰、水泥和石灰为主要原料生产的粉煤灰加气混凝土砌块和以水泥、石灰、砂为主要原料生产的砂加气混凝土砌块两大类。

1. 规格尺寸。根据《蒸压加气混凝土砌块》（GB/T 11968—2006），加气混凝土砌块的长度一般为600mm，宽度有100、125、150、200、250、300及120、180、240mm等九种规格，高度有200、240、250、300mm四种规格。在实际应用中，尺寸可根据需要进行生产。因此，可适应不同砌体的需要。

2. 强度及等级。抗压强度是加气混凝土砌块主要指标，以100mm×100mm×100mm的立方体试件强度表示，一组三块，根据平均抗压强度划分为A1.0、A2.0、A2.5、A3.5、A5.0、A7.5、A10.0共7个等级，同时要求各强度等级的砌块单块最小抗压强度分别不低于0.8、1.6、2.0、2.8、4.0、6.0、8.0MPa的要求。

3. 体积密度。加气混凝土砌块根据干燥状态下的体积密度划分为B03、B04、B05、B06、B07、B08共6个级别。各体积密度级别参见表7-8，体积密度和强度级别对照表参见表7-9。

蒸压加气混凝土砌块的干体积密度 表7-8

体积密度级别		B03	B04	B05	B06	B07	B08
体积密度	优等品	300	400	500	600	700	800
	合格品	350	450	550	650	750	850

体积密度级别和强度级别对照表 表7-9

体积密度级别		B03	B04	B05	B06	B07	B08
强度级别	优等品	A1.0	A2.0	A3.5	A5.0	A7.5	A10.0
	合格品			A2.5	A3.5	A5.0	A7.5

4. 干燥收缩。

加气混凝土的干燥收缩值一般较大，特别是粉煤灰加气混凝土，由于没有粗细集料的抑制作用，收缩率达0.5mm/m。因此，砌筑和粉刷时宜采用专用砂浆，并增设拉结钢筋或钢筋网片。

5. 导热性能和隔声性能。加气混凝土中含有大量小气孔，导热系数约为0.10～0.20W/（m·K），因此具有良好的保温性能，既可用于屋面保温，也可用于墙体自保温。加气混凝土的多孔结构，使得其具有良好的吸声性能，平均吸声系数可达0.15～0.20。

6. 加气混凝土砌块的应用。

蒸压加气混凝土砌块具有表观密度小、导热系数小［0.10～0.20W/（m·K）］、隔声性能好等优点。B03、B04、B05级一般用于非承重结构的围护和填充墙，也可用于屋面保温。B06、B07、B08 可用于不高于 6 层建筑的承重结构。在标高±0.000 以下，长期浸水或经常受干湿循环、受酸碱侵蚀以及表面温度高于 80℃ 的部位一般不允许使用蒸压加气混凝土砌块。

加气混凝土的收缩一般较大，容易导致墙体开裂和粉刷层剥落，因此，砌筑时宜采用专用砂浆，以提高粘结强度。粉刷时对基层应进行处理，并宜采用聚合物改性砂浆。

（三）轻骨料混凝土小型空心砌块

轻骨料混凝土小型空心砌块是以粉煤灰陶粒、黏土陶粒、页岩陶粒、膨胀珍珠岩等各种轻骨料替代普通骨料，再配以水泥、砂制作而成，其生产工艺与普通混凝土小型空心砌块类似。尺寸规格为 390mm×190mm×190mm，密度等级有 500、600、700、800、900、1000、1200、1400 共 8 个，强度等级有 1.5、2.5、3.5、5.0、7.5、10.0 共 6 级。目前我国各种轻骨料混凝土小型空心砌块的产量约为 500 万 m³，约占全国混凝土小型砌块产量的 20%。与普通混凝土小型空心砌块相比，轻骨料混凝土小型空心砌块重量更轻，保温性能、隔声性能、抗冻性能更好。主要应用于非承重结构的围护和框架结构填充墙。

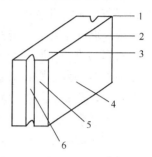

图 7-4　粉煤灰砌块
各部位的名称

1—角；2—棱；3—坐浆面；
4—侧面；5—端面；6—灌浆槽

（四）粉煤灰砌块和粉煤灰小型空心砌块

粉煤灰砌块又称为粉煤灰硅酸盐砌块，是以粉煤灰、石灰、石膏和骨料，经加水搅拌、振动成型、蒸汽养护而制成的实心砌块。粉煤灰砌块的主规格尺寸为 880mm×380mm×240mm，880mm×430mm×240mm，其外观形状见图 7-4，根据外观质量和尺寸偏差可分为一等品（B）和合格品（C）两种。砌块的抗压强度、碳化后强度、抗冻性能和密度应符合表 7-10 的规定。

粉煤灰砌块的性能指标　　　　　　　　　　　　　　　　表 7-10

项　目	指　标	
	10 级	13 级
抗压强度（MPa）	3 块试块平均值不小于 10.0 单块最小值不小于 8.0	3 块试块平均值不小于 13.0 单块最小值不小于 10.5
人工碳化后强度（MPa）	不小于 6.0	不小于 7.5
抗冻性	冻融循环结束后，外观无明显疏松、剥落或裂缝，强度损失不大于 20%	
密度（kg/m³）	不超过设计密度 10%	
干缩值（mm/m）	一等品不大于 0.75，合格品不大于 0.90	

粉煤灰小型空心砌块是指以水泥、粉煤灰、各种轻重骨料为主要材料，也可加入外加剂，经配料、搅拌、成型、养护制成的空心砌块。根据《粉煤灰小型空心砌块》（JC 862—2000）的标准要求，按照孔的排数可分为单排孔、双排孔、三排孔和四排孔；按尺寸偏差、外观质量、碳化系数可分为优等品、一等品和合格品三个等级；按平均强度和最小强度可分为 2.5、3.5、5.0、7.5、10.0、15.0 六个强度等级；优等品、一等品和合格品的碳化系数分别不小于 0.80、0.75 和 0.70；其软化系数应不小于 0.75；干燥收缩率不

大于 0.60mm/m。其施工应用与普通混凝土小型空心砌块类似。

（五）石膏砌块

石膏砌块是以建筑石膏为原料，经料浆拌合、浇筑成型、自然干燥或烘干而制成的轻质块状墙体材料。也可采用各种工业副产石膏生产，如脱硫石膏等。或在保证石膏砌块各种技术性能的同时，掺加膨胀珍珠岩、陶粒等轻骨料；或在采用高强石膏的同时掺入大量的粉煤灰、炉渣等废料，以降低制造成本，保护和改善生态环境。若在石膏砌块内部掺入水泥或玻璃纤维等增强增韧组分，可极大地改善砌块的物理力学性能。

石膏砌块的外形一般为平面长方体，通常在纵横四边设有企口。按照其生产原材料，可分为天然石膏砌块和工业副产石膏砌块；按照其结构特征，可分为实心石膏砌块和空心石膏砌块；按照其防水性能，可分为普通石膏砌块和防潮石膏砌块；按照其规格形状，可分为标准规格、非标准规格和异型砌块。石膏砌块的导热系数一般小于 0.15W/(m·K)，是良好的节能墙体材料，而且具有良好的隔声性能。主要用于框架结构或其他构筑物的非承重墙体。

（六）泡沫混凝土砌块

泡沫混凝土砌块可分为两种，一种是在水泥和填料中加入泡沫剂和水等经机械搅拌、成型、养护而成的多孔、轻质、保温隔热材料，又称为水泥泡沫混凝土；另一种是以粉煤灰为主要材料，加入适量的石灰、石膏、泡沫剂和水经机械搅拌、成型、蒸压或蒸养而成的多孔、轻质、保温隔热材料，又称为硅酸盐泡沫混凝土。泡沫混凝土砌块的外形、物理力学性质均类似于加气混凝土砌块，其表观密度为 300～1000kg/m³，抗压强度为 0.7～3.5MPa，导热系数约为（0.15～0.20）W/（m·K），吸声性和隔声性均较好，干缩值为 0.6～1.0mm/m 之间。

三、建筑墙板

建筑墙板主要有用于内墙或隔墙的轻质墙板以及用于外墙的挂板和承重墙板，有纸面石膏板、石膏纤维板、石膏空心条板、石膏刨花板、GRC 轻质多孔条板、GRC 平板、纤维水泥平板、水泥刨花板、轻质陶粒混凝土条板、固定式挤压成型混凝土多孔条板、轻集料混凝土配筋墙板、移动式挤压成型混凝土多孔条板、SP 墙板等。

（一）石膏墙板

石膏墙板是以石膏为主要原料制成的墙板的统称，包括纸面石膏板、石膏纤维板、石膏空心条板、石膏刨花板等，主要用作建筑物的隔墙、吊顶等。

纸面石膏板是以熟石膏为胶凝材料，掺入适量添加剂和纤维作为板芯，以特制的护面纸作为面层的一种轻质板材。按照其用途可分为普通纸面石膏板（P）、耐水纸面石膏板（S）和耐火纸面石膏板（H）三种。

石膏纤维板由熟石膏、纤维（废纸纤维、木纤维或有机纤维）和多种添加剂加水组合而成，按照其结构主要有三种：一种是单层均质板，一种是三层板（上、下面层为均质板，芯层为膨胀珍珠岩、纤维和胶料组成），还有一种为轻质石膏纤维板（由熟石膏、纤维、膨胀珍珠岩和胶料组成，主要做天花板）。石膏纤维板不以纸覆面并采用半干法生产，可减少生产和干燥时的能耗，且具有较好的尺寸稳定性和防火、防潮、隔声性能以及良好的可加工性和二次装饰性。

石膏空心条板是以熟石膏为胶凝材料，掺入适量的水、粉煤灰或水泥和少量的纤维，同时掺入膨胀珍珠岩为轻质骨料，经搅拌、成型、抽芯、干燥等工序制成的空心条板，包括石膏、石膏珍珠岩、石膏粉煤灰硅酸盐空心条板等。

石膏刨花板以熟石膏为胶凝材料，木质刨花碎料为增强材料，外加适量的水和化学缓凝助剂，经搅拌形成半干性混合料，在 2.0～3.5MPa 的压力下成型并维持在该受压状态下完成石膏和刨花的胶结所形成的板材。

以上几种板材均是以熟石膏作为其胶凝材料和主要成分，其性质接近，主要有：

1. 防火性好。石膏板中的二水石膏含 20% 左右的结晶水，在高温下能释放出水蒸气，降低表面温度、阻止热的传导或窒息火焰达到防火效果，且不产生有毒气体。

2. 绝热、隔声性能好。石膏板的导热系数一般小于 0.20W/（m·K），故具有良好的保温绝热性能。石膏板的孔隙率高，表观密度小（<900kg/m³），特别是空心条板和蜂窝板，表观密度更小，吸声系数可达 0.25～0.30。故具有较好的隔声效果。

3. 抗震性能好。石膏板表观密度小，结构整体性强，能有效地减弱地震作用和承受较大的层间变位，特别是蜂窝板，抗震性能更佳，特别适用于地震区的中高层建筑。

4. 强度低。石膏板的强度均较低。一般只能作为非承重的隔墙板。

5. 耐干湿循环性能差、耐水性差。石膏板具有很强的吸湿性，吸湿后体积膨胀，严重时可导致晶型转变、结构松散、强度下降。故石膏板不宜在潮湿环境及常经受干湿循环的环境中使用。若经防水处理或粘贴防水纸后，也可以在潮湿环境中使用。

（二）纤维复合板

纤维复合板的基本形式有三：第一类是在粘结料中掺加各种纤维质材料经"松散"搅拌复制在长纤维网上制成的纤维复合板；第二类是在两层刚性胶结材之间填充一层柔性或半硬质纤维复合材料，通过钢筋网片、连接件和胶结作用构成复合板材；第三类是以短纤维复合板作为面板，再用轻钢龙骨等复制岩棉保温层和纸面石膏板构成复合墙板。复合纤维板材集轻质、高强、高韧性和耐水性于一体，可以按要求制成任意规格的形状和尺寸，适用于外墙及内墙面承重或非承重结构。

根据所用纤维材料的品种和胶结材料的种类，目前主要品种有：纤维增强水泥平板（TK 板）、玻璃纤维增强水泥复合内隔墙平板和复合板（GRC 外墙板）、混凝土岩棉复合外墙板（包括薄壁混凝土岩棉复合外墙板）、石棉水泥复合外墙板（包括平板）、钢丝网岩棉夹芯板（GY 板）等十几种。

1. GRC 板材（玻璃纤维增强水泥复合墙板）

按照其形状可分为 GRC 平板和 GRC 轻质多孔条板。

GRC 平板由耐碱玻璃纤维、低碱度水泥、轻集料和水为主要原料所制成。它具有密度低、韧性好、耐水、不燃烧、可加工性好等特点。其生产工艺主要有两种，即喷射-抽吸法和布浆-脱水-辊压法，前一种方法生产的板材又称为 S-GRC 板，后一种称为雷诺平板。以上两种板材的主要技术性质有：密度不大于 1200kg/m³，抗弯强度不小于 8MPa，抗冲击强度不小于 3kJ/m²，干湿变形不大于 0.15%，含水率不大于 10%，吸水率不大于 35%，导热系数不大于 0.22W/（m·K），隔声系数不小于 22dB 等。GRC 平板可以作为建筑物的内隔墙和吊顶板，经过表面压花、覆涂之后也可作为建筑物的外墙。

GRC 轻质多孔条板是以耐碱玻璃纤维为增强材料，以硫铝酸盐水泥轻质砂浆为基材制成的具有若干圆孔的条形板。GRC 轻质多孔条板的生产方式很多，有挤压成型、立模成型、喷射成型、预拌泵注成型、铺网抹浆成型等。根据其板的厚度可分为 60 型、90 型和 120 型（单位为 mm）。参照建材行业标准《玻璃纤维增强水泥轻质多孔隔墙条板》(JC 666—1997)，其主要技术性质有：抗折破坏荷重不小于板重的 0.75 倍，抗冲击次数不小于 3 次，干燥收缩不大于 0.8mm/m，隔声量不小于 30dB，吊挂力不小于 800N 等。该条板主要用于建筑物的内外非承重墙体，抗压强度超过 10MPa 的板材也可用于建筑物的加层和两层以下建筑的内外承重墙体。

2. 纤维增强水泥平板（TK 板）

纤维增强水泥平板是以低碱水泥、中碱玻璃纤维或短石棉纤维为原料，在圆网抄取机上制成的薄型建筑平板。主要技术性能见表 7-11。耐火极限为 9.3～9.8min；导热系数为 0.58W/(m·K)。常用规格为：长 1220、1550、1800mm；宽 820mm；厚 40、50、60、80mm。适用于框架结构的复合外墙板和内墙板。

TK 板主要技术性能 表 7-11

指　标	优等品	一等品	合格品
抗折强度（MPa）≥	18	13	7.0
抗冲击（kJ/m²），≥	2.8	2.4	1.9
吸水率（%），≤	25	28	32
密度（g/cm³），<	1.8	1.8	1.6

3. 石棉水泥复合外墙板

这种复合板是以石棉水泥平板（或半波板）为覆面板，填充保温芯材，石膏板或石棉水泥板为内墙板，用龙骨为骨架，经复合而成的一种轻质、保温非承重外墙板。其主要特性由石棉水泥平板决定，它是以石棉纤维和水泥为主要原料，经抄坯、压制、养护而成的薄型建筑平板。表观密度 1500～1800kg/m³，抗折强度 17～20MPa。

4. GY 板

这是一种采用钢丝网片和半硬质岩棉复合而成的墙板。面密度约 110kg/m²，热阻 0.8m²·K/W（板厚 100mm，其中岩棉 50mm，两面水泥砂浆各 25mm），隔声系数大于 40dB。适用于建筑物的承重或非承重墙体，也可预制门窗及各种异形构件。

5. 纤维增强硅酸钙板

通常称为"硅钙板"，是由钙质材料、硅质材料和纤维作为主要原料，经制浆、成坯、蒸压养护而成的轻质板材，其中建筑用板材厚度一般为 5～12mm。制造纤维增强硅酸钙板的钙质原料为消石灰或普通硅酸盐水泥，硅质原料为磨细石英砂、硅藻土或粉煤灰，纤维可用石棉或纤维素纤维。同时为进一步减低板的密度并提高其绝热性，可掺入膨胀珍珠岩；为进一步提高板的耐火极限温度并降低其在高温下的收缩率，有时也加入云母片等材料。

硅钙板按其密度可分为 D0.6、D0.8、D1.0 三种，按其抗折强度、外观质量和尺寸偏差可分为优等品、一等品和合格品三个等级。导热系数为（0.15～0.29）W/(m·K)。

该板材具有密度低、比强度高、湿胀率小、防火、防潮、防霉蛀、加工性良好等优点，主要用作高层、多层建筑或工业厂房的内隔墙和吊顶，经表面防水处理后可用作建筑物的外墙板。由于该板材具有很好的防火性，特别使用于高层、超高层建筑。

（三）混凝土墙板

混凝土墙板由各种混凝土为主要原料加工制作而成。主要有蒸压加气混凝土板、挤压成型混凝土多孔条板、轻骨料混凝土配筋墙板等。

蒸压加气混凝土板是由钙质材料（水泥＋石灰或水泥＋矿渣）、硅质材料（石英砂或粉煤灰）、石膏、铝粉、水和钢筋组成的轻质板材。其内部含有大量微小、封闭的气孔，孔隙率达 70％～80％，因而具有自重小、保温隔热性好、吸声性强等特点，同时具有一定的承载能力和耐火性，主要用作内、外墙板，屋面板或楼板。

轻骨料混凝土配筋墙板是以水泥为胶凝材料，陶粒或天然浮石为粗骨料，陶砂、膨胀珍珠岩砂、浮石砂为细骨料，经搅拌、成型、养护而制成的一种轻质墙板。为增强其抗弯能力，常常在内部轻骨料混凝土浇筑完后铺设钢筋网片。在每块墙板内部均设置 6 块预埋铁件，施工时与柱或楼板的预埋钢板焊接相连，墙板接缝处需采取防水措施（主要为构造防水和材料防水两种）。

混凝土多孔条板是以混凝土为主要原料的轻质空心条板。按其生产方式有固定式挤压成型、移动式挤压成型两种；按其混凝土的种类有普通混凝土多孔条板、轻骨料混凝土多孔条板、VRC 轻质多孔条板等。其中 VRC 轻质多孔条板是以快硬型硫铝酸盐水泥掺入35％～40％的粉煤灰为胶凝材料，以高强纤维为增强材料，掺入膨胀珍珠岩等轻骨料而制成的一种板材。以上混凝土多孔条板主要用作建筑物的内隔墙。

（四）复合墙板和墙体

单独一种墙板很难同时满足墙体的物理、力学和装饰性能要求，因此常常采用复合的方式满足建筑物内、外隔墙的综合功能要求，由于复合墙板和墙体品种繁多，这里仅介绍常用的几种复合墙板或墙体。

GRC 复合外墙板是以低碱水泥砂浆做基材，耐碱玻璃纤维做增强材料制成面层，内设钢筋混凝土肋，并填充绝热材料内芯，一次制成的一种轻质复合墙板。

GRC 复合外墙板的 GRC 面层具有高强度、高韧性、高抗渗性、高耐久性，内芯具有良好的隔热性和隔声性，适合于框架结构建筑的非承重外墙挂板。

随着轻钢结构的广泛应用，金属面夹芯板也得到了较大发展。目前，主要有金属面硬质聚氨酯夹芯板（JC/T 868—2000）、金属面聚苯乙烯夹芯板（JC 689—1998）、金属面岩棉、矿渣棉夹芯板（JC/T 869—2000）等。

金属面夹芯板通常采用的金属面材料见表 7-12。

金属面夹芯板常用面材种类　　　　表 7-12

面材种类	厚度（mm）	外表面	内表面	备　注
彩色喷涂钢板	0.5～0.8	热固化型聚酯树脂涂层	热固化型环氧树脂涂层	金属基材热镀锌钢板，外表面两涂两烘，内表面一涂一烘
彩色喷涂镀铝锌板	0.5～0.8	热固化型丙烯树脂涂层	热固化型环氧树脂涂层	金属基材铝板，外表面两涂两烘，内表面一涂一烘
镀锌钢板	0.5～0.8			
不锈钢板	0.5～0.8			
铝板	0.5～0.8			可用压花铝板
钢板	0.5～0.8			

钢筋混凝土岩棉复合外墙板包括承重混凝土岩棉复合外墙板和非承重薄壁混凝土岩棉

复合外墙板。承重混凝土岩棉复合外墙板主要用于大模和大板高层建筑，非承重薄壁混凝土岩棉复合外墙板可用于框架轻板体系和高层大模体系的外墙工程。

承重混凝土岩棉复合外墙板一般由 150mm 厚钢筋混凝土结构承重层、50mm 厚岩棉绝热层和 50mm 混凝土外装饰保护面层构成；非承重薄壁混凝土岩棉复合外墙板由 50mm（或 70mm）厚钢筋混凝土结构承重层、80mm 厚岩棉绝热层和 30mm 混凝土外装饰保护面层组成。绝热层的厚度可根据各地气候条件和热工要求予以调整。

石膏板复合墙板，指用纸面石膏板为面层、绝热材料为芯材的预制复合板。石膏板复合墙体，指用纸面石膏板为面层，绝热材料为绝热层，并设有空气层与主体外墙进行现场复合，用做外墙内保温复合墙体。

预制石膏板复合墙板按照构造可分为纸面石膏复合板、纸面石膏聚苯龙骨复合板和无纸石膏聚苯龙骨复合板，所用绝热材料主要为聚苯板、岩棉板或玻璃棉板。

现场拼装石膏板内保温复合外墙采用石膏板和聚苯板复合龙骨，在龙骨间用塑料钉挂装绝热板保温层、外贴纸面石膏板，在主体外墙和绝热板之间留有空气层。

纤维水泥（硅酸钙）板预制复合墙板是以薄型纤维水泥或纤维增强硅酸钙板作为面板，中间填充轻质芯材一次复合形成的一种轻质复合板材，可作为建筑物的内隔墙、分户墙和外墙。主要材料为纤维水泥薄板或纤维增强硅酸钙薄板（厚度为 4、5mm），芯材采用普通硅酸盐水泥、粉煤灰、泡沫聚苯乙烯粒料、外加剂和水等拌制而成的混合料。

复合墙板两面层采用纤维水泥薄板或纤维增强硅酸钙薄板，中间为轻混凝土夹芯层。长度可为 2450、2750、2980mm；宽度为 600mm；厚度为 60、90mm。

聚苯模块混凝土复合绝热墙体是将聚苯乙烯泡沫塑料板组成模块，并在现场连接成模板，在模板内部放置钢筋和浇筑混凝土，此模板不仅是永久性模板，而且也是墙体的高效保温隔热材料。聚苯板组成聚苯模块时往往设置一定数量的高密度树脂腹筋，并安装连接件和饰面板。此种方式不仅可以不使用木模或钢模，加快施工进度；而且由于聚苯模板的保温保湿作用，便于夏冬两季施工中混凝土强度的增长；在聚苯板上可以十分方便地进行开槽、挖孔以及铺设管道、电线等操作。

第二节 屋 面 材 料

屋面材料主要为各类瓦制品，按成分分为黏土瓦、水泥瓦、石棉水泥瓦、钢丝网水泥大波瓦、塑料大波瓦、沥清瓦等；按生产工艺分为压制瓦、挤制瓦和手工光彩脊瓦；按形状分有平瓦、波形瓦、脊瓦。新型屋面材料主要有轻钢彩色屋面板、铝塑复合板等。黏土瓦现已淘汰使用，故不再赘述。

一、石棉水泥瓦

石棉水泥瓦是以温石棉纤维与水泥为原料，经加水搅拌、压滤成型、蒸养、烘干而成的轻型屋面材料。该瓦的形状尺寸分为大波瓦、小波瓦及脊瓦三种。石棉水泥瓦具有防火、防腐、耐热、耐寒、绝缘等性能，大量应用于工业建筑，如厂房、库房、堆货棚等。农村中的住房也常有应用。

石棉水泥瓦受潮和遇水后，强度会有所下降。石棉纤维对人体健康有害，很多国家已禁止使用。石棉水泥瓦根据抗折力、吸水率、外观质量等分为优等品、一等品和合格品 3

个等级。其规格和物理力学性能如表 7-13 所示。

石棉水泥瓦的规格和物理力学性能　　　　　　表 7-13

性能　　规格（mm）	大波瓦 280×994×7.5			中波瓦 2400×745×6.5 1800×745×6.0			小波瓦 1800×720×6.0 1800×720×5.0		
级　别	优等品	一等品	合格品	优等品	一等品	合格品	优等品	一等品	合格品
抗折力　横向（N/m）	3800	3300	2900	4200	3600	3100	3200	2800	2400
纵向（N/m）	470	450	430	350	330	320	420	360	300
吸水率（%）	26	28	29	26	28	28	25	26	26
抗冻性	25 次冻融循环后不得有起层等破坏现象								
不透水性	浸水后瓦体背面允许出现滴斑，但不允许出现水滴								
抗冲击性	在相距 60cm 处进行观察，冲击一次后被击处不得出现龟裂、剥落、贯通孔及裂纹								

二、钢丝网水泥波瓦

钢丝网水泥波瓦是普通水泥瓦中间设置一层低碳冷拔钢丝网，成型后再经养护而成的大波波形瓦。规格有两种，一种长 1700mm，宽 830mm，厚 14mm，重约 50kg；另一种长 1700mm，宽 830mm，厚 12mm，重约 39～49kg。脊瓦每块约 15～16kg。脊瓦要求瓦的初裂荷载每块不小于 2200N。在 100mm 的静水压力下，24 小后瓦背无严重印水现象。

钢丝网水泥大波瓦，适用于工厂散热车间、仓库及临时性建筑的屋面，有时也可用作这些建筑的围护结构。

三、玻璃钢波形瓦

玻璃钢波形瓦是以不饱和树脂和无捻玻璃纤维布为原料制成的。其尺寸为长 1800mm，宽 740mm，厚为 0.8～2mm。这种瓦质轻、强度大、耐冲击、耐高温、透光、有色泽，适用于建筑遮阳板及车站月台，集贸市场等简易建筑的屋面。但不能用于与明火接触的场合。当用于有防火要求的建筑物时，应采用难燃树脂。

四、聚氯乙烯波纹瓦

聚氯乙烯波纹瓦，又称塑料瓦楞板，它以聚氯乙烯树脂为主体，加入其他助剂，经塑化、压延、压波而制成的波形瓦。它具有轻质、高强、防水、耐腐、透光、色彩鲜艳等优点，适用于凉棚、果棚、遮阳板和简易建筑的屋面。常用规格为 1000mm×750mm×（1.5～2）mm。抗拉强度 45MPa，静弯强度 80MPa，热变形特征为 60℃时 2h 不变形。

五、彩色混凝土平瓦

彩色混凝土平瓦以细石混凝土为基层，面层覆制各种颜料的水泥砂浆，经压制而成。具有良好的防水和装饰效果，且强度高、耐久性良好，近年来发展较快。彩色混凝土平瓦的规格与黏土瓦相似。

此外，建筑上常用的屋面材料还有沥青瓦、铝合金波纹瓦、陶瓷波形瓦、玻璃曲面瓦等。

六、油毡（沥青）瓦

彩色沥青瓦是以玻璃纤维毡为胎基，经浸涂石油沥青后，一面覆盖彩色矿物粒料，另一面撒以隔离材料所制成的瓦状屋面防水材料。主要用于各类民用住宅，特别是多层住宅、别墅的坡屋面防水工程。由于彩色沥青瓦具有色彩鲜艳丰富，形状灵活多样，施工简便无污染，产品质轻性柔，使用寿命长等特点，在坡屋面防水工程中得到了广泛的应用。

彩色沥青瓦在国外已有 80 多年的历史。在一些工业发达国家，特别是美国，彩色沥青瓦的使用已占整个住宅屋面市场的 80% 以上。在国内，近几年来，随着坡屋面的重新崛起，作为坡屋面的主选瓦材之一，彩色沥青瓦的发展越来越快。

沥青瓦的胎体材料对强度、耐水性、抗裂性和耐久性起主导作用，胎体材料主要有聚酯毡和破纤毡两种。破纤毡具有优良的物理化学性能，抗拉强度大，裁切加工性能良好，与聚酯毡相比，被纤毡在浸涂高温熔融沥青时表现出更好的尺寸稳定性。

石油沥青是生产沥青瓦的传统粘结材料，具有粘结性、不透水性、塑性、大气稳定性均较好以及来源广泛和价格相对低廉等优点。宜采用低含蜡量的 100 号石油沥青和 90 号高等级道路沥青，并经氧化处理。此外，涂盖料、增黏剂、矿物粉料填充、覆面材料对沥青瓦的质量也有直接影响。

七、琉璃瓦

琉璃瓦是素烧的瓦坯表面涂以琉璃釉料后再经烧制而成的制品。这种瓦表面光滑、质地坚密、色彩美丽、耐久性好，但成本较高，一般多用于古建筑修复，仿古建筑及园林建筑中的亭、台、楼阁使用。

第三节 门 窗 材 料

目前我国建筑能耗约占全国总能耗的 27.6%，而由门窗损失的采暖能耗和制冷能耗要占到建筑维护结构损失能耗的 50% 以上。因此，门窗的保温性和气密性是影响建筑能耗的重要因素。

建筑门窗的设置显著地影响着建筑物外观特征，门窗产品的材料、规格、色彩与质感构成了建筑外立面的整体视觉效果。室内环境温度、湿度、气流、热辐射、节能、隔声和采光均与门窗材料紧密相关。我国对建筑外窗的抗风压性能、雨水渗漏性能、气密性、保温性能、空气隔声性能等均制订了严格的标准。

从建筑门窗的窗框材料发展来看，最早使用的以实木材料为主，但随着森林资源的保护和木材资源的短缺，现已限制使用。20 世纪 70 年代发展使用的实腹钢窗可以说是第二代产品，主要作为代木产品，曾经发挥过一定作用。但由于钢窗材料的变形和锈蚀问题，以及水密性、气密性和保温、隔声性能较差，目前也已被限制使用。铝合金门窗材料被称为第三代产品，至今仍广泛使用。与钢窗材料相比，无论是抗变形能力、防锈能力、气密性、水密性和装饰效果，均有了极大的提高。但保温性能和空气隔声性能仍不尽理想，因此，进一步发展了热阻断铝合金门窗材料，保温性能和隔声性能得以改善。塑料（钢）门窗是近十年来大力推广应用的新材料，主要得益于我国化学工业的技术进步和科研技术人员的不懈努力。塑料材料的耐久性大大提高。塑钢门窗具有良好的水密性、气密性和保温、隔声性能，且通过钢塑复合，抗变形能力大大提高。

一、木门窗

木门窗的气密性、水密性、抗风压以及抗潮湿、防水性能相对较差，室外工程已很少使用。但由于良好的保温性能，特别是木制品的材质、造型特点与艺术效果，是金属和塑料类产品无法取代的，因此室内工程中使用仍很普遍。

木门窗的主要技术要求在《建筑装饰装修工程质量验收规范》（GB 50210—2001）及《建筑木门、木窗》（JG/T-122）中有详细规定，主要包括木材的品种、材质等级、规格、尺寸、框扇的线型及人造木板中的甲醛含量等。

除实木门窗外，胶合板门、纤维板门和模压门的应用也十分普遍。特别是模压门，与实木门窗相比，原材料来源更广，整体性强，造型丰富，防水、防火、防盗、防腐性能更好，同时具有良好的气密性、水密性和保温、隔声性能。在一定程度上有取代实木门窗的趋势。

木门的主要类型按开启方式分有平开门、推拉门、连窗门、折叠门、旋转门和弹簧门等。按所用材料和造型特点分为镶板门、包板门、木框玻璃门、拼板门、花格门等。

木窗的主要类型有平开窗、推拉窗、中悬窗、立转窗、提拉窗、上悬窗、下悬窗及百叶窗等。

二、铝合金门窗

铝外观呈银白色，密度为 $2.7g/cm^3$，熔点为 660℃，由于其表面常常被氧化铝薄膜覆盖，因此具有良好的耐蚀性。铝的可塑性良好（伸长率为 50%），但铝的硬度和强度较低。

铝合金主要有 Al-Mn 合金、Al-Mg 合金、Al-Mg-Si 合金等。合金元素的引入，不仅保持铝质量轻的特点，同时机械力学性能大幅度提高，例如屈服强度可达 210～500MPa，抗拉强度可达 380～550MPa 等，因此铝合金不仅可用于建筑装饰领域，而且可用于结构领域。铝合金的主要缺点是弹性模量小、热膨胀系数大、耐热性差等。

为进一步提高铝合金的耐磨性、耐蚀性、耐光性和耐候性能，可以对铝合金进行表面处理。表面处理包括表面预处理、阳极氧化处理和表面着色处理三个步骤。

铝合金门窗的维修费用低、色彩造型丰富、耐久性较好，因此得到了广泛的应用。其主要缺点是导热系数大，不利于建筑节能。

三、塑料门窗

塑料门窗是继木、钢、铝合金门窗之后兴起的新型节能门窗，是当前世界上所知的最佳的节能、保温、隔声且水密性、气密性和耐久性都很好的门窗。塑料门窗是以改性聚氯乙烯树脂为原料，经挤出成型为各种断面的中空异型材，再经定长切割并在其内腔加钢质型材加强筋，通过热熔焊接机焊接组装成门窗框、扇，最后装配玻璃、五金配件、密封条等构成的门窗成品。型材内腔以型钢增强而形成塑钢结合的整体，故这种门窗也称塑钢门窗。

近 10 年来，我国塑料门窗的生产与应用取得快速发展，但与国外发达国家相比，仍然存在一定差距。据统计，目前欧洲塑料门窗的市场平均占有率为 40%，德国塑料门窗市场占有率已达 54%，美国已达 45%。我国在新建建筑中的使用比例尚不足 35%。

评价门窗整体性能的质量主要有 6 项指标，即抗风压性能、空气渗透性能、雨水渗透性能、保温性能、隔声性能和装饰性能。从这 6 项指标看，塑料门窗可谓是一个全能型的产品。随着塑料门窗表面装饰技术，如表面覆膜、彩色喷涂、双色共挤等技术的推广与应用，塑料门窗将越来越受到青睐。

塑料门窗的主要技术性能有：

1. 强度高、耐冲击。塑料型材采用特殊的耐冲击配方和精心设计的耐冲击断面，在 −10℃、1m 高、自由落地冲击试验下不破裂，所制成的门窗能耐风压 1500～3500Pa，适用于各种建筑物。

2. 抗老化性能好。由于配方中添加了改性剂，光热稳定剂和紫外线吸收剂等各种助剂，使塑料门窗具有很好的耐候性、抗老化性能。可以在－10～70℃之间各种条件下长期使用，经受烈日、暴雨、风雪、干燥、潮湿之侵袭而不脆、不变质。

3. 隔热保温性好，节约能源。硬质 PVC 材质的导热系数较低，仅为铝材的 1/250，钢材的 1/360，又因塑料门窗的型材为中空多腔结构，内部被分成若干紧闭的小空间，使导热系数进一步降低，因此具有良好的隔热和保温性。

4. 气密性、水密性好。塑料窗框、窗扇间采用搭接装配，各缝隙间都装有耐久性弹性密封条或阻见板，防止空气渗透、雨水渗透性极佳，并在框、扇适当位置开设有排水槽孔，能将雨水和冷凝水排出室外。

5. 隔声性好。塑料门窗用型材为中空结构，内部有若干充满空气的密闭小腔室，具有良好的隔声效果。再经过精心设计，框扇搭接严密，防噪声性能好，其隔声效果在 30dB 以上，这种性能使塑料门窗更适用于交通频繁、噪声侵袭严重或特别需要安静的环境，如医院、学校及办公大厦等。

6. 耐腐蚀性好。硬质 PVC 材料不受任何酸、碱、盐、废气等物质的侵蚀，耐腐蚀、耐潮湿，不朽、不锈、不霉变，无需油漆。

7. 防火性能好。塑料门窗为优良的防火材料，不自燃、不助燃、遇火自熄。

8. 电绝缘性高。塑料 PVC 型材为优良的绝缘体，使用安全性高。

9. 热膨胀系数低，能保证正常使用。

习题与复习思考题

1. 烧结普通砖的种类主要有哪些？

2. 烧结普通砖的技术性质有哪些？

3. 烧结普通砖分为几个强度等级？如何确定砖的强度等级？

4. 工地上运进一批烧结普通砖，抽样测定其强度结果如下：

试件编号	1	2	3	4	5	6	7	8	9	10
破坏荷载 （kN）	215	226	235	244	208	256	222	238	264	212
受压面积 （mm^2）	13800	13650	13288	13810	13340	13450	13780	13780	13340	13800

试确定该砖的强度等级。

5. 烧结多孔砖与烧结普通砖相比的主要优点有哪些？

6. 常用的建筑砌块有哪些？

7. 混凝土小型空心砌块的主要技术性质有哪些？

8. 简述我国墙体材料改革的重要意义及发展方向。

9. 屋面材料的主要品种有哪些？

10. 常用的门窗材料主要有哪些？

11. 分析比较木门窗、塑料门窗和铝合金门窗的主要优缺点。

第八章　合成高分子材料

随着建设事业的发展，对土木工程材料提出了更高的要求，合成高分子材料在土木工程中的应用，提供了许多种可代替传统材料的新材料。

合成高分子材料是指由人工合成的高分子化合物为基础所组成的材料，它有许多优良的性能，如密度小，比强度大，弹性高，电绝缘性能好，耐腐蚀，装饰性能好等。作为土木工程材料，由于它能减轻构筑物自重，改善性能，提高工效，减少施工安装费用，获得良好的装饰及艺术效果，因而在土木工程中得到了越来越广泛的应用，已经成为继水泥、钢材、木材之后发展最为迅速的第四类建筑材料，具有良好的发展前景。产品包括塑料、合成橡胶、涂料、胶粘剂、高分子防水材料等。

第一节　高分子化合物的基本概念

一、高分子化合物

高分子化合物又称高分子聚合物（简称高聚物），是组成单元相互多次重复连接而构成的物质，因此其分子量虽然很大，但化学组成都比较简单，都是由许多低分子化合物聚合而形成的，因此又称高分子聚合物（简称高聚物）。例如，聚乙烯分子结构为：

$$\cdots CH_2—CH_2\cdots CH_2—CH_2\cdots \left[CH_2—CH_2 \right]_n$$

这种结构称为分子链，可简写为 $\left[CH_2—CH_2 \right]_n$。可见聚乙烯是由低分子化合物乙烯（$CH_2\!=\!CH_2$）聚合而成的，这种可以聚合成高聚物的低分子化合物，称为"单体"，而组成高聚物最小重复结构单元称为"链节"，如 $—CH_2—CH_2—$，高聚物中所含链节的数目 n 称为"聚合度"，高聚物的聚合度一般为 $1\times10^3\sim1\times10^7$，因此其分子量必然很大。

几种高聚物的单体、链节示例如表 8-1 所示。

高聚物单体和链节结构示例　　　　　　　　　　　　　　表 8-1

单　体	链节结构	高聚物
乙烯		聚乙烯 （PE）
丙烯		聚丙烯 （PP）

单 体	链节结构	高聚物
氯乙烯 $\begin{array}{c} H\ \ H \\ C{=}C \\ H\ \ Cl \end{array}$	$\begin{array}{c} H\ \ H \\ -C{-}C- \\ H\ \ Cl \end{array}$	聚氯乙稀 (PVC) $\begin{array}{c} H\ \ H \\ +C{-}C+_n \\ H\ \ Cl \end{array}$
苯乙烯 $\begin{array}{c} H\ \ H \\ C{=}C \\ H\ \ C_6H_5 \end{array}$	$\begin{array}{c} H\ \ H \\ -C{-}C- \\ H\ \ C_6H_5 \end{array}$	聚苯乙烯 (PS) $\begin{array}{c} H\ \ H \\ +C{-}C+_n \\ H\ \ C_6H_5 \end{array}$

二、高聚物的分类与命名

（一）高聚物的分类

高聚物的分类方法很多，经常采用的方法有下列几种：

1. 按高聚物材料的性能与用途可分为塑料、合成橡胶和合成纤维，此外还有胶粘剂、涂料等。

2. 按高聚物的分子结构分为线型、支链型和体型三种。

3. 按高聚物的合成反应类别分为加聚反应和缩聚反应，其反应产物分别为加聚物和缩聚物。

（二）高聚物的命名

高聚物有多种命名方法，在土木工程材料工业领域常以习惯命名。对简单的一种单体的加聚反应产物，在单体名称前冠以"聚"字，如聚乙烯、聚丙烯等，大多数烯类单体聚合物都可按此命名；部分缩聚反应产物则在原料后附以"树脂"二字命名，如酚醛树脂等，树脂又泛指作为塑料基材的高聚物；对一些两种以上单体的共聚物，则从共聚物单体中各取一字，后附"橡胶"二字来命名，如丁二烯与苯乙烯共聚物称为丁苯橡胶，乙烯、丙烯、乙烯炔共聚物称为三元乙丙橡胶。

三、高聚物的结构与性质

（一）高聚物分子链的形状与性质

高聚物按分子几何结构形态可分为线型、支链型和体型三种。

（1）线型：线型高聚物的大小分链节排列成线状主链（图 8-1a）。大多数呈卷曲状，线状大分子间以分子间力结合在一起。因分子间作用力微弱，使分子容易相互滑动，因此线型结构的合成树脂可反复加热软化，冷却硬化，称为热塑性树脂。

线型高聚物具有良好的弹性、塑性、柔顺性，但强度较低、硬度小、耐热性、耐腐蚀性较差，且可溶可熔。

（2）支链型：支链型高聚物的分子在主链上带有比主链短的支链（图 8-1b）。

因分子排列较松，分子间作用力较弱，因而密度、熔点及强度低于线型高聚物。

（3）体型：体型高聚物的分子，是由线型或支链型高聚物分子以化学键交联形成，呈空间网状结构（图 8-1c）。由于化学链结合力强，且交联成一个巨型分子，因此体型结构的合成树脂仅在第一次加热时软化，固化后再加热时不会软化，称为热固性树脂。

热固性高聚物具有较高的强度与弹性模量，但塑性小、较硬脆，耐热性、耐腐蚀性较好，不溶不熔。

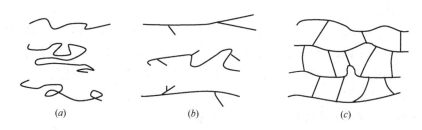

图 8-1　高聚物大分子链的形状

（a）线型；（b）支链型；（c）体型

（二）高聚物的聚集态结构与物理状态

聚集态结构是指高聚物内部大分子之间的几何排列与堆砌方式。按其分子在空间排列规则与否，固态高聚物中并存着晶态与非晶态两种聚集状态，但与低分子量晶体不同，由于长链高分子难免弯曲，故在晶态高聚物中也总有非晶区存在，且大分子链可以同时跨越几个晶区和非晶区。晶区所占的百分比称为结晶度。一般，结晶度越高，则高聚物的密度、弹性模量、强度、硬度、耐热性、折光系数等越高，而冲击韧性、粘附力、塑性、溶解度等越小。晶态高聚物一般为不透明或半透明的，非晶态高聚物则一般为透明的，体型高聚物只有非晶态一种。

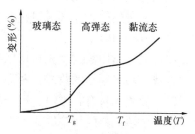

图 8-2　非晶态线型高聚物的变形与温度的关系

高聚物在不同温度条件下的形态是有差别的，如图 8-2，表现为下列三种物理状态。

（1）玻璃态：当低于某一温度时，分子链作用力很大，分子链与链段都不能运动，高聚物呈非晶态的固体称为"玻璃态"。高聚物转变为玻璃态的温度称为玻璃化温度 T_g。温度继续下降，当高聚物表现为不能拉伸或弯曲的脆性时的温度，称为"脆化温度"，简称"脆点"。

（2）高弹态：当温度超过玻璃化温度 T_g 时，由于分子链段可以发生旋转，使高聚物在外力作用下能产生大的变形，外力卸除后又会缓慢地恢复原状，高聚物的运动状态称为"高弹态"。

（3）黏流态：随温度继续升高，当温度达到"流动温度" T_f 后，高聚物呈极黏的液体，这种状态称为"黏流态"。此时，分子链和链段都可以发生运动，当受到外力作用时，分子间相互滑动产生形变，外力卸去后，形变不能恢复。

高聚物使用目的不同，对各个转变温度的要求也不同。通常，玻璃化温度 T_g 低于室温的称为橡胶，高于室温的称为塑料。玻璃化温度是塑料的最高使用温度，但却是橡胶的最低使用温度。

第二节　塑　　料

塑料是以天然或合成高分子化合物为基体材料，加入适量的填料和添加剂，在高温、高压下塑化成型，且在常温、常压下保持制品形状不变的材料。常用的合成高分子化合物是各种合成树脂。

目前，已生产出各种用途的塑料，而新的高聚物在不断出现，塑料的性能也在逐步改善。塑料作为建筑工程材料有着广阔的前途。如常用塑料制品有塑料壁纸、壁布、饰面板、塑料地板、塑料门窗、管线护套等；绝热材料有泡沫塑料与蜂窝塑料等；防水和密封材料有塑料薄膜、密封膏、管道、卫生设施等；土工材料有塑料排水板、土工织物等；市政工程材料有塑料给水管、塑料排水管、煤气管等。

一、塑料的组成

（一）合成树脂

习惯上或广义地讲，凡作为塑料基材的高分子化合物（高聚物）都称为树脂。合成树脂是塑料的基本组成材料，在塑料中起粘结作用。塑料的性质主要决定于合成树脂的种类、性质和数量。合成树脂在塑料中的含量约为 30%～60%，仅有少数的塑料完全由合成树脂所组成，如有机玻璃。

用于塑料的热塑性树脂主要有聚乙烯、聚氯乙烯、聚甲基丙烯酸甲酯、聚苯乙烯、聚四氟乙烯等加聚高聚物；用于塑料的热固性树脂主要有酚醛树脂、脲醛树脂、不饱和树脂、不饱和聚酯树脂、环氧树脂、有机硅树脂等缩聚高聚物。

（二）填充料

在合成树脂中加入填充料可以降低分子链间的流淌性，可提高塑料的强度、硬度及耐热性，减少塑料制品的收缩，并能有效地降低塑料的成本。

常用的填充料有：木粉、滑石粉、硅藻土、石灰石粉、石棉、铝粉、碳黑和玻璃纤维等，塑料中填充料的掺率约为 40%～70%。

（三）增塑剂

增塑剂可降低树脂的流动温度 T_f，使树脂具有较大的可塑性以利于塑料加工成型，由于增塑剂的加入降低了大分子链间的作用力，因此能降低塑料的硬度和脆性，使塑料具有较好的塑性、韧性和柔顺性等机械性质。

增塑剂必须能与树脂均匀地混合在一起，并且具有良好的稳定性。常用的增塑剂有邻苯二甲酸二辛酯、磷酸三甲酚酯、樟脑、二苯甲酮等。

（四）固化剂

固化剂也称硬化剂或熟化剂。它的主要作用是使线型高聚物交联成体型高聚物，使树脂具有热固性，形成稳定而坚硬的塑料制品。

酚醛树脂中常用的固化剂为乌洛托品（六亚甲基四胺），环氧树脂中常用的则为胺类（乙二胺、间苯二胺）酸酐类（邻苯二甲酸酐、顺丁烯二酸酐）及高分子类（聚酰胺树脂）。

（五）着色剂

着色剂的加入使塑料具有鲜艳的色彩和光泽，改善塑料制品的装饰性。常用的着色剂是一些有机染料和无机颜料。有时也采用能产生荧光或磷光的颜料。

（六）稳定剂

为防止塑料在热、光及其他条件下过早老化而加入的少量物质称为稳定剂。常用的稳定剂有抗氧化剂和紫外线吸收剂。

除上述组成材料以外，在塑料生产中还常常加入一定量的其他添加剂，使塑料制品的性能更好、用途更广泛。如加入发泡剂可以制得泡沫塑料，加入阻燃剂可以制得阻燃塑料。

二、塑料的性质

塑料具有质量轻、比强度高、保温绝热性能好、加工性能好及富有装饰性等优点，但也存在易老化、易燃、耐热性差及刚性差等缺点。

（一）物理力学性质

1. 密度。塑料的密度一般为 $0.9 \sim 2.2 g/cm^3$，较混凝土和钢材小。

2. 孔隙率。塑料的孔隙率在生产时可在很大范围内加以控制。例如，塑料薄膜和有机玻璃的孔隙率几乎为零，而泡沫塑料的孔隙率可高达 $95\% \sim 98\%$。

3. 吸水率。大部分塑料是耐水材料，吸水率很小，一般不超过 1%。

4. 耐热性。大多数塑料的耐热性都不高，使用温度一般为 $100 \sim 200℃$，仅个别塑料（氟塑料、有机硅聚合物等）的使用温度可达 $300 \sim 500℃$。

5. 导热性。塑料的导热性较低，密实塑料的导热系数为 $0.23 \sim 0.70 W/（m·K）$，泡沫塑料的导热系数则接近于空气。

6. 强度。塑料的强度较高。如玻璃纤维增强塑料（玻璃钢）的抗拉强度高达 $200 \sim 300 MPa$，许多塑料的抗拉强度与抗弯强度相近。

7. 弹性模量。塑料的弹性模量较小，约为混凝土的 1/10，同时具有徐变特性，所以塑料在受力时有较大的变形。

（二）化学性质

1. 耐腐蚀性。大多数塑料对酸、碱、盐等腐蚀性物质的作用都具有较高的化学稳定性，但有些塑料在有机溶剂中会溶解或溶胀，使用时应注意。

2. 老化。在使用条件下，塑料受光、热、大气等作用，内部高聚物的组成与结构发生变化，致使塑料失去弹性、变硬、变脆出现龟裂（分子交联作用引起）或变软、发黏、出现蠕变（分子裂解引起）等现象，这种性质劣化的现象称为老化。

3. 可燃性。塑料属于可燃性材料，在使用时应注意，建筑工程用塑料应为阻燃塑料。

4. 毒性。一般来说，液体状态的树脂几乎都有毒性，但完全固化后的树脂则基本上无毒。

三、常用塑料及其制品

（一）塑料的常用品种

1. 聚乙烯塑料（PE）。聚乙烯塑料由乙烯单体聚合而成。按密度不同，聚乙烯可分为高密度聚乙烯（HDPE）、中密度聚乙烯、低密度聚乙烯（LDPE）。低密度聚乙烯比较柔软，熔点和抗拉强度较低，伸长率和抗冲击性较高，适于制造防潮防水工程中用的薄膜。高密度聚乙烯较硬，耐热性、抗裂性、耐腐蚀性较好，可制成给排水管、绝缘材料、卫生洁具、燃气管、中空制品、衬套、钙塑泡沫装饰板、油罐或作为耐腐蚀涂层等。

2. 聚氯乙烯塑料（PVC）。聚氯乙烯塑料由氯乙烯单体聚合而成，是工程上常用的一种塑料。聚氯乙烯的化学稳定性高，抗老化性好，但耐热性差，在 100℃ 以上时会引起分解、变质而破坏，通常使用温度应在 $60 \sim 80℃$ 以下。根据增塑剂掺量的不同，可制得硬质或软质聚氯乙烯塑料。软质聚氯乙烯可挤压或注射成板材、型材、薄膜、管道、地板砖、壁纸等，还可制成低粘度的增塑溶胶，或制成密封带。硬质聚氯乙烯使用于制作排水管道、外墙覆面板、天窗和建筑配件等。

3. 聚苯乙烯塑料（PS）。聚苯乙烯塑料由苯乙烯单体聚合而成。聚苯乙烯塑料的透光性好，易于着色，化学稳定性高，耐水、耐光，成型加工方便，价格较低。但聚苯乙烯性脆，抗冲击韧性差，耐热性差，易燃，使其应用受到一定限制。

4. 聚丙烯塑料（PP）。聚丙烯塑料由丙烯聚合而成。聚丙烯塑料的特点是质轻（密度 $0.90g/cm^3$），耐热性较高（100～120℃），刚性、延性和抗水性均好。它的不足之处是低温脆性显著，抗大气性差，故适用于室内。近年来，聚丙烯的生产发展较迅速，聚丙烯已与聚乙烯、聚氯乙烯等共同成为工程塑料的主要品种。聚丙烯塑料主要用作管道、容器、建筑零件、耐腐蚀板、薄膜、纤维等。

5. 聚甲基丙烯酸甲酯（PMMA）。由甲基丙烯酸甲酯加聚而成的热塑性树脂，俗称有机玻璃。它的透光性好，低温强度高，吸水性低，耐热性和抗老化性好，成型加工方便。缺点是耐磨性差，价格较贵。可制作采光天窗、护墙板和广告牌。将聚甲基丙烯酸甲酯的乳液涂刷在木材、水泥制品等多孔材料上，可以形成耐水的保护膜。

6. 聚酯树脂（PR）。聚酯树脂由二元或多元醇和二元或多元酸缩聚而成。聚酯树脂具有优良的胶结性能，弹性和着色性好，柔韧、耐热、耐水。在建筑工程中，聚酯主要用来制作玻璃纤维增强塑料、装饰板、涂料、管道等。

7. ABS塑料。ABS是丙烯腈/丁二烯/苯乙烯的共聚物。它是不透明的塑料，呈浅象牙色，密度为1.05。ABS综合了丙烯腈的耐化学腐蚀性、耐油性、刚度和硬度，丁二烯的韧性、抗冲击性和耐寒性，苯乙烯的电性能。ABS树脂拉伸强度和模量一般，但是具有优异的耐冲击强度，特别是低温下有优异的冲击强度，而且热变形温度高。除此之外，电性能、耐化学品性、耐油性好，还有加工适应性广，可以注射成型、挤出成型、真空成型、吹塑成型、压光加工等。尺寸稳定性好、耐蠕变、耐应力开裂、制品表面光泽性也好。可用作结构材料，是通用工程塑料中应用最广泛的一种。在建材工业可用作管道、管件、百叶窗、门窗框架、高级卫生洁具等。

（二）常用塑料制品

1. 塑料门窗。塑料门窗主要采用改性硬质聚氯乙烯（PVC-U）经挤出机形成各种型材。型材经过加工，组装成建筑物的门窗。

塑料门窗可分为全塑门窗、复合门窗和聚氨酯门窗，但以全塑门窗为主。它由PVC-U中空型材拼装而成，有白色、深棕色、双色、仿木纹等品种。

塑料门窗与其他门窗相比，具有耐水、耐腐蚀、气密性、水密性、绝热性、隔声性、耐燃性、尺寸稳定性、装饰好等特点，而且不需粉刷油漆，维护保养方便，同时还能显著节能，在国外已广泛应用。鉴于国外经验和我国实情，以塑料门窗逐步取代木门窗、金属门窗是节约木材、钢材、铝材、节约能源的重要途径。

2. 塑料管材。塑料管材与金属管材相比，具有质轻、不生锈、不生苔、不易积垢、管壁光滑、对流体阻力小，安装加工方便、节能等特点。近年来，塑料管材的生产与应用已得到了较大的发展，它在工程塑料制品中所占的比例较大。

塑料管材分为硬管与软管。按主要原料可分为聚氯乙烯管、聚乙烯管、聚丙烯管、ABS管、聚丁烯管、玻璃钢管等。在众多的塑料管材中，主要是由聚氯乙烯树脂为主要原料的 PVC-U 塑料管或简称塑料管。塑料管材的品种有给水管、排水管、雨水管、波纹管、电线穿线管、燃气管等。

3. 塑料壁纸。壁纸是当前使用较广泛的墙面装饰材料，尤其是塑料壁纸，其图案变化多样，色彩丰富多彩。通过印花、发泡等工艺，可仿制木纹、石纹、锦缎、织物，也有仿制瓷砖、普通砖等，如果处理得当，甚至能达到以假乱真的程度，为室内装饰提供了极大的便利。

塑料壁纸可分为三大类：普通壁纸、发泡壁纸和特种壁纸。

（1）普通壁纸：也称塑料面纸底壁纸，即在纸面上涂刷塑料而成。为了增加质感和装饰效果，常在纸面上印有图案或压出花纹，再涂上塑料层。这种壁纸耐水，可擦洗，比较耐用，价格也较便宜。

（2）发泡壁纸：发泡壁纸是在纸面上涂上发泡的塑料面。其立体感强，能吸声，有较好的音响效果。

为了增加粘结力，提高其强度，可用面布、麻布、化纤布等作底来代替纸底，这类壁纸叫塑料壁布，将它粘贴在墙上，不易脱落，受到冲击、碰撞等也不会破裂，因加工方便，价格不高，所以较受欢迎。

（3）特种壁纸：由于功能上的需要而生产的壁纸为特种壁纸，也称功能壁纸。如耐水壁纸、防火壁纸、防霉壁纸、塑料颗粒壁纸、金属基壁纸等。

塑料颗粒壁纸易粘贴，有一定的绝热、吸声效果，而且便于清洗。

金属基壁纸是一种节能壁纸。

近年来生产的静电植绒壁纸，带图案，仿锦缎，装饰性、手感性均好，但价格较高。

4. 塑料地板。塑料地板与传统的地面材料相比，具有质轻、美观、耐磨、耐腐蚀、防潮、防火、吸声、绝热、有弹性、施工简便、易于清洗与保养等特点，使用较为广泛。

塑料地板种类繁多，按所用树脂，可分为聚氯乙烯塑料地板、氯乙烯—醋酸乙烯塑料地板、聚乙烯塑料地板、聚丙烯塑料地板，目前绝大部分的塑料地板为聚氯乙烯塑料地板。按形状可分为块状与卷状，其中块状占的比例大。块状塑料地板可以拼成不同色彩和图案，装饰效果好，也便于局部修补；卷状塑料地板铺设速度快，施工效率高。按质地可分为半硬质与软质。由于半硬质塑料地板具有成本低、尺寸稳定、耐热性、耐磨性、装饰性好，容易粘贴等特点，目前应用最广泛；软质塑料地板的弹性好，行走舒适，有一定的绝热、吸声、隔潮等优点。按产品结构可分为单层与多层复合。单层塑料地板多属于低发泡地板，厚度一般为 3~4mm，表面可压成凹凸花纹，耐磨、耐冲击、防滑，但此地板弹性、绝热性、吸声性较差；多层复合塑料地板一般分上、中、下三层，上层为耐磨、耐久的面层，中层为弹性发泡层，下层为填料较多的基层，上、中、下三层一般用热压粘结而成，此地板的主要特点是具有弹性，脚感舒适，绝热、吸声。

此外，还有无缝塑料地面（也叫塑料涂布地面），它的特点是无缝，易于清洗、耐腐蚀、防漏、抗渗性优良、施工简便等，适用于现浇地面、旧地面翻修、实验室、医院等有侵蚀作用的地面。

石棉塑料地板，由于原料中掺入适量石棉，使地板具有耐磨、耐腐蚀、难燃、自熄、弹性好等特点，适用于宾馆、饭店、民用或公共建筑的地面。

抗静电塑料地板具有质轻、耐磨、耐腐蚀、防火、抗静电等特性，适合于计算机房、邮电部门、空调要求较高及有抗静电要求的建筑物地面。

木塑复合地板把热塑性塑料与木纤维或植物纤维，（包括锯末、树木树叉、糠壳、稻壳、花生壳、农作物秸杆等），按一定比例添加特殊的加工助剂、偶联剂等，经高温高压处理后采用挤压牵引成型等工艺制备的地板。也可以用同样方法制备其他各类型材或装饰线条制品等。该产品兼具木材和塑料的双重特性，不怕虫蛀，不生真菌，不易燃，热伸缩性和吸水性均比木材小，尺寸稳定性好，耐磨性和抗冲击性能高，而且使用、维修简便，可锯、刨、钉，产品可以再回收利用。

塑料地板在施工时，要求基层干燥平整，铺设地板时，必须清除地面上的残留物。塑料地板要求平整，尺寸准确，若有卷曲、翘角等情况，应先处理压平，对缺角要另作处理。

塑料地板的胶粘剂，我国使用的有溶剂型与乳液型两类。一般地板与胶粘剂配套供应，必须按使用说明严格施工，以免影响质量。

5. 其他塑料制品。

（1）塑料饰面板：可分为硬质、半硬质与软质。表面可印木纹、石纹和各种图案，可以粘贴装饰纸、塑料薄膜、玻璃纤维布和铝箔，也可制成花点、凹凸图案和不同立体造型；当原料中掺入萤光颜料，能制成萤光塑料板。此类板材具有质轻、绝热、吸声、耐水、装饰好等特点，适用于作内墙或吊顶的装饰材料。

（2）玻璃纤维增强塑料（俗称玻璃钢）：具有质轻、耐水、强度高、耐化学腐蚀、装饰好等特点，适于作采光或装饰性板材。

（3）塑料薄膜：耐水、耐腐蚀、伸长率大，可以印花，并能与胶合板、纤维板、石膏板、纸张、玻璃纤维布等粘结、复合。塑料薄膜除用作室内装饰材料外，尚可作防水材料、混凝土施工养护等作用。

用合成纤维织物加强的薄膜，是充气房屋的主要材料，它具有质轻、不透气、绝热、运输安装方便等特点。适用于展览厅、体育馆、农用温室、临时粮仓及各种临时建筑。

第三节 胶 粘 剂

能直接将两种材料牢固地粘结在一起的物质通称为胶粘剂。随着合成化学工业的发展，胶粘剂的品种和性能获得了很大发展，越来越广泛地应用于建筑构件、材料等的连接，这种连接方法有工艺简单、省工省料、接缝处应力分布均匀、密封和耐腐蚀等优点。

一、胶粘剂的基本要求

为将材料牢固地粘结在一起，胶粘剂必须具备下列基本要求：

1. 具有足够的流动性，且能保证被粘结表面能充分浸润。

2. 易于调节粘结性和硬化速度。

3. 不易老化。

4. 膨胀或收缩变形小。

5. 具有足够的粘结强度。

二、胶粘剂的组成材料

（一）粘料

粘料是胶粘剂的基本成分，又称基料。对胶粘剂的粘结性能起决定作用。合成胶粘剂的胶料，既可用合成树脂、合成橡胶，也可采用二者的共聚体和机械混合物。用于粘结结构受力部位的胶粘剂以热固性树脂为主；用于非受力部位和变形较大部位的胶粘剂以热塑性树脂和橡胶为主。

（二）固化剂

固化剂能使基本粘合物质形成网状或体型结构，增加胶层的内聚强度。常用的固化剂有胺类、酸酐类、高分子类和硫磺类等。

（三）填料

加入填料可改善胶粘剂的性能（如提高强度、降低收缩性，提高耐热性等），常用填料有金属及其氧化物粉末、水泥及木棉、玻璃等。

（四）稀释剂

为了改善工艺性（降低粘度）和延长使用期，常加入稀释剂。稀释剂分活性和非活性，前者参加固化反应，后者不参加固化反应，只起稀释作用。常用稀释剂有：环氧丙烷、丙酮等。

（五）偶联剂

偶联剂的分子一般都含有两部分性质不同的基团。一部分基团经水解后能与无机物表面很好的亲合，另一部分基团能与有机树脂反应结合，从而使两种不同性质的材料偶联起来。常用的偶联剂有硅烷偶联剂，如 KH550、KH560。

（六）增塑剂

增塑剂通常是高沸点、不易挥发的液体或低熔点的固体，其应该具有较好的与基料的相容性及耐热、耐光、耐迁移性。加入增塑剂可以增加胶粘剂的流动性合可塑性，提高胶层的抗冲击韧性及其他机械性能。常用的增塑剂有磺酸苯酚、氯化石蜡等。

此外还有防老剂、催化剂等。

几种环氧树脂胶粘剂的配合比实例见表 8-2。

几种环氧树脂胶粘剂的配合比   表 8-2

	环氧树脂（g）	稀释剂（cm³）	增塑剂（cm³）	硬化剂（cm³）	填充料（g）	用途
1	E-44 环氧树脂 100		苯二甲酸二丁酯 10～20	乙二胺（95%）6～8	硅酸盐水泥 200	粘结
2	E-44 环氧树脂 100		苯二甲酸二丁酯 40～50	乙二胺（95%）6～8	硅酸盐水泥 200	修补
3	E-44 环氧树脂 100	二甲苯 5～10		乙二胺（95%）7		修补裂缝 0.1～1.0mm
4	E-44 环氧树脂 100	二甲苯 5～10		乙二胺（95%）7 乙二胺（95%）7	硅酸盐水泥 30～60	修补裂缝 1.0～2.0mm
5	E-20 环氧树脂 100	二甲苯 15		乙二胺（95%）6～8	滑石粉 150	混凝土构件粘结补强
6	E-20 环氧树脂 100	二甲苯 40			硅酸盐水泥 300	修补屋面裂缝

三、常用胶粘剂

（一）热固性树脂胶粘剂

1. 环氧树脂胶粘剂（EP）。环氧树脂胶粘剂的组成材料为合成树脂、固化剂、填料、稀释剂、增韧剂等。随着配方的改进，可以得到不同品种和用途的胶粘剂。环氧树脂未固化前是线型热塑性树脂，由于分子结构中含有极活泼的环氧基（ $-\overset{\displaystyle CH-CH_2}{\underset{\displaystyle O}{\diagdown\diagup}}$ ）和多种

极性基（特别是 OH）。故它可与多种类型的固化剂反应生成网状体型结构高聚物，对金属、木材、玻璃、硬塑料和混凝土都有很高的粘附力，故有"万能胶"之称。

2. 不饱和聚酯树脂（UP）胶粘剂。不饱和聚酯树脂是由不饱和二元酸、饱和二元酸组成的混合酸与二元醇起反应制成线型聚酯，再用不饱和单体交联固化后，即成体型结构的热固性树脂，主要用于制造玻璃钢，也可粘接陶瓷、玻璃钢、金属、木材、人造大理石和混凝土。

不饱和聚酯树脂胶粘剂的接缝耐久性和环境适应性较好，并有一定的强度。

（二）热塑性合成树脂胶粘剂

1. 聚醋酸乙烯胶粘剂（PVAC）。聚醋酸乙烯乳液（常称白胶）由醋酸乙烯单体、水、分散剂、引发剂以及其他辅助材料经乳液聚合而得。是一种使用方便，价格便宜，应用普遍的非结构胶粘剂。它对于各种极性材料有较好的粘附力，以粘接各种非金属材料为主，如玻璃、陶瓷、混凝土、纤维织物和木材。它的耐热性在 40℃以下，对溶剂作用的稳定性及耐水性均较差，且有较大的徐变，多作为室温下工作的非结构胶，如粘贴塑料墙纸、聚苯乙烯或软质聚氯乙烯塑料板以及塑料地板等。

2. 聚乙烯醇胶粘剂（PVA）。聚乙烯醇由醋酸乙烯酯水解而得，是一种水溶液聚合物。这种胶粘剂适合粘结木材、纸张、织物等。其耐热性、耐水性和耐老化性很差，所以一般与热固性胶粘剂一同使用。

3. 聚乙烯缩醛（PVFO）胶粘剂。聚乙烯醇在催化剂存在下同醛类反应，生成聚乙烯醇缩醛，低聚醛度的聚乙烯醇缩甲醛即是目前工程上广泛应用的 108 胶的主要成分。108胶在水中的溶解度很高，成本低，现已成为建筑装修工程上常用的胶粘剂。如用来粘贴塑料壁纸、墙布、瓷砖等，在水泥砂浆中掺入少量 108 胶，能提高砂浆的粘结性、抗冻性、抗渗性、耐磨性和减少砂浆的收缩。也可以配制成地面涂料。

（三）合成橡胶胶粘剂

1. 氯丁橡胶胶粘剂（CR）。氯丁橡胶胶粘剂是目前橡胶胶粘剂中广泛应用的溶液型胶。它是由氯丁橡胶、氧化镁、防老剂、抗氧剂及填料等混炼后溶于溶剂而成。这种胶粘剂对水、油、弱酸、弱碱、脂肪烃和醇类都有良好的抵抗性，可在-50～+80℃下工作，具有较高的初粘力和内聚强度。但有徐变性，易老化。多用于结构粘结或不同材料的粘结。为改善性能可掺入油溶性酚醛树脂，配成氯丁酚醛胶。它可在室温下固化，适于粘结包括钢、铝、铜、陶瓷、水泥制品、塑料和硬质纤维板等多种金属和非金属材料。工程上常用在水泥砂浆墙面或地面上粘贴塑料或橡胶制品。

2. 丁腈橡胶（NBR）。丁腈橡胶是丁二烯和丙烯腈的共聚产物。丁腈橡胶胶粘剂主要用于橡胶制品，以及橡胶与金属、织物、木材的粘结。它的最大特点是耐油性能好，抗剥离强度高，接头对脂肪烃和非氧化性酸有良好的抵抗性，加上橡胶的高弹性，所以更适于柔软的或热膨胀系数相差悬殊的材料之间的粘结，如粘合聚氯乙烯板材、聚氯乙烯泡沫塑料等。为获得更大的强度和弹性，可将丁腈橡胶与其他树脂混合。

习题与复习思考题

1. 与传统的土木工程材料相比，合成高分子材料有什么优缺点？
2. 何谓高聚物？其分子结构有哪几种类型？它们各具有什么性质？
3. 何谓热塑性树脂和热固性树脂？它们有什么不同？
4. 试述塑料的组成成分和它们所起的作用。
5. 试述塑料的优缺点。
6. 何谓塑料的老化？
7. 塑料的主要性能决定于什么？
8. 简述胶粘剂的组成材料及其作用。

第九章 防水材料

　　防水材料是指能够防止雨水、地下水与其他水渗透的重要组成材料。防水是建筑物的一项主要功能，防水材料是实现这一功能的物质基础。防水材料的主要作用是防潮、防漏、防渗，避免水和盐分对建筑物的侵蚀，保护建筑构件。由于基础的不均匀沉降、结构的变形、建筑材料的热胀冷缩和施工质量等原因，建筑物的外壳总要产生许多裂缝，防水材料能否适应这些缝隙的位移、变形是衡量其性能优劣的重要标志。防水材料质量的好坏直接影响到人们的居住环境、生活条件及建筑物的寿命。

　　建筑防水材料品种繁多，按其原材料组成可划分为无机类、有机类和复合类防水材料。按防水工程或部位可分为屋面防水材料、地下防水材料、室内防水材料及防水构筑防水材料等。按其生产工艺和使用功能特性，防水材料可分为以下四类：防水卷材、防水涂料、密封材料、堵漏材料。本章主要介绍防水材料的基本成分及防水卷材、防水涂料、密封材料等材料的组成、性能特点及应用。

第一节　防水材料的基本成分

　　石油沥青、煤焦油、树脂、橡胶和改性沥青等常是防水材料的基本成分。其中树脂已在第八章中叙述，本节只介绍其余四种基本成分。

一、石油沥青

　　石油沥青是石油原油经过常压蒸馏和减压蒸馏，提炼出汽油、煤油、柴油等轻质油及润滑油后，在蒸馏塔底部的残留物，或再经加工而得的产品。它是一种有机胶凝材料，在常温下呈固体、半固体或黏性液体，颜色为褐色或黑褐色。

　　石油沥青是憎水性材料，几乎不溶于水，而且本身构造致密，具有良好的防水性、耐腐蚀性；它能与混凝土、砂浆、砖、石料、木材、金属等材料牢固地粘结在一起，且具有一定的塑性，能适应基材的变形。因此，沥青材料及其制品又被广泛地应用于地下防潮、防水和屋面防水等建筑工程中。

　　（一）石油沥青的组成与结构

　　1. 石油沥青的组分

　　石油沥青的主要化学成分是碳氢化合物，其中碳占 $80\% \sim 87\%$，氢占 $10\% \sim 15\%$。此外还含有少量的 O、N、S 等非金属元素。但是，石油沥青是由多种复杂的碳氢化合物及其非金属衍生物组成的混合物，其化学组成很复杂。由于这种化学组成结构的复杂性，使许多化学成分相近的沥青，性质上表现出很大的差异；而性质相近的沥青，其化学成分并不一定相同。即对于石油沥青这种材料，在化学组成与性质之间难以找出直接的对应关系。所以通常是从实用的角度出发，将沥青中分子量在某一范围之内，物理、力学性质相近的化合物划分为几个组，称为石油沥青的组分（组丛）。各组分具有不同的特性，直接影响石油沥青的宏观物理、力学性质。

石油沥青主要含有以下三大组分：

（1）油分。是一种常温下呈淡黄色至红褐色的油状液体，分子量在 100～500 之间，是石油沥青中分子量最低的组分，密度介于 0.7～1.0g/cm³ 之间。在 170℃ 温度下较长时间加热可以挥发，能溶于石油醚、二硫化碳、三氯甲烷、苯、四氯化碳和丙酮等有机溶剂中，但不溶于乙醇。在通常的石油沥青中油分的含量为 40％～60％。由于油分是沥青中分子量最小和密度最小的组分，油分对沥青性质的影响主要表现为降低稠度和黏滞度，增加流动性，降低软化点。油分含量越多，沥青的延度越大，软化点越低，流动性越大。

（2）树脂。也叫做胶质或脂胶，是一种颜色介于黄色至红褐色之间的黏稠状物质（半固体），分子量比油分大，在 600～1000 之间，密度为 1.0～1.1g/cm³。能溶于三氯甲烷、汽油、石油醚、醚和苯等有机溶剂，但在乙醇和丙酮中难溶解或溶解度很低。树脂在石油沥青中的含量为 15％～30％。它赋予沥青以一定的粘结性和塑性。树脂的含量直接决定着沥青的变形能力和粘结力，树脂的含量增加，沥青的延伸度和粘结力增加。树脂的化学稳定性较差，在空气中容易氧化缩合，部分转化为分子量较大的地沥青质。

（3）地沥青质。是一种深褐色至黑色固态无定形的脆性固体微粒。分子量在 1000～6000 之间，密度大于 1.0g/cm³，不溶于乙醇、石油醚和汽油，能溶于三氯甲烷、苯、四氯化碳和二硫化碳等，染色力强，对光的敏感性强，感光后就不能溶解。在石油沥青中的含量为 10％～30％。地沥青质属于固态组分，无固定软化点，温度达到 300℃ 以上时分解为气体和焦炭。地沥青质的作用是提高沥青的软化点，改善温度敏感性，但使沥青的脆性变大。地沥青质的含量越高，石油沥青的软化点越高，黏性越大，温度稳定性越好，但同时沥青也就越硬脆。

以上三大组分，随着分子量范围增大，塑性降低，黏滞性和温度稳定性提高。合理地调整三者的比例，可获得所需要性质的沥青。但是在长期使用过程中，受大气的作用，部分油分挥发，而部分树脂逐步聚合为大分子组分，即地沥青质组分增多，使石油沥青的塑性降低，黏滞性增大，变脆变硬。这是高分子物质的普遍特性。

除以上油分、树脂、地沥青质三大组分之外，石油沥青中还含 2％～3％ 的沥青碳和似碳物，为无定形的黑色固体粉末，分子量大约为 75000，密度大于 1，对沥青性质的影响表现为降低塑性和黏性，增加老化程度。但由于含量极少，所以对沥青的性质影响不大。

石油沥青中还含有蜡，它会降低石油沥青的粘结性和塑性，同时对温度特别敏感（即温度稳定性差），所以蜡是石油沥青的有害成分，应严格限制其含量。

2. 石油沥青的胶体结构

石油沥青的性质不仅取决于其化学组分，还与内部结构有密切关系。现代胶体学说认为，石油沥青是固态的地沥青质分散在低分子量的液态介质中所形成的分散体系。油分和树脂可以互相溶解，树脂能浸润地沥青质，而在地沥青质的超细颗粒表面形成树脂薄膜。所以石油沥青的结构是以地沥青质为核心，周围吸附部分树脂和油分，构成胶团，无数胶团分散在油分中而形成胶体结构，其结构如图 9-1 所示。在这个分散体系中，从地沥青质到油分是均匀的逐步递变的，并无明显界面。

由于石油沥青中各组分的含量及化学结构不同，将形成不同类型的胶体结构，有溶胶

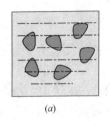 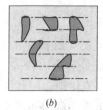 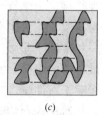

(a)   (b)   (c)

图 9-1　石油沥青的胶体结构示意图
(a) 溶胶型结构；(b) 溶—凝胶型结构；(c) 凝胶型结构

型结构、凝胶型结构和溶—凝胶型结构，它们分别表现出不同的性状。如图 9-1 (a) 所示，如果在石油沥青中，地沥青质组分含量少，且分子量较小，接近于树脂，只能构成少量的胶团，且胶团之间距离较大。胶团表面吸附较厚的树脂膜层，胶团之间的互相吸引力很小，故形成高度分散的溶胶型结构，例如液体沥青。溶胶型结构的沥青中胶团易于相互运动，流动性和塑性较好，开裂后自行愈合能力较强，而对温度的敏感性强，即对温度的稳定性较差，温度过高会流淌。

当石油沥青中油分和树脂含量较少，地沥青质含量较多时，则胶团数量增多，胶团外膜较薄，胶团靠近聚集，相互吸引力增大，相互连接，聚集成空间网络，从而形成凝胶型结构，如图 9-1 (c) 所示。凝胶型石油沥青的特点是，弹性和黏性较高，温度敏感性较小，开裂后自行愈合能力较差，流动性和塑性较低，是用于建筑材料较理想的沥青。

当地沥青质不如凝胶性石油沥青中的多，而胶团间靠得又较近，相互间有一定的吸引力，将它们分开需要一定的力，同时胶团仍悬浮在油分中，结构介于溶胶型和凝胶型二者之间，则构成图 9-1 (b) 所示的溶—凝胶型结构。溶—凝胶型结构的沥青比溶胶型沥青更稳定，地沥青质颗粒虽然较大，但能很好地分散于树脂和油分中，使沥青的粘结性和温度稳定性比较好，是用于道路建设较理想的沥青。

（二）石油沥青的主要技术性质

1. 黏滞性（黏性）

沥青材料在外力作用下抵抗黏性变形的能力称为沥青的黏滞性。黏滞性是反映材料内部阻碍其相对运动的一种特性，也是我国现行标准划分沥青标号的主要性能指标。

沥青的黏滞性与其组分及所处的温度有关。当沥青质含量较高，又有适量的胶质，且油分含量较少时，黏滞性较大。温度升高时，黏滞性随之降低，反之则增大。

一般采用针入度来表示石油沥青的黏滞性，其数值越小，表明黏度越大。

针入度是在温度为 25℃时，以附重 100g 的标准针，经 5s 沉入沥青试样中的深度，每深 1/10mm，定为 1 度。

2. 塑性

塑性指石油沥青在外力作用时产生变形而不破坏，除去外力后，则仍保持变形后的形状的性质。它是沥青性质的重要指标之一。

石油沥青的塑性与其组分有关。石油沥青中树脂含量较多，且其他组分含量又适当时，则塑性较大。影响沥青塑性的因素有温度和沥青膜层厚度，温度升高，则塑性增大，膜层愈厚则塑性愈高。反之，膜层越薄，则塑性越差，当膜层薄至 1μm，塑性近于消失，即接近于弹性。在常温下，塑性较好的沥青在产生裂缝时，也可能由于特有的黏塑性而自行愈合。故塑性还反映了沥青开裂后的自愈合能力。沥青之所以能制造出性能良好的柔性防水材料，很大程度上决定于沥青的塑性。沥青的塑性对冲击振动荷载有一定的吸收能力，并能减少摩擦时的噪声。

石油沥青的塑性用延度（伸长度）表示。延度愈大，塑性愈好。

沥青延度是把沥青试样制成∞字形标准试模（中间最小截面积 $1cm^2$）在规定速度（每分钟 5cm）和规定温度（25℃）下拉断时的长度，以厘米（cm）为单位表示。

3. 温度稳定性（感温性）

石油沥青不同于无机胶凝材料中的水泥，它的性质（包括黏滞性、塑性等）随温度的变化呈现较大的波动，这种性能称为沥青的温度稳定性，是沥青的又一重要指标。

沥青是一种高分子、非晶态材料，具有热塑性特点，但没有一定的熔点。当温度升高时，沥青由固态或半固态逐渐软化，使沥青分子之间发生相对滑动，此时沥青就像液体一样发生了黏性流动，称为黏流态。与此相反，当温度降低时又逐渐由黏流态凝固为固态（或称高弹态），甚至变硬变脆（像玻璃一样硬脆称作玻璃态）。在此过程中，反映了沥青随温度升降其黏滞性和塑性的变化。沥青的这种温度敏感性大小与其内部组成有关，地沥青质含量越多，温度敏感性越小；而树脂和油分的含量大时，则温度敏感性大。建筑工程宜选用温度敏感性较小的沥青。例如沥青防水卷材铺设的屋顶在炎热的夏季阳光下会发生流淌现象，这反映了沥青材料的温度敏感性大。所以温度敏感性是沥青性质的重要指标之一。

沥青的温度稳定性用软化点来表示。它表示沥青在某一固定重力作用下，随温度升高逐渐软化，最后流淌垂下至一定距离时的温度。软化点值越高，沥青的温度稳定性越好，即表示沥青的性质随温度的波动性越小。

软化点的数值随采用的仪器不同而异，我国现行试验法是采用环与球法软化点。该法是沥青试样注于内径为 18.9mm 的铜环中，环上置一重 3.5g 的钢球，在规定的加热速度（5℃/min）下进行加热，沥青试样逐渐软化，直至在钢球荷重作用下，使沥青产生 25.4mm 挠度时的温度，称为软化点。

以上所论及的针入度、软化点和延度是评价石油沥青性能最常用的经验指标，所以通称"三大指标"。

4. 大气稳定性

大气稳定性是指石油沥青在热、阳光、氧气和潮湿等因素的长期综合作用下抵抗老化的性能。

在阳光、空气和热的综合作用下，沥青各组分会不断递变。低分子化合物将逐步转变成高分子物质，即油分和树脂发生氧化、挥发、缩合、聚合等作用转化成地沥青质。研究发现，树脂转变为地沥青质比油分转变为树脂的速度快很多。因此，石油沥青随着时间的进展而流动性和塑性逐渐减小，针入度和延度值减小，软化点增高，硬脆性逐渐增大，直至脆裂。这个过程称为石油沥青的"老化"。所以大气稳定性可以以抗"老化"性能来说明。

石油沥青的大气稳定性常以蒸发损失和蒸发后针入度比来评定。其测定方法是：先测定沥青试样的重量及其针入度，然后将试样置于加热损失试验专用的烘箱中，在 163℃下蒸发 5h，待冷却后再测定其重量及针入度。计算蒸发损失重量占原重量的百分数，称为蒸发损失；计算蒸发后针入度占原针入度的百分数，称为蒸发后针入度比。蒸发损失百分数愈小和蒸发后针入度比愈大，则表示大气稳定性愈高，"老化"愈慢。

5. 其他性质

此外，为评定沥青的品质和保证施工安全，还应当了解石油沥青的溶解度、闪点和燃点。

溶解度是指石油沥青在三氯乙烯、四氯化碳或苯中溶解的百分率，以表示石油沥青中有效物质的含量，即纯净程度。那些不溶解的物质会降低沥青的性能（如黏性等），应把不溶物视为有害物质（如沥青碳或似碳物）而加以限制。

闪点（也称闪火点）是指加热沥青至挥发出的可燃气体和空气的混合物，在规定条件下与火焰接触，初次闪火（有蓝色闪光）时的沥青温度（℃）。

燃点或称着火点，指加热沥青产生的气体和空气的混合物，与火焰接触能持续燃烧 5s 以上时，此时沥青的温度即为燃点（℃）。燃点温度比闪点温度约高 10℃，沥青质组分多的沥青相差愈多，液体沥青由于轻质成分较多，闪点和燃点的温度相差很小。

闪点和燃点的高低表明沥青引起火灾或爆炸的可能性的大小，它关系到运输、贮存和加热使用等方面的安全。例如建筑石油沥青闪点约 230℃，在熬制时一般温度为 185～200℃，为安全起见，沥青还应与火焰隔离。

（三）建筑石油沥青的技术标准及选用

建筑石油沥青的技术标准见表 9-1。

建筑石油沥青的技术标准 表 9-1

项　　目		质　量　指　标		
		10 号	20 号	30 号
针入度（25℃，100g），1/10mm		10～25	26～35	36～50
延度（25℃，cm/min），cm	不小于	1.5	2.5	3.5
软化点（环球法），℃	不低于	95	75	60
溶解度（三氯乙烯、四氯化碳或苯），%	不小于	99.5		
蒸发损失（163℃，5h），%	不大于	1		
蒸发后针入比，%	不小于	65		
闪点（开口），℃	不低于	230		
脆点，℃		实测值		

建筑石油沥青的牌号主要是根据针入度、延伸度和软化点指标划分并以针入度值表示。在同一品种石油沥青中，牌号愈大，相应的针入度值愈大（黏性愈小）延伸度愈大（塑性愈大）软化点愈低（温度敏感性愈大）。

选用石油沥青的原则是根据工程性质（房屋、防腐等）及当地气候条件、所处工程部位（层面、地下）来选用。在满足上述要求的前提下，尽量选用牌号高的石油沥青，以保证有较长的使用年限。这是因为牌号高的沥青比牌号低的沥青含油分多，其挥发、变质所需时间较长，不易变硬，所以抗老化能力强，耐久性好。

通常情况下，建筑石油沥青多用于建筑屋面工程和地下防水工程、沟槽防水，以及作为建筑防腐蚀材料。使用时制成的沥青胶膜较厚，增大了对温度的敏感性。同时黑色沥青表面又是好的吸热体，一般同一地区的沥青屋面的表面温度比其他材料的都高，据高温季节测试沥青屋面达到的表面温度比当地最高气温高 25～30℃，为避免夏季流淌，一般屋面用沥青材料的软化点还应比本地区屋面最高温度高 20℃以上。例如武汉、长沙地区沥青屋面温度约达 68℃，选用沥青的软化点应在 90℃左右，低了夏季易流淌，过高冬季低温易硬脆甚至开裂，所以选用石油沥青时要根据地区、工程环境及要求而定。

某一种牌号的石油沥青往往不能满足工程技术要求，因此需用不同牌号沥青进行掺配。在进行掺配时，为了不使掺配后的沥青胶体结构破坏，应选用表面张力相近和化学性质相似的沥青。研究证明同产源的沥青容易保证掺配后的沥青胶体结构的均匀性。所谓同产源是指同属石油沥青，或同属煤沥青（或煤焦油）。

两种沥青掺配的比例可用下式估算：

$$Q_1 = \frac{T_2 - T}{T_2 - T_1} \times 100 \qquad (9-1)$$

$$Q_2 = 100 - Q_1 \qquad (9-2)$$

式中　Q_1——较软石油沥青用量（%）；

　　　Q_2——较硬石油沥青用量（%）；

　　　T——掺配后的石油沥青软化点（℃）；

　　　T_1——较软石油沥青软化点（℃）；

　　　T_2——较硬石油沥青软化点（℃）。

以估算的掺配比例和其邻近的比例（±5%～±10%）进行试配（混合熬制均匀），测定掺配后沥青的软化点，然后绘制掺配比—软化点关系曲线，即可从曲线上确定出所要求的掺配比例。同样地也可采用针入度指标按上述方法估算及试配。

当沥青过于黏稠影响使用时，可以加入溶剂进行稀释，但必须采用同一产源的油料作稀释剂，如石油沥青应采用汽油、柴油等轻质油料作稀释溶剂。

二、煤焦油

煤焦油是生产焦炭和煤气的副产物，它大部分用于化工，而小部分用于制作建筑防水材料。

烟煤在密闭设备中加热干馏，此时烟煤中挥发物质气化流出，冷却后仍为气体的可作煤气，冷凝下来的液体除去氨及苯后，即为煤焦油。因为干馏温度不同，生产出来的煤焦油品质也不同。炼焦及制煤气时干馏温度约 800～1300℃，这样得到的为高温煤焦油；当低温（600℃以下）干馏时，所得到的为低温煤焦油。高温煤焦油含碳较多，密度较大，含有多量的芳香族碳氢化合物，建筑性质较好。低温煤焦油含碳少，密度较小。含芳香族碳氢化合物少，主要含蜡族和环烷族及不饱和碳氢化合物，还含较多的酚类，建筑性质较差。故多用高温煤焦油制作焦油类建筑防水材料，或煤沥青，或作为改性材料。

煤沥青是将煤焦油再进行蒸馏，蒸去水分和所有的轻油及部分中油、重油和蒽油后所得的残渣。各种油的分馏温度为：在 170℃以下时为轻油；170～270℃时为中油；270～300℃时为重油；300～360℃时为蒽油。有的残渣太硬还可加入蒽油调整其性质，使所生产的煤沥青便于使用。

根据蒸馏程度不同分为低温沥青、中温沥青和高温沥青。建筑上所采用的煤沥青多为黏稠或半固体的低温沥青。

与石油沥青相比，由于两者的成分不同，煤沥青有如下特点：

1. 由固态或黏稠态转变为黏流态（或液态）的温度间隔较窄，夏天易软化流淌而冬天易脆裂，即温度敏感性较大。

2. 含挥发性成分和化学稳定性差的成分较多，在热、阳光、氧气等长期综合作用下，煤沥青的组成变化较大，易硬脆，故大气稳定性较差。

3. 含有较多的游离碳，塑性较差，容易因变形而开裂。

4. 因含有蒽、酚等，故有毒性和臭味，防腐能力较好，适用于木材的防腐处理。

5. 因含表面活性物质较多，与矿料表面的粘附力较好。

三、橡胶

橡胶是弹性体的一种，即使在常温下它也具有显著的高弹性能。在外力作用下它很快发生变形，变形可达百分之数百。但当外力除去后，又会恢复到原来的状态，这是橡胶的主要性质，而且保持这种性质的温度区间范围很大。土建工程中使用橡胶主要是利用它的这一特性。

（一）橡胶的硫化与改性

橡胶硫化的目的是为了提高其强度、变形能力和耐久性，减少其可塑性。橡胶与硫磺或其他硫化剂共热后生成硫化橡胶。从结构上看，这是因为硫磺等的交联作用使线形分子变成网状或体形结构而使橡胶改性。"硫化"的名词即来源于此。目前，除硫磺外使橡胶分子发生交联的方法很多。因此从广义上说，硫化是指将线型的交联成网状或体型结构弹性体的过程。

橡胶配方中可加入填充料以改进橡胶的性能。常用的填充料有炭黑、碳酸镁、氧化镁、氧化铁等，其用量按具体要求而定。这些填充料在橡胶中除具有填充作用外，有的还可能发生化学结合，可起改性和降低成本作用。

（二）橡胶的老化与防护

橡胶在阳光、热、空气（氧和臭氧）或机械力的反复作用下，表面会出现变色、变硬、龟裂、发黏，同时机械强度降低，这种现象叫老化。

老化的基本原因是橡胶分子氧化，从而使橡胶大分子链断裂破坏的结果。老化最易在大分子中双键或其左右开始，因此含双键结构越少，老化也越慢。

为了防止老化，一般采取加入容易优先与氧或氧化产物发生化学反应的化学药品—防老剂，如蜡类、二苯基对苯二胺、二辛基对苯二胺、苯基环己基对苯二胺等。防老化问题目前尚未能很好解决。

（三）橡胶的类别

橡胶可分天然橡胶、合成橡胶和再生橡胶三类。

1. 天然橡胶

天然橡胶的主要成分是异戊二烯的高聚体，其他还有少量水分、灰分、蛋白质及脂肪酸等。天然橡胶主要是由橡胶树的浆汁中取得的。加入少量醋酸、氯化锌或氟硅酸钠即行凝固。凝固体经压制后成为生橡胶。生橡胶经硫化处理得到软质橡胶。天然橡胶易老化失去弹性，一般作为橡胶制品的原料。

2. 合成橡胶

合成橡胶主要是二烯烃的高聚物，又称人造橡胶，建筑工程中常用的合成橡胶有如下几种。

（1）氯丁橡胶

氯丁橡胶是由单体氯丁二烯聚合而成。为浅黄色及棕褐色弹性体，与天然橡胶比较，氯丁橡胶绝缘性较差，但抗拉强度、耐油性、耐热性、耐臭氧、耐酸碱、耐腐蚀性、透气性和耐磨性较好。耐燃性好、粘结力较高，最高使用温度为 120～150℃。

（2）丁基橡胶

也称异丁橡胶。它是由异丁烯与少量异戊二烯在低温下加聚而成，为无色的弹性体，透气性约为天然橡胶的 1/20～1/10。它是耐化学腐蚀、耐老化、不透气性和绝缘性最好的橡胶，且抗撕裂性能好、耐热性好、吸水率小。但在常温下弹性较小，只有天然橡胶的 1/4，黏性较差，难以与其他橡胶混用。丁基橡胶耐寒性较好，脆化温度为－79℃，最高使用温度为 150℃。

（3）乙丙橡胶和三元乙丙橡胶

乙丙橡胶是乙烯与丙烯的共聚物；三元乙丙橡胶是乙烯与丙烯加上少量共轭二烯单体的共聚物。它们是最轻的橡胶，而且耐光、耐热、耐氧及臭氧，耐酸碱、耐磨等性能都非常好，也是最廉价的合成橡胶。

（4）丁腈橡胶

它是由丁二烯与丙烯腈的共聚物，称丁腈橡胶。它的特点是对于油类及许多有机溶剂的抵抗力极强。它的耐热、耐磨和抗老化的性能也胜于天然橡胶。它的缺点是绝缘性较差，塑性较低，加工较难，成本较高。

（5）丁苯橡胶

它是丁二烯与苯乙烯的共聚物，为浅黄褐色的弹性体，具有优良的绝缘性，在弹性、耐磨性和抗老化性方面均超过天然橡胶，溶解性与天然橡胶相似，但耐热性、耐寒性、耐挠曲性和可塑性较天然橡胶差，脆化温度为－50℃，最高使用温度为 80～100℃。能与天然橡胶混合使用。

另外，还有硅橡胶、氟橡胶等多种合成橡胶。

3. 再生橡胶

再生橡胶又称再生胶，它是由废旧轮胎和胶鞋等橡胶制品或生产中的下脚料经再生处理而得到的橡胶。这类橡胶来源广，价格低，建筑上多使用。

再生处理主要是脱硫。所谓脱硫并不是把橡胶中的硫磺分离出来，而是通过高温使橡胶氧化解聚等，使大体型网状橡胶分子结构被适度地氧化解聚，变成大量的小体型网状结构和少量链状物。并破坏了原橡胶的部分弹性，而获得了部分塑性和黏性。

四、改性沥青（改性石油沥青）

改性沥青是采用各种措施使其性能得到改善的沥青。

建筑上使用的沥青必须具有一定的物理性质和粘附性；在低温条件下应有良好的弹性和塑性；在高温条件下要有足够的强度和稳定性；在加工使用条件下具有抗"老化"能力；与各种矿料和结构表面有较强的粘附力；对构件变形的适应性和耐疲劳性等。通常，石油加工厂制备的沥青不一定能全面满足这些要求，致使目前沥青防水屋面渗漏现象严

185

重，使用寿命短。

为此，常用橡胶、树脂和矿物填料等对沥青进行改性。橡胶、树脂和矿物填料等通称为石油沥青改性材料。

提高沥青流变性质的途径很多，目前认为改性效果好的有下列几类改性剂：

（一）橡胶类改性剂

橡胶是沥青的重要改性材料，它和沥青有较好的混溶性，并能使沥青具有橡胶的很多优点。如高温变形性小，低温柔性好。由于橡胶的品种不同，掺入的方法也有所不同，因而各种橡胶沥青的性能也有差异。现将常用的几种分述如下：

1. 氯丁橡胶改性沥青。石油沥青中掺入氯丁橡胶后，可使其气密性、低温柔性、耐化学腐蚀性、耐光、耐臭氧性、耐候性和耐燃性等得到大大改善。氯丁橡胶掺入的方法有溶剂法和水乳法。溶剂法是先将氯丁橡胶溶于一定的溶剂（如甲苯）中形成溶液，然后掺入液态沥青，混合均匀即可。水乳法是将橡胶和石油沥青分别制成乳液，然后混合均匀即可使用。

2. 丁基橡胶改性沥青。丁基橡胶沥青的配制方法与氯丁橡胶沥青类似，而且较简单一些。丁基橡胶沥青具有优异的耐分解性，并有较好的低温抗裂性能和耐热性能，多用于道路路面工程、制作密封材料和涂料。

3. 再生橡胶改性沥青。再生橡胶掺入沥青之中以后，同样可大大提高沥青的气密性、低温柔性、耐光、热、臭氧性、耐气候性。再生橡胶沥青可以制成卷材、片材、密封材料、胶粘剂和涂料等。

4. 热塑性丁苯橡胶改性沥青。热塑性丁苯橡胶兼有橡胶和塑料的特性，常温下具有橡胶的弹性，在高温下又能像塑料那样熔融流动，成为可塑的材料。所以采用丁苯橡胶改性沥青，其耐高、低温性能均有较明显提高，制成的卷材弹性和耐疲劳性也大大提高，是目前应用最成功和用量最大的一种改性沥青。主要用于制作防水卷材，此外也可用于制作防水涂料等。

（二）树脂类改性剂

用树脂改性石油沥青，可以改进沥青的耐寒性、耐热性、粘结性和不透气性。由于石油沥青中含芳香性化合物很少，故树脂和石油沥青的相溶性较差，而且可用的树脂品种也较少，常用的树脂有：古马隆脂、聚乙烯、聚丙烯、酚醛树脂及天然松香等。

树脂加入沥青的方法常用热熔法。先将沥青加热熔化脱水，加入树脂，并不断搅拌、保温，即可得到均匀的树脂沥青。

（三）橡胶和树脂共混类改性剂

同时用橡胶和树脂来改善石油沥青的性质，可使沥青兼具橡胶和树脂的特性。由于树脂比橡胶便宜，橡胶和树脂又有较好的混溶性，故能取得满意的综合效果。

橡胶、树脂和石油沥青在加热熔融状态下，沥青与高分子聚合物之间发生相互侵入的扩散，沥青分子填充在聚合物大分子的间隙内，同时聚合物分子的某些链节扩散进入沥青分子中，从而形成凝聚网状混合结构，由此而获得较优良的性能。

（四）微填料类改性剂

随着"非水悬浮"研究的发展，研究认为：沥青混合料的性状（例如高温流变特性和低温变形能力等）与微填料的颗粒级配、表面性质和孔隙状态等有密切关系。可以用作沥青微填料的物质，首先是炭黑，其次是高钙粉煤灰，其他还有火山灰和页岩粉等。采用的微填料应经预处理（例如活化、芳化等），方能达到改善沥青的性能的效果。否则反而会劣化沥青性能。

（五）纤维类改性剂

在沥青中掺加各种纤维类型物质作为改性剂，这是早年就积累了许多经验的技术。常用的纤维物质有：各种人工合成纤维（如聚乙烯纤维、聚酯纤维）和矿质石棉纤维等。这类纤维类物质加入沥青中，可显著地提高沥青的高温稳定性，同时可增加低温抗拉强度，但能否达到预期的效果，取决于纤维的性能和掺配工艺。此外，这类物质往往对人体健康有影响，必须在具备符合规定的防护条件下，方能采用这项改性措施。

（六）硫磷类改性剂

硫在沥青中的硫桥作用，能提高沥青的高温抗变形能力，特别是某些组分不协调（例如沥青质含量极低的沥青），掺加低剂量（0.5%～1.0%）即有明显效果。但应采用"预熔法"，否则高温稳定性虽得到改善，但低温抗裂性则明显降低。此外，磷同样能使芳环侧链成为链桥存在，而改善沥青流变性质。

第二节　防　水　卷　材

防水卷材是工程防水材料的重要品种之一，在防水材料的应用中处于主导地位，在建筑防水工程的实践中起着重要作用，是一种面广量大的防水材料。防水卷材质量的优劣与建筑物的使用寿命是紧密相连的，目前使用的常用沥青基防水卷材是传统的防水卷材，也是目前应用最多的防水卷材，但其使用寿命较短。随着合成高分子材料的发展，为研制和生产优良的防水卷材提供了更多的原料来源，目前防水卷材已由沥青基向高聚物改性沥青基和橡胶、树脂等合成高分子防水卷材发展，油毡的胎体也从纸胎向玻璃纤维胎或聚酯胎方向发展，防水层的构造有多层向单层方向发展，施工方法由热熔法向冷贴法方向发展。

防水卷材按照材料的组成一般可分为沥青防水卷材、高聚物改性沥青防水卷材和合成高分子防水卷材等三大类。

一、沥青基防水卷材

沥青基防水卷材分为有胎卷材和无胎卷材。有胎卷材是指用玻璃布、石棉布、棉麻织品、厚纸等作为胎体，浸渍石油沥青，表面撒一层防粘材料而制成的卷材，又称作浸渍卷材；无胎卷材是将橡胶粉、石棉粉等与沥青混炼再压延而成的防水材料，也成辊压卷材。沥青类防水卷材价格低廉、结构致密、防水性能良好、耐腐蚀、粘附性好，是目前建筑工程中最常用的柔性防水材料。广泛用于工业、民用建筑、地下工程、桥梁道路、隧道涵洞及水工建筑等很多领域。但由于沥青材料的低温柔性差、温度敏感性强、耐大气化性差，故属于低档防水卷材。

二、改性沥青防水卷材

沥青防水卷材由于其温度稳定性差、延伸率小等，很难适应基层开裂及伸缩变形的要求。采用高聚物材料对传统的沥青方式卷材进行改性，则可以改善传统沥青防水卷材温度稳定性差、延伸率低的不足，从而使改性沥青防水卷材具有高温不流淌、低温不脆裂、拉伸强度高和延伸率较大等优异性能。主要改性沥青防水卷材有：

1. SBS改性沥青防水卷材

SBS（苯乙烯—丁二烯—苯乙烯）改性沥青防水卷材是以聚酯毡、玻纤毡等增强材料为胎体，以SBS改性石油沥青为浸渍涂盖层，以塑料薄膜为防粘隔离层，经过选材、配料、共熔、浸渍、复合成型、收卷曲等工序加工而成的一种柔性防水卷材。

SBS改性沥青防水卷材具有优良的耐高低温性能，可形成高强度防水层，耐穿刺、耐硌伤、耐撕裂、耐疲劳，具有优良的延伸性和较强的抗基层变形能力，低温性能优异。

SBS改性沥青防水卷材除用于一般工业与民用建筑防水外，尤其适应于高级和高层建筑物的屋面、地下室、卫生间等的防水防潮，以及桥梁、停车场、屋顶花园、游泳池、蓄水池、隧道等建筑的防水。又由于该卷材具有良好的低温柔韧性和极高的弹性延伸性，更适合于北方寒冷地区和结构易变形的建筑物的防水。

2. APP改性沥青防水卷材

石油沥青中加入25%～35%的APP（无规聚丙烯）可以大幅度提高沥青的软化点，并能明显改善其低温柔韧性。

APP改性沥青防水卷材是以聚酯毡或玻纤毡为胎体，以APP改性沥青为预浸涂盖层，然后上层撒上隔离材料，下层覆盖聚乙烯薄膜或撒布细砂而成的沥青防水卷材。APP改性沥青防水卷材的特点是不仅具有良好防水性能，还具有优良耐高温性能和较好柔韧性，可形成高强度、耐撕裂、耐穿刺的防水层，耐紫外线照射、耐久寿命长、热熔法粘结可靠性强等特点。

与SBS改性沥青防水卷材相比，除在一般工程中使用外，APP改性沥青防水卷材由于耐热度更好而且有着良好的耐紫外老化性能，故更加适应于高温或有太阳辐照地区的建筑物的防水。

3. 其他改性沥青卷材

氧化沥青防水卷材是以氧化沥青或优质氧化沥青（催化氧化沥青或改性氧化沥青）作为浸涂材料，以无纺玻纤毡、加纺玻纤毡、黄麻布、铝箔或玻纤铝箔复合为胎体加工制造而成。该卷材造价低，属于中低档产品。优质氧化沥青油毡具有很好的低温柔韧性，适合于北方寒冷地区建筑物的防水。

丁苯橡胶改性沥青防水卷材是采用低软化点氧化石油沥青浸渍原纸，然后以催化剂和丁苯橡胶改性沥青加填料涂盖两面，再撒以撒布料所制成的防水卷材。该类卷材适应于一般建筑物的防水、防潮，具有施工温度范围广的特点，在−15℃以上均可施工。

再生胶改性沥青防水卷材是由再生橡胶粉掺入适量的石油沥青和化学助剂进行高温高压处理后，在掺入一定量的填料经混练、压延而制成的无胎体防水卷材。该卷材具有延伸率大、低温柔韧性好、耐腐蚀性强、耐水性好及热稳定性等特点，使用于一般建筑物的防水层，尤其适应于有保护层的屋面或基层沉降较大的建筑物变形缝处的防水。

自粘性改性沥青防水卷材是以自粘性改性沥青为涂盖材料，以无纺玻纤毡、加纺玻纤毡、无纺聚酯布为胎体，在浸涂胎体后，下表面用隔离纸覆盖，上表面用具有自粘保护功能的隔离材料覆面，使用时只需揭开隔离纸便可铺贴，稍加压力就能粘贴牢固。它具有良好的低温柔韧性和施工方便等特点，除一般工程外更适合于北方寒冷地区建筑物的防水。

三、合成高分子防水卷材

合成高分子防水卷材是以合成橡胶、合成树脂或两者的共混体为基础，加入适量的助剂和填充料等，经过混炼、塑炼、压延或挤出成型、硫化、定型等加工工艺制成的片状可卷曲的防水材料。

合成高分子防水卷材具有强度高、断裂伸长率大、抗撕裂强度高、耐热性能好、低温柔性好、耐腐蚀、耐老化及可以冷施工等一系列优异性能，而且彻底改变了沥青基防水卷材施工条件差、污染环境等缺点，是值得大力推广的新型高档防水卷材。目前多用于高级宾馆、大厦、游泳池、厂房等要求有良好防水性的屋面、地下等防水工程。

根据组成材料的不同，合成高分子防水卷材一般可分为橡胶型、树脂型和橡塑共混型防水材料三大类，各类又分别有若干品种。下面介绍一些常用的合成高分子防水卷材。

1. 三元乙丙橡胶防水卷材

三元乙丙橡胶防水卷材是以三元乙丙橡胶为主要原料，掺入适量的丁基橡胶、硫化剂、促进剂、补强剂、稳定剂、填充剂和软化剂等，经过密炼、塑炼、过滤、拉片、挤出（或压延）成型、硫化等工序制成的高强高弹性防水材料。

目前国内三元乙丙橡胶防水卷材的类型按工艺分为硫化型、非硫化型两种，其中硫化型占主导。

三元乙丙橡胶卷材是目前耐老化性能最好的一种卷材，使用寿命可达 30 年以上。它具有防水性好、重量轻、耐候性好、耐臭氧性好、弹性和抗拉强度大、抗裂性强、耐酸碱腐蚀等特点，而且耐高低温性能好，并可以冷施工，目前在国内属高档防水材料。三元乙丙橡胶卷材最适用于工业与民用建筑的屋面工程的外露防水层，并适用于受振动、易变形建筑工程防水，也适用于刚性保护层或倒置式屋面以及地下室、水渠、贮水池、隧道、地铁等建筑工程防水。

2. 聚氯乙烯防水卷材

聚氯乙烯防水卷材是以聚氯乙烯树脂为主要原料，掺加填充料和适量的改性剂、增塑剂、抗氧剂、紫外线吸收剂、其他加工助剂等，经过混合、造粒、挤出或压延、定型、压花、冷却卷曲等工序加工而成的防水卷材。

聚氯乙烯防水卷材的特点是价格便宜、抗拉强度和断裂伸长率较高，对基层伸缩、开裂、变形的适应性强；低温度柔韧性好，可在较低的温度下施工和应用；卷材的搭接除了可用胶粘剂外，还可以用热空气焊接的方法，接缝处严密。

与三元乙丙橡胶防水卷材相比，除在一般工程中使用外，聚氯乙烯防水卷材更适应于刚性层下的防水层及旧建筑混凝土构件屋面的修缮工程，以及有一定耐腐蚀要求的室内地面工程的防水、防渗工程等。

3. 氯化聚乙烯防水卷材

氯化聚乙烯防水卷材主要原料是以氯化聚乙烯树脂，掺入适量的化学助剂和填充料，采用塑料或橡胶的加工工艺，经过捏和、塑炼、压延、卷曲、分卷、包装等工序，加工制成的弹塑性防水材料。

氯化聚乙烯防水卷材具有热塑性弹性体的优良性能，具有耐热、耐老化、耐腐蚀等性能，且原材料来源丰富，价格较低，生产工艺较简单，可冷施工操作，施工方便，故发展迅速，目前，在国内属中高档防水卷材。

氯化聚乙烯防水卷材使用于各种工业和民用建筑物屋面，各种地下室，其他地下工程以及浴室、卫生间和蓄水池、排水沟、堤坝等的防水工程。由于氯化聚乙烯呈塑料性能，耐磨性能很强，故还可以作为室内装饰底面的施工材料，兼有防水和装饰作用。

4. 氯化聚乙烯—橡胶共混防水卷材

氯化聚乙烯—橡胶共混防水卷材是以氯化聚乙烯树脂和合成橡胶为主体，掺入适量硫化剂等添加剂及填充料，经混炼、压延或挤出等工艺制成的高弹性防水卷材。

氯化聚乙烯—橡胶共混防水卷材兼有塑料和橡胶的特点。具有高强度、高延伸率和耐臭氧性能、耐低温性能，良好的耐老化性能和耐水、耐腐蚀性能。尤其该卷材是一种硫化型橡胶防水卷材，不但强度高，延伸率大，且具有高弹性，受外力时可产生拉伸变形，且变形范围大。同时当外力消失后卷材可逐渐回弹到受力前状态，这样当卷材应用于建筑防水工程时，对基层变形有一定的适应能力。

氯化聚乙烯—橡胶共混防水卷材适用于屋面外露、非外露防水工程；地下室外防外贴法或外防内贴法施工的防水工程，以及水池、土木建筑等防水工程。

5. 其他合成高分子防水卷材

合成高分子防水卷材除以上四种典型品种外，还有再生胶、三元丁橡胶、氯磺化聚乙烯、三元乙丙橡胶—聚乙烯共混等防水卷材，这些卷材原则上都是塑料经过改性，或橡胶经过改性，或两者复合以及多种复合，制成的能满足建筑防水要求的制品。它们因所用的基材不同而性能差异较大，使用时应根据其性能的特点合理选择。

按国家标准《屋面工程质量验收规范》(GB 50207—2002) 的规定，合成高分子防水卷材适用于防水等级为Ⅰ级、Ⅱ级和Ⅲ级的屋面防水工程。在Ⅰ级屋面防水工程中必须至少有一道厚度不小于 1.5mm 的合成高分子防水卷材；在Ⅱ级屋面防水工程中，可采用一道或两道厚度不小于 1.2mm 的合成高分子防水卷材；在Ⅲ级屋面防水工程中，可采用一道厚度不小于 1.2mm 的合成高分子防水卷材。常见合成高分子防水卷材的特点和使用范围见表 9-2。

常见合成高分子防水卷材的特点和使用范围　　　　表 9-2

卷材名称	特　点	使用范围	施工工艺
再生胶防水卷材	有良好的延伸性、耐热性、耐寒性和耐腐蚀性，价格低廉	单层非外露部位及地下防水工程，或加盖保护层的外露防水工程	冷粘法施工
氯化聚乙烯防水卷材	具有良好的耐候、耐臭氧、耐热老化、耐油、耐化学腐蚀及抗撕裂的性能	单层或复合作用宜用于紫外线强的炎热地区	冷粘法或自粘法施工
聚氯乙烯防水卷材	具有较高的抗拉和撕裂强度，伸长率较大，耐老化性能好，原材料丰富，价格便宜，容易粘结	单层或复合使用于外露或有保护层的防水工程	冷粘法或热风焊接法施工
三元乙丙橡胶防水卷材	防水性能优异，耐候性好，耐臭氧性、耐化学腐蚀性、弹性和抗拉强度大，对基层变形开裂的适用性强，重量轻，使用温度范围宽，寿命长，但价格高，粘结材料尚需配套完善	防水要求较高，防水层耐用年限长的工业与民用建筑，单层或复合使用	冷粘法或自粘法施工

卷材名称	特　　点	使用范围	施工工艺
三元丁橡胶防水卷材	有较好的耐候性、耐油性、抗拉强度和伸长率，耐低温性能稍低于三元乙丙防水卷材	单层或复合使用于要求较高的防水工程	冷粘法施工
氯化聚乙烯—橡胶共混防水卷材	不但具有氯化聚乙烯特有的高强度和优异的耐臭氧、耐老化性能，而且具有橡胶所特有的高弹性、高延伸性以及良好的低温柔性	单层或复合使用，尤宜用于寒冷地区或变形较大的防水工程	冷粘法施工

第三节　防　水　涂　料

防水涂料是一种流态或半流态物质，可用刷、喷等工艺涂布在基体表面，经溶剂挥发或各组分间的化学反应，形成具有一定弹性和一定厚度的连续薄膜，使基层表面与水隔绝，并能抵抗一定的水压力，从而起到防水和防潮作用。

一、防水涂料的组成、分类和特点

防水涂料实质上是一种特殊涂料，它的特殊性在于当涂料涂布在防水结构表面后，能形成柔软、耐水、抗裂和富有弹性的防水涂膜，隔绝外部的水分子向基层渗透。因此，在原材料的选择上不同于普通建筑涂料，主要采用憎水性强、耐水性好的有机高分子材料，常用的主体材料采用聚氨酯、氯丁胶、再生胶、SBS橡胶和沥青以及它们的混合物，辅助材料主要包括固化剂、增韧剂、增黏剂、防霉剂、填充料、乳化剂、着色剂等，其生产工艺和成膜机理与普通建筑涂料基本相同。

防水涂料根据组分的不同可分为单组分防水涂料和双组分防水涂料两类。根据成膜物质的不同可分为沥青基防水材料、高聚物改性沥青防水材料和合成高分子材料防水材料三类。如按涂料的分散介质不同，又可分为溶剂型和水乳型两类，不同介质的防水涂料的性能特点见表9-3。

溶剂型和水乳型防水涂料的性能特点　　　　　　　　　　表9-3

项　　目	溶剂型防水涂料	水乳型防水涂料
成膜机理	通过溶剂的挥发、高分子材料的分子链接触、缠结等过程成膜	通过水分子的蒸发，乳胶颗粒靠近、接触、变形等过程成膜
干燥速度	干燥快，涂膜薄而致密	干燥较慢，一次成膜的致密性较低
贮存稳定性	贮存稳定性较好，应密封贮存	贮存期一般不宜超过半年
安全性	易燃、易爆、有毒，生产、运输和使用过程中应注意安全使用，注意防火	无毒，不燃，生产使用比较安全
施工情况	施工时应通风良好，保证人生安全	施工较安全，操作简单，可在较为潮湿的找平层上施工，施工温度不宜低于5℃

一般来说，防水涂料具有以下五个特点：

（1）防水涂料在常温下呈液态，特别适宜在立面、阴阳角、穿结构层管道、不规则屋面、节点等细部构造处进行防水施工，固化后能在这些复杂表面处形成完整的防水膜。

（2）涂膜防水层自重轻，特别适宜于轻型薄壳屋面的防水。

（3）防水涂料施工属于冷施工，可刷涂，也可喷涂，操作简便，施工速度快，环境污染小，同时也减小了劳动强度。

（4）温度适应性强，防水涂层在－30～80℃条件下均可使用。

（5）涂膜防水层可通过加贴增强材料来提高抗拉强度。

（6）容易修补，发生渗漏可在原防水涂层的基础上修补。

防水涂料的主要优点是易于维修和施工，特别适用于管道较多的卫生间、特殊结构的屋面以及旧结构的堵漏防渗工程。

二、常用的防水涂料

（一）沥青基防水涂料

沥青基防水涂料的成膜物质是石油沥青，一般分为溶剂型和水乳型两种。溶剂型沥青涂料是将石油沥青直接溶解于汽油等有机溶剂后制得的溶液。沥青溶液施工后所形成的涂膜很薄，一般不单独作防水涂料使用，只用作沥青类油毡施工时的基层处理剂。水乳型沥青防水涂料是将石油沥青分散于水中所形成的稳定的水分散体。目前常用的沥青类防水涂料有水乳无机矿物厚质沥青涂料、水性石棉沥青防水涂料、石灰乳化沥青、水性铝粉屋面反光涂料、溶剂型屋面反光隔热涂料，膨润土—石棉乳化沥青防水涂料、阳离子乳化高蜡石油沥青防水涂料等。这类涂料属于中低档防水涂料，具有沥青类防水卷材的基本性质，价格低廉，施工简单。

（二）高聚物改性防水涂料

沥青防水涂料通过适当的高聚物改性可以显著提高其柔韧性、弹性、流动性、气密性、耐化学腐蚀性和耐疲劳等性能，高聚物改性沥青防水涂料一般是用再生橡胶、合成橡胶或SBS等对沥青进行改性而制成的水乳型或溶剂型防水涂料。

1. 氯丁橡胶沥青防水涂料

氯丁橡胶沥青防水涂料的基料是氯丁橡胶和石油沥青。按其溶剂为有机溶剂和水的不同可分为溶剂型和水乳型两种氯丁橡胶沥青防水涂料。其中水乳型氯丁橡胶沥青防水涂料的特点是涂膜强度大、延伸性好，能充分适应基层的变化，耐热性和低温柔韧性优良，耐臭氧老化，抗腐蚀，阻燃性好，不透水，是一种安全无毒的防水涂料，已经成为我国防水涂料的主要品种之一。适用于工业和民用建筑物的屋面防水、墙身防水和楼面防水、地下室和设备管道的防水、旧屋面的维修和补漏，还可用于沼气池、油库等密闭工程混凝土以提高其抗渗性和气密性。

2. 水乳型再生橡胶改性沥青防水涂料

水乳型再生橡胶改性沥青防水涂料是由阴离子型再生乳胶和阴离子型沥青乳胶混合均匀构成，再生橡胶和石油沥青的微粒借助于阴离子表面活性剂的作用，稳定分散在水中而形成的乳状液。

该涂料以水为分散剂，具有无毒、无味、不燃的优点，可在常温下冷施工作业，并可在稍潮湿无积水的表面施工，涂膜有一定的柔韧性和耐久性，材料来源广，价格低。它属于薄型涂料，一次涂刷涂膜较薄，需多次涂刷才能达到规定厚度。该涂料一般要加衬玻璃纤维布或合成纤维加筋毡构成防水层，施工时再配以嵌缝密封膏，以达到较好的防水效果。该涂料适用于工业与民用建筑混凝土基层屋面防水；以沥青珍珠岩为保温层的保温屋面防水；地下混凝土建筑防潮以及旧油毡屋面翻修和刚性自防水屋面的维修等。

3. SBS 改性沥青防水涂料

SBS 改性沥青防水涂料是以沥青、橡胶、合成树脂、SBS 及表面活性剂等高分子材料组成的一种水乳型弹性沥青防水涂料。该涂料的优点是低温柔韧性好、抗裂性强、粘结性能优良、耐老化性能好，与玻纤布等增强胎体复合，能用于任何复杂的基层，防水性能好，可冷施工作业，是较为理想的中档防水涂料。SBS 改性沥青防水涂料适用于复杂基层的防水防潮施工，如厕浴间、地下室、厨房、水池等，特别适合于寒冷地区的防水施工。

(三) 合成高分子防水涂料

合成高分子防水涂料是以合成橡胶或合成树脂为主要成膜物质，加入其他辅料而配制成的单组分或多组分防水涂料。合成高分子防水涂料的品种很多，常见的有硅酮、氯丁橡胶、聚氯乙烯、聚氨酯、丙烯酸酯、丁基橡胶、氯磺化聚乙烯、偏二氯乙烯等防水涂料。防水涂料向着高性能、多功能化的方向迅速发展，比如粉末态、反应型、纳米型、快干型等各种功能性涂料逐渐被开发并应用。这里主要介绍以下几种。

1. 聚氨酯防水涂料

聚氨酯防水涂料以异氰酸酯基与多元醇、多元胺及其他含活泼氢的化合物进行加成聚合，生成的产物含氨基甲酸酯基为氨酯键，故称为聚氨酯。聚氨酯防水涂料是防水涂料中最重要的一类涂料，无论是双组分还是单组分都属于以聚氨酯为成膜物质的反应型防水涂料。

聚氨酯涂膜防水涂料涂膜固化时无体积收缩，具有较大的弹性和延伸率、较好的抗裂性、耐候性、耐酸碱性、耐老化性、适当的强度和硬度，几乎满足作为防水材料的全部特性。当涂膜厚度为 1.5～2.0mm 时，使用年限可在 10 年以上。而且对各种基材如混凝土、石、砖、木材、金属等均有良好的附着力。属于高档的合成高分子防水涂料。

双组分聚氨酯防水涂料广泛应用于屋面、地下工程、卫生间、游泳池等的防水，也可用于室内隔水层及接缝密封，还可用作金属管道、防腐地坪、防腐池的防腐处理等。单组分聚氨酯防水涂料则多数用于建筑的砖石结构、金属结构部分及聚氨酯屋面防水层的修补。

2. 水性丙烯酸酯防水涂料

丙烯酸系防水涂料是以纯丙烯酸共聚物、改性丙烯酸或纯丙烯酸酯乳液为主要成分，加入适量填料和助剂配制而成的水性单组分防水涂料。这类防水涂料由于其介质为水，不含任何有机溶剂，因此属于良好的环保型涂料。

这类涂料的最大优点是具有优良的防水性、耐候性、耐热性和耐紫外线性。涂膜延伸性好，弹性好，伸长率可达 250%，能适应基层一定幅度的变形开裂；温度适应性强，在 −30～80℃ 范围内性能无大的变化；可以调制成各种色彩，兼有装饰和隔热效果。这类涂料适用于各类建筑防水工程，如钢筋混凝土、轻质混凝土、沥青和油毡、金属表面、外墙、卫生间、地下室、冷库等，也可用做防水层的维修和作保护层等。

3. 硅橡胶防水涂料

硅橡胶防水涂料是以硅橡胶胶乳以及其他乳液的复合物为主要基料，掺入无机填料及各种助剂配制而成的乳液型防水涂料。通常由 1 号和 2 号组成，1 号涂布于底层和面层，2 号涂布于中间加强层。

该类涂料兼有涂膜防水和渗透防水材料两者的优良特性，具有良好的防水性、抗渗透性、成膜性、弹性、粘结性、延伸性和耐高低温特性，适应基层变形的能力强。可渗入基底，与基底牢固粘结，成膜速度快，可在潮湿底基层上施工，可刷涂、喷涂或滚涂。特别是它可以做到无毒级产品，是其他高分子防水材料所不能比拟的，因此，硅橡胶防水涂料使用于各类工程尤其是地下工程的防水、防渗和维修工程，对水质不造成污染。

4. 聚氯乙烯防水涂料

聚氯乙烯防水涂料是以聚氯乙烯和煤焦油为基料，加入适量的防老剂、增塑剂、稳定剂及乳化剂，以水为分散介质所制成的水乳型防水涂料。施工时，一般要铺设玻纤布、聚酯无纺布等胎体进行增强处理。

该类防水涂料弹塑性好，耐寒、耐化学腐蚀、耐老化和成品稳定性好，可在潮湿的基层上冷施工，防水层的总造价低。聚氯乙烯防水涂料可用于各种一般工程的防水、防渗及金属管道的防腐工程。

（四）水泥基渗透结晶型防水涂料

水泥基渗透结晶型防水涂料是由硅酸盐水泥、石英砂、特殊活性物质及添加剂组成的无机粉末状防水涂料。与水作用后，硅酸盐活性离子通过载体向混凝土内部扩散渗透，与混凝土孔隙中的钙离子进行化学反应，生成不溶于水的硅酸盐结晶体填充混凝土毛细孔道，从而使混凝土结构致密，实现防水功能。

与高分子类有机防水涂料相比，这类防水材料具有一些独特的性能：可以与混凝土组成完整、耐久的整体；可以在新鲜或初凝混凝土表面施工；固化快，48h后可以进行后续施工；可以抵抗海水和其他盐分的化学侵蚀，起到保护混凝土和钢筋作用；无毒，可用于饮用水工程。

第四节　建　筑　密　封　材　料

建筑密封材料又称嵌缝材料，主要应用在板缝、接头、裂隙、屋面等部位。通常要求建筑密封材料具有良好的粘结性、抗下垂性、不渗水透气，易于施工；还要求具有良好的弹塑性，能长期经受被粘构件的伸缩和振动，在接缝发生变化时不断裂、不剥落，并要有良好的耐老化性能，不受热和紫外线的影响，长期保持密封所需要的粘结性和内聚力等。

一、建筑密封材料的组成和分类

建筑密封材料的基材主要有油基、橡胶、树脂等有机化合物和无机类化合物，与防水涂料类似。其生产工艺也相对比较简单，主要包括溶解、混炼、密炼等过程，这里也不一一详述。

建筑密封材料的防水效果主要取决于两个方面，一是油膏本身的密封性、憎水性和耐久性等；二是油膏和基材的粘附力。粘附力的大小与密封材料对基材的浸润性、基材的表面性状（粗糙度、清洁度、温度和物理化学性质等）以及施工工艺密切相关。

建筑密封材料按形态的不同一般可分为不定型密封材料和定型密封材料两大类（表9-4）。不定型密封材料常温下呈膏体状态；定型密封材料是将密封材料按密封工程特殊部位的不同要求制成带、条、方、圆、垫片等形状，定型密封材料按密封机理的不同可分为遇水膨胀型和非遇水膨胀型两类。

建筑密封材料的分类及主要品种 表 9-4

分类	类 型		主 要 品 种
不定型密封材料	非弹性密封材料	油性密封材料	普通油膏
		沥青基密封材料	橡胶改性沥青油膏、桐油橡胶改性沥青油膏、桐油改性沥青油膏、石棉沥青腻子、沥青鱼油油膏、苯乙烯焦油油膏
		热塑性密封材料	聚氯乙烯胶泥、改性聚氯乙烯胶泥、塑料油膏、改性塑料油膏
	弹性密封材料	溶剂型弹性密封材料	丁基橡胶密封膏、氯丁橡胶橡胶密封膏、氯磺化聚乙烯橡胶密封膏、丁基氯丁再生胶密封膏、橡胶改性聚酯密封膏
		水乳型弹性密封材料	水乳丙烯酸密封膏、水乳氯丁橡胶密封膏、改性 EVA 密封膏、丁苯胶密封膏
		反应型弹性密封材料	聚氨酯密封膏、聚硫密封膏、硅酮密封膏
定型密封材料	密封条带		铝合金门窗橡胶密封条、丁腈胶—PVC 门窗密封条、自粘性橡胶、水膨胀橡胶、PVC 胶泥墙板防水带
	止水带		橡胶止水带、嵌缝止水密封胶、无机材料基止水带、塑料止水带

二、常用建筑密封材料

1. 橡胶沥青油膏

它具有良好的防水防潮性能，粘结性好，延伸率高，耐高低温性能好，老化缓慢，适用于各种混凝土屋面、墙板及地下工程的接缝密封等，是一种较好的密封材料。

2. 聚氯乙烯胶泥

其主要特点是生产工艺简单，原材料来源广，施工方便，具有良好的耐热性、粘结性、弹塑性、防水性以及较好的耐寒性、耐腐蚀性和耐老化性能。适用于各种工业厂房和民用建筑的屋面防水嵌缝，以及受酸碱腐蚀的屋面防水，也可用于地下管道的密封和卫生间等。

3. 有机硅建筑密封膏

有机硅建筑密封膏具有优良的耐热、耐寒、耐老化及耐紫外线等耐候性能，与各种基材如混凝土、铝合金、不锈钢、塑料等有良好的粘结力，并且具有良好的伸缩耐疲劳性能，防水、防潮、抗震、气密、水密性能好。适用于各类建筑物和地下结构的防水、防潮和接缝处理。

4. 聚硫橡胶密封材料

这类密封材料的特点是弹性特别高，能适应各种变形和振动，粘结强度好（0.63MPa）、抗拉强度高（1～2MPa）、延伸率大（500％以上）、直角撕裂强度大（8kN/m），并且它还具有优异的耐候性，极佳的气密性和水密性，良好的耐油、耐溶剂、耐氧化、耐湿热和耐低温性能，使用温度范围广，对各种基材如混凝土、陶瓷、木材、玻璃、金属等均有良好的粘结性能。

聚硫密封材料适用于混凝土墙板、屋面板、楼板、地下室等部位的接缝密封以及金属幕墙、金属门窗框四周、中空玻璃的防水、防尘密封等。

5. 聚氨酯弹性密封膏

聚氨酯弹性密封膏对金属、混凝土、玻璃、木材等均有良好的粘结性能，具有弹性大、延伸率大、粘结性好、耐低温、耐水、耐油、耐酸碱、抗疲劳及使用年限长等优点。

与聚硫、有机硅等反应型建筑密封膏相比，价格较低。

聚氨酯弹性密封膏广泛应用于墙板、屋面、伸缩缝等勾缝部位的防水密封工程，以及给排水管道、蓄水池、游泳池、道路桥梁、机场跑道等工程的接缝密封与渗漏修补，也可用于玻璃、金属材料的嵌缝。

6. 水乳型丙烯酸密封膏

该类密封材料具有良好的粘结性能、弹性和低温柔韧性能，无溶剂污染、无毒、不燃，可在潮湿的基层上施工，操作方便，特别是具有优异的耐候性和耐紫外线老化性能，属于中档建筑密封材料，其使用范围广、价格便宜、施工方便，综合性能明显优于非弹性密封膏和热塑性密封膏，但要比聚氨酯、聚硫、有机硅等密封膏差一些。该密封材料中含有约15%的水，故在温度低于0℃时不能使用，而且要考虑其中水分的散发所产生的体积收缩，对吸水性较大的材料如混凝土、石料、石板、木材等多孔材料构成的接缝的密封比较适宜。

水乳型丙烯酸密封膏主要用于外墙伸缩缝、屋面板缝、石膏板缝、给水排水管道与楼屋面接缝等处的密封。

7. 止水带

止水带也称为封缝带，是处理建筑物或地下构筑物接缝（伸缩缝、施工缝、变形缝）用的一类定型防水密封材料。常用品种有橡胶止水带、嵌缝止水密封胶、无机材料基止水条（BW复合止水带）及塑料止水带等。

（1）橡胶止水带。它具有良好的弹塑性、耐磨性和抗撕裂性能，适应变形能力强，防水性能好。但使用温度和使用环境对物理性能有较大的影响，当作用于止水带上的温度超过50℃，以及受强烈的氧化作用或受油类等有机溶剂的侵蚀时不宜采用。橡胶止水带一般用于地下工程、小型水坝、贮水池、地下通道、河底隧道、游泳池等工程的变形缝部位的隔离防水以及水库、输水洞等处闸门的密封止水。

（2）嵌缝止水密封胶。它能和混凝土、塑料、玻璃、钢材等材料牢固粘合，具有优良的耐气候老化性能及密封止水性能，同时还具有一定的机械强度和较大的伸长率，可在较宽的温度范围内适应基材的热胀冷缩变化，并且施工方便，质量可靠，可大大减少维修费用。它主要用于建筑和水利工程等混凝土建筑物的接缝、电缆接头、汽车挡风玻璃、建筑用中空玻璃及其他用途的止水密封。

（3）无机材料基止水带。它具有优良的粘结力和延伸率，可以利用自身的黏性直接粘在混凝土施工缝表面。它是静水膨胀材料，遇水可快速膨胀，封闭结构内部的细小裂缝和孔隙，止水效果好。其主体材料为无机类，又包于混凝土中间，故不存在老化问题。这种止水带适用于各种地下工程防水混凝土水平缝和垂直缝，主要代替橡胶止水带和钢板止水带使用，以及地面各种存水设施、给水排水管道的接缝防水密封等。

（4）塑料止水带。塑料止水带的优点是原料来源丰富，价格低廉，耐久性好，物理力学性能能满足使用要求。可用于地下室、隧道、涵洞、溢洪道、沟渠等的隔离防水。

8. 密封条带

根据弹性性能，密封带可分为非回弹、半回弹和回弹型三种。非回弹型以聚丁烯为基，并用少量低分子量聚异丁烯或丁基橡胶增强，或以低分子量聚异丁烯为基，可用于二次密封，装配玻璃、隔热玻璃等。半回弹型往往以丁基橡胶或较高分子量的聚异丁烯为基。高回弹型密封带以固化丁基橡胶或氯丁橡胶为基，两者可用于幕墙和预制构成，也可用于隔热玻璃等。

作为衬垫使用的定型密封材料，由于其必须在压缩作用下工作，故要由高恢复性的材料制成。预制密封垫常用的材料有氯丁橡胶、三元乙丙橡胶、海帕伦、丁基橡胶等。氯丁橡胶由于恢复率优良，故在建筑物及公路上的应用处于领先地位。以三元乙丙为基的产品性能更好，但价格更贵。

在我国，目前该类材料的品种和使用量还相对较少，主要品种有丁基密封腻子、铝合金门窗橡胶密封条、丁腈胶—PVC门窗密封条、彩色自粘性密封条、自粘性橡胶、遇水膨胀橡胶以及PVC胶泥墙板防水带等。

（1）丁基密封腻子。它是以丁基橡胶为基料，并添加增塑剂、增黏剂、防老化剂等辅助材料配成的一种非硫型建筑密封材料（不干性腻子）。它具有寿命长、价格较低、无毒、无味、安全等特点，具有良好的耐水粘结性和耐候性，带水堵漏效果好，使用温度范围宽，能在-40℃～100℃范围内长期使用，且与混凝土、金属、熟料等多种材料具有良好的粘结力，可冷施工，使用方便。它适用于建筑防水密封，涵洞、隧道、水坝、地下工程的带水堵漏密封，环保工程管道密封等。在建筑密封方面，它可用于外墙板接缝、卫生间防水密封、大型屋面伸缩缝嵌缝、活动房屋嵌缝等。

（2）丁腈胶-PVC门窗密封条。它具有较高的强度和弹性，适当的硬度和优良的耐老化性能。该产品广泛应用于建筑物门窗、商店橱窗、地柜和铝型材的密封配件，镶嵌在铝合金和玻璃之间，能其固定、密封和轻度避震作用，防止外界灰尘、水分等进入系统内部，广泛用于铝合金门窗的装配。

（3）彩色自粘性密封条。它具有优良的耐久性、气密性、粘结力和伸长率。它使用于混凝土、塑料、金属构件、玻璃、陶瓷等各种接缝的密封，也广泛用于铝合金屋面接缝、金属门窗框的密封等。

（4）自粘性橡胶。该类产品具有良好的柔顺性，在一定压力下能填充到各种裂缝及空洞中去，延伸性能良好，能适应较大范围的沉降错位，具有良好的耐化学性和极优良的耐老化性能，能与一般橡胶制成复合体。可单独作腻子用于接缝的嵌缝防水，或与橡胶复合制成嵌条用于接缝防水，也可用作橡胶密封条的辅助粘结嵌缝材料。该类产品广泛用于工农业给水排水工程，公路、铁路工程以及水利和地下工程。

（5）遇水膨胀橡胶。它是一种既具有一般橡胶制品的性能，又能遇水膨胀的新型密封材料。该材料具有优良的弹性和延伸性，在较宽的温度范围内均可发挥优良的防水密封作用。遇水膨胀倍率可在100%～500%之间调节，耐水性、耐化学性和耐老化性良好，可根据需要加工成不同形状的密封嵌条、密封圈、止水带等，也能与其他橡胶复合制成复合防水材料。遇水膨胀橡胶主要用与各种基础工程和地下设施如隧道、地铁、水电给排水工程中的变形缝、施工缝的防水，混凝土、陶瓷、塑料管、金属等各种管道的接缝防水等。

（6）PVC胶泥墙板防水带。其特点是胶泥条经加热后与混凝土、砂浆、钢材等有良好的粘结性能，防水性能好，弹性较大，高温不流淌，低温不脆裂，因而能适应大型墙板因荷载、温度变化等原因引起的构件变形。它主要用于混凝土墙板的垂直和水平接缝的防水。胶泥条一般采用热粘操作。

习题与复习思考题

1. 石油沥青为何宜作防水材料？

2. 为什么说沥青是一种胶凝材料？

3. 组分变化对沥青的性质将产生什么样的影响？

4. 试分析石油沥青各组分相对含量变化时，对其宏观结构的影响。

5. 蜡的存在将对沥青的胶体结构和性能产生什么样的影响？

6. 沥青的胶体结构常用何种方法确定？怎样判定？

7. 石油沥青的三大指标是什么？

8. 石油沥青软化点指标反映了沥青的什么性质？沥青的软化点偏低，用于屋面防水工程上会产生什么后果？

9. 何谓沥青的感温性？常用什么指标表征？其值大小与感温性高低间的关系如何？

10. 怎样划分石油沥青的牌号？牌号大小与沥青主要性质间的关系如何？在施工中选用沥青时，是不是牌号越高的沥青质量越好？

11. 影响沥青耐久性的因素主要有哪些？

12. 改性沥青的作用包括哪些方面？常用改性剂有哪几类？

13. 高聚物改性沥青油毡和合成高分子防水卷材有哪些优点？

14. 防水涂料是什么？有哪些特点？

15. 防水涂料可分为哪几类？各类防水涂料的成膜机理有何不同？

16. 对建筑密封材料的要求有哪些？

第十章 装 饰 材 料

第一节 概 述

一、建筑装饰与材料

装饰材料一般指建筑物内外墙面、地面、顶棚装饰所需要的材料，它不仅装饰美化建筑、满足人的美感需要，还可以改善和保护主体结构，延长建筑物寿命。因此，常称之为建筑装修材料。

装饰材料是建筑材料中的精品，它集材性、工艺、造型、色彩于一体，反映时代的特征，体现科学技术发展的水平。

建筑物的外观效果不仅取决于建筑造型、比例、虚实对比、线条以及平面立面的设计手法，同时还需要装饰材料的质感、色彩和线形加以衬托。

材料的质感很难精确定义，一般指材料的质地感觉。同一种材料可把它加工成不同的性状，比如粗细、纹理和光泽的变化从而达到不同的质感。如粗犷的花岗石给人以庄重、雄伟的感觉；若制成磨光的石板材，又给人高雅整洁的感觉；具有弹性松软的材料，给人以柔和、温暖、舒适之感。

选择质感，还需要考虑其附加的作用和影响。例如表面粗糙的材料，可遮挡其瑕疵缺陷，但易挂灰。光亮的地面易清洗，但人易滑倒，不安全。

线型是指材料制成不同的形状或施工时拼成线型。采用直线、曲线或圆弧线，构成一定的格缝、凹凸线。从而提高建筑饰面的美化效果。有的直接采用块状材料砌清水墙，既简捷又美观。

色彩对装饰表观效果具有十分重要的作用。材料的彩色实际上是材料对光谱的反射，它涉及物理学、生理学和心理学。对物理学来说，颜色是光线；对生理学来说，颜色是感受；对心理学来说，颜色易使人产生幻想。颜色的选择应与环境协调，既要体现个性，又要易于让多数人接受。装饰材料的色彩应耐光耐晒，具有较好的化学稳定性，不褪色。

二、建筑装饰材料的分类

建筑装饰材料的品种繁多，通常有三种分类：

1. **按化学成分分类：**包括无机材料（包括金属和非金属）、有机材料、复合材料。

2. **按建筑物装饰部位分类：**包括外墙装饰材料、内墙装饰材料、地面装饰材料、顶棚装饰材料。

3. **按装饰材料的名称分类：**包括石材、玻璃、陶瓷、涂料、塑料、金属、装饰水泥、装饰混凝土等。

三、装饰材料的基本要求和选用

选用装饰材料，外观固然重要，但还需具有一定的物理化学性质，以满足其使用部位的性能要求。装饰材料还应对相应的建筑物部位起保护作用。例如：

外墙装饰材料，不仅色彩与周围环境协调美观，具有耐水抗冻、抗浸蚀等物理学性质，还能保护墙体结构，提高墙体材料抗风吹、日晒、雨淋以及辐射、大气及微生物的作用。若兼有隔热保温则更为完美。

内部装饰材料除了保护墙体和增加美观，还应方便清洁、耐擦洗，并具有一定的吸声、保温、吸湿功能，不含对人体有害的成分，以改善室内生活和工作环境。

地面装饰材料应具有较好的抗折、抗冲击、耐磨、保温、吸声、防火、抗腐蚀、抗污染、脚感好等性能。但很多性能是难以同时兼备的。如花岗石板材和地毯则是两类性质相反的材料，只能根据建筑物的使用性质和使用者的爱好进行选择。

顶棚材料则需吸声、隔热、防火、轻质、有一定的耐水性。

装饰材料类别品种繁多，同一种材料也有不同的档次。选用装饰材料，首先要根据建筑物的装修等级和经济状况"定调"。其次根据建筑装饰部位的功能要求选择材料的品种，不同品种具有不同的性能。还要考虑施工因素和材料来源的方便性。有的装饰材料装饰效果好，又经济，但施工难度大、施工周期长。有的材料难以采购和运输。

总之，装饰材料的选用，应在一定的建筑环境和空间，以适当的经济物质条件去改善和创造美好的生活和工作环境。

第二节　天然石材及其制品

天然石材是最古老的建筑材料之一，意大利的比萨斜塔、古埃及的金字塔、我国河北的赵州桥等，均为著名的古代石结构建筑。由于脆性大、抗拉强度低、自重大、开采加工较困难等原因，石材作为结构材料，近代已逐步被混凝土材料所代替，但由于石材具有特有的色泽和纹理美，使得其在室内外装饰中得到更为广泛的应用。石材用于建筑装饰已有悠久的历史，早在两千多年前的古罗马时代，就开始使用白色及彩色大理石等作为建筑饰面材料。在近代，随着石材加工水平的提高，石材独特的装饰效果得到充分展示，作为高级饰面材料，颇受人们欢迎，许多商场、宾馆等公共建筑均使用石材作为墙面、地面等装饰材料。

一、岩石的形成和分类

天然岩石根据其形成的地质条件不同，可分为岩浆岩、沉积岩、变质岩三大类。

（一）岩浆岩

1. 岩浆岩的形成及种类

岩浆岩又称火成岩，它是地壳深处的熔融岩浆上升到地表附近或喷出地表经冷凝而形成的岩石。根据岩浆冷凝情况不同，岩浆岩又可分为深成岩、喷出岩和火山岩三种。

深成岩是地壳深处的岩浆，在受上部覆盖层压力的作用下经缓慢且较均匀地冷凝而形成的岩石。其特点是矿物结晶完整，晶粒粗大，结构致密，呈块状构造；具有抗压强度高，吸水率小，表观密度大，抗冻性、耐磨性、耐水性良好等性质。常见的深成岩有花岗岩、正长岩、闪长岩、橄榄岩。

喷出岩是岩浆喷出地表后，在压力骤减、迅速冷却的条件下形成的岩石。其特点是大部分结晶不完全，多呈细小结晶（隐晶质）或玻璃质（解晶质）。当喷出的岩浆形成较厚的喷出岩岩层时，其结构与性质与深成岩相似；当形成较薄的岩层时，由于冷却速度快，且岩浆中气压降低而膨胀，形成多孔结构的岩石，其性质近于火山岩。常见的喷出岩有玄武岩、辉绿岩、安山岩等。

火山岩是火山爆发时，岩浆被喷到空中急速冷却后形成的岩石。其特点是呈多孔玻璃质结构，表观密度小。常见的火山岩有火山灰、浮石、火山渣、火山凝灰岩等。

2. 建筑装饰工程常用的岩浆岩

（1）花岗岩

花岗岩是岩浆岩中分布较广的一种岩石，主要由长石、石英和少量云母（或角闪石等）组成，有时也称为麻石。花岗岩具有致密的结晶结构和块状构造，其颜色一般为灰白、微黄、淡红等。由于结构致密，其孔隙率和吸水率很小，表观密度大（2500～2800kg/m³）；抗压强度高（120～250MPa）；吸水率低（0.1%～0.2%）；抗冻性好（F100～F200）；耐风化性和耐久性好，使用年限为75～200年，高质量的可达1000年以上。对硫酸和硝酸的腐蚀具有较强的抵抗性，故可用作设备的耐酸衬里。表面经琢磨加工后光泽美观，是优良的装饰材料。但在高温作用下，由于花岗岩内部石英晶型转变膨胀而引起破坏，因此，其耐火性差。在建筑工程中花岗岩常用于基础、闸坝、桥墩、台阶、路面、墙石和勒脚及纪念性建筑物等。

（2）玄武岩、辉绿岩

玄武岩是喷出岩中最普通的一种，颜色较深，常呈玻璃质或隐晶质结构，有时也呈多孔状或斑形构造。硬度高，脆性大，抗风化能力强，表观密度为2900～3500kg/m³，抗压强度为100～500MPa。常用作高强混凝土的骨料，也用其铺筑道路路面等。

辉绿岩主要由铁、铝硅酸盐组成。具有较高的耐酸性，可用作耐酸混凝土的骨料。其熔点为1400～1500℃，可作为铸石的原料，所制得的铸石结构均匀致密且耐酸性好。因此，是化工设备耐酸衬里的良好材料。

（二）沉积岩

1. 沉积岩的形成及种类

沉积岩又称水成岩。它是地表的各种岩石经自然风化、风力搬迁、流水冲移等作用后，再沉积而形成的岩石。主要存在于地表及离地表不太深处。其特征是层状构造，外观多层理（各层的成分、结构、颜色、层厚等均不相同），表观密度小，孔隙率和吸水率较大，强度较低，耐久性较差。

根据沉积岩的生成条件又可分为机械沉积岩（如砂岩、页岩）、生物沉积岩（如石灰岩、硅藻土）、化学沉积岩（石膏、白云岩）等三种。

2. 建筑工程常用的沉积岩

（1）石灰岩

俗称灰石或青石。主要化学成分为$CaCO_3$。主要矿物成分为方解石，但常含有白云石、菱镁矿、石英、蛋白石、铁矿物及黏土等。因此，石灰岩的化学成分、矿物组成、致密程度以及物理性质等差异甚大。

石灰岩通常为灰白色、浅灰色，常因含有杂质而呈现深灰、灰黑、浅红等颜色，表观密度为2600～2800kg/m³，抗压强度为20～160MPa，吸水率为2%～10%。如果岩石中黏土含量不超过3%～4%，其耐水性和抗冻性较好。

石灰岩来源广，硬度低，易劈裂，便于开采，具有一定的强度和耐久性，因而广泛用于建筑工程中。其块石可作基础、墙身、阶石及路面等，其碎石是常用的混凝土骨料。此外，它也是生产水泥和石灰的主要原料。

(2) 砂岩

砂岩主要是由石英砂或石灰岩等细小碎屑经沉积并重新胶结而成的岩石。它的性质决定于胶结物的种类及胶结的致密程度。以氧化硅胶结而成的称硅质砂岩；以碳酸钙胶结而成的称钙质砂岩；还有铁质砂岩和黏土质砂岩。致密的硅质砂岩其性能接近于花岗岩，可用于纪念性建筑及耐酸工程等；钙质砂岩的性质类似于石灰岩，抗压强度为 $60\sim80MPa$，较易加工，应用较广，可作基础、踏步、人行道等，但耐酸性差；铁质砂岩的性能比钙质砂岩差，其密实者可用于一般建筑工程；黏土质砂岩浸水易软化，建筑工程中一般不用。

(三) 变质岩

1. 变质岩的形成及种类

变质岩是由地壳中原有的岩浆岩或沉积岩，由于地壳变动和岩浆活动产生的温度和压力，使原岩石在固态状态下发生再结晶，使其矿物成分、结构构造以至化学成分部分或全部改变而形成的岩石。通常岩浆岩变质后，结构不如原岩石坚实，性能变差；而沉积岩变质后，结构较原岩石致密，性能变好。

2. 建筑工程常用的变质岩

(1) 大理岩

大理岩又称大理石、云石，是由石灰岩或白云岩经高温高压作用，重新结晶变质而成，主要矿物成分为方解石、白云石，化学成分主要为 CaO、MgO、CO_2 和少量的 SiO_2 等。天然大理岩具有黑、白、灰、绿、米黄等多种色彩，并且斑纹多样，千姿百态。大理岩的颜色由其所含成分决定的，见表 10-1。大理岩的光泽与其成分有关，见表 10-2。

大理岩的颜色与所含成分的关系 表 10-1

颜色	白色	紫色	黑色	绿色	黄色	红褐色、紫红色、棕黄色	无色透明
所含成分	碳酸钙、碳酸镁	锰	碳或沥青物	钴化物	铬化物	锰及氧化铁的水化物	石英

大理岩的光泽与所含成分的关系 表 10-2

光泽	金黄色	暗红	蜡状	石棉	玻璃	丝绢	珍珠	脂肪
所含成分	黄铁矿	赤铁矿	蛇纹岩等混合物	石棉	石英、长石、白云石	纤维状矿物质、石膏	云母	滑石

大理岩石质细腻、光泽柔润、绚丽多彩，磨光后具有优良的装饰性。大理岩的表观密度为 $2500\sim2700kg/m^3$，抗压强度为 $50\sim140MPa$，莫氏硬度为 $3\sim4$，使用年限约 $30\sim100$ 年。大理石构造致密，表观密度大，但硬度不大，易于切割、雕琢和磨光，可用于高级建筑物的装饰和饰面工程。我国的汉白玉、丹东绿、雪花白、红奶油、墨玉等大理石均为世界著名的高级建筑装饰材料。

(2) 石英岩

石英岩是由硅质砂岩变质而成，晶体结构。结构均匀致密，抗压强度高（$250\sim400MPa$），耐久性好。但硬度大、加工困难。常用作重要建筑物的贴面，耐磨耐酸的贴面材料，其碎块可用作混凝土的骨料。

(3) 片麻岩

片麻岩是由花岗岩变质而成，其矿物成分与花岗岩相似，呈片状构造，因而各个方向的物理、力学性质不同。在垂直于解理（片层）方向有较高的抗压强度（120~200MPa）。沿解理方向易于开采加工，但在冻融循环过程中易剥落分离成片状，故抗冻性差，易于风化。常用作碎石、块石及人行道石板等。

二、天然石材的技术性质

天然石材的技术性质包括物理性质、力学性质和工艺性质。天然石材的技术性质决定于其组成的矿物的种类、特征以及结合状态。天然石材因生成条件各异，常含有不同种类的杂质，矿物组成有所变化，所以，即使是同一类岩石，其性质也可能有很大差别。因此，使用前都必须进行检验和鉴定。

（一）物理性质

1. 表观密度

表观密度大于1800kg/m³的称为重质石材，否则称为轻质石材。石材表观密度与其矿物组成和孔隙率有关，它能间接反映石材的致密程度和孔隙多少，在通常情况下，同种石材的表观密度愈大，其抗压强度愈高，吸水率愈小，耐久性愈好。

2. 吸水性

吸水率低于1.5%的岩石称为低吸水性岩石；吸水率介于1.5%~3.0%的称为中吸水性岩石；吸水率高于3.0%的称为高吸水性岩石。花岗岩的吸水率通常小于0.5%，致密的石灰岩，吸水率可小于1%，而多孔贝壳石灰岩，吸水率可高达15%。

3. 耐水性

石材的耐水性用软化系数表示。软化系数大于0.90为高耐水性石材，软化系数在0.7~0.9之间为中耐水性石材，软化系数在0.6~0.7之间为低耐水性石材。一般软化系数低于0.6的石材，不允许用于重要建筑。

4. 抗冻性

石材的抗冻性是用冻融循环次数来表示。也就是石材在水饱和状态下能经受规定条件下数次冻融循环，而强度降低值不超过25%，重量损失不超过5%时，则认为抗冻性合格。石材的抗冻等级分为F5、F10、F15、F25、F50、F100、F200等。石材的抗冻性与其矿物组成、晶粒大小及分布均匀性、胶结物的胶结性质等有关。

5. 耐热性

石材的耐热性与其化学成分及矿物组成有关。含有石膏的石材，在100℃以上时开始破坏；含有碳酸镁的石材，当温度高于725℃时会发生破坏；含有碳酸钙的石材，当温度达到827℃时开始破坏。由石英与其他矿物所组成的结晶石材，如花岗岩等，温度高于700℃以上时，由于石英受热晶型转变发生膨胀，强度迅速下降。

6. 导热性

石材的导热性主要与其表观密度和结构状态有关。重质石材的导热系数可达2.91~3.49W/（m·K）；轻质石材的导热系数则在0.23~0.70W/（m·K）。相同成分的石材，玻璃态比结晶态的导热系数小，封闭孔隙的导热性差。

7. 光泽度

高级天然石材大都经研磨抛光后进行装修，加工后的平整光滑程度越好，光泽度高。材料的光泽度是利用光电的原理进行测定的。要采用光电光泽计或性能类似的仪器测定。

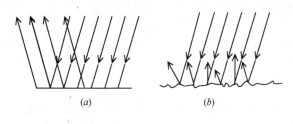

图 10-1　光的反射

（a）平整光滑表面的反射光；（b）粗糙表面的漫反射

见图 10-1，光泽是物体表面的一种物理现象，物体表面受到光线照射时，会产生反光，物体的表面越平滑光亮，反射的光量越大；反之，若表面粗糙不平，入射光则产生漫射，反射的光量就小。

8. 放射性元素含量

建筑石材同其他装饰材料一样，也可能存在影响人体健康的成分，主要是放射性核元素镭－226、钍－232 等，其标准可依据《建筑材料放射性核素限量》（GB 6566—2001）中的放射性核素比活度确定，使用范围可分为 A、B、C 三类。A 类材料使用范围不受限制，可用于任何场所；B 类不可用于住宅、托儿所、医院和学校等建筑，可用于商场、体育馆、办公楼等公共场所；C 类只可用于建筑物外饰面及室外其他场所。

（二）力学性质

1. 抗压强度

根据《天然饰面石材试验方法》（GB 9966.1～9966.8—2001），饰面石材干燥、水饱和条件下的抗压强度是以边长为 50mm 的立方体或 $\phi50mm \times 50mm$ 的圆柱体抗压强度值来表示，可分为 MU100、MU80、MU60、MU50、MU40、MU30、MU20、MU15、MU10 等 9 个强度等级，不同尺寸的石材尺寸换算系数见表 10-3。

石材的尺寸换算系数　　　　　　　　　　　　　　　表 10-3

立方体边长（mm）	200	150	100	70	50
换算系数	1.43	1.28	1.14	1	0.86

2. 抗折强度

抗折强度是饰面石材重要的力学性能指标，根据《天然饰面石材试验方法》（GB/T 9966.2—2001）规定，抗折强度试件尺寸根据石板材的厚度 H 确定，试件长度则为 $10 \times H + 50mm$。当 $H \leqslant 68mm$ 时试件宽度为 100mm；$H > 68mm$ 时，宽度为 1.5H。抗折强度试验示意图见图 10-2。抗折强度按公式 $f_w = 3PL/4BH^2$ 进行计算。

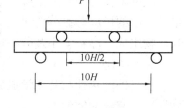

图 10-2　天然石材抗折
强度试验示意图

3. 冲击韧性

石材的抗拉强度比抗压强度小得多，约为抗压强度的 1/20～1/10，是典型的脆性材料。石材的冲击韧性取决于矿物组成与构造。石英岩和硅质砂岩脆性很大，含暗色矿物较多的辉长岩、辉绿岩等具有相对较大的韧性。通常，晶体结构的岩石较非晶体结构的岩石具有较高的韧性。

4. 硬度

石材的硬度指抵抗刻划的能力，以莫氏或肖氏硬度表示。它取决于矿物的硬度与构造。石材的硬度与抗压强度具有良好的相关性，一般抗压强度越高，其硬度也越高。硬度越高，其耐磨性和抗刻划性越好，但表面加工越困难。

莫氏硬度：它采用常见矿物来刻划石材表面，从而判断出相应的莫氏硬度。莫氏硬度从 1～10 的矿物分别是滑石、石膏、方解石、萤石、磷灰石、长石、石英、黄玉、刚玉和金刚石。装修石材的莫氏硬度一般在 5～7 之间。莫氏硬度的测定在某种条件下虽然简便，但各等级不成比例，相差悬殊。

肖氏硬度：由英国肖尔提出，它用一定重量的金刚石冲头，从一定的高度落到磨光石材试件的表面，根据回跳的高度来确定其硬度。

5. 耐磨性

耐磨性是指石材在使用条件下抵抗摩擦、边缘剪切以及冲击等复杂作用的性质。石材的耐磨性以单位面积磨耗量表示。石材的耐磨性与其矿物的硬度、结构、构造特征以及石材的抗压强度和冲击韧性等有关。

（三）工艺性质

石材的工艺性质指开采及加工的适应性，包括加工性、磨光性和抗钻性。

加工性指对岩石进行劈解、破碎与凿琢等加工时的难易程度。强度、硬度较高的石材，不易加工；质脆而粗糙，颗粒交错结构，含层状或片状构造以及业已风化的岩石，都难以满足加工要求。

磨光性指岩石能否磨成光滑表面的性质。致密、均匀、细粒的岩石，一般都有良好的磨光性，可以磨成光滑亮洁的表面。疏松多孔、鳞片状结构的岩石，磨光性均较差。

抗钻性指岩石钻孔的难易程度。影响抗钻性的因素很复杂，一般与岩石的强度、硬度等性质有关。

三、常用天然装饰石材

（一）天然大理石板材

岩石学中所指的大理岩是由石灰岩或白云岩变质而成的变质岩，主要矿物成分是方解石或白云石，主要化学成分为碳酸盐类（碳酸钙或碳酸镁）。但建筑工程上通常所说的大理石是广义的，是指具有装饰功能，可锯切、研磨、抛光的各种沉积岩和变质岩，属沉积岩的大致有：致密石灰岩、砂岩、白云岩等；属变质岩的大致有：大理岩、石英岩、蛇纹岩等。

1. 大理石板材的产品分类及等级

按《天然大理石建筑板材》（GB/T 19766—2005）规定，其板材根据形状可分为普型板（PX）和圆弧板（HM）两类。普型板为正方形或长方形，圆弧板为装饰面轮廓线的曲率半径处处相同的石棉板材，其他形状的板材为异型板。普通板和圆弧板按质量又分为优等品 A、一等品 B 和合格品 C 共 3 个等级。

2. 大理石板材的技术要求

按《天然大理石建筑板材》（GB/T 19766—2005），除规格尺寸允许偏差、外观质量外，对大理石板材还有下列技术要求：

（1）镜面光泽度。

物体表面反射光线能力的强弱程度称为镜面光泽度。大理石板材的抛光面应具有镜面光泽，能清晰反映出景物，其镜面光泽度应不低于 70 光泽单位或由供需双方确定。

（2）表观密度：不小于 2300kg/m³。

（3）吸水率：不大于 0.50%。

（4）干燥压缩强度：不小于 50.0MPa。

（5）弯曲强度：不小于 7.0MPa。

大理石板材用于装饰等级要求较高的建筑物饰面，主要用于室内饰面，如墙面、地面、柱面、台面、栏杆、踏步等。当用于室外时，因大理石抗风化能力差，易受空气中二氧化硫的腐蚀而使表层失去光泽、变色并逐渐破损，通常只有白色大理石（汉白玉）等少数致密、质纯的品种可用于室外。

（二）天然花岗石板材

岩石学中花岗岩是指石英、长石及少量云母和暗色矿物（橄榄石类、辉石类、角闪石类及黑云母等）组成全晶质的岩石。但建筑工程上通常所说的花岗石是广义的，是指具有装饰功能，可锯切、研磨、抛光的各种岩浆岩及少数其他类岩石，主要是岩浆岩中的深成岩和部分喷出岩及变质岩。属深成岩的有：花岗岩、闪长岩、正长岩、辉长岩；属喷出岩的有：辉绿岩、玄武岩、安山岩；属变质岩的有片麻岩。这类岩石的构造非常致密，矿物全部结晶且晶粒粗大，块状构造或粗晶嵌入玻璃质结构中呈斑状构造。

1. 花岗石板材的产品分类及等级

根据《天然花岗石建筑板材》（GB/T 18601—2001）规定，花岗石板材按形状可分为普型板（PX）、圆弧板（HM）和异型板（YX）三种。按表面加工程度又分为：亚光板（YG）、镜面板材（JM）、粗面板（CM）。普通板和圆弧板又可按质量分为优等品（A）、一等品（B）及合格品（C）3 个等级。

2. 花岗石板材的技术要求

按标准《天然花岗石建筑板材》（GB/T 18601—2001），除规格尺寸允许偏差、平面度允许公差和外观质量外，对花岗石建筑板材还有下列主要技术要求：

（1）镜面光泽度。

镜面板材的正面应具有镜面光泽度，能清晰反映出景物，其镜面光泽度值应不低于80 光泽单位或按供需双方协调确定。

（2）表观密度：不小于 2560kg/m³。

（3）吸水率：不大于 0.60%。

（4）干燥抗压强度：不小于 100.0MPa。

（5）抗弯强度：不小于 8.0MPa。

由于花岗石板材质感丰富，具有华丽高贵的装饰效果，且质地坚硬、耐久性好，所以是室内外高级装饰材料。主要用于建筑物的墙、柱、地、楼梯、台阶、栏杆等表面装饰及服务台、展示台等。

（三）天然石材的选用原则

建筑工程选用天然石料时，应根据建筑物的类型、使用要求和环境条件等，综合考虑适用、经济和美观等方面的要求。

1. 适用性

在选用石材时，根据其在建筑物中的用途和部位，选定其主要技术性质能满足要求的石材。如承重用石材，主要应考虑强度、耐水性、抗冻性等技术性能；饰面用石材，主要考虑表面平整度、光泽度、色彩与环境的协调、尺寸公差、外观缺陷及加工性等技术要求；围护结构用石材，主要考虑其导热性；用作地面、台阶等的石材应坚韧耐磨；用在高温、高湿、严寒等特殊环境中的石材，还分别考虑其耐久性、耐水性、抗冻性及耐化学侵蚀性等。

2. 经济性

由于天然石材表观密度大，不宜长途运输，应综合考虑地方资源，尽可能做到就地取材，降低成本。天然岩石一般质地坚硬，雕琢加工困难，加工费工耗时，成本高。一些名贵石材，价格昂贵。因此，选择石材时必须予以慎重考虑。

3. 色彩

石材装饰必须要与建筑环境相协调，其中色彩相融尤其重要，因此，选用天然石材时，必须认真考虑所选石材的颜色与纹理。

第三节　石膏装饰材料

石膏装饰制品具有轻质、隔热、保温、吸声、防火、洁白，表面光滑细腻，对人体健康无危害等优点。在建筑工程中被广泛应用。其主要品种有：

一、纸面石膏板

纸面石膏板以半水石膏为主要胶凝材料，掺入玻璃纤维、发泡剂、调凝剂制成芯材，并与特制纸面在生产流水线上经成型、切断、烘干、修边等工序制成。宽幅一般为1000mm和1200mm，生产效率高。

纸面石膏板的技术性能可根据《普通纸面石膏板》（GB 9775—99）的要求，它具有质轻、抗弯、保湿、隔热、防火、易于现场二次加工等特点。与轻钢龙骨配合，可简便用于普通隔墙，吊顶装饰。在隔墙中，填充岩棉等隔声保温材料，隔声保温效果大为提高。

普通纸面石膏板适用于办公楼、宾馆、住宅等室内墙面和顶棚装饰。不宜用于厨房、卫生间及空气湿度较大的环境。

为提高其耐水性，可掺入适量外加剂进行改性，经改性后的纸面石膏板可用于厨房、卫生间等潮湿场合的装饰。

二、装饰石膏板

装饰石膏板的原材料与纸面石膏板的芯材基本一样，发泡剂的掺入会影响制品表面的效果，一般不掺。

装饰石膏板质轻，强度较高，吸声，保湿，防火，可调节室内湿度，表面光滑洁白，易于制成美观的图案花纹，装饰性强，安装简便。装饰石膏板的物理力学性能应满足《装饰石膏板》（JC/T 799—96）的要求。

装饰石膏板按板材耐湿性能分为普通板和防潮板两类，每类按其板面特征又分为平板、孔板及浮雕板三种，其装饰图案有印花、压花、浮雕、穿孔等。装饰石膏板按安装形式可分为嵌装式和粘贴式，嵌装式装饰石膏板带有嵌装企口，配有专用的轻钢龙骨条进行装配式安装，其施工方便，可随意拆卸和交换。其物理力学性能应满足《嵌装式装饰石膏板》（JC/T 800—96）的要求。粘贴式装饰石膏板的粘结材料一般为石膏基，加入一定的聚合物。施工时可在石膏板的四角钻孔，用防锈螺钉固定，既可作为粘贴施工的临时固定，又可作为粘贴安全的二道保护。螺钉应比石膏面底，再用石膏腻子补平。

根据声学原理，吸声装饰石膏板背面可贴吸声材料，既可提高吸声效果，又可防止顶棚粉尘落入室内。吸声穿孔石膏板应满足《吸声穿孔石膏板》（JC/T 803—96）的要求。装饰穿孔石膏板的抗弯、抗冲击性能较基板低，使用时应予以注意。吸声用穿孔石膏板主要用于播音室、音乐厅、影剧院、会议室或噪声较大的场所。

三、石膏浮雕装饰

石膏浮雕装饰制品主要包括：装饰石膏线条、线板、花角、灯座、罗马柱、花饰以及艺术石膏工艺品。这些制品均采用优质建筑石膏（$CaSO_4 \cdot 1/2H_2O$）和水搅拌成石膏浆，经注模成型、硬化、干燥而成，模具采用橡胶，既方便制模又便于脱模。装饰线条和装饰浮雕板需加入玻璃纤维，提高其抗折、抗冲击性能。

浮雕石膏线条、线板表面光滑细腻、洁白，花型和线条清晰，尺寸稳定，强度高，无毒、防火，拼装方便，可二次加工。一般采用直接粘贴或螺钉固定，施工效率高，造价仅为同类木质制品的 1/4～1/3，且不易变形腐朽。现已越来越多地代替木质线条和线板。广泛应用于顶棚角线，其装饰效果简捷、明快。

浮雕石膏艺术装饰件集雕刻艺术和石膏制品于一体，在建筑装饰中既有实用价值又有很好的装饰艺术效果。

第四节　纤维装饰织物和制品

纤维装饰织物是目前国内外广泛使用的墙面装饰材料之一，主要品种有地毯、挂毯、墙布、窗帘等纤维织物。装饰织物所用纤维有天然纤维和人造纤维。天然纤维主要采用羊毛棉、麻丝等。人造纤维主要是化学纤维，其主要品种有人造棉、人造丝、人造毛、醋酸纤维等。较常用的有聚酯纤维（涤纶）、聚丙烯腈纤维（腈纶）、聚丙烯纤维（丙纶）、聚氨基甲酸酯纤维（氨纶）。纤维装饰织物质地柔软、保温、吸声、色彩丰富。采用不同的纤维和不同的编织工艺可达到独特的装饰效果。

一、地毯

地毯可按所用原材料、编制工艺、使用场所和规格尺寸分为四类。

1. 按原材料分类

（1）羊毛地毯：又称纯毛地毯。它有手工编织和机织两种，前者是我国传统高档地毯，后者是近代发展起来的较高级纯毛地毯。弹性大，不易变形，拉力强，耐磨损，易清洗，易上色，色彩鲜艳，有光泽，但易受虫蛀。属高档铺地装饰织物。

（2）混纺地毯：混纺地毯是以羊毛纤维与合成纤维混纺后编织而成的地毯。合成纤维的掺入可降低原材料的成本，提高地毯的耐磨性。

（3）化纤地毯：化纤地毯采用合成纤维制作的面料而制成，现常用的合成纤维材料有丙纶、腈纶、涤纶等，其外观和触感酷似羊毛，它耐磨而较富有弹性，为目前用量最大的中、低档地毯品种。

（4）剑麻地毯：这种地毯是采用植物剑麻为原料，经纺纱、编织、涂胶、硫化等工序而制成，剑麻地毯具有耐酸碱、耐磨、无静电现象等特点，但弹性较差，且手感十分粗糙。可用于公共建筑地面及家庭地面。

2. 按编制工艺分类

（1）手工编织地毯：手工编织地毯一般指纯毛地毯。它是人工打结裁绒，将绒毛层与基底一起织做而成。做工精细，图案千变万化，是地毯中的高档品。但手工编织地毯工效低、产量少，因而成本高、价格昂贵。

（2）簇绒地毯：簇绒地毯又称裁绒地毯。簇绒法是目前各国生产化纤地毯的主要方式，它是通过带有一排往复式穿针的纺机，把毛纺纱穿入第一层基底（初级背衬织布），并在其面上将毛纺纱穿插成毛圈而背面拉紧，然后在初级背衬的背面刷一层胶粘剂使之固定，这样就生产出了厚实的圈绒地毯。若再用锋利的刀片横向切割毛圈顶部，并经过修剪，则就成为平绒地毯，也称割绒地毯或切绒地毯。

簇绒地毯生产时绒毛高度可以调整，圈绒的高度一般为 5～10mm，平绒绒毛高度多在 7～10mm。同时，毯面纤维密度大，因而弹性好，脚感舒适，且可在毯面上印染各种图案花纹。簇绒地毯已成为各国产量最大的化纤地毯品种，很受欢迎的中档产品。

（3）无纺地毯：无纺地毯是指无经纬编织的短毛地毯。它是将绒毛用特殊的钩针扎刺在用合成纤维构成的网布底衬上，然后在其背面涂上胶层，使之牢固，故其又有针刺地毯、针扎地毯或粘合地毯之称。这种地毯因生产工艺简单，故成本低、价廉，但其弹性和耐久性较差。为提高其强度和弹性，可在毯底加缝或加贴一层麻布底衬，或可再加贴一层海绵底衬。

3. 按规格尺寸分类

（1）块状地毯

纯毛地毯多制成方形及长方形块状地毯，铺设时可用以组合成各种不同的图案。

块状地毯铺设方便灵活，位置可随意变动，对已被破磨损的部位，可随时调换，从而可延长地毯的使用寿命，达到既经济又美观的目的。

门口毯、床前毯、茶几毯等小块地毯在室内的铺设，不仅使室内不同的功能有所划分，还装饰、保温、吸声，起到画龙点睛的效果。还可铺放在浴室或卫生间，可装饰防滑。

（2）卷装地毯

卷装地毯一般为化纤地毯，其幅宽有 1～4m，每卷长度一般为 20～25m，也可按要求加工。铺设成卷的整幅地毯，可提高地毯的整体性、平整性和观感效果，便于清洁整理，但损坏后不易更换。

4. 按使用场所不同分

（1）轻度家用级。铺设在不常使用的房间或部位。

（2）中度家用级或轻度专业使用级。用于主卧室或家庭餐室等。

（3）一般家用或中度专业使用级。用于起居室及楼梯、走廊等交通频繁的部位。

（4）重度家用或一般专业使用级。用于中重度磨损的场所。

（5）重度专业使用级。价格甚贵，家庭不用，用于特殊要求的场合。

（6）豪华级。地毯品质好，绒毛纤维长，具有豪华气派，用于高级装饰的卧室。

二、墙面装饰织物

室内墙面的装饰由传统的石灰砂浆抹面到建筑涂料、墙纸等多种材料装饰。而墙面装饰织物主要是指以纺织物和编织物为原料制成的壁纸（或墙布），其原料可以是丝、羊毛、棉、麻、化纤等纤维，也可以是草、树叶等天然材料。这种材料具有其独特的装饰效果，可吸声保温、美化环境，常用于咖啡厅、宾馆等公共室内场所。常用的品种有织物壁纸和墙布。

纸基织物壁纸是由天然纤维和化学纤维制成的各种色泽、花色的粗细纱或织物再与纸的基层粘合而成。具有色彩丰富、立体感强、吸声性强等特点，适用于宾馆、饭店、办公大楼、家庭卧室等室内墙面装饰。另外还有麻草壁纸，它具有古朴、自然和粗犷的装饰效果，且其变形小、吸声性强，适用于酒吧、舞厅、会议室、商店、饭店等室内墙面装饰。

墙布的纤维常用合成纤维或棉、麻纤维，高级墙面装饰织物纤维主要用锦缎、丝绒、呢料、合成纤维，装饰墙布的特点是防潮，耐磨。棉麻纤维装饰墙布抗静电、无毒无味。由锦缎、丝绒等材料织成的高级装饰墙面织物具有绚丽多彩，质感丰富，典雅华贵，用于高级宾馆或别墅室内高档豪华装饰。

第五节　玻璃装饰制品

一、玻璃的基本知识

（一）玻璃的生产

玻璃是用石英砂、纯碱、长石和石灰石为主要原料，并加入一定辅助原料，在 1550～1660℃高温下熔融，成型后急速冷却而成的制品。其主要化学成分是 SiO_2、Na_2O、CaO 和少量的 MgO、Al_2O_3、K_2O 等。

目前常见的成型方法有垂直引上法、水平拉引法、压延法、浮法等。垂直引上法是引上机将熔融的玻璃液垂直向上拉引。水平拉引法是将玻璃溶液向上拉引 70cm 后绕经转向辊再沿水平方向拉引，该方法便于控制拉引速度，可生产特厚和特薄的玻璃。压延法是利用一对水平水冷金属压延辊将玻璃展延成玻璃带，由于玻璃是处于可塑状态下压延成型，因此会留下压延辊的痕迹，常用于生产压花玻璃和夹丝玻璃。浮法是将熔融的玻璃液引入熔融的锡槽，在干净的锡液面上自由摊平，逐渐降温退火加工而成的方法，是目前最先进的玻璃生产方法。具有玻璃的平整度高、质量好，玻璃的宽度和厚度调节范围大等特点，而且玻璃自身的缺陷如气泡、结石、玻纹、疙瘩等较少，浮法生产的玻璃经过深加工后可制成各种特种玻璃。

平板玻璃的产量是采用标准箱来计量的。2mm 厚的玻璃 $10m^2$ 作为一个标准箱。不同厚度的玻璃换算标准箱见表 10-4。玻璃还可用重量箱表示，50 kg 折合为一重量箱。

不同厚度玻璃标准箱换算系数　　　　　　　　　　　　　　　表 10-4

玻璃厚度（mm）	2	3	5	6	8	10	12
标准箱（个）	1	1.65	3.5	4.5	6.5	8.5	10.5

（二）普通平板玻璃的技术性质

玻璃的密度在 $2.40～3.80g/cm^3$，玻璃内部十分致密，几乎无空隙，吸水率极低。

普通玻璃的抗压强度为 600～1200MPa，抗拉强度为 40～120MPa，抗弯强度为 50～130MPa，弹性模量为 $(6～7.5)×10^4MPa$。普通玻璃的莫氏硬度为 5.5～6.5，玻璃的抗刻划能力较高，但抗冲击能力较差。

普通玻璃的导热系数为 0.73～0.82W/（m·K），比热为 0.33～1.05/℃（kg·K），

热膨胀系数为 $8\sim10\times10^{-6}/℃$，石英玻璃的热膨胀系数为 $5.5\times10^{-6}/℃$，玻璃的热稳定性较差，主要是由于玻璃的导热系数较小，因而会在局部产生温度内应力，使玻璃因内应力出现裂纹或破裂。普通玻璃的软化温度为 $530\sim550℃$。

玻璃的光学性质包括反射系数、吸收系数、透射系数和遮蔽系数四个指标。反射的光能、吸收的光能和透射的光能与投射的光能之比分别为反射系数、吸收系数和透射系数。不同厚度不同品种的玻璃反射系数、吸收系数、透射系数均有所不同。将透过 3mm 厚标准透明玻璃的太阳辐射能量作为 1，其他玻璃在同样条件下透过太阳辐射能量的相对值为遮蔽系数，遮蔽系数越小，说明透过玻璃进入室内的太阳辐射能越少，光线越柔和。

玻璃的化学稳定性的较高，可抵挡氢氟酸外的所有酸的腐蚀，但耐碱性较差，长期与碱液接触，会使得玻璃中的 SiO_2 溶解，受到浸蚀。

普通平板玻璃的技术性能应符合《普通平板玻璃》（GB 4871—1995）的技术要求。选用应参照《建筑玻璃应用技术规程》（JGJ 113—2003）。

二、常用建筑装饰玻璃

1. 镀膜玻璃

热反射玻璃是在玻璃表面涂敷金属或金属氧化物薄膜，其薄膜的加工方法有热分解法（喷涂法、浸涂法）、金属离子迁移法、化学浸渍法和真空法（真空镀膜法、溅射法）。镀膜玻璃反射光线能力很强，有镜面效果，因此有人称之为镜面玻璃，建筑上用它作玻璃幕墙，能映射街景和空中云彩，形成动态画面，装饰效果突出，但易产生光污染。

由于它具有较强反射太阳光辐射热的能力，有人称之为热反射玻璃。这种玻璃可见光透光率仅 60%～80%，紫外线透射率较低。镀膜玻璃难以透视，因此具有一定的私密性。

2. 吸热玻璃

在生产普通玻璃时，加入少量有吸热性能的金属氧化物，如氧化亚铁、氧化镍等，可制成吸热玻璃，它既能吸收大量红外线辐射热，又能保持良好的光线透过率。由于太阳光中红外光占约 49%，可见光占 48%，紫外线占 3%，所以吸热玻璃可以使得光线的透射能降低约 20%～35%，同时吸热玻璃还能吸收少量的可见光和紫外线，所以有着良好的防眩作用，可以减轻紫外线对人体和室内物品的损害。

吸热玻璃与同厚度普通玻璃相比具有一定的隔热作用。其原因是透射的热量较少，且吸收的辐射热大部分辐射到室外。

3. 钢化玻璃

玻璃经过物理或化学钢化处理后，抗折抗冲击强度提高 3～5 倍，并具有耐急冷急热的性能。当玻璃破碎时，即裂成无棱角的小碎块，不致伤人。所需要的钢化玻璃规格尺寸应在钢化前加工，玻璃钢化后不能再二次加工。

由于钢化玻璃具有较好的物理力学性能和安全性，是装饰玻璃中较常用的安全玻璃。

4. 夹层玻璃

夹层玻璃是二片或多片玻璃之间嵌夹透明塑料片，经加热、加压、粘合而成的复合玻璃制品。它受到冲击破坏后产生辐射状或同心圆形裂纹，碎片不脱落，因此夹层玻璃属安全玻璃。

所用玻璃有普通玻璃、钢化玻璃、镀膜玻璃，采用钢化玻璃夹层，其力学性能和安全性更高，用于安全性要求较高的场所。

5. 夹丝玻璃

它是将普通平板玻璃加热到红热软化状态，再将钢丝网和铜丝网压入玻璃中间而制成。表面可以压花的或磨光的，颜色可以是透明的或彩色的。在玻璃遭受冲击或温度剧变时，仍能保持固定，起到隔绝火势的作用，故又称防火玻璃。常用于天窗、天棚顶盖，以及易受振动的门窗上。彩色夹丝玻璃可用于阳台、楼梯、电梯井。夹丝玻璃的厚度常在3～19mm之间。

夹丝玻璃具有平板玻璃的基本物理力学性能，但夹丝玻璃的强度较普通平板玻璃略低，抗风压强度系数仅为同厚度平板玻璃的 0.7。选用时应注意。

6. 中空玻璃

中空玻璃由两片或多片玻璃构成，用边框隔开，四周用密封胶密封，中间充干燥气体，组成中空玻璃。

玻璃片除普通玻璃外，还可用钢化玻璃、镀膜玻璃和吸热玻璃等。

中空玻璃保温隔热、隔声性能优良，节能效果突出，并能有效防结露，是现代建筑常用的玻璃装饰材料。

7. 玻璃空心砖

玻璃空心砖由两块预先铸成的凹形玻璃，经熔接或胶接成整块的玻璃空心砖。为提高其装饰效果，一般在其内侧压铸花纹图案。玻璃空心砖光线柔和，图案精美，具有隔热、隔声、装饰等多重作用，常用于外墙和室内隔断装饰。不易挂灰，易清洗。耐蚀性突出。

8. 玻璃马赛克

玻璃马赛克也称玻璃锦砖，由石英砂、碱和一定辅助原料经熔融后压成，也可用回收玻璃制成，原材料成本较低廉。

玻璃马赛克可制成各种颜色，色彩稳定，具有玻璃光泽，吸水小，不积灰，天雨自涤，贴牢固粘，是高层建筑外墙较好的装饰材料。

第六节　陶瓷装饰制品

一、建筑陶瓷的基本知识

建筑陶瓷在我国有悠久的历史，自古以来就作为优良的装饰材料之一。陶瓷以黏土和其他天然矿物为主要原料，经破碎、粉磨、计量、制坯、上釉、焙烧等工艺过程制成。

按用途陶瓷可分为日用陶瓷、工业陶瓷、建筑陶瓷和工艺陶瓷，按材质结构和烧结程度又可分为瓷、炻和陶三大类。

陶质制品烧结程度相对较低，为多孔结构，通常吸水率较大（10%～22%）、强度较低、抗冻性较差、断面粗糙无光、不透明、敲击时声音粗哑，分无釉和施釉两种制品，适用于室内使用。瓷质制品烧结程度高，结构致密、断面细致有光泽、强度高、坚硬耐磨、吸水率低（<1%）、有一定的半透明性，通常施有釉层。炻质制品介于两者之间，其结构比陶质致密，强度比陶质高，吸水率较小（1%～10%），坯体一般带有颜色，由于其对原材料的要求不高，成本较低廉。因此建筑陶瓷大都采用炻质制品。

建筑陶瓷表面一般施一层釉面，可提高制品的装饰性，改善产品的物理力学性能，还可遮盖坯体的不良颜色。

二、常用建筑陶瓷

（一）内墙釉面砖

又称陶质釉面砖，砖体为陶质结构，面层施有釉。釉面可分为单色、花色、图案。陶质釉面砖平整度和尺寸精度要求较高，表观质量较好，表面光滑、易清洗，一般用于厨房、卫生间等经常与水接触的内墙面，也可用于实验室、医院等墙面需经常清洁、卫生条件要求较高的场所。其力学性能可满足室内环境的要求。陶质釉面砖不能用于外墙面装饰。室外的气候条件及使用环境对外墙面砖的抗折、抗冲击性能及吸水率等性能要求较高。陶质釉面砖用于外墙装饰易出现龟裂，其抗渗、抗冻及粘贴牢固度易存在质量隐患。

陶质釉面砖的技术性能应符合《釉面内墙砖》（GB/T 4100.5—1999）的有关要求。

（二）墙地砖

墙地砖指用于外墙面和室内外地面装饰的面砖。其材料质均属于炻质，有施釉和不施釉之分。

墙地面应具有较高的抗折抗冲击强度，质地致密、吸水率低、抗冻、抗渗、耐急冷急热，对地面砖，还应具有较高的耐磨性。其性能应符合《彩色釉面陶瓷墙地砖》（GB 11947—1989）的规定。

（三）卫生陶瓷

卫生陶瓷指用于浴室、盥洗室、厕所等处的卫生洗具，如洗面盆、坐便器、水槽等，卫生陶器多用耐火黏土经配料制浆、灌浆成型、上釉焙烧而成。卫生陶瓷结构形式多样，其造型美观，线条流畅，并节水。颜色为白色和彩色，表面光洁，易于清洗，耐化学腐蚀。其性能应符合《卫生陶瓷》（GB 6952—86）的规定。

（四）建筑琉璃制品

建筑琉璃制品在我国建筑上的使用已有悠久的历史，最具体现我中华民族建筑风格。它是用难熔黏土制坯，经干燥、上釉后熔烧而成。釉面颜色有黄、蓝、绿、青等。品种有瓦类（瓦筒、滴水瓦沟头）、脊类和饰件（博古、兽）。

琉璃制品色彩绚丽，造型古朴，质坚耐久。主要用于具有民族特色的宫殿式房屋和园林中的亭、台、楼阁等。其性能应符合《建筑琉璃制品》（GB 9197—1998）的要求。

第七节　建筑涂料

一、涂料的概念及其分类

涂料是指涂敷于物体表面，并能与物体表面材料很好粘结形成连续性膜，从而对物体起到装饰、保护或某些特殊功能材料。涂料在物体表面干结形成的薄膜称之为涂膜，又称涂层。涂料包括油漆，但油漆不代表涂料，其原因是早期涂料的主要原材料是天然树脂和油料，如松香、生漆、虫胶和亚麻子油、桐油等，所以称油漆。自20世纪50年代以来，随着石油化工的发展，各种合成树脂和溶剂、助剂的出现，油漆这一词已失去其确切的定义，故称涂料。但人们仍习惯把溶剂涂料称油漆，乳液型涂料称乳胶漆。

涂料的品种很多，各国分类方法也不尽相同，我国对于一般涂料的分类命名方法按《涂料产品分类、命名和型号》（GB 2705—81）。常见的分类方法有以下几种：

1. 按建筑物的使用部位分：外墙涂料、内墙涂料、地面涂料、顶棚涂料、屋面涂料等。

2.按主要成膜物质的属性分：有机涂料、无机涂料、复合涂料。

3.按分散介质分：溶剂型涂料、水溶性涂料、乳液型涂料。

4.按涂膜状态分：薄质涂料、厚质涂料、彩色复层凹凸花纹涂料、砂壁状涂料等。

5.按涂料的功能分：建筑涂料、防水涂料、防毒涂料等。

二、建筑涂料的组成物质

（一）主要成膜物质

主要成膜物质在涂料中主要起成膜及粘结作用，使涂料在干燥或固化后能形成连续的涂层，主要成膜物质的性能对涂料质量起决定性作用。

主要成膜物质分有机和无机两大类。有机涂料中的主要成膜物质为各种树脂。常用的合成树脂包括乳液型树脂和溶剂型树脂两类。乳液型树脂的成膜过程主要是乳液中的水分蒸发浓缩；溶剂型树脂的成膜过程主要是溶剂挥发，有时还伴随着化学反应。乳液型树脂对环境的污染较小，但在低温贮存和成膜均较困难，这类合成树脂主要有：醋酸乙烯树脂系、氯乙烯树脂系和丁基树脂系。

溶剂型合成树脂有单组分和多组分反应固化型两大类。溶液型树脂涂料是将树脂溶解于各类有机溶剂中。这类涂料干燥迅速，可在低温条件下涂饰施工，其涂膜光泽好，硬度较高，耐候性能优良。主要缺点是易燃，易污染环境，成本较高，含固量较低。反应固化型一般由主剂和固化剂双组分组成，施工时按一定的比例混合经反应固化成膜。涂膜机械性能和耐久性能优异。但施工操作较繁杂，并且必须计量准确，即配即用。

（二）次要成膜物质

次要成膜物质本身不能胶结成膜，分散在涂料中能改善涂料的某些性能。如调配涂料的色彩，提高涂料的遮盖力，增加涂料厚度，提高涂料的耐磨性，降低涂料的成本等。常用的次要成膜物质为着色颜料和体积颜料。着色颜料常用无机颜料，因建筑涂料通常应用在混凝土及砂浆等碱性基面上，因而必须具有耐碱性能，并且当外墙涂料用于建筑室外装饰时，由于长期暴露在阳光及风雨中，因此要求颜料具有较好的耐光耐晒性和耐候性。其主要品种有：

红色颜料：铁红（Fe_2O_3）

黄色颜料：铁黄（$FeO(OH) \cdot nH_2O$）

绿色颜料：铬绿（Cr_2O_3）

棕色颜料：铁棕（Fe_2O_3）

白色颜料：钛白（TiO_2）、锌白（ZnO）、锌钡白（也称立德粉，$ZnS \cdot BaSO_4$）、硅灰石粉（$CaO \cdot SiO_2$）、氧化锆（ZrO_2）

蓝色颜料：群青蓝（$Na_6A_4Si_6S_4O_{20}$）、钴蓝（CO_2O_3）

黑色颜料：碳黑（C）、石墨（C）、铁黑（Fe_3O_4）

金属颜料：银色颜料铝粉（又称银粉）、金色颜料铜粉（又称金粉）

有机质颜料的遮盖力及颜色的耐光性、耐溶剂性等均不及无机颜料，但由于其色彩丰富、鲜艳明快，也常用于涂料中。有机质颜料按化学结构分三类：偶氮系（红、黄、蓝）；缩合多环式系（青、蓝、绿）；着色沉淀系（红、黄、紫）。

体积颜料又称填料。能提高涂料的密度和机械性能。常用的体积颜料有：轻质碳酸钙、滑石粉等。

（三）辅助成膜物质

辅助成膜物质包括溶剂和助剂。

溶剂主要为有机溶剂和水。溶剂起到溶解或分散主要成膜物质，改善涂料的施工性能，增加涂料的渗透能力，改善涂料和基层的粘结，保证涂料的施工质量等作用。涂料施工后，溶剂逐渐挥发或蒸发，最终形成连续和均匀的涂膜。常用的有机溶剂有二甲苯、乙醇、正丁醇、丙酮、乙酸乙酯和溶剂油等。水也可作为溶剂，用于水溶性涂料或乳液性涂料。溶剂虽不是构成涂料的材料，但它对涂膜质量和涂料成本有很大的关系。选用溶剂一般要考虑其溶解力、挥发率、易燃性和毒性等问题。

为了提高涂料的综合性质，并赋予涂膜某些特殊功能，在配制涂料时常加入相关助剂。其中提高固化前涂料性质的有分散剂、乳化剂、消泡剂、增稠剂、防流挂剂、防沉降剂和防冻剂等。提高固化后涂膜性能的助剂有增塑剂、稳定剂、抗氧剂、紫外光吸收剂等。此外尚有催化剂、固化剂、催干剂、中和剂、防霉剂、难燃剂等。

三、建筑涂料的技术性质

建筑涂料的技术性质包括涂料施工前和施工后两个方面的性能。

（一）施工前涂料的性能

施工前涂料的性能包括涂料在容器中的状态、施工操作性能、干燥时间、最低成膜温度和含固量等。容器中的状态主要指储存稳定性及均匀性。储存稳定性指涂料在运输和存放过程不产生分层离析、沉淀、结块、发霉、变性及改性等。均匀性是指每桶溶液上中下三层的颜色、稠度及性能的均匀性，桶与桶、批与批和不同存放时间的均匀性。这些性能的测试主要采用肉眼观察。包括低温（-5℃）、高温（50℃）和常温（23℃）储存稳定性。

施工操作性能主要包括涂料的开封、搅匀、提取方便与否、是否有挂流、油缩、拉丝、涂刷困难等现象，还包括便于重涂和补涂的性能。由于施工操作或其他原因，建筑物的某些部位（如阴、阳角）往往需要重涂或补涂。因此要求硬化涂膜与涂料具有很好的相溶性，形成良好的整体。这些性能主要与涂料的黏度有关。

干燥时间分表干时间与实干时间。表干是指以手指轻触标准试样涂膜，如有些发黏，但无涂料粘在手指上，即认为表面干燥。表干时间一般不得超过 2h。实干时间一般要求不超过 24h。

涂料的最低成膜温度规定了涂料施工作业最低温度，水性及乳液型涂料的最低温度一般大于 0℃，否则水可能结冰而难以施工。溶剂型涂料的最低成膜温度主要与溶剂的沸点及固化反应特性有关。

含固量指在一定温度下加热挥发后余留物质的含量。它的大小对涂膜的厚度有直接影响，同时影响涂膜的致密性和其他性能。

此外，涂料的细度对涂抹的表面光泽度及耐污染性等有较大的影响。有时还需要测定建筑涂料的 pH 值、保水性、吸水率以及易稀释性和施工安全性等。

（二）施工后涂膜的性能

1. 遮盖率。遮盖率反映涂料对基层颜色的遮盖能力。即把涂料均匀地涂刷在黑白格玻璃板上，使其底色不再呈现的最小用量，以"g/m^2"表示。

2. 涂膜外观质量。涂膜与标准样板相比较，观察其是否符合色差范围，表面是否平整光洁，有无结皮、皱纹、气泡及裂痕等现象。

3. 附着力与粘结程度。附着力即为涂膜与基层材料的粘附能力，能与基层共同变形不致脱落。影响附着力和粘结强度的主要因素有涂料对基层的渗透能力，涂料本身的分子结构以及基层的表面性状。涂料对基层的渗透主要与涂料的分子量、浸润性等有关，施工时的环境条件会影响成膜固化及涂膜质量。一般来说，气温过低、过高，相对湿度过大、过小都是不利的。

4. 耐磨损性。建筑涂料在使用过程中要受到风、沙、雨、雪及人为的磨损，尤其是地面涂料，磨损作用更加强烈。一般采用漆膜耐磨仪在一定荷载下转磨一定次数后，以涂料重量的损失克数表示耐磨损性。

5. 耐老化性。指涂料中的成膜物质受大气中、热、臭氧等因素的综合作用发生降解老化，使涂膜光泽降低、粉化、变色、龟裂、磨损露底等。

四、常用建筑涂料

（一）常用外墙涂料

1. 丙烯酸酯外墙涂料

丙烯酸酯外墙涂料是以热塑性丙烯酸酯合成树脂为主要成膜物质，加入溶剂、填料、助剂等，经研磨而成的一种外墙涂料，具有较好的耐久性，使用寿命可达 10 年以上，是目前外墙涂料中较为优良的品种之一，也是我国目前高层建筑外墙及与装饰混凝土饰面应用较多的涂料品种之一。

丙烯酸外墙涂料的特点是耐候性好，在长期光照、日晒、雨淋的条件下，不易变色、粉化或脱落。对墙面有较好的渗透作用，结合牢固性好。使用时不受温度限制，即使在零度以下的严寒季节施工，也可很好地干燥成膜。施工方便，可采用刷涂、滚涂、喷涂等施工工艺，可以按用户要求配置成各种颜色。

2. 聚氨酯系外墙涂料

聚氨酯系外墙涂料是以聚氨酯与其他合成树脂复合体为主要成膜物质，添加颜料、填料、助剂组成的优质外墙涂料。主要品种有聚氨酯－丙烯酸酯外墙涂料和聚氨酯高弹性外墙涂料。

聚氨酯涂料由双组分按比例混合固化成膜，其含固量高，与混凝土、金属、木材等粘结牢固，涂膜柔软，弹性变形能力大，可以随基层的变形而伸缩，即使基层裂缝宽度达 0.3mm 以上也不至于将涂膜撕裂。经 1000h 的加速耐候试验，其伸长率、硬度、抗拉强度等性能几乎没有降低，经 5000 次以上伸缩疲劳试验不断裂，丙烯酸系厚质涂料在 500 次时就断裂。

聚氨酯涂料有极好的耐水、耐酸碱、耐污染性，涂膜光泽度好，呈瓷状质感，价格较贵。聚氨酯系外墙涂料可做成各种颜色，一般为双组分或多组分涂料，施工时现场按比例配合，要求基层含水量不大于 8%。

常用的聚氨酯－丙烯酸酯外墙涂料为三组分涂料，施工前将甲、乙、丙三组分按比例充分搅拌后即可施工，涂料应在规定的时间内用完。

3. 丙烯酸酯有机硅涂料

丙烯酸酯有机硅涂料是由有机硅改性丙树脂为主要成膜物质，添加颜料、填料、助剂组成的优质溶剂型涂料。因有机硅的改性，使丙烯酸酯的耐候性和耐沾污性等性能大大提高。

丙烯酸酯有机涂料渗透性好，能渗入基层，增加基层的抗水性能，涂料的流平性好，涂膜光洁、耐磨、耐污染、易清洁。涂料施工方便，可刷涂、滚涂和喷涂。一般涂刷二道，间隔 4h 左右。涂刷前基层含水量应小于 8%，故在涂刷时和涂层干燥前应注意防止雨淋和尘土污染。

4. 氯化橡胶外墙涂料

氯化橡胶外墙涂料又称氯化橡胶水泥漆。是由氯化橡胶、溶剂、增塑剂、颜料、填料和助剂等配制而成的溶剂型外墙涂料。

氯化橡胶干燥快，数小时后可复涂第二道，比一般油漆快干数倍。能在 $-20 \sim 50℃$ 环境中施工，施工基本不受季节影响。但施工中应注意防火和劳动保护。涂料具有优良的耐碱性、耐酸、耐候性、耐水性、耐久性和维修重涂性，并具有一定的防霉功能。涂料对水泥、混凝土、钢铁表面均有良好的附着能力，上、下涂层因溶剂的溶解浸渗作用而紧密地粘在一起，是一种较为理想的溶剂型外墙涂料。

5. 苯—丙乳胶漆

由苯乙烯和丙烯类单体、乳化剂、引发剂等，通过乳液聚合反应，得到苯—丙共聚乳液，以此液为主要成膜物质，加入颜料、填料和助剂组成的涂料称为苯—丙乳胶漆，是目前应用较普遍的外墙乳液型涂料之一。

苯—丙乳胶漆具有丙烯酸类涂料的高耐光性、耐候性、不泛黄等特点，并具有优良的耐碱、耐水、耐湿擦洗等性能，外观细腻，色彩艳丽，质感好。苯—丙乳胶漆与水泥基材的附着力好，适用于外墙面的装饰。但其施工温度不宜低于 8℃，施工时如涂料太稠可加入少量水稀释，两道涂料施工间隔时间不小于 4h。1kg 涂料可涂刷 $2 \sim 4m^2$，使用寿命为 $5 \sim 10$ 年。

6. 丙烯酸酯乳液涂料

丙烯酸乳液涂料是由甲基丙烯酸甲酯、丙烯酸乙酯等丙烯系单体经乳液共聚而制得的纯丙烯酸酯系乳液为主要成膜物质，加入填料、颜料及其他助剂而制得的一种优质乳液型外墙涂料。

这种涂料的特点是较其他乳液型涂料的涂膜光泽柔和，耐候性与保光性、保色性优异，耐久性可达 10 年以上，但价格较贵。

7. 硅溶胶外墙涂料

硅溶胶外墙涂料以胶体二氧化硅为主要成膜物质，加入颜料、填料及各种助剂，经混合、研磨而成。这类涂料的成膜机理是胶体二氧化硅单体在空气中失去水分逐渐聚合，随水分进一步蒸发而形成 Si—O—Si 涂膜。

JH80-2 无机外墙涂料为常用的硅胶涂料。涂料以硅溶胶（胶体二氧化硅）为主要成膜物质，加入成膜助剂、填料、颜料等均匀混合、研磨而制成的一种新型外墙涂料。该涂料特点是以水为溶剂，对基层的干燥程度要求不高。涂料的耐候性、耐热性好、遇火不燃、无烟；耐污染性好，不易挂灰。施工中无挥发性有机溶剂产生，不污染环境，原料丰富。

8. 复层建筑涂料

它是由两种以上涂层组成的复合涂料。复层建筑涂料一般由基层封闭涂料（底层涂料)、主层涂料、复层涂料所组成。复层建筑涂料按主要成膜物质的不同，分为聚合物水泥系、硅酸盐系、合成树脂乳液系和反应固化型合成树脂乳液系四大类。

（二）内墙墙涂料

1. 丙烯酸内墙乳胶涂料

丙烯酸酯内墙乳胶涂料又称丙烯酸酯内墙乳胶漆。它是以热塑性丙烯酸酯合成树脂为主要成膜物质，该涂料具有很好的耐酸碱性，涂膜光泽性好，不易变色粉化，耐碱性强，对墙面有较好的渗透性。粘结牢固，是较好的内墙涂料，但价格较高。

2. 聚醋酸乙烯乳液内墙涂料

该涂料以聚醋酸为主要成膜物质，加入适量的颜料、填料及助剂加工而成。

该涂料无毒、无味、不燃，易于加工、干燥快、透气性好、附着力强，其涂膜细腻、色彩鲜艳、装饰效果好、价格适中，但耐碱性、耐水性、耐候性等较差。

3. 聚乙烯醇类水溶性涂料。

这类涂料是以聚乙烯醇树脂及其衍生物为主要成膜物质，涂料资源丰富，生产工艺简单，具有一定的装饰效果，加工便宜。但涂膜的耐水性、耐洗刷性和耐久性较差。是目前生产和应用较多是内墙顶棚涂料。主要用于装饰档次较低的内墙涂料。

（三）地面涂料

1. 聚氨酯地面涂料

聚氨酯地面涂料分薄质罩面和厚质弹性地面涂料两类。薄质涂料主要用于木质地板或其他地面的罩面上光，厚质涂料用于涂刷水泥混凝土地面，形成无缝并具有弹性的耐磨涂层，故称之为弹性地面涂料，在这里仅介绍用于水泥混凝土地面的涂料。

聚氨酯弹性地面涂料是双组分常温固化型橡胶涂料。甲组分是聚氨酯预聚体，乙组分是由固化剂、颜料、填料及助剂按一定比例混合，研磨均匀制成。施工时按一定比例将两组分混合搅拌均匀后涂刷，两组分固化后形成具有一定弹性的彩色涂层。

该涂料的特点是涂料固化后，具有一定的弹性，且可加入少量的发泡剂形成含有适量泡沫的涂层，脚感舒适，用于高级的地面。涂料与水泥、木材、金属、陶瓷等地面的粘接力强，整体性好。涂层的弹性变形能力大，不会因基底裂纹而导致涂层开裂。耐磨性好，并且耐油、耐水、耐酸、耐碱，是化工车间较为理想的地面材料。色彩丰富，可涂成各种颜色，也可做成各种图案。重涂性好、便于维修。施工较复杂，施工中应注意通风、防火及劳动保护。价格较贵。

2. 聚氨酯—丙烯酸酯地面涂料

聚氨酯—丙烯酸地面涂料是以聚氨酯—丙烯酸树脂溶液为主要成膜物质，加入适量颜料、填料、助剂等配制而成的一种双组分固化型地面涂料。该涂料的特点是：涂膜光亮平滑，有瓷质感，又称仿瓷地面涂料，具有很好的装饰性、耐磨性、耐水性、耐碱及耐化学药品性能。因涂料由双组分组成，施工时需要按规定比例现场调配，施工比较麻烦，要求严格。

3. 环氧树脂地面厚质涂料

该涂料以环氧树脂 E44（6101）E42（634）为主要成膜物质的双组分固化型涂料。甲组分为环氧树脂，乙组分为固化剂和助剂。为了改善涂膜的柔韧性，常掺入增塑剂。这种涂料固化后，涂膜坚硬，耐磨，具有一定的冲击韧性。耐化学腐蚀、耐油、耐水性好，与基层粘结力强，耐久性好，但施工操作较复杂。

（四）特种涂料

特种建筑涂料不仅具有保护和装饰功能，而且可赋予建筑物某些特殊功能，如防火、防腐、防霉、防辐射、隔热、隔声等。这里仅介绍其中的三种。

1. 建筑防火涂料

建筑防火涂料指涂刷在基层材料表面，其涂层能使基层与火隔离，从而延长热侵入基层材料所需的时间，达到延迟和抑制火焰蔓延的作用，为消防灭火提供宝贵的时间。热侵入被涂物所需时间越长，涂料的防火性能越好。故防火涂料的主要作用是阻燃。如遇大火，防火涂料几乎不起作用。

防火涂料阻燃的基本原理为：①隔离火源与可燃物接触。如某些防火涂料的涂层在高温或火焰作用下能形成熔融的无机覆盖膜（如聚磷酸氨、硼酸等），把底材覆盖住，有效地隔绝底材与空气的接触。②降低环境及可燃物表面温度。某些涂料形成的涂层具有高热反射性能，及时辐射外部传来的热量。有些涂料的涂层在高温或火焰作用下能发生相变，吸收大量的热，从而达到降温的目的。③降低周围空气中氧气的浓度。某些涂料的涂层受热分解出 CO_2、NH_3、HCl、HBr 及水汽等不燃气体，达到延缓燃烧速度或窒息燃烧。

按照防火涂料的组成材料不同，可分为非膨胀型和膨胀型防火涂料两类。前者用含卤素、磷、氮等难燃性物质的高分子合成树脂为主要成膜物质。如卤化醇酸树脂、卤化聚酯、卤化酚醛、卤化环氧、卤化橡胶乳液、卤化聚丙烯酸酯乳液等。也可采用水玻璃、硅溶胶、磷酸盐等无机材料作为成膜物质。膨胀型防火涂料由难燃树脂、难燃剂、成碳剂、发泡剂（三聚氰胺）等组成。这类涂料的涂层在火焰或高温作用下会发生膨胀，形成比原来涂层厚几十倍的泡沫碳质层，有效地阻挡外部热源对底材的作用，从而阻止燃烧的发生。阻燃效果比非膨胀型防火涂料好。

2. 防腐蚀涂料

用于建筑物表面，能够保护建筑物避免酸、碱、盐及各种有机物浸蚀的涂料称为建筑防腐蚀涂料。

防腐蚀涂料的主要作用原理是把腐蚀介质与被涂基层隔离开来，使腐蚀介质无法渗入到被涂覆基层中去，从而达到防腐蚀的目的。

防腐蚀涂料应具备如下基本性能：

（1）长期与腐蚀介质接触具有良好的稳定性；

（2）涂层具有良好的抗渗性，能阻挡有害介质的侵入；

（3）具有一定的装饰效果；

（4）与建筑物表面粘结性好，便于涂层维修、重涂；

（5）涂层的机械强度高，不会开裂和脱落；

（6）涂层的耐候性好，能长期保持其防腐蚀能力。

防腐蚀涂料的生产方法与普通涂料一样，但在选择原料时应根据环境的具体要求，选用防腐蚀和耐候性好的原料。如成膜物质应选用环氧树脂、聚氨酯等；颜料、填料应选用化学稳定性好的瓷土、石英粉、刚玉粉、硫酸钡、石墨粉等。常用的防腐蚀涂料有聚氨酯防腐蚀涂料、环氧树脂防腐蚀涂料、乙烯树脂类防腐蚀涂料、橡胶树脂防腐蚀涂料、改性呋喃树脂防腐蚀涂料等。

3. 防霉涂料

霉菌在一定的自然条件下大量存在，如黑曲霉、黄曲霉、变色曲霉、木霉、球毛壳霉、毛霉等，它们能在稳定 23～38℃，相对 RH＝85％～100％ 的适宜条件下大量繁殖，从而腐蚀建筑物的表面，即使普通的装饰涂料也会受到霉菌不同程度的侵蚀。防霉涂料是在某些普通涂料中掺加适量相溶性防霉剂制成。因而防霉涂料的类型与品种和普通涂料相同。常用的防霉剂有五氯酚钠、醋酸苯汞、多菌灵等。其中前两种毒性较大，使用时要多加注意。对防霉剂的基本要求是成膜后能保持抑制霉菌生长的效能，不改变涂料的装饰和使用效果。

第八节　金属装饰制品

金属装饰材料强度较高，耐久性好，色彩鲜艳，光泽度高，装饰性强，因此在装饰工程中被广泛采用。

一、铝合金

在生产过程实践中，人们发现向熔融的铝中加入适量的某些合金元素制成铝合金，再经加工或热处理，可以大幅度提高其强度，极限抗拉强度甚至可达 400～500MPa，相当于低合金钢的强度。铝中常加的合金元素有铜（Cu）、镁（Mg）、硅（Si）、锰（Mn）、锌（Zn）等，这些元素有时单独加入，有时配合加入，从而制得各种各样的铝合金。铝合金克服了纯铝强度低、硬度不足的缺点，并能保持铝的质轻、耐腐蚀、易加工等优良性能，故在建筑工程尤其在装饰领域中的应用越来越广泛。

（一）铝合金的分类

根据铝合金的成分及生产工艺特点，通常将其分为变形铝合金和铸造铝合金两类。

变形铝合金是指这类铝合金可以进行热态或冷态的压力加工，即经过轧制、挤压等工序，可制成板材、管材、棒材及各种异型材使用。这类铝合金要求其具有相当高的塑性。铸造铝合金则是将液态铝合金直接浇铸在砂型或金属模型内，铸成各种形状复杂的制件。对这类铝合金则要求其具有良好的流动性、小的收缩性及高的抗热裂性等。

变形铝合金又可分为不能热处理强化和可热处理强化两种。前者用淬火的方法提高强度，后者可以通过热处理的方法来提高其强度。不能热处理强化的铝合金一般是通过冷加工（碾压、拉拨等）过程而达到强化。它们具有适中的强度和优良的塑性，易于焊接，并有很好的抗腐蚀性，我国统称之为防锈铝合金。可热处理的铝合金其机械性能主要靠热处理来提高，而不是靠冷加工强化来提高。热处理能大幅提高强度而不降低塑性。用冷加工强化虽然能提高强度，但使塑性迅速降低。

（二）铝合金的表面处理

由于铝材表面的自然氧化膜很薄因而耐腐蚀性有限，为了提高铝材的抗蚀性，可用人工方法增加其氧化膜层厚度。常用方法是阳极氧化处理。在氧化处理的同时，还可进行表面着色处理，以增加铝合金制品的外观。

铝合金型材经阳极氧化着色后的膜层为多孔状，具有很强的吸附能力，很容易吸附有害物质而被污染或腐蚀，从而影响外观和使用性能。因此，在表面处理后应采取一定的方法，将膜层的孔加以封闭，使之丧失吸附能力，从而提高氧化膜的抗污染和耐蚀性，这种处理过程称为闭孔处理。建筑铝材的常用封孔方法有水合封孔、无机盐溶液封孔和透明有机涂层封孔等。

（三）铝合金材料施工要点

铝合金材料选用应符合《铝合金建筑型材》（GB/T 5237—93）标准的要求。铝合金型材在加工制作和施工过程中不能破坏其表面的氧化铝膜层；不能与水泥、石灰等碱性材料直接接触，避免受到腐蚀；不能与电位高的金属（如钢、铁）接触，否则在有水汽条件下易产生电化腐蚀。

（四）常用铝合金制品

建筑装饰工程中常用铝合金制品包括门窗、铝合金幕墙、铝合金装饰板、铝合金龙骨和各种室内装饰配件等。

铝合金门窗色彩造型丰富，气密性、水密性较好，开闭力小，耐久性较好，维修费用低，因此得到了广泛的应用。虽然近年来铝合金门窗受到了塑料门窗、塑钢门窗、不锈钢门窗的挑战，不过铝合金门窗在造价、色泽、可加工性等方面仍有优势，因此在各种装饰领域仍被广泛应用。

铝合金装饰板主要有铝合金花纹板、浅花纹板、波纹板、压型板和穿孔板等。它们具有质量轻、易加工、强度高、刚度好、耐久性长等优点，而且具有色彩、造型丰富的特点，其不仅可与玻璃幕墙配合使用，而且可对墙、柱、招牌等进行装饰，同样具有独特的装饰效果。

用纯铝或铝合金可加工成 $6.3 \sim 200 \mu m$ 的薄片制品，成为铝箔。按照铝箔的形状可分为卷状铝箔和片状铝箔；按照铝箔的材质可分为硬质铝箔、半硬质铝箔和软质铝箔；按照铝箔的加工状态可分为素箔、压花箔、复合箔、涂层箔、上色箔、印刷箔等。铝箔主要作为多功能保温隔热材料、防潮材料和装饰材料的表面，广泛用于建筑装饰工程中，如铝箔牛皮纸和铝箔泡沫塑料板、铝箔石棉夹心板等复合板材或卷材。

二、不锈钢

不锈钢是以铬（Cr）为主添加元素的合金钢，铬含量越高，钢的抗腐蚀性越好。除铬外，不锈钢中还含有镍（Ni）、锰（Mn）、钛（Ti）、硅（Si）等元素，这些元素将影响不锈钢的强度、塑性、韧性和耐蚀性等技术性能。

不锈钢按其化学成分可分为铬不锈钢、铬镍不锈钢和高锰低铬不锈钢等几类。按不同的耐腐蚀特点，又可分为普通不锈钢（简称不锈钢）和耐酸钢两类。

建筑装饰用不锈钢制品主要是薄钢板，其中厚度小于1mm的薄钢板用得最多，冷轧不锈钢板厚度为 $0.2 \sim 2.0mm$，宽度 $500 \sim 1000mm$，长度为 $100 \sim 200mm$，成品卷装供应。不锈钢薄板主要用作包柱装饰。目前，不锈钢包柱被广泛用于商场、宾馆、餐馆等公共建筑入口、门厅、中厅等处。

不锈钢除制成薄钢板外，还可加工成型材、管材及各种异型材，在建筑上可用做屋面、幕墙、隔墙、门、窗、内外墙饰面、栏杆、扶手等。

不锈钢的主要特征是耐腐蚀，而光泽度是另一重要的装饰特性。其独特的金属光泽，经不同的表面加工可形成不同的光泽度，并按此划分成不同等级。高级抛光不锈钢，具有镜面玻璃般的反射能力。建筑工程可根据建筑功能要求和具体环境条件进行选用。

彩色不锈钢是由普通不锈钢经过艺术加工后，使其成为各种色彩绚丽的不锈钢装饰板，其颜色有蓝、灰、紫、红、青、绿、橙、金黄等多种。采用不锈钢装饰墙面，坚固耐用、美观新颖，具有强烈的时代感。

彩色不锈钢板抗腐蚀性强，耐盐雾腐蚀性能超过一般的不锈钢；机械性能好，其耐磨和耐刻画性能相当于镀金箔的性能。彩色不锈钢板的彩色面层能能耐200℃高温，其色泽随着光照角度的不同而产生变换效果。即使弯曲90°，此时面层也不会损坏，面层色彩经久不褪色。彩色不锈钢板可作电梯厢板、车厢板墙板、顶棚板、建筑装潢、招牌等装饰之用，也可用作高级建筑的其他局部装饰。

三、彩色涂层钢板

彩色涂层钢板又称有机涂层钢板。它是以冷轧钢板或镀锌钢板卷板为基板，经过刷磨、上油、磷化等表面处理后，在基板的表面形成一层极薄的磷化钝化膜。该膜层对增强基材耐腐蚀性和提高漆膜对基材的附着力具有重要的作用。经过表面处理的基板通过辊涂或层压，基板的两面被覆以一定厚度的涂层，再通过烘烤炉加热使涂层固化。一般经涂覆并烘干两次，即获得彩色涂层钢板。其涂层色彩和表面纹理丰富多彩。涂层除必须具有良好的防腐蚀能力以及与基板良好的粘结力外，还必须具有较好的防水蒸气渗透性，避免产生腐蚀斑点。常用的涂层材料有聚氯乙烯（PVC）、环氧树脂、聚酯树脂、聚丙烯酸酯、酚醛树脂等。常见产品有PVC涂层钢板、彩色涂层压型钢板等。

聚氯乙烯（PVC）涂层钢板是在经过表面处理的基板上先涂以胶粘剂，再涂覆PVC增塑溶胶而制成。与之相类似的聚氯乙烯复层钢板是将软质或半软质的聚氯乙烯薄膜层粘压到钢板上而制成。这种PVC涂层或复层钢板，兼有钢板与塑料二者之特长，具有良好的加工成型性、耐腐蚀性和装饰性。可用作建筑外墙板、屋面板、护壁板等，还可加工成各种管道（排气、通风等）、电器设备罩等。

彩色涂层压型钢板是将彩色涂层钢板辊压加工V形、梯形、水波纹等形状的轻型维护结构材料，可用作工业与民用建筑的屋盖、墙板及墙壁贴面等。

用彩色涂层压型钢板、H型钢、冷弯型材等各种断面型材配合建造的钢结构房屋，已发展成为一种完整而成熟的建筑体系。它使结构的重量大大减轻。某些以彩色涂层钢板围护结构的用钢量，已接近或低于钢筋混凝土的用钢量。

四、建筑装饰用铜合金制品

在铜中掺入锌、锡等元素形成铜合金制成各种小型配件或型材、板材常用于装饰工程中。由于铜和铜合金制品有着金色的光泽，尤其是用于地面作为花纹图案的装饰线条，在地面使用过程中不断摩擦接触，可保持其艳丽的金色光泽，常用于宾馆、展览馆等公共建筑点缀。也常用于楼梯台阶，既作防滑条，又作装饰，效果突出。但由于价格较昂贵和强度不高，难以大量推广使用。

第九节　塑料装饰制品

由于塑料易于加工，着色力强，色彩鲜艳，比强度高，因此装饰塑料广泛应用于建筑装饰工程中的地面、顶棚、家具等方面。材料的类型有板材、块材、卷材、薄膜和装饰部件等。由于品种繁多，本节只介绍常用的几种建筑装饰塑料。

一、塑料装饰板

塑料装饰板是以树脂材料为浸渍材料或以树脂为基材，经一定工艺制成的具有装饰功能的板材。这类装饰材料有：塑料贴面装饰板、覆塑装饰板、聚氯乙烯塑料装饰板、硬质PVC透明板及有机玻璃等装饰板材。

（一）塑料贴面装饰板

塑料贴面装饰板是以酚醛树脂的纸质层为胎基，表面用三聚氰氨树脂浸渍过的印花纸为面层，经热压制成并可覆盖于各种基材上的一种装饰贴面材料。按表面质感不同，有镜面（有光）、柔光、木纹、浮雕贴面板等品种；按表面花色不同，有木纹、碎石纹、大理石纹、织物等图案。

塑料贴面板的物理、化学及力学性能较好：密度一般为 $1.0 \sim 1.4 g/cm^3$，大约为铝的 $1/2$，钢铁的 $1/5$，在装饰工程中可代替某些贵重金属板材，获得良好的装饰效果。其特点是：吸水率小，防水性能好，具有较好的耐磨性、韧性和较高的力学特性，耐腐蚀性强。家庭常用的果汁、汽油、药水等溶液，滴在表面 $4 \sim 6h$，擦拭后不留痕迹。

塑料贴面的花色品种仍在日益更新，给建筑室内及家具表面装饰带来极大的方便。

（二）PVC塑料装饰板

PVC塑料装饰板是以PVC为基材，添加填料、稳定剂、色料等经捏合、混炼、拉片、切粒、挤压或压延而成的一种装饰板材。

特点是表面光滑、色泽鲜艳、防水、耐腐蚀、不变形、易清洗、可钉、可锯、可刨。可用于各种建筑物的室内装修、家具台面的铺设等。

PVC塑料可制成透明塑料板，除了具备PVC塑料装饰板的性能外，还具有透明性，可部分代替有机玻璃制作广告牌、灯箱、展览台、橱窗、透明屋顶、防震玻璃、室内装饰及浴室隔断等，其价格低于有机玻璃。

（三）有机玻璃板材

有机玻璃板材，简称有机玻璃。它是一种透光率极好的热塑性塑料。是以甲基丙烯酸甲酯为主要基料，加入引发剂、增塑剂等聚合而成。

有机玻璃的透光性极好，可透光线的 99%，并能透过紫外线的 73.5%；机械强度较高；耐热性及抗寒性都较好；耐腐蚀性及绝缘性良好；在一定的条件下，尺寸稳定、容易加工。

有机玻璃的缺点是质地较脆，易溶于有机溶剂，表面硬度不大，易擦毛等。

有机玻璃在建筑上，主要用作室内高级装饰材料及特殊的吸顶灯具或室内隔断以及透明防护等。

（四）玻璃纤维增强塑料装饰板

俗称玻璃钢板。该材料质轻而强度高，又可制成透明装饰板，因此得名。玻璃钢由玻璃纤维和树脂以及适当的助剂经调配制作而成。玻璃纤维具有很高的抗拉性能，强度可达到 $1000MPa$，玻纤很细，可编成玻纤布使用。玻璃钢装饰板质轻强度高，可制成板材、管材或工艺品，也可制成各种卫生洁具。

（五）塑料复合装饰板

以塑料贴面或以塑料薄膜为面层，以胶合板、纤维板、刨花板等板材为基层，采用胶合剂热压而成的一种装饰板材。用胶合板作基层叫覆塑胶合板，用中密度纤维作基层的叫覆塑中密度纤维板，用刨花板作基层的叫覆塑刨花板。

覆塑装饰板既有基层板的厚度、刚度，又具有塑料粘贴板和薄膜的光洁，质感强、美观、装饰效果好，并具有耐磨、耐烫、不变形、不开裂、易于清洗等特点。可用于汽车、火车、船舶、高级建筑室内装修及家具、仪表、电器设备的外壳装修。

二、墙面装饰材料

（一）塑料墙纸

塑料壁纸是以一定材料为基材，表面进行涂塑后，再经过印花、压花或发泡处理等多种工艺而制成的一种墙面装饰材料。

塑料壁纸表面可以进行印花、压花及发泡处理，能仿天然石材、木纹及锦缎，达到以假乱真的地步。通过精心设计，印制适合各种环境的花纹图案，几乎不受限制。色彩可任意调配，做到自然流畅，清淡高雅，装饰效果好。可根据需要加工成具有难燃、隔热、吸声、不易结露、可擦洗的塑料墙纸。

常用的塑料墙纸又称普通墙纸，是以 $80g/m^2$ 的纸作基材，涂以 $100g/m^2$ 左右的聚氯乙烯糊状树脂，经印花、压花等工序制成。其品种可分为单色印花、印花压花、平光、有光印花等，花色品种多，经济便宜，生产量大，是使用最为广泛的一种墙纸，可用于住宅、饭店等公用、民用建筑的内墙装饰。

发泡墙纸是以 $100g/m^2$ 纸作基材，上涂 $300\sim400g/m^2$ 的 PVC 糊状树脂经印花、发泡处理制得。这种发泡墙纸富有弹性并且具有凹凸状花纹或图案，色彩多样，立体感强。还具有吸声作用，但是易脏易积灰，不适于烟尘较大的场所。

特种墙纸是指具有特种功能的墙纸，包括耐水墙纸、防水墙纸、自粘型墙纸、特种面层墙纸和风景壁画型墙纸等。耐水墙纸采用玻璃纤维毡作为基材，用于浴室、卫生间的墙面装饰，但是粘贴时接缝处应贴牢，否则水渗入可使胶粘剂溶解，从而导致耐水墙纸脱落。防火墙纸采用 $100\sim200g/m^2$ 石棉作为基材，同时面层的 PVC 中掺有阻燃剂，使该种墙纸具有很好的阻燃性，此外即使这种墙纸燃烧也不会放出浓烟和毒气。自粘型墙纸的后面有不干胶层，使用时撕掉保护纸便可直接贴于墙面。特种面层墙纸采用金属、彩砂、丝绸、麻毛绵纤维等制成，可在墙面产生金属光泽、散射、珠光等艺术效果。风景壁画墙纸的面层印刷成风景名胜或艺术壁画，常由几幅拼贴而成，适用于厅堂墙面。

（二）铝塑装饰板

铝塑装饰板是一种复合材料，采用高强度铝材及优质聚乙烯复合而成，它是融合现代高科技成果的新型装饰材料。

铝塑装饰板有两种结构，一种是表面一层很薄铝板，结构层为 PVC 塑料；另一种是上下两层铝板中夹一层热塑性芯板组成。铝板表面涂装耐候性极佳的聚偏二氟烯或聚酯涂层。铝塑装饰板具有质轻、比强度高、耐候性和耐腐蚀性优良、施工方便、易于清洁和保养等特点。由于芯板采用优质聚乙烯塑料制成，故同时具备良好的隔热、防震功能。铝塑装饰板外形平整美观，可用作建筑物的幕墙饰面材料，可用于立柱、电梯、内墙等处，亦可用作顶棚、拱肩板、挑口板和广告牌等处的装饰。

三、地面装饰材料

塑料地板的主要品种有两种，一种是块状塑料地板，另一种是塑料卷材地板。

块状塑料地板又称塑料地砖，主要有聚氯乙烯和碳酸钙等，经密炼、压延、压花或印花、发泡等工序制成。按照材质可分为硬质和半硬质，按外观可分为单色、复色、印花、压花，按结构分为单层和复层。规格主要为300mm×300mm×1.5mm。块状塑料地板的表面虽然较硬，但仍有一定的柔性，行走时脚感较石材类好，噪声较小，耐热性、耐磨性、耐污染性较好；但抗折强度和硬度低，易被折断和划伤。

塑料块状地板属于较低档装饰材料，适用于餐厅、饭店、商店、住宅和办公室等。

塑料卷材地板俗称地板革，属于软质塑料。其生产工艺为压延法。产品可进行压花、印花、发泡等。生产时常以PVC打底层或采用玻璃纤维毡等其他材料作为基层材料。

与块状塑料地板相比，塑料卷材地板较柔软，脚感好，尤其是发泡塑料地板，施工方便，装饰性较好，易清洗，耐磨性好，但耐热性和耐燃性较差。

塑料卷材地板主要应用于住宅、办公室、实验室、饭店等地面装饰，也可用于台面装饰。另外还有针对一些特殊场合特制的塑料地板，如防静电塑料地板、防尘塑料地板等。

四、屋面和顶棚装饰塑料

（一）聚碳酸酯塑料装饰板

聚碳酸酯塑料装饰板一般制成蜂窝状结构，以提高其刚度和隔热保温性能。该材料具有轻质、光透射比高（36%～82%）、隔热、隔声、抗冲击、强度高、阻燃、耐候性好和柔性好等特点。同时可以着色，使之具有各种色彩以调节变换光线的颜色，改变室内环境气氛。除用于制作屋面的透光顶棚、顶罩外，还可以加工成平板、曲面板、折板等，替代玻璃用于室内外的各种装饰。这种材料可制成尺寸很大的顶棚且不需支撑，适用于大面积采光屋面。

（二）钙塑泡沫天花板

在聚乙烯等树脂中，大量加入碳酸钙、亚硫酸钙等填充料及其他添加剂等可制成钙塑泡沫天花板。它体积密度小、吸声隔热、立体感强，但容易老化变色、阻燃性差。

第十节　木材装饰制品

自古以来，木材是人类重要的建筑材料之一。近年来，由于出现了许多新型建筑材料和为了保护森林资源，木材已由过去在土木工程中作结构材料转为装饰材料。木材装饰具有许多其他材料难以替代的性能和效果，因此在室内装饰中仍占有很重要地位。

一、木材的分类

木材可按其树的外形分为针叶树和阔叶树。针叶树干笔直高大，纹理较直顺，材质均匀，较轻，易于加工，木质较软，又称软木。常用树种有杉木、松木、柏木等。

阔叶树通常树干较短，材质较硬，较重，纹理交织，易翘曲，开裂。常用树种有榆木、柞木、水曲柳等。

按木材的用途和加工的不同，可分为原条、原木、普通锯材和枕木等四类。原条指已去皮、根及树梢，但尚未加工成规定尺寸的木料；原木是由原条按一定尺寸加工成规定直径和长度的木材；普通锯材是指已加工锯解成材的木料；枕木是指按枕木端面和长度加工而成的木材。

二、木材的技术性质

木材质轻，表观密度约300～800kg/m³，密度约为1.55g/cm³，孔隙率约50%～80%。

木材是非匀质各向异性材料，其各个方向的强度是不一样的，顺纹抗拉强度和抗弯强度较高，横纹强度较低。木材的比强度较大，属质轻强度高的材料。木材弹性和韧性好，能承受较大的冲击荷载和震动作用。木材的导热系数小，导热系数一般为0.3W/(m·K)左右，具有良好的保温隔热性能。木材装饰性好，具有美丽的天然纹理和色彩。用作室内装饰或制作家具，给人以自然而高雅的美感，还能使室内空间产生温暖、亲切感。

当然，木材也有其缺点，如各向异性、膨胀变形大、易腐、易受白蚂蚁等虫害破坏、天然疵病多等，但这些缺点，经采取适当措施，还是可以克服的。

三、常用木材装饰制品

（一）木地板

分为条木地板和拼花地板两种，其中条木地板有一定弹性、脚感舒适、木质感强，能调节室内空气温湿度，给人以温馨、舒适感。是目前使用的中、高级地面装饰材料。木地板应选用木纹美观、不易开裂变形、有适当硬度、耐朽、较耐磨的优质木材。木地板应经干燥、变形稳定后再加工制作。木地板原材料常用柚木、水曲柳、核桃木、檀木、橡木和柞木等制作。条状木地板宽度一般不超过120mm，板厚15～30mm。条木地板拼缝处可平头、企口或错口。铺装缝一般为工字缝。

（二）胶合板

胶合板按质量和使用胶料不同分为Ⅰ、Ⅱ、Ⅲ、Ⅳ四类。Ⅰ类为耐气候、耐沸煮，能在室内使用；Ⅱ类胶合板即耐水胶合板，能在冷水中浸泡或短时间热水浸泡，但不耐沸煮；Ⅲ类胶合板即耐潮胶合板，能耐短时间冷水浸泡；Ⅳ类胶合板即不耐潮胶合板，后三种胶合板主要在室内使用。按照表面加工分为砂光胶合板（板面经砂光机砂光）、刮光胶合板（表面经刮光机砂光）、预饰面胶合板（板面经过处理，使用时无需再修饰）和贴面胶合板（表面复贴装饰单板，如木纹纸、树脂胶膜或金属片材料）。

胶合板最大的特点是改变了木材的各向异性，材质均匀、吸湿变形小、幅面大、不易翘曲，而且有着美丽的花纹，是使用非常广泛的装饰板材之一。

（三）薄木贴面装饰板

薄木贴面装饰板是将具有美丽木纹和天然色调的珍贵树种加工成非常薄的装饰面。

薄木贴面装饰板按厚度分，可分为：厚薄木（厚度为0.7～0.8mm）；微薄木（厚度为0.2～0.3mm）。按制造方法分有旋切薄木、刨切薄木。

薄木贴面花纹美丽，材色悦目，具有自然的特点，可作高级建筑的室内墙、门、橱柜等饰面。

（四）木装饰线条

木装饰线条主要用于接合处、分界面、层次面、衔接口等收边封口材料。线条在室内装饰材料中起着平面构成和线形构成的重要角色，可起固定、连接和加强装饰饰面的作用。

木线条主要选用质硬、木质细、耐磨、粘接性好、可加工性好的木材，经干燥处理后用机械加工或手工加工而成。

木装饰线条的品种规格繁多，从材质上可分为杂木木线、水曲柳线、胡桃木线、柏木木线、榉木木线等；从功能上可分为压边线、压角线、墙腰线、柱角线、天花角线等；从款式上可分外凸式、内凸式、凸凹结合式、嵌槽式等。

木装饰线条可作为墙腰饰线、护壁板和勒角的压条线、门窗的镶边线等,增添室内古朴、高雅和亲切的美感。

(五)纤维板

纤维板是将树皮、刨花、树枝等废材经破碎浸泡、研磨成木浆、加入胶料,经热压成型、干燥处理而成的人造板材,纤维板将木材的利用率由 60% 提高到 90%。纤维板按密度不同分为硬质纤维板(表观密度大于 800kg/m³)、中密度纤维板(表观密度大于 500kg/m³)、软质纤维板(表观密度小于 500kg/m³)。硬质纤维板表观密度大、强度高,是木材的优良代用材料。主要用作室内壁板、门板、地板、家具等。中密度纤维板主要用于隔断、隔墙和家具等;软质纤维板结构松软、强度低,但保温隔热和吸声性好,主要用于吊顶和墙面吸声材料。

习题与复习思考题

1. 如何根据装饰部位要求选择装饰材料?

2. 建筑装饰石材的主要品种有哪些?各自的成分和性能如何?

3. 大理岩一般不宜用于室外装饰,但汉白玉、艾叶青等有时却可用于室外装饰,为什么?

4. 建筑石膏制品一般加入什么纤维作为增强材料?这种纤维有何特性?

5. 地毯有哪些种类?各自有何性能特点?

6. 常用安全玻璃有哪些品种?各有何特性?

7. 陶、炻、瓷各有何特性?为什么外墙饰面砖用炻质而不能选用陶质釉面砖?

8. 溶剂型、乳胶型和水性建筑涂料有何区别?性能如何?

9. 建筑装饰塑料具有哪些共性?使用中应注意什么问题?

10. 木材胶合板是为何生产的?有什么特性?

11. 铝合金型材加工制作和施工中应注意什么问题?

第十一章　保温隔热材料和吸声材料

保温隔热材料和吸声材料都是功能性材料。建筑功能材料是赋予建筑物特殊功能的材料，因为特殊功能要求，如保温隔热、吸声、隔声、装饰、防火、防水等，难以用建筑结构材料来满足其要求，需要采用特殊功能材料来实现人们对建筑物诸多使用功能的需求，故本章就主要的建筑功能材料进行介绍。

保温隔热材料和吸声材料，都具有质轻、多孔或纤维状的特点。建筑物采用适当的保温隔热材料，不仅能保温隔热，给人们提供舒适的居住办公条件，而且有着显著的节能效果。采用良好的吸声或隔声材料，可以减轻噪声污染的危害，保持室内良好的音响效果。因此，高层建筑、城市高架桥、高速公路等土木工程中均非常重视这类材料的开发与应用。

第一节　保温隔热材料

保温隔热材料是防止住宅、生产车间、公共建筑及各种热工设备中热量传递的材料，也称为绝热材料。在土木工程中，保温隔热材料主要用于墙体和屋顶保温隔热，以及热工设备、采暖和空调管道的保温，在冷藏设备中则大量用作隔热。

在建筑物中合理采用保温隔热材料，能提高建筑物的使用效能，保证正常的生产、工作和生活，能减少热损失，节约能源。据统计，具有良好的绝热功能的建筑，其能源可节省 25%～50%。因此，在土木工程中，合理地使用保温隔热材料具有重要意义。

一、保温隔热材料的作用原理及影响因素

（一）保温隔热材料的作用原理

热量从本质上是由组成物质的分子、原子和电子等，在物质内部的移动、转动和振动所产生的能量，即热能。在任何介质中，当两点之间存在温度差时，就会产生热能传递现象，热能将由温度较高点传递至温度较低点。传热的基本形式有热传导、热对流和热辐射三种。通常情况下，传热过程中同时存在两种或三种传热方式，但因保温隔热性能良好的材料是多孔且封闭的，虽然在材料的孔隙内有着空气，起着对流和辐射作用，但与热传导相比，热对流和热辐射所占的比例很小，故在热工计算时通常不予考虑，而主要考虑热传导。

不同的建筑材料具有不同的热物理性能，衡量其保温隔热性能优劣的指标主要是导热系数 λ [W/（m·K）]。导热系数越小，则通过材料传递的热量越少，其保温隔热性能越好。工程中，通常把导热系数小于 0.23W/（m·K）的材料称为保温隔热材料（又称为绝热材料）。

（二）影响材料保温隔热性能的主要因素

1. 材料的组成及微观结构。不同的材料其导热系数是不同的。一般来说，导热系数

以金属最大，非金属次之，液体再之，气体最小。对于同一种材料，其微观结构不同，导热系数也有很大的差异，一般地，结晶体结构的最大，微晶体结构的次之，玻璃体结构的最小。但对于保温隔热材料来说，由于孔隙率大，气体（空气）对导热系数起主要作用，而固体部分的结构不论是晶态还是玻璃态，对导热系数的影响均不大。

2. 孔隙率与孔隙特征。由于材料中固体物质的热传导能力比空气大得多，因此，材料的孔隙率愈大（表观密度愈小），一般来说，材料的导热系数也愈小。孔隙率相同时，孔径愈小、孔隙分布愈均匀，其导热系数愈小；材料中孔隙封闭时的导热系数比孔隙连通时的要小。对于纤维状材料，当纤维之间压实至某一表观密度时，其导热系数最小，该表观密度称为最佳表观密度。当纤维材料的表观密度小于最佳表观密度时，其导热系数反而增大，这是由于孔隙增大且相互连通，引起空气对流的结果。

3. 材料的湿度。材料吸湿受潮后，其导热系数增大，这在多孔材料中最为明显。这是由于水的导热系数 [0.58W/（m·K）] 远大于封闭空气的导热系数 [0.023W/（m·K）]。当保温隔热材料中吸收的水分结冰时，其导热系数会进一步增大，因为冰的导热系数 [2.33W/（m·K）] 比水更大。因此，保温隔热材料应特别注意防水防潮。

蒸汽渗透是值得注意的问题。水蒸气能从温度较高的一侧渗入材料，当水蒸气在材料孔隙中达到最大饱和度时就凝结成水，从而使温度较低的一侧表面上出现冷凝水滴，这不仅大大提高了导热性，而且还会降低材料的强度和耐久性。防止的方法是在可能出现冷凝水的界面上，用沥青卷材、铝箔或塑料薄膜等憎水性材料加做隔蒸汽层。

4. 材料的温度。材料的导热系数随温度的升高而增大，因为温度升高时，材料固体分子的热运动增强，同时材料孔隙中空气的导热和孔壁间的辐射作用也有所增加。但这种影响，当温度在 0～50℃范围内时并不显著，只有对处于高温或负温下的材料，才要考虑温度的影响。

5. 热流方向。对于各向异性的材料，如木材等纤维质的材料，当热流平行于纤维方向时，热流受阻小，故导热系数大，而热流垂直于纤维方向时，热流受阻大，故导热系数小。以松木为例，当热流垂直于木纹时，导热系数为0.17W/（m·K）；而当热流平行于木纹时，则导热系数为 0.35W/（m·K）。

在上述各项因素中，对材料的保温隔热性能影响最大的是材料的表观密度和湿度。因而在测定材料的导热系数时，也必须测定材料的表观密度。至于湿度，通常对多数保温隔热材料可取空气相对湿度为80％～85％时，材料的平衡湿度作为参考值，应尽可能在这种湿度条件下测定材料的导热系数。

二、常用保温隔热材料

保温隔热材料按化学成分可分为有机和无机两大类；按材料的构造可分为纤维状、松散粒状和多孔状三种。通常可制成板、片、卷材或管壳等多种形式的制品。一般来说，无机保温隔热材料的表观密度较大，但不易腐朽，不会燃烧，有的能耐高温。有机保温隔热材料则质轻，绝热性能好，但耐热性较差。现将土木工程中常用的保温隔热材料简介如下。

（一）纤维状保温隔热材料

这类材料主要是以矿棉、石棉、玻璃棉及植物纤维等为主要原料，制成板、筒、毡等形状的制品，广泛用于住宅建筑和热工设备、管道等的保温隔热。这类保温隔热材料通常也是良好的吸声材料。

1. 石棉及其制品。石棉是一种天然矿物纤维，主要化学成分是含水硅酸镁，具有耐火、耐热、耐酸碱、绝热、防腐、隔声及绝缘等特性。常制成石棉粉、石棉纸板、石棉毡等制品。由于石棉中的粉尘对人体有害，因此民用建筑中已很小使用，目前主要用于工业建筑的隔热、保温及防火覆盖等。

2. 矿棉及其制品。矿棉一般包括矿渣棉和岩石棉。矿渣棉所用原料有高炉硬矿渣、铜矿渣等，并加一些调节原料（钙质和硅质原料）；岩石棉的主要原料为天然岩石（白云石、花岗石或玄武岩等）。上述原料经熔融后，用喷吹法或离心法制成细纤维。矿棉具有轻质、不燃、绝热和绝缘等性能，且原料来源广，成本较低。可制成矿棉板、矿棉毡及管壳等。可用作建筑物的墙壁、屋顶、天花板等处的保温隔热和吸声材料以及热力管道的保温材料。

3. 玻璃棉及其制品。玻璃棉是用玻璃原料或碎玻璃经熔融后制成的纤维材料，包括短棉和超细棉两种。短棉的表观密度为 $40 \sim 150kg/m^3$，导热系数为 $0.035 \sim 0.058$（$W/m \cdot K$），价格与矿棉相近。可制成沥青玻璃棉毡、板及酚醛玻璃棉毡、板等制品，广泛用在温度较低的热力设备和房屋建筑中的保温隔热，同时它还是良好的吸声材料。超细棉直径在 $4\mu m$ 左右，表观密度可小至 $18kg/m^3$，导热系数为 $0.028 \sim 0.037W/$（$m \cdot K$），绝热性能更为优良。

4. 植物纤维复合板。植物纤维复合板是以植物纤维为主要材料加入胶结料和填加料而制成。其表观密度为 $200 \sim 1200kg/m^3$，导热系数为 $0.058W/$（$m \cdot K$），可用于墙体、地板、顶棚等，也可用于冷藏库、包装箱等。

木质纤维板是以木材下脚料经机械制成木丝，加入硅酸钠溶液及普通硅酸盐水泥，经搅拌、成型、冷压、养护、干燥而制成。甘蔗板是以甘蔗渣为原料，经过蒸制、加压、干燥等工序制成的一种轻质、吸声、保温、绝热的材料。

5. 陶瓷纤维绝热制品。陶瓷纤维是以氧化硅、氧化铝为主要原料，经高温熔融、蒸汽（或压缩空气）喷吹或离心喷吹（或溶液纺丝再经烧结）而制成，表观密度为 $140 \sim 150kg/m^3$，导热系数为 $0.1160 \sim 0.186W/$（$m \cdot K$），最高使用温度为 $1100 \sim 1350℃$，耐火度大于等于 $1770℃$，可加工成纸、绳、带、毯、毡等制品，供高温绝热或吸声之用。

（二）散粒状保温隔热材料

1. 膨胀蛭石及其制品。蛭石是一种天然矿物，经 $850 \sim 1000℃$ 煅烧，体积急剧膨胀，单颗粒体积能膨胀约 20 倍。

膨胀蛭石的主要特性是：表观密度为 $80 \sim 900kg/m^3$，导热系数为 $0.046 \sim 0.070W/$（$m \cdot K$），可在 $1000 \sim 1100℃$ 温度下使用，不蛀、不腐，但吸水性较大。膨胀蛭石可以呈松散状铺设于墙壁、楼板、屋面等夹层中，作为绝热、隔声之用。使用时应注意防潮，以免吸水后影响绝热效果。

膨胀蛭石也可与水泥、水玻璃等胶凝材料配合，浇制成板，用于墙、楼板和屋面板等构件的绝热。其水泥制品通常用 $10\% \sim 15\%$ 体积的水泥，$85\% \sim 90\%$ 体积的膨胀蛭石，适量的水经拌合、成型、养护而成。其制品的表观密度为 $300 \sim 550kg/m^3$，相应的导热系数为 $0.08 \sim 0.10W/$（$m \cdot K$），抗压强度为 $0.2 \sim 1.0MPa$，耐热温度为 $600℃$。水玻璃膨胀蛭石制品是以膨胀蛭石、水玻璃和适量氟硅酸钠（Na_2SiF_6）配制而成，其表观密度为

$300\sim550kg/m^3$，相应的导热系数为 $0.079\sim0.084W/$（$m\cdot K$），抗压强度为 $0.35\sim0.65MPa$，最高耐热温度为 $900℃$。

2. 膨胀珍珠岩及其制品。膨胀珍珠岩是由天然珍珠岩煅烧而成的，呈蜂窝泡沫状的白色或灰白色颗粒，是一种高效能的保温隔热材料。其堆积密度为 $40\sim500kg/m^3$，导热系数为 $0.047\sim0.070W/$（$m\cdot K$），最高使用温度可达 $800℃$，最低使用温度为 $-200℃$。具有吸湿小、无毒、不燃、抗菌、耐腐、施工方便等特点。建筑上广泛用作围护结构、低温及超低温保冷设备、热工设备等的绝热保温材料，也可用于制作吸声制品。

膨胀珍珠岩制品是以膨胀珍珠岩为主，配合适量胶结材料（水泥、水玻璃、磷酸盐、沥青等），经拌合、成型、养护（或干燥，或固化）后制成板、块、管壳等制品。

（三）无机多孔性板块保温隔热材料

1. 微孔硅酸钙制品。微孔硅酸钙制品是用粉状二氧化硅材料（硅藻土）、石灰、纤维增强材料及水等经搅拌、成型、蒸压处理和干燥等工序而制成。以托贝莫来石为主要水化产物的微孔硅酸钙表观密度约为 $200kg/m^3$，导热系数为 $0.047W/$（$m\cdot K$），最高使用温度约为 $650℃$。以硬硅钙石为主要水化产物的微孔硅酸钙，其表观密度约为 $230kg/m^3$，导热系数为 $0.056W/$（$m\cdot K$），最高使用温度可达 $1000℃$。用于围护结构及管道保温，效果较水泥膨胀珍珠岩和水泥膨胀蛭石为好。

2. 泡沫玻璃。泡沫玻璃是由玻璃粉和发泡剂等经配料、烧制而成。气孔率为 $80\%\sim95\%$，气孔直径为 $0.1\sim5.0mm$，且大量为封闭而孤立的小气泡。其表观密度为 $150\sim600kg/m^3$，导热系数为 $0.058\sim0.128W/$（$m\cdot K$），抗压强度为 $0.8\sim15.0MPa$。采用普通玻璃粉制成的泡沫玻璃最高使用温度为 $300\sim400℃$，若用无碱玻璃粉生产时，则最高使用温度可达 $800\sim1000℃$，耐久性好，易加工，可用于多种绝热需要。

3. 泡沫混凝土。是由水泥、水、松香泡沫剂混合后，经搅拌、成型、养护而制成的一种多孔、轻质、保温、绝热、吸声的材料。也可用粉煤灰、石灰、石膏和泡沫剂制成粉煤灰泡沫混凝土。泡沫混凝土的表观密度为 $300\sim500kg/m^3$，导热系数为 $0.082\sim0.186W/$（$m\cdot K$）。

4. 加气混凝土。加气混凝土是由水泥、石灰、粉煤灰和发泡剂（铝粉）配制而成。是一种保温绝热性能良好的轻质材料。由于加气混凝土的表观密度小（$300\sim800kg/m^3$），导热系数 [$0.10\sim0.20W/$（$m\cdot K$）] 要比烧结普通砖小几倍，因而 $24cm$ 厚的加气混凝土墙体，其保温绝热效果优于 $37cm$ 厚的砖墙。此外，加气混凝土的耐火性能良好。

5. 硅藻土。由水生硅藻类生物的残骸堆积而成。其孔隙率为 $50\%\sim80\%$，导热系数为 $0.060W/$（$m\cdot K$），具有很好的绝热性能。最高使用温度可达 $900℃$。可用作填充料或制成制品。

（四）泡沫塑料

是以各种树脂为基料，加入一定剂量的发泡剂、催化剂、稳定剂等辅助材料，经加热发泡而制成的一种具有轻质、保温、绝热、吸声、抗震性能的材料。

1. 聚氨酯泡沫塑料（PUR）。是把含有羟基的聚醚或聚酯树脂与异氰酸酯反应构成聚氨酯主体，并由异氰酸酯与水反应生成的二氧化碳或用发泡剂发泡而得到的内部具有无数小气孔的材料，可分为软质、半硬质和硬质三类。其中硬质聚氨酯泡沫塑料表观密度为 $24\sim80kg/m^3$，导热系数为 $0.017\sim0.027W/$（$m\cdot K$），在建筑工程上较为常用。

2. 聚苯乙烯泡沫塑料。是以聚苯乙烯树脂为基料，加入发泡剂等辅助材料，经热发泡而形成的轻质材料，按成型工艺不同，可分为模塑型（EPS）和挤塑型（XPS）。

EPS 自重轻，表观密度在 $15 \sim 60 kg/m^3$，导热系数一般小于 $0.041W/(m \cdot K)$，且价格适中，已成为目前使用最广泛的保温隔热材料。但是其体积吸水率大，受潮后导热系数明显增加，而且 EPS 的耐热性能较差，其长期使用温度应低于 75℃。经挤塑成型后，XPS 的孔隙呈微小封闭结构，因此具有强度较高、压缩性能好、导热系数更小〔常温下导热系数一般小于 $0.027W/(m \cdot K)$〕，吸水率低、水蒸气渗透系数小的特点，长期在高湿度或浸水环境中使用，XPS 仍能保持优良的保温性能。

此外，还有聚乙烯泡沫塑料（PE）、酚醛泡沫塑料（PF）等。该类保温隔热材料可用于各种复合墙板及屋面板的夹芯层、冷藏及包装等绝热需要。由于这类材料造价高，且具有可燃性，因此目前应用上受到一定限制。今后随着这类材料性能的改善，将向着高效、多功能方向发展。

（五）其他保温隔热材料

1. 软木板。软木也叫栓木。软木板是用栓皮、栎树皮或黄菠萝树皮为原料，经破碎后与皮胶溶液拌合，再加压成型，在温度为 80℃ 的干燥室中干燥一昼夜而制成。软木板具有表观密度小，导热性低，抗渗和防腐性能好等特点。常用热沥青错缝粘贴，用于冷藏库隔热。

2. 蜂窝板。蜂窝板是由两块较薄的面板，牢固地粘结在一层较厚的蜂窝状芯材两面而制成的板材，亦称蜂窝夹层结构。蜂窝状芯材是用浸渍过合成树脂（酚醛、聚酯等）的牛皮纸、玻璃布和铝片等，经过加工粘合成六角形空腹（蜂窝状）的整块芯材。芯材的厚度在 $15 \sim 450mm$ 范围内；空腔的尺寸在 10mm 以上。常用的面板为浸渍过树脂的牛皮纸、玻璃布或不经树脂浸渍的胶合板、纤维板、石膏板等。面板必须采用合适的胶粘剂与芯材牢固地粘合在一起，才能显示出蜂窝板的优异特性，即具有比强度高、导热性低和抗震性好等多种功能。

3. 窗用绝热薄膜。这种薄膜是以聚酯薄膜经紫外线吸收剂处理后，在真空中进行蒸镀金属粒子沉积层，然后与一层有色透明的塑料薄膜压粘而成。厚度约为 $12 \sim 50\mu m$，用于建筑物窗玻璃的绝热，效果与热反射玻璃相同。其作用原理是将透过玻璃的大部分阳光反射出去，反射率最高可达 80%，从而起到了遮蔽阳光、防止室内陈设物褪色、减少冬季热量损失、节约能源、增加美感等作用，同时还有避免玻璃片伤人的功效。

三、保温隔热材料的选用及基本要求

选用保温隔热材料时，应满足的基本要求是：导热系数不宜大于 $0.23W/(m \cdot K)$，表观密度不宜大于 $600kg/m^3$，抗压强度则应大于 0.3MPa。由于保温隔热材料的强度一般都很低，因此，除了能单独承重的少数材料外，在围护结构中，经常把保温隔热材料层与承重结构材料层复合使用。如建筑外墙的保温层通常做在内侧，以免受大气的侵蚀，但应选用不易破碎的材料，如软木板、木丝板等；如果外墙为砖砌空斗墙或混凝土空心制品，则保温材料可填充在墙体的空隙内，此时可采用散粒材料，如矿渣、膨胀珍珠岩等。屋顶保温层则以放在屋面板上为宜，这样可以防止钢筋混凝土屋面板由于冬夏温差引起裂缝，但保温层上必须加做效果良好的防水层。总之，在选用保温隔热材料时，应结合建筑物的用途、围护结构的构造、施工难易、材料来源和经济核算等综合考虑。对于一些特殊建筑物，还必须考虑保温隔热材料的使用温度条件、不燃性、化学稳定性及耐久性等。

四、常用保温隔热材料的技术性能

常用保温隔热材料技术性能及用途见表 11-1。

常见保温隔热材料技术性能及用途 表 11-1

材料名称	表观密度 (kg/m³)	强度（MPa）	导热系数 [W/ (m·K)]	最高使用温度（℃）	用　途
超细玻璃棉毡 沥青玻纤制品	30～60 100～150		0.035 0.041	300～400 250～300	墙体、屋面、冷藏库等
矿渣棉纤维	110～130		0.047～0.082	≤600	填充材料
岩棉纤维	80～150	$f_t>0.012$	0.044	250～600	填充墙、屋面、管道等
岩棉制品	80～160		0.040～0.052	≤600	
膨胀珍珠岩	40～300		常温 0.020～0.044 常温 0.06～0.17 低温 0.020～0.038	≤800 (−200)	高效保温保冷填充材料
水泥膨胀珍珠岩制品	300～400	$f_c=0.5～1.0$	常温 0.050～0.081 低温 0.081～0.120	≤600	保温绝热用
水玻璃膨胀岩制品	200～300	$f_c=0.6～1.7$	常温 0.056～0.093	≤650	保温绝热用
沥青膨胀珍珠岩制品	400～500	$f_c=0.2～1.2$	0.093～0.120		用于常温及负温
膨胀蛭石	80～900		0.046～0.070	1000～1100	填充材料
水泥膨胀蛭石制品	300～500	$f_c=0.2～1.0$	0.076～0.105	≤600	保温绝热用
微孔硅酸钙制品	250	$f_c>0.5$ $f_c>0.3$	0.041～0.056	≤650	围护结构及管道保温
轻质钙塑板	100～150	$f_c=0.1～0.3$ $f_t=0.7～0.11$	0.047	≤650	保温绝热兼防水性能，并具有装饰性能
泡沫玻璃	150～600	$f_c=0.55～15$	0.058～0.128	300～400	砌筑墙体及冷藏库绝热
泡沫混凝土	300～500	$f_c≥0.4$	0.12～0.19		围护结构
加气混凝土	400～700	$f_c≥0.4$	0.093～0.160		围护结构
木丝板	300～600	$f_v=0.4～0.5$	0.11～0.26		顶棚、隔墙板、护墙板
软质纤维板	150～400		0.047～0.093		同上、表面较光洁
芦苇板	250～400		0.093～0.130		顶棚、隔墙板
软木板	105～437	$f_v=0.15～2.5$	0.044～0.079	≤130	吸水率小、不霉腐、不燃烧，用于绝热结构
模塑聚苯乙烯泡沫塑料	15～60	$f_v=0.06～0.4$	≤0.041		墙体、屋面保温绝热等
挤塑聚苯乙烯泡沫塑料	15～50	$f_v=0.15～0.5$	≤0.027		墙体、屋面保温绝热等
硬质聚氨酯泡沫塑料	24～80	$f_v=0.1～0.15$	0.017～0.027	≤120 (−60)	屋面、墙体保温、冷藏库绝热
聚氯乙烯泡沫塑料	12～72		0.450～0.031	≤70	屋面、墙体保温、冷藏库绝热

第二节 吸声材料

为了改善声波在室内传播的质量，保持良好的音响效果和减少噪声的危害，在音乐厅、影剧院、大会堂、播音室及噪声大的工厂车间等室内的墙面、地面、顶棚等部位，应选用适当的吸声材料。

一、吸声材料的作用原理

声音起源于物体的振动，例如我们说话时喉间声带的振动和击鼓时鼓皮的振动，都能产生声音，声带和鼓皮就叫做声源。声源的振动迫使邻近的空气随着振动而形成声波，并在空气介质中向四周传播。声音沿发射的方向最响，称为声音的方向性。

声音在传播过程中，一部分声能随着距离的增大而扩散，另一部分声能则因空气分子的吸收而减弱。声能的这种减弱现象，在室外空旷处颇为明显，但在室内如果房间的空间并不大，上述的这种声能减弱就不起主要作用，而重要的是室内墙壁、天花板、地板等材料表面对声能的吸收。

当声波遇到材料表面时，一部分被反射，另一部分穿透材料，其余的声能转化为热能而被吸收。被材料吸收的声能 E（包括部分穿透材料的声能在内）与原先传递给材料的全部声能 E_0 之比，是评定材料吸声性能好坏的主要指标，称为吸声系数 a，用公式表示如下：

$$a = \frac{E}{E_0}$$

假如入射声能的 60% 被吸收，40% 被反射，则该材料的吸声系数 a 等于 0.6。当入射声能 100% 被吸收而无反射时，吸声系数等于 1。当门窗开启时，吸声系数相当于 1。一般材料的吸声系数在 0～1 之间。

材料的吸声性能除了与材料本身性质、厚度及材料表面状况（有无空气层及空气层的厚度）有关外，还与声波的入射角及频率有关。因此，吸声系数用声音从各个方向入射的平均值表示，并应指出是对哪一频率的吸收。一般而言，材料内部开放连通的气孔越多，吸声性能越好。同一材料，对于高、中、低不同频率的吸声系数不同。为了全面反映材料的吸声性能，规定取 125Hz、250Hz、500Hz、1000Hz、2000Hz、4000Hz 等 6 个频率的吸声系数来表示材料的吸声特性。例如，材料对某一频率的吸声系数为 a，材料的面积为 A，则其吸声总量等于 aA（吸声单位）。任何材料对声音都能吸收，只是吸收程度有很大的不同。通常对上述 6 个频率的平均吸声系数 $\bar{a}$ 大于 0.2 的材料，认为是吸声材料。

吸声机理是声波进入材料内部互相贯通的孔隙，受到空气分子及孔壁的摩擦和黏滞阻力，以及使细小纤维作机械振动，从而使声能转化为热能。吸声材料大多为疏松多孔的材料，如矿渣棉、毯子等。多孔性吸声材料的吸声系数，一般从低频到高频逐渐增大，故对高频和中频的吸声效果较好。

二、吸声材料的结构形式

1. 多孔性吸声结构

多孔性吸声材料是常用的一种吸声材料，它具有良好的中高频吸声性能。多孔性吸声材料具有大量的内外连通微孔，通气性良好。当声波入射到材料表面时，声波很快地顺着微孔进入材料内部，引起孔隙内的空气振动，由于摩擦，空气黏滞阻力和材料内部的热传导作用，使相当一部分声能转化为热能而被吸收。

影响多孔性吸声材料性能的主要因素：

（1）材料的孔隙率与孔隙特征的影响。材料的孔隙率愈大（表观密度愈小）、开口连通孔隙愈多，吸声性能愈好；材料的孔隙率相同时，开口连通孔隙的孔径愈细小、分布愈均匀，吸声性能愈好。当材料吸湿或表面喷涂油漆、空隙充水或堵塞，会大大降低吸声材料的吸声效果。

（2）材料表观密度的影响。多孔材料表观密度增加，意味着微孔减小，能使低频吸声效果有所提高，但高频吸声性能却下降。

（3）材料厚度的影响。多孔材料的低频吸声系数，一般随着厚度的增加而提高，但厚度对高频影响不显著。材料的厚度增加到一定程度后，吸声效果的变化就不明显。所以为提高材料吸声效果而无限制地增加厚度是不适宜的。

（4）背后空气层的影响。大部分吸声材料都是固定在龙骨上，材料背后空气层的作用相当于增加了材料的厚度，吸声效果一般随着空气层厚度增加而提高。当材料背后空气层厚度等于 1/4 波长的奇数倍时，可获得最大的吸声系数，根据这个原理，调整材料背后空气层厚度，可以提高其吸声效果。

2. 薄板振动吸声结构

薄板振动吸声结构的特点是具有低频吸声特性，同时还有助于声波的扩散。建筑中常用胶合板、薄木板、硬质纤维板、石膏板、石棉水泥板或金属板等，把它们固定在墙或顶棚的龙骨上，并在背后留有空气层，即成薄板振动吸声结构。

薄板振动结构是在声波作用下发生振动，薄板振动时由于板内部和龙骨之间出现摩擦损耗，使声能转变为机械振动，而起吸声作用。由于低频声波比高频声波容易激起薄板振动，所以薄板振动吸声结构具有低频声波吸声特性。土木工程中常用的薄板振动吸声结构的共振频率约在 $80\sim300\mathrm{Hz}$ 之间，在此共振频率附近的吸声系数最大，约为 $0.2\sim0.5$，而在其他共振频率附近的吸声系数就较低。

3. 共振吸声结构

共振吸声结构具有密闭的空腔和较小的开口孔隙，很像个瓶子。当瓶腔内空气受到外力激荡，会按一定的频率振动，这就是共振吸声器。每个独立的共振吸声器都有一个共振频率，在其共振频率附近，由于颈部空气分子在声波的作用下像活塞一样进行往复运动，因摩擦而消耗声能。若在腔口蒙一层细布或疏松的棉絮，可以加宽共振频率范围和提高吸声量。为了获得较宽频率带的吸声性能，常采用组合共振吸声结构或穿孔板组合共振吸声结构。

4. 穿孔板组合共振吸声结构

穿孔板组合共振吸声结构具有适合中频的吸声特性。这种吸声结构与单独的共振吸声器相似，可看作是多个单独共振吸声器并联而成。穿孔板厚度、穿孔率、孔径、孔距、背后空气层厚度以及是否填充多孔吸声材料等，都直接影响吸声结构的吸声性能。这种吸声结构由穿孔的胶合板、硬质纤维板、石膏板、石棉水泥板、铝合板、薄钢板等固定在龙骨上，并在背后设置空气层而构成，这种吸声材料在建筑中使用比较普遍。

5. 柔性吸声结构

具有密闭气孔和一定弹性的材料，如聚氯乙烯泡沫塑料，表面仍为多孔材料，但因其有密闭气孔，声波引起的空气振动不是直接传递至材料内部，只能相应的产生振动，在振动过程中由于克服材料内部的摩擦而消耗声能，引起声波衰减。这种材料的吸声特性是在一定的频率范围内出现一个或多个吸收频率。

6. 悬挂空间吸声结构

悬挂于空间的吸声体，由于声波与吸声材料的两个或两个以上的表面接触，增加了有效的吸声面积，产生边缘效应，加上声波的衍射作用，大大提高吸声效果。实际应用时，可根据不同的使用部位和要求，设计成各种形式的悬挂空间吸声结构。空间吸声体有平板形、球形、椭圆形和棱锥形等多种形式。

7. 帘幕吸声结构

帘幕吸声结构是用具有通气性能的纺织品，安装在离开墙面或窗洞一段距离处，背后设置空气层。这种吸声体对中、高频都有一定的吸声效果。帘幕的吸声效果还与所用材料的种类有关。帘幕吸声体安装拆卸方便，兼具装饰作用，应用价值高。

三、吸声材料的选用及安装注意事项

在室内采用吸声材料可以抑制噪声，保持良好的音质（声音清晰且不失真），故在教室、礼堂和剧院等室内应当采用吸声材料。吸声材料的选用和安装必须注意以下各点：

1. 要使吸声材料充分发挥作用，应将其安装在最容易接触声波和反射次数最多的表面上，而不应把它集中在天花板或某一面的墙壁上，并应比较均匀地分布在室内各表面上。

2. 吸声材料强度一般较低，应设置在护壁线以上，以免碰撞破损。

3. 多孔吸声材料往往易于吸湿，安装时应考虑到湿胀干缩的影响。

4. 选用的吸声材料应不易虫蛀、腐朽，且不易燃烧。

5. 应尽可能选用吸声系数较高的材料，以便节约材料用量，降低成本。

6. 安装吸声材料时应注意勿使材料的表面细孔被油漆的漆膜堵塞而降低其吸声效果。

虽然有些吸声材料的名称与保温隔热材料相同，都属多孔性材料，但在材料的孔隙特征上有着完全不同的要求。保温隔热材料要求具有封闭的互不连通的气孔，这种气孔愈多其绝热性能愈好；而吸声材料则要求具有开放的互相连通的气孔，这种气孔愈多其吸声性能愈好。至于如何使名称相同的材料具有不同的孔隙特征，这主要取决于原料组分中的某些差别和生产工艺中的热工制度、加压大小等。例如泡沫玻璃采用焦炭、磷化硅、石墨为发泡剂时，就能制得封闭的互不连通的气孔。又如泡沫塑料在生产过程中采取不同的加热、加压制度，可获得孔隙特征不同的制品。

除了采用多孔吸声材料吸声外，还可将材料制作成不同的吸声结构，达到更好的吸声效果。常用的吸声结构形式有薄板共振吸声结构和穿孔板吸声结构。

薄板共振吸声结构系采用薄板钉牢在靠墙的木龙骨上，薄板与板后的空气层构成了薄板共振吸声结构。在声波的交变压力作用下，迫使薄板振动。当声频正好为振动系统的共振频率时，其振动最强烈，吸声效果最显著。此种结构主要是吸收低频率的声音。如表11-2 中，序号 11、13、14 的胶合板结构。

穿孔板吸声结构是用穿孔的胶合板、纤维板、金属板或石膏板等为结构主体，与板后的墙面之间的空气层（空气层中有时可填充多孔材料）构成吸声结构。该结构吸声的频带较宽，对中频的吸声能力最强。如表 11-2 中序号 12、15、16、17 的穿孔胶合板结构。

四、常用吸声材料及吸声系数

土木工程中常用吸声材料及吸声系数见表11-2所示。

土木工程常用吸声材料及吸声系数 表11-2

序号	名 称	厚度 (cm)	表观密度 (kg/m³)	各频率下的吸声系数						装置情况
				125Hz	250Hz	500Hz	1000Hz	2000Hz	4000Hz	
1	石膏砂浆（掺有水泥、玻璃纤维）	2.2		0.24	0.12	0.09	0.30	0.32	0.83	粉刷在墙上
*2	石膏砂浆（掺有水泥、石棉纤维）	1.3		0.25	0.78	0.97	0.81	0.82	0.85	喷射在钢丝板上，表面滚平，后有15cm空气层
3	水泥膨胀珍珠岩板	2	350	0.16	0.46	0.64	0.48	0.56	0.56	贴实
4	矿渣棉	3.13	210	0.10	0.21	0.60	0.95	0.85	0.72	贴实
		8.0	240	0.35	0.65	0.65	0.75	0.88	0.92	
5	沥青矿渣棉毡	6.0	200	0.19	0.51	0.67	0.70	0.85	0.86	贴实
6	玻璃棉	5.0	80	0.06	0.08	0.18	0.44	0.72	0.82	贴实
		5.0	130	0.10	0.12	0.31	0.76	0.85	0.99	
	超细玻璃棉	5.0	20	0.10	0.35	0.85	0.85	0.86	0.86	
		15.0	20	0.50	0.85	0.85	0.85	0.86	0.80	
7	酚醛玻璃纤维板（去除表面硬皮层）	8.0	100	0.25	0.55	0.80	0.92	0.98	0.95	贴实
8	泡沫玻璃	4.0	1260	0.11	0.32	0.52	0.44	0.52	0.33	贴实
9	脲醛泡沫塑料	5.0	20	0.22	0.29	0.40	0.68	0.95	0.94	贴实
10	软木板	2.5	260	0.05	0.11	0.25	0.63	0.70	0.70	贴实
11	*木丝板	3.0		0.10	0.36	0.62	0.53	0.71	0.90	钉在木龙骨上，后留10cm空气层
*12	穿孔纤维板（穿孔率为5%，孔径5mm）	1.6		0.13	0.38	0.72	0.89	0.82	0.66	钉在木龙骨上，后留5cm空气层
*13	*胶合板（三夹板）	0.3		0.21	0.73	0.21	0.19	0.08	0.12	钉在木龙骨上，后留5cm空气层
*14	*胶合板（三夹板）	0.3		0.60	0.38	0.18	0.05	0.05	0.08	钉在木龙骨上，后留10cm空气层
*15	*穿孔胶合板（五夹板）（孔径5mm，孔心距25mm）	0.5		0.01	0.25	0.55	0.30	0.16	0.19	钉在木龙骨上，后留5cm空气层
*16	*穿孔胶合板（五夹板）（孔径5mm，孔心距25mm）	0.5		0.23	0.69	0.86	0.47	0.26	0.27	钉在木龙骨上，后留5cm空气层，但在空气层内填充矿物棉

序号	名　称	厚度(cm)	表观密度(kg/m³)	各频率下的吸声系数						装置情况
				125Hz	250Hz	500Hz	1000Hz	2000Hz	4000Hz	
*17	*穿孔胶合板（五夹板）（孔径5mm,孔心距25mm）	0.5		0.20	0.95	0.61	0.32	0.23	0.55	钉在木龙骨上,后留5cm空气层,填充矿物棉
18	工业毛毡	3	370	0.10	0.28	0.55	0.60	0.60	0.59	张贴在墙上
19	地毯	厚		0.20		0.30		0.50		铺于木搁栅楼板上
20	帷幕	厚		0.10		0.50		0.60		有折叠,靠墙装置

注：1. 表中名称前有*者表示系有混响室法测得的结果；无*者系用驻波管法测得的结果，混响室法测得的数据比驻波管法约大0.20左右；

2. 穿孔板吸声结构在穿孔率为0.5%～5%，板厚为1.5～10mm，孔径2～15mm，后面留腔深度为100～250mm时，可获得较好效果；

3. 序号前有*者为吸声结构。

五、关于隔声材料的概念

能减弱或隔断声波传递的材料称为隔声材料。必须指出：吸声性能好的材料，不能简单地把它们作为隔声材料来使用。

人们要隔绝的声音，按传播途径有：空气声（通过空气传播的声音）和固体声（通过固体的撞击或振动传播的声音）两种，两者隔声的原理不同。

对空气声的隔绝，主要是依据声学中的"质量定律"，即材料的表观密度越大，越不易受声波作用而产生振动，其声波通过材料传递的速度迅速减弱，其隔声效果越好。所以，应选用表观密度大的材料（如钢筋混凝土、实心砖等）作为隔绝空气声的材料。

对固体声隔绝的最有效措施是隔断其声波的连续传递。即在产生和传递固体声的结构（如梁、框架、楼板与隔墙以及它们的交接处等）层中加入具有一定弹性的衬垫材料，如软木、橡胶、毛毡、地毯或设置空气隔离层等，以阻止或减弱固体声的继续传播。

由上述可知，材料的隔声原理与材料的吸声原理是不同的，因此，吸声效果好的多孔材料其隔声效果不一定好。

习题与复习思考题

1. 什么是保温隔热材料？影响保温隔热材料导热性的主要因素有哪些？工程上对保温隔热材料有哪些要求？

2. 保温隔热材料的基本特征如何？常用保温隔热材料品种有哪些？

3. 材料的吸声性能及其表示方法有哪些？什么是吸声材料？

4. 吸声材料的基本特征如何？

5. 吸声材料和保温隔热材料的性质有何异同？使用保温隔热材料和吸声材料时各应注意哪些问题？

6. 什么是隔声材料？隔绝空气声与隔绝固体声的作用原理有何不同？哪些材料适宜用作隔绝空气声或隔绝固体声的材料？

7. 哪些措施可以解决轻质材料绝热性能、吸声性能好，而隔声能力差的缺点？

建 筑 材 料 试 验

建筑材料试验是本课程的重要组成部分和实践性教学环节。

开设建筑材料实验课的目的有以下几个方面：首先是使学生熟悉主要建筑材料的技术要求，并具有对常用建筑材料独立进行质量检验的能力；其次是使学生对具体材料的性状有所了解，并进一步巩固与丰富理论知识；最后是学生通过实验课程掌握基本的实验技能，培养严谨的科学态度，提高分析问题和解决问题的能力。为此，学生需要做到：

1. 试验前做好相关内容的预习，明确试验目的、基本原理及操作要点，并基本了解试验所用的仪器、材料。

2. 在试验的整个过程中建立严密和科学的工作秩序，严格遵守试验操作规程，注意观察试验现象，详细做好试验记录。

3. 对试验的结果进行分析，做好试验报告。

材料的质量指标和试验结果是有条件的、相对的，与取样、试验和数据处理密切相关。应从代表性、一致性和规范性出发，以保证试验和计算结果的正确性。

本书中试验内容是按课程教学大纲的要求并结合工程实际需要选材，参照现行国家标准或其他规范、资料进行编写，并不包含所有建筑材料试验的全部内容。同时，由于技术水平的进步和生产条件的发展，在科研和实际工作中，应查阅有关资料，并注意各种相关标准或规范的修订状况，以作相应修正。

试验一　建筑材料的基本性质试验

试验包含了密度、表观密度、体积密度、堆积密度、孔隙率及空隙率等内容。

试验参照《水泥比重测定方法》（GB 208—1994）、《建筑用砂》（GB/T 14684—2001）、《建筑用卵石、碎石》（GB/T 14685—2001）等标准进行。

一、密度试验

（一）主要仪器设备

李氏瓶——容积为 220~250mL，刻度精确至 0.1mL，见试图 1-1；

筛子——方孔，孔径为 0.90mm；

天平——精度为 0.01g；

烘箱——温度能控制在 $105\pm5℃$；

干燥器、温度计等。

（二）试样制备

1. 将试样破碎、磨细，全部通过 0.90mm 方孔筛后，置于 $105\pm5℃$ 的烘箱中，烘至恒重。

2. 将烘干的粉料放入干燥器中冷却至室温待用。

（三）试验方法及步骤

1. 在李氏瓶中注入无水煤油至 0 到 1mL 刻度线，置于恒温水槽中恒温 30min，记录刻度（V_1）。

2. 用天平称取试样质量为 m_1，用小勺和漏斗小心地将试样徐徐送入李氏瓶中，直至液面上升至 20mL 或略高于 20mL 的刻度为止。

3. 用瓶内的煤油将粘附在瓶颈和瓶壁的试样洗入瓶内煤油中，并倾斜转动李氏瓶，排出煤油中气泡，恒温 30min，记录液面刻度（V_2）。

4. 称取未注入瓶内剩余试样的质量（m_2）。

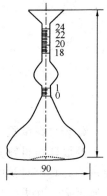

试图 1-1 李氏瓶

（四）结果计算与评定

1. 按下式计算出密度 ρ，精确至 $0.01g/cm^3$。

$$\rho = \frac{m_1 - m_2}{V_2 - V_1}$$

2. 最后结果取两个平行试样试验结果的算术平均值。但两次结果之差不应大于 $0.02g/cm^3$，否则重做。

二、表观密度试验

（一）砂的表观密度试验（容量瓶法）

1. 主要仪器设备

容量瓶——500mL；

天平——称量为 1000g，精度为 1g；

烘箱——温度能控制在 $105\pm5℃$；

干燥器、料勺、温度计等。

2. 试样制备

将试样用四分法（见砂、石试验）缩分至 660g 左右，置于 $105\pm5℃$ 的烘箱中烘干至恒重，并在干燥器内冷却至室温，分为大致相等的两份待用。

3. 试验方法及步骤

（1）称取烘干的试样 300g（m_0），精确至 1g，将试样装入容量瓶，注入冷开水至接近 500mL 的刻度处，倾斜摇转容量瓶，使试样在水中充分搅动，排除气泡，再塞紧瓶塞，静置 24h。

（2）静置后用滴管添水，使水面与瓶颈 500mL 刻度线平齐，塞紧瓶塞，擦干瓶外水分，称取其质量（m_1），精确至 1g。

（3）倒出瓶中的水和试样，洗净瓶的内外表面。再向瓶内注入与前面水温相差不超过 2℃，并在 $15\sim25℃$ 范围内的冷开水，至瓶颈 500mL 刻度线，塞紧瓶塞，擦干瓶外水分，称取其质量（m_2），精确至 1g。

4. 试验结果计算与评定

（1）按下式计算砂的表观密度 ρ_{0s}，精确至 $10kg/m^3$。

$$\rho_{0s} = \left(\frac{m_0}{m_0 + m_2 - m_1} \right) \times \rho_水 \quad \rho_水 \text{ 取 } 1000kg/m^3$$

（2）最后结果取两个平行试样试验结果的算术平均值。两次测定结果的差值不应大于

$20kg/m^3$，否则重做。

（二）石子表观密度试验

试验时各项称量宜在 $15\sim25℃$ 范围内进行。

1. 广口瓶法

本方法适宜于最大粒径不超过 37.5mm 的碎石或卵石。

（1）主要仪器设备

广口瓶——1000mL，磨口；

天平——称量为 2000g，精度为 1g；

烘箱——温度能控制在 $105\pm5℃$；

筛子——方孔，孔径为 4.75mm；

浅盘、温度计、玻璃片等。

（2）试样制备

将试样筛去 4.75mm 以下的颗粒后洗刷干净，用四分法（见砂、石试验）缩分至试表 1-1 规定的数量，分成大致相等的两份备用。

表观密度试验所需试样数量　　　　　　　　　　　　　试表 1-1

最大粒径（mm）	小于 26.5	31.5	37.5	63.0	75.0
最少试样质量（kg）	2.0	3.0	4.0	6.0	6.0

（3）试验方法与步骤

①将试样浸水饱和后，装入广口瓶中，然后注满饮用水，用玻璃片覆盖瓶口，以上下左右摇晃的方法排除气泡。

②气泡排尽后，向瓶内添加饮用水至水面凸出到瓶口边缘，然后用玻璃片沿瓶口迅速滑行，使其紧贴瓶口水面。擦干瓶外水分后，称取总质量 (m_1)，精确至 1g。

③将瓶中的试样倒入浅盘，置于 $105\pm5℃$ 的烘箱中干至恒重，冷却至室温后称出试样的质量 (m_0)，精确至 1g。

④将瓶洗净，重新注入与前面水温不超过 $2℃$ 的饮用水，用玻璃片紧贴瓶口水面，擦干瓶外水分后称出质量 (m_2)，精确至 1g。

（4）试验结果计算与评定

①按下式计算石子的表观密度 ρ_{0g}，精确到 $10kg/m^3$。

$$\rho_{0g} = \left(\frac{m_0}{m_0 + m_2 - m_1} \right) \times \rho_{水} \qquad \rho_{水} \text{ 取 } 1000kg/m^3$$

②最后结果取两个平行试样试验结果的算术平均值。两次测定结果的差值不应大于 $20kg/m^3$，否则重做。

③对于材质不均匀的试样，如两次试验结果之差超过 $20kg/m^3$，最后结果可取四次试验结果的算术平均值。

2. 静水（浸水）天平法

（1）主要仪器设备

静水（浸水）天平——由电子天平和静水力学装置组合而成，称量为 10kg，精度为 5g；

烘箱——温度能控制在 105±5℃；

筛子——方孔，孔径为 4.75mm；

网篮、盛水容器、浅盘、温度计等。

（2）试样制备

将试样筛去 4.75mm 以下的颗粒后洗刷干净，用四分法（见砂、石试验）缩分至试表 1-1 规定的数量，分成大致相等的两份备用。

（3）试验方法与步骤

①将网篮浸泡于盛水容器中，并通过溢流孔调整液面高度至稳定，使天平显示为零。

②将浸水饱和后的试样放入网篮，以上下升降的方法排除气泡，试样不得高于液面。

③把网篮挂于天平挂钩，并使液面高出试样 50mm 以上。

④用同温度水注入盛水容器，直至高出溢流孔。

⑤待液面稳定后，称出试样在水中的质量（m_1），精确至 5g。

⑥测定水温。

⑦将网篮中的试样倒入浅盘，置于 105±5℃ 的烘箱中干至恒重，冷却至室温后称出试样的质量（m_0），精确至 5g。

（4）试验结果计算与评定

①按下式计算石子的表观密度 ρ_{0g}，精确到 10kg/m³。

$$\rho_{0g} = \left(\frac{m_0}{m_0 - m_1} \right) \times \rho_{水} \quad \rho_{水} \ 取 \ 1000kg/m³$$

②最后结果取两个平行试样试验结果的算术平均值。两次测定结果的差值不应大于 20kg/m³，否则重做。

③对于材质不均匀的试样，如两次试验结果之差超过 20kg/m³，最后结果可取四次试验结果的算术平均值。

三、体积密度试验

（一）规则几何形状试样的测定（如加气混凝土）

1. 主要仪器设备

游标卡尺——精度为 0.02mm；

钢直尺——精度为 0.5mm；

天平——称量为 2000g，精度为 1g；

烘箱、干燥器等。

2. 试样制备

将试样按照规定程序烘干至恒重（一般材料为 105±5℃ 的烘箱内烘干），取出置于干燥器中，冷却至室温待用。

3. 试验方法与步骤

（1）用游标卡尺量出试样尺寸。

平行六面体试样：量取 3 对平行面一个方向的中线长度，两两取平均值。

圆柱体试样：量取十字对称直径，上、中、下部位各量两次，取六次结果的平均值；量取十字对称方向高度，取四次测定结果的平均值。

（2）计算出体积（V_0）。

（3）用天平称量出试件的质量（m_0）。

4. 试验结果计算

按下式计算出体积密度 ρ_0，精确至 $10\text{kg}/\text{m}^3$。

$$\rho_0 = \frac{m_0}{V_0}$$

（二）不规则形状试样的测定（如卵石等）

此类材料体积密度的测定时需将其表面涂蜡，封闭开口孔后，用静水（浸水）天平法进行测定。

1. 主要仪器设备

静水（浸水）天平——由电子天平和静水力学装置组合而成，称量为 10kg，精度为 5g；

烘箱——温度能控制在 $105\pm5℃$；

网篮、盛水容器、温度计等。

2. 试样制备

将试样在 $105\pm5℃$ 的烘箱内烘干至恒重，取出放入干燥器中，冷却至室温待用。

3. 试验方法与步骤

（1）称出试样质量（m_0）。

（2）将试样表面涂蜡，待冷却后称出质量（m_1）。

（3）用静水天平称出涂蜡试样在水中的质量（m_2）（具体步骤见石子表观密度试验）。

4. 试验结果计算

按下式计算出体积密度 ρ_0，精确至 $10\text{kg}/\text{m}^3$。

$$\rho_0 = \frac{m_0}{(m_1 - m_2) - (m_1 - m_0)/\rho_{蜡}} \times \rho_{水}$$

$\rho_{水}$ 取 $1000\text{kg}/\text{m}^3$；$\rho_{蜡}$ 取 $930\text{kg}/\text{m}^3$

四、堆积密度试验

堆积密度的测定根据所测定材料的粒径不同，采用不同的方法，但原理相同。下面以砂和石子为例介绍两种堆积密度的测定方法。

（一）砂堆积密度试验

1. 主要仪器设备

容量筒——金属圆柱形，容积为 1L。

标准漏斗——具体尺寸见试图 1-2。

天平——称量为 10kg，精度为 1g；

烘箱——温度能控制在 $105\pm5℃$；

方孔筛、直尺、垫棒等。

2. 试样制备

用四分法缩取（见砂、石试验）砂样约 3L，在温度为 $105\pm5℃$ 的烘箱中烘至恒重，取出冷却至室温，筛除大于 4.75mm 的颗粒，分为大致相等的两份待用。

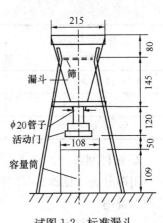

试图 1-2 标准漏斗

（单位：mm）

3. 试验方法及步骤

（1）松散堆积密度

①称取容量筒的质量（m_1）及测定容量筒的体积（V_0'）；将容量筒置于漏斗下面，使漏斗对正中心。

②取一份试样，用料勺将试样装入漏斗，打开活动门，使试样徐徐落入容量筒，直至容量筒溢满，上部呈锥体后关闭活门。

③用直尺将多余的试样沿筒口中心线向两个相反方向刮平，称出总质量（m_2），精确至 1g。

注：加料及刮平过程中不得触动容量筒。

（2）紧密堆积密度

①称取容量筒的质量（m_1）及测定容量筒的体积（V_0'）。

②取一份试样，分两次装入容量筒。

③装第一层，筒底放 10mm 直径垫棒，按住筒左右交替击地面 25 次。

④装第二层，同上一步操作（垫棒方向转 90°）。

⑤加试样超过筒口，用直尺将多余的试样沿筒口中心线向两个相反方向刮平，称出总质量（m_2），精确至 1g。

4. 试验结果计算与评定

（1）按下列计算试样的堆积密度 ρ_0'，精确至 $10kg/m^3$。

$$\rho_0' = \frac{m_2 - m_1}{V_0'}$$

（2）最后结果取两个平行试样试验结果的算术平均值。

（二）石子堆积密度试验

1. 主要仪器设备

容量筒——见试表 1-2；

台秤——称量为 10kg，精度为 10g；

磅秤——称量为 50kg、100kg，精度为 50g；

小铲、烘箱等。

容　量　筒　规　格　　　　　　　　　　　　　试表 1-2

石子最大粒径 (mm)	容量筒 (L)	容量筒尺寸（mm）		
		内　径	净　高	壁　厚
9.5，16.0，19.0，26.5	10	208	294	2
31.5，37.5	20	294	294	3
53.0，63.0，75.0	30	360	294	4

2. 试样制备

用四分法（见砂、石试验）缩取所需石子烘干或风干后，拌匀并将试样分为大致相等的两份备用。

3. 试验方法及步骤

（1）称取容量筒的质量（m_1）及测定容量筒的体积（V_0'）。

（2）取一份试样，用小铲将试样从容量筒上方 50mm 处徐徐加入，试样自由落体下落，直至容器上部试样呈锥体且四周溢满时，停止加料。

（3）除去凸出容器表面的颗粒，并以合适的颗粒填入凹陷部分，使表面凸起部分体积和凹陷部分体积大致相等。称取总质量（m_2），精确至 10g。

4. 试验结果计算与评定

（1）试样的堆积密度 ρ_0' 按下列计算，精确至 $10kg/m^3$。

$$\rho_0' = \frac{m_2 - m_1}{V_0'}$$

（2）最后结果取两个平行试样试验结果的算术平均值。

五、孔隙率、空隙率的计算

（一）按下式计算材料的孔隙率，精确至 1%。

$$P = \frac{V_孔}{V_0} = \frac{V_0 - V}{V_0} = \left(1 - \frac{\rho_0}{\rho}\right) \times 100\%$$

式中　P——材料的孔隙率；

　　　ρ——材料的密度；

　　　ρ_0——材料的表观密度。

（二）按下式计算材料的空隙率，精确至 1%。

$$P' = \frac{V_K}{V_0'} = \frac{V_0' - V_0}{V_0'} = \left(1 - \frac{\rho_0'}{\rho_0}\right) \times 100\%$$

式中　P'——材料的空隙率；

　　　ρ_0——材料颗粒的体积密度；

　　　ρ_0'——材料的堆积密度。

试验二　水　泥　试　验

试验内容有细度、标准稠度用水量、凝结时间、安定性、胶砂流动度、强度试验。

试验参照《水泥取样方法》（GB 12573—1990）、《通用硅酸盐水泥》（GB 175—2007）、《水泥细度检验方法　筛析法》（GB/T 1345—2005）、《水泥比表面积测定方法 勃氏法》（GB/T 8074—2008）、《水泥标准稠度用水量、凝结时间、安定性检验方法》（GB/T 1346—2001）、《水泥胶砂流动度测定方法》（GB/T 2419—2005）、《水泥胶砂强度检验方法（ISO 法）》（GB/T 17671—1999）进行。

一、水泥试验的一般规定

（一）编号和取样

以同一水泥厂、同品种、同强度等级编号和取样。编号根据水泥厂年生产能力规定（具体根据相关水泥标准），每一编号作为一取样单位。取样可以在水泥输送管道中、袋装水泥堆场和散装水泥卸料处或输送水泥运输机具上进行。取样应有代表性，可连续取，也可从 20 个以上不同部位抽取等量水泥样品，总数不少于 12kg。

（二）养护与试验条件

养护室（箱）温度应为 $20\pm1℃$，相对湿度应大于 90%；试验室温度应为 $20\pm2℃$，相对湿度应大于 50%。

（三）对试验材料的要求

1. 试样要充分拌匀，通过 0.9mm 方孔筛并记录筛余物的百分数。

2. 试验室用水必须是洁净的饮用水。

3. 水泥试样、标准砂、拌合水及试模等温度均与试验室温度相同。

二、水泥细度试验

（一）目的

水泥细度测定通常采用筛析法（筛余率）或勃氏法（比表面积）。通过水泥细度的测定，保证水泥的水化活性，从而控制水泥质量。

（二）筛析法

1. 负压筛析法

（1）主要仪器设备

负压筛——方孔，$80\mu m$ 或 $45\mu m$，见试图 2-1；

负压筛析仪——功率大于 300W，筛座转速 $30\pm2r/min$，负压可调范围 $4000\sim6000Pa$，喷嘴上口与筛网距离 $2\sim8mm$；

筛座——见试图 2-2；

天平——精度为 0.01g；

铝罐、料勺等。

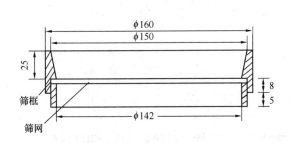

试图 2-1　负压筛（单位：mm）

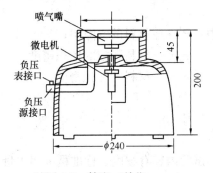

试图 2-2　筛座（单位：mm）

（2）试验方法步骤

①筛析试验前，应把负压筛放在筛座上，盖上筛盖，接通电源，检查控制系统，调节负压至 $4000\sim6000Pa$，喷气嘴上口平面应与筛网之间保持 $2\sim8mm$ 的距离。

②称取试样 25g（W），置于洁净的负压筛中。盖上筛盖，放在筛座上，开动筛析仪连续筛析 2min，在此期间如有试样附着在筛盖上，可轻轻敲击使试样落下，筛毕后用天平称量筛余物质量（R_S），精确至 0.01g。

2. 水筛法

（1）主要仪器设备

水筛——方孔，孔径为 $80\mu m$ 或 $45\mu m$，见试图 2-3；

天平——精确至 0.01g；

烘箱——温度能控制在105±5℃；

筛座、喷头等。

（2）试验方法步骤

①筛析试验前应检查水中无泥、砂，调整好水压及水筛架位置，使其能正常运转，喷头底面和筛网之间距离为35～75mm。

②称取水泥试样50g（W），置于洁净的水筛中，立即用洁净水冲洗至大部分细粉通过，再将筛子置于筛座上，用水压为0.05±0.02MPa的喷头连续冲洗3min。

③筛毕取下，将筛余物冲至一边，用少量水把筛余物全部移至蒸发皿（或烘样盘）中，等水泥颗粒全部沉淀后将水倾出，置于105±5℃的烘箱中烘干，称其筛余物质量（R_s），精确至0.01g。

3. 手工干筛法

（1）主要仪器设备

手工筛——方孔，孔径为80μm或45μm，见试图2-4；

天平——精确至0.01g；

烘箱——温度能控制在105±5℃；

铝罐、料勺等。

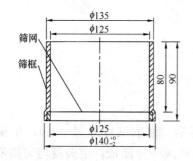

试图2-3　水筛（单位：mm）　　　试图2-4　手工筛（单位：mm）

（2）试验方法步骤：称取烘干试样50g（W）倒入筛内，一手执筛往复摇动，另一手轻轻拍打，拍打速度约为120次/min，其间每40次向同一方向转动60°，使试样均匀分布在筛网上，直至每分钟通过量不超过0.05g时为止，称取筛余物质量（R_s），精确至0.01g。

4. 试验结果计算与评定

（1）按下式计算水泥筛余F，精确至0.1%。

$$F = \frac{R_s}{W} \times 100\% \times C$$

$$C = \frac{F_s}{F_t}$$

式中　C——试验筛修正系数，精确至0.01，应在0.80～1.20范围；

F_s——标准样品的筛余标准值，精确至0.1%；

F_t——标准样品的筛余实测值，精确至0.1%。

（2）筛析结果取两个平行试样筛余的算术平均值。两次结果之差超过0.5%时（筛余大于5.0%时可放至1.0%），再做试验，取两次相近结果的算术平均值。

（3）负压筛法与水筛法或手工筛法测定的结果发生争议时，以负压筛法为准。

（三）勃氏法

1. 主要仪器设备

勃氏比表面积透气仪——见试图2-5；

天平——精确至0.001g；

烘箱——温度能控制在105±5℃；

铝罐、料勺等。

2. 试验前准备

水泥试样过0.9mm方孔筛，在110±5℃烘箱中烘1h后，置于干燥器中冷却至室温待用。

3. 试验方法步骤

（1）按照密度试验方法测试水泥的密度。

（2）检查仪器是否漏气。

（3）PⅠ、PⅡ型水泥的空隙率采用0.500±0.005，其他水泥或粉料的空隙率采用0.530±0.005。

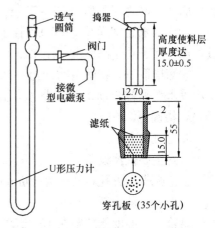

试图2-5　透气仪示意图（单位：mm）

（4）按下式计算需要的试样质量 m。

$$m = \rho_{水泥} V(1-\varepsilon)$$

式中　V——试料层的体积；

　　　ε——试料层的空隙率。

（5）用捣棒把一片滤纸送到穿孔板上，边缘压紧。称取试样质量（m），精确至0.001g，倒入圆筒。轻敲筒边使水泥层表面平坦。再放入一片滤纸，用捣器均匀捣实试料，至捣器的支持环紧紧接触筒顶边并旋转二周，取出捣器。

（6）把装有试料层的透气圆筒连接到压力计上，不得振动试料层。

（7）打开微型电磁泵从压力计中抽气，至压力计内液面上升到扩大部下端，关闭阀门。当压力计内液体的凹月面下降到第一个刻线时开始计时，液体的凹月面下降到第二条刻线时停止计时，记录所需时间 t（s），并记录温度。

4. 试验结果计算与评定

（1）当被测试样和标准试样的密度、试料层中空隙率与标准试样相同时：

①试验与校准温差小于等于3℃时，按下式计算被测试样的比表面积 S，精确至1cm²/g。

$$S = S_s \sqrt{\frac{T}{T_s}}$$

式中　S_s——标准试样的比表面积（cm²/g）；

　　　T_s——标准试样压力计中液面降落时间（s）；

　　　T——被测试样压力计中液面降落时间（s）。

②试验与校准温差大于3℃时，按下式计算被测试样的比表面积 S，精确至1cm²/g。

$$S = S_s \sqrt{\frac{\eta_s}{\eta}} \sqrt{\frac{T}{T_s}}$$

式中 η_s——标准试样试验温度时的空气黏度（$\mu Pa \cdot s$）；

η——被测试样试验温度时的空气黏度（$\mu Pa \cdot s$）。

（2）当被测试样和标准试样的密度相同，试料层中空隙率不同时：

①试验与校准温差小于等于 3℃时，按下式计算被测试样的比表面积 S，精确至 $1cm^2/g$。

$$S = S_s \sqrt{\frac{T}{T_s}} \frac{(1-\varepsilon_s)}{(1-\varepsilon)} \sqrt{\frac{\varepsilon^3}{\varepsilon_s^3}}$$

式中 ε_s——标准试样试料层的空隙率；

ε——被测试样试料层的空隙率。

②试验与校准温差大于 3℃时，按下式计算被测试样的比表面积 S，精确至 $1cm^2/g$。

$$S = S_s \sqrt{\frac{\eta_s}{\eta}} \sqrt{\frac{T}{T_s}} \frac{(1-\varepsilon_s)}{(1-\varepsilon)} \sqrt{\frac{\varepsilon^3}{\varepsilon_s^3}}$$

（3）当被测试样和标准试样的密度和试料层中空隙率均不同时：

①试验与校准温差小于等于 3℃时，按下式计算被测试样的比表面积 S，精确至 $1cm^2/g$。

$$S = S_s \frac{\rho_s}{\rho} \sqrt{\frac{T}{T_s}} \frac{(1-\varepsilon_s)}{(1-\varepsilon)} \sqrt{\frac{\varepsilon^3}{\varepsilon_s^3}}$$

式中 ρ_s——标准试样的密度（g/cm^3）；

ρ——被测试样的密度（g/cm^3）。

②试验与校准温差大于 3℃时，按下式计算被测试样的比表面积 S，精确至 $1cm^2/g$。

$$S = S_s \frac{\rho_s}{\rho} \sqrt{\frac{\eta_s}{\eta}} \sqrt{\frac{T}{T_s}} \frac{(1-\varepsilon_s)}{(1-\varepsilon)} \sqrt{\frac{\varepsilon^3}{\varepsilon_s^3}}$$

（4）水泥比表面积取两个平行试样试验结果的算术平均值，精确至 $10cm^2$。如二次试验结果相差 2% 以上时，应重新试验。

三、水泥标准稠度用水量试验

（一）目的

标准稠度用水量试验可消除试验条件的差异，有利于不同水泥间的比较，同时为进行凝结时间和安定性试验做好准备。

（二）标准法

1. 主要仪器设备

标准稠度仪——滑动部分的总重量为 $300 \pm 1g$，见试图 2-6；

标准稠度试杆和装净浆用试模——见试图 2-7；

天平——称量为 1000g，精度为 1g；

量水器或天平——最小刻度为 0.1mL，精度为 1%，或称量为 500g，精度为 0.1g；

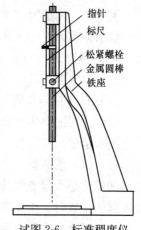

指针
标尺
松紧螺栓
金属圆棒
铁座

试图 2-6 标准稠度仪

水泥净浆搅拌机、小刀、料勺等。

2. 试验方法与步骤

(1) 试验前准备

试验前需检查稠度仪的金属棒能否自由滑动，调整指至试杆接触玻璃板时，指针应对准标尺的零点，搅拌机运转正常。

(2) 试验方法及步骤

①用湿布擦抹水泥净浆搅拌机的筒壁及叶片；

②称取 500g (m_c) 水泥试样；

③量取拌合水 (m_w 根据经验确定)，水量精确至 0.1mL (0.1g)，倒入搅拌锅；

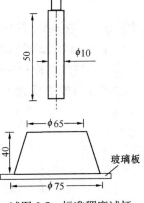

试图 2-7　标准稠度试杆和装净浆用试模（标准法）（单位：mm）

④5~10s 内将水泥加入水中；

⑤将搅拌锅放到搅拌机锅座上，升至搅拌位置，开动机器慢速搅拌 120s，停拌 15s，再快速搅拌 120s 后停机；

⑥拌合完毕后将净浆装入玻璃板上的试模中，用小刀插捣并轻轻振动数次，刮去多余净浆，抹平后迅速将其放到稠度仪上，将试杆恰好降至净浆表面，拧紧螺栓 1~2s 后，突然放松，让试杆自由沉入净浆中，试杆停止下沉或释放试杆 30s 时，记录试杆距玻璃板距离，整个操作过程应在搅拌后 1.5min 内完成；

⑦调整用水量大小，至试杆沉入净浆距玻璃板 6±1mm，此时的水泥净浆为标准稠度净浆，拌合用水量为水泥的标准稠度用水量（按水泥质量的百分比计）。

3. 试验结果的计算与确定

按下式计算水泥标准稠度用水量 P，精确至 0.1%。

$$P = \frac{m_w}{m_c} \times 100$$

(三) 代用法

1. 主要仪器设备

标准稠度仪——滑动部分的总重量为 300±2g，见试图 2-6；

试锥和装净浆用锥模——见试图 2-8；

天平——称量为 1000g，精度为 1g；

量水器或天平——最小刻度为 0.1mL，精度为 1%，或称量为 500g，精度为 0.1g；

水泥净浆搅拌机、小刀、料勺等。

2. 试验方法与步骤

采用代用法测定水泥标准稠度用水量可用调整用水量法和固定用水量法。

(1) 试验前准备

试验前必须检查测定仪的金属棒能否自由滑动，试锥降至锥模顶面位置时，指针应对准标尺的零点，搅拌机运转正常。

(2) 试验方法及步骤

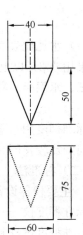

试图 2-8　试锥和装净浆用锥模（代用法）（单位：mm）

①水泥净浆的拌制同标准法。

②拌合用水量（m_w）的确定。

A. 调整用水量方法：按经验根据试锥沉入深度确定；

B. 固定用水量方法：用水量为 142.5mL 或 142.5g，水量精确至 0.1mL 或 0.1g。

③拌合完毕后，将净浆一次装入锥模中，用小刀插捣并轻轻振动数次，刮去多余净浆，抹平后迅速将其放到试锥下固定位置，将试锥锥尖恰好降至净浆表面，拧紧螺栓 1～2s 后，突然放松，让试锥自由沉入净浆中，试锥停止下沉或释放试锥 30s 时，记录试锥下沉深度 S，整个操作过程应在搅拌后 1.5min 内完成。

3. 试验结果的计算与确定

（1）调整用水量方法

①调整用水量大小，使试锥下沉深度为 28±2mm 时的水泥净浆为标准稠度净浆，拌合用水量即为水泥的标准稠度用水量（按水泥质量的百分比计）。

②按下式计算水泥标准稠度 P，精确至 0.1%。

$$P = \frac{m_w}{m_c} \times 100$$

（2）固定用水量方法

根据测得的试锥下沉深度 S（mm），按下面的经验公式计算水泥标准稠度用水量 P，精确至 0.1%。

$$P = 33.4 - 0.185S$$

注：若试锥下沉深度小于 13mm，应采用调整用水量方法测定。

四、水泥凝结时间试验

（一）目的

水泥凝结时间的测定，是以标准稠度水泥净浆，在规定温度和湿度条件下进行。通过凝结时间的试验，可评定水泥的凝结硬化性能，判定是否达到标准要求。

（二）主要仪器设备

凝结时间测定仪——即标准稠度仪主体部分，见试图 2-6；

试针和试模——见试图 2-9；

天平、净浆搅拌机等。

（三）试验前准备

将圆模放在玻璃板上，在模内侧稍涂一层机油，调整指针，使初凝试针接触玻璃板时，指针对准标尺的零点。

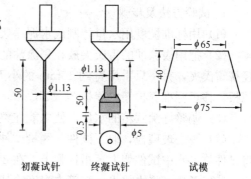

初凝试针　　　终凝试针　　　试模

试图 2-9　试针和试模（单位：mm）

（四）试验方法及步骤

1. 将标准稠度水泥净浆装入圆模，振动数次后刮平，放入标准养护箱内，记录水泥全部加入水中的时间作为凝结时间的起始时间。

2. 凝结时间测定

①初凝时间：在加水后 30min 时进行第一次测定。测定时，从养护箱取出试模，放到初凝试针下，使试针与净浆面接触，拧紧螺栓 1～2s 后再突然放松，试针自由垂直地沉

入净浆，记录试针停止下沉或释放试针30s时指针的读数。当试针下沉至距离底板4±1mm时，水泥达到初凝状态。

②终凝时间：测定时，试针更换成终凝试针。完成初凝时间测定后，立即将试模和浆体翻转180°，直径小端向下放在玻璃板上，再放入养护箱中继续养护。当试针沉入浆体0.5mm，且在浆体上不留环形附件的痕迹时，水泥达到终凝时间。

（五）试验结果的计算与评定

1. 初凝时间：自水泥全部加入水中时起，至初凝试针沉入净浆中距离底板4±1mm时所需的时间。

2. 终凝时间：自水泥全部加入水中时起，至终凝试针沉入净浆中0.5mm，且不留环形痕迹时所需的时间。

3. 若凝结时间不合格则该水泥为不合格品。

五、安定性试验

安定性试验方法有雷氏夹法（标准法）和试饼法（代用法），当试验结果有争议时以雷氏夹法为准。

（一）目的

通过安定性试验，可检验水泥硬化后体积变化的均匀性，以控制因安定性不良引起的工程质量事故。

（二）主要仪器设备

沸煮箱——能在30±5min将箱内水由室温升至沸腾状态并保持3h以上；

雷氏夹——见试图2-10；

雷氏夹膨胀值测量仪、水泥净浆搅拌机、玻璃板等。

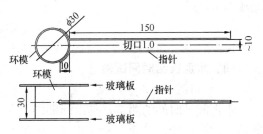

试图2-10 雷氏夹（单位：mm）

（三）雷氏夹法

1. 试验方法及步骤

（1）用标准稠度用水量拌制成水泥净浆，然后制作试件。

（2）把内表涂油的雷氏夹放在稍涂油的玻璃板上，将标准稠度净浆装满雷氏夹，一手轻扶雷氏夹，另一只手用宽约10mm的小刀插捣数次，然后抹平，盖上另一稍涂油的玻璃板，移至标准养护箱内养护24±2h。

（3）调整好沸煮箱的水位，使之能在整个沸煮过程中都没过试件。

（4）脱去玻璃板，取下试件，测量试件指针头端间的距离（A），精确到0.5mm，再将试件放入水中试件架上，指针朝上，在30±5min内加热至沸，并恒沸180±5min。

（5）煮毕，将水放出，待箱内温度冷却至室温时，取出检查。

（6）测量煮后试件指针头端间的距离（C），精确至0.5mm。

2. 试验结果的计算与评定

①雷氏夹法试验结果以沸煮前后试件指针头端间的距离之差（C-A）表示。

②雷氏夹法试验结果取两个平行试样试验结果的算术平均值，如二次试验结果相差大于4mm时，应重新试验。

③距离之差（C-A）小于等于5.0mm时，即安定性合格，反之不合格。

④安定性不合格的水泥为不合格品。

（四）试饼法

1. 试验方法及步骤

（1）用标准稠度用水量拌制成水泥净浆，然后制作试件。

（2）取标准稠度水泥净浆约150g，分成两等份，制成球形，放在涂过油的玻璃板上，轻振玻璃板，并用湿布擦过的小刀，由边缘向饼的中央抹动，制成直径为70～80mm，中心厚约10mm，边缘渐薄，表面光滑的试饼，放入标准养护箱内养护24±2h。

（3）调整好沸煮箱的水位，使之能在整个沸煮过程中都没过试件。

（4）脱去玻璃板，取下试件，检查试饼是否完整，在试饼无缺陷的情况下，将试饼置于沸煮箱内水中的箆板上，在30±5min内加热至沸，并恒沸180±5min。

（5）煮毕，将水放出，待箱内温度冷却至室温时，取出检查。

2. 试验结果的评定

目测试饼，若未发现裂缝，再用钢直尺检查也没有弯曲时，则水泥安定性合格，反之为不合格。当两个试饼判别结果有矛盾时，为安定性不合格。

安定性不合格的水泥为不合格品。

六、水泥胶砂强度试验

（一）目的

根据国家标准要求，用40mm×40mm×160mm棱柱体试体测试水泥胶砂在一定龄期时的抗压强度和抗折强度，从而确定水泥的强度等级或判定是否达到某一强度等级。

（二）主要仪器设备

试模——三个40mm×40mm×160mm模槽组成，见试图2-11；

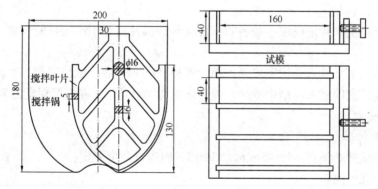

试图2-11 水泥胶砂搅拌机与试模（单位：mm）

抗折强度试验机——三点抗折，加载速度可控制在50±10N/s；

抗压强度试验机——最大荷载为200～300kN，精度为1%；

自动滴管或天平——225mL，精度为1mL或称量为500g，精度为1g；

水泥胶砂搅拌机——见试图2-11；

抗折和抗压夹具——见试图2-12；

胶砂振实台、模套、刮平直尺等。

（三）试验方法及步骤

1. **试验前准备**

（1）将试模擦净，紧密装配，内壁均匀刷一层薄机油。

（2）每成型三条试件需称量水泥 $450\pm2g$，标准砂 $1350\pm5g$。

（3）矿渣硅酸盐水泥、火山灰质水泥、粉煤灰硅酸盐水泥、复合硅酸盐水泥和掺火山灰质混合材的普通硅酸盐水泥：用水量按 0.5 水灰比和胶砂流动度不小于 180mm 来确

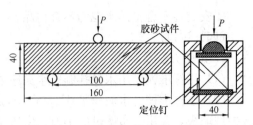

试图 2-12 抗折和抗压夹具示意图
（单位：mm）

定，当流动度小于 180mm 时，以增加 0.01 倍数的水灰比调整胶砂流动度至不小于 180mm。胶砂流动度试验见"水泥胶砂流动度试验"。

硅酸盐水泥和掺其他混合料的普通硅酸盐水泥：水灰比为 0.5，拌合用水量为 $225\pm1mL$ 或 $225\pm1g$。

2．试件成型

（1）把水加入锅内，再加入水泥，把锅固定后立即开动机器。低速搅拌 30s 后，在第二个 30s 开始的同时均匀地将砂加入，再高速搅拌 30s。停拌 90s，在停拌的第一个 15s 内将叶片和锅壁上的胶砂刮入锅中间。再高速搅拌 60s。

（2）把试模和模套固定在振实台上，搅拌锅里胶砂分二层装入试模，装第一层时，每个槽内约放 300g 胶砂，用大播料器垂直架在模套顶部沿每个模槽来回一次将料层播平，接着振实 60 次。再装入第二层胶砂，用小播平器播平，再振实 60 次。

（3）从振实台上取下试模，用一金属直尺以近 90°的角度从试模一端沿长度方向以横向锯割动作慢慢将超过试模部分的胶砂刮去，并用直尺以近乎水平的角度将试体表面抹平。

（4）在试模上作标记或加字条表明试件编号和试件相对于振实台的位置。

3．养护

（1）将试模水平放入养护室或养护箱，养护 20～24h 后，取出脱模。

（2）脱模后立即放入水槽中养护，养护水温为 $20\pm1℃$，养护至规定龄期。

4．强度试验

（1）龄期

各龄期的试件必须在 3d±45min，28d±2h 内进行强度测定。

（2）抗折强度测定

①每龄期取出 3 个试件，先做抗折强度测定，测定前需擦去试件表面水分和砂粒，清除夹具上圆柱表面粘着的杂物，以试件侧面与圆柱接触方向放入抗折夹具内。

②开动抗折机以 $50\pm10N/s$ 速度加荷，直至试件折断，记录破坏荷载 F_f（N）。

③按下式计算抗折强度 R_f，精确至 0.1MPa。

$$R_f = \frac{3}{2}\frac{F_f L}{bh^2} = 0.00234F_f$$

式中 L——支撑圆柱中心距离（100mm）；

  b、h——试件断面宽及高均为 40mm。

④抗折强度结果取 3 个试件抗折强度的算术平均值，精确至 0.1MPa。当 3 个强度值

中有一个超过平均值的±10%时，应予剔除，取其余两个的平均值；如有两个强度值超过平均值的10%时，应重做试验。

（3）抗压强度测定

①取抗折试验后的6个断块进行抗压试验，抗压强度测定采用抗压夹具，试体受压面为40mm×40mm，试验前应清除试体受压面与加压板间的砂粒或杂物；试验时，以试体的侧面作为受压面。

②开动试验机，以2400±200N/s的速度均匀地加荷至破坏。记录破坏荷载F_c（N）。

③按下式计算抗压强度R_c，精确至0.1MPa。

$$R_c = \frac{F_c}{A}$$

式中 A——受压面积，即40mm×40mm。

④抗压强度结果取6个试件抗压强度的算术平均值，精确至0.1MPa。如6个测定值中有一个超出6个平均值的±10%，就应剔除这个结果，而以剩下5个的平均值作为结果；如果5个测定值中再有超过它们平均数±10%的，则此组结果作废。

七、水泥胶砂流动度试验

（一）目的

水泥胶砂流动度是以一定配合比的水泥胶砂，在规定振动状态下的扩展范围来表示。通过流动度试验，可衡量水泥相对需水量的大小，也是矿渣硅酸盐水泥、火山灰质水泥、粉煤灰硅酸盐水泥、复合硅酸盐水泥和掺火山灰质混合材料的普通硅酸盐水泥进行强度试验的必要前提。

（二）主要仪器设备

水泥胶砂搅拌机——见试图2-11；

水泥胶砂流动度测定仪（跳桌）——见试图2-13；

天平——称量为1000g，精度为1g；

试模——截锥圆模，高60mm，上口内径70mm，下口内径100mm；

捣棒——直径20mm；

卡尺、模套、料勺、小刀等。

（三）试验方法及步骤

1. 试验前准备

检查水泥胶砂搅拌机运转是否正常，跳桌空跳25次。

2. 根据配合比按照"水泥胶砂强度试验"搅拌胶砂方法制备胶砂。

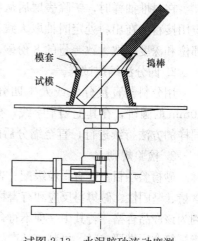

试图2-13 水泥胶砂流动度测定仪示意图

3. 在制备胶砂的同时，用湿布抹擦跳桌台面、试模、捣棒等与胶砂接触的工具并用湿抹布覆盖。

4. 将拌好的胶砂分两层迅速装入加模套的试模，扶住试模进行压捣。

5. 第一层装至约2/3模高处，并用小刀在两垂直方向各划5次，用捣棒由边缘至中心压捣15次，压捣至1/2胶砂高度处。

6. 第二层装至约高出模顶 20mm 处，并用小刀在两垂直方向各划 5 次，用捣棒由边缘至中心压捣 10 次，压捣不超过第一层捣实顶面。

7. 压捣完毕，取下模套，用小刀倾斜方向由中间向两侧分两次近水平角度抹平顶面，擦去桌面胶砂，垂直轻轻提起试模。

8. 开动跳桌，以每秒 1 次的频率完成 25 次跳动。

9. 测试两个垂直方向上的直径，精确至 1mm。

10. 水泥加入水中起到测量结束的时间不得超过 6min。

（四）试验结果的计算与确定

胶砂流动度试验结果取两个垂直方向上直径的算术平均值，精确至 1mm。

试验三　砂、石试验

试验内容有典型的砂石性能指标试验，主要包含砂的筛分、含水率试验，石的筛分、针片状含量压碎指标值试验。

试验参照《建筑用砂》（GB/T 14684—2001）、《建筑用卵石、碎石》（GB/T 14685—2001）、《普通混凝土用砂、石质量及检验方法标准》（JGJ 52—2006）、《公路工程集料试验规程》（JTGE 42—2005）等标准进行。

一、砂试验

（一）取样方法与检验规则

1. 砂的取样

在料堆抽样时，铲除表层后从料堆不同部位均匀取 8 份砂；从皮带运输机上抽样时，应用接料器在出料处定时抽取大致等量的 4 份砂；从火车、汽车和货船上取样时，从不同部位和深度抽取大致等量的 8 份砂。分别组成一组样品。

2. 四分法缩取试样

用分料器直接分取或人工四分。将取回的砂试样在潮湿状态下拌匀后摊成厚度约 20mm 的圆饼，在其上划十字线，分成大致相等的四份，取其对角线的两份混合后，再按同样的方法持续进行，直至缩分后的材料量略多于试验所需的数量为止。

3. 检验规则

砂检验项目主要有颗粒级配、表观密度、堆积密度与空隙率、含泥量、石粉含量和泥块含量、坚固性、碱集料反应和有害物质。经检验后，其结果符合标准规定的相应要求时，可判为该产品合格，若其中一项不符合，则应从同一批品中加倍抽样对该项进行复检，复检后指标符合标准要求时，可判该类产品合格，仍不符合标准要求时，则该批产品不合格。

（二）砂的筛分析试验

1. 目的

通过筛分试验，获得砂的级配曲线即颗粒大小分布状况，判定砂的颗粒级配情况；根据累计筛余率计算出砂的细度模数，评定出砂规格即粗砂或中砂或细砂。

2. 主要仪器设备

标准筛——方孔，孔径为 9.5mm、4.75mm、2.36mm、1.18mm、600μm、300μm、150μm，并附有筛底和筛盖；

天平——称量为 1000g，精度为 1g；

烘箱——温度能控制在 105±5℃；

摇筛机、浅盘、毛刷和容器等。

3. 试样制备

将四分法缩取的约 1100g 试样，置于 105±5℃ 的烘箱中烘至恒重，冷却至室温后先筛除大于 9.50mm 的颗粒（并记录其含量），再分为大致相等的两份备用。

4. 试验方法及步骤

（1）准确称取试样 500g，精确至 1g。

（2）将标准筛由上到下按孔径从大到小顺序叠放，加底盘后，将试样倒入最上层 4.75mm 筛内，加筛盖后置于摇筛机上，摇 10min。

（3）将筛取下后按孔径大小，逐个用手筛分，筛至每分钟通过量不超过试样总重的 0.1% 为止，通过的颗粒并入下一号筛内一起过筛。直至各号筛全部筛完为止。

各筛的筛余量不得超过按下式计算出的量，超过时应按方法①或②处理。

$$m = \frac{A \times d^{1/2}}{200}$$

式中　m——在一个筛上的筛余量（g）；

　　　A——筛面的面积（mm²）；

　　　d——筛孔尺寸（mm）。

①将筛余量分成少于上式计算出的量，分别筛分，以各筛余量之和为该筛的筛余量。

②将该筛孔及小于该筛孔的筛余混合均匀后，以四分法分为大致相等的两份，取一份称其质量并进行筛分。计算重新筛分的各级分计筛余量需根据缩分比例进行修正。

（4）称量各号筛的筛余量（m_i），精确至 1g。分计筛余量和底盘中剩余重量的总和与筛分前的试样重量之比，其差值不得超过 1%。

5. 试验结果计算与评定

（1）分计筛余百分率 a_i——各筛的筛余量除以试样总量的百分率，精确至 0.1%。

（2）累计筛余百分率 A_i——该筛上的分计筛余百分率与大于该筛的分计筛余百分率之和，精确到 1%。

（3）粗细程度确定：

按下式计算细度模数 M_x，精确至 0.01。

$$M_x = \frac{(A_2 + A_3 + A_4 + A_5 + A_6) - 5A_1}{100 - A_1}$$

式中　A_1、A_2、A_3、A_4、A_5、A_6——4.75mm、2.36mm、1.18mm、600μm、300μm、

　　　　　　　　　　　　　　　150μm 孔径筛的累计筛余百分率。

测定结果取两个平行试样试验结果的算术平均值，精确至 0.1，两次所得的细度模数之差不应大于 0.2，否则重做。

根据细度模数的大小来确定砂的粗细程度。

（4）级配的评定——累计筛余率取两次试验结果的平均值，绘制筛孔尺寸－累计筛余率曲线，或对照规定的级配区范围，判定是否符合级配区要求。

注：除 4.75mm 和 4.75 筛孔外，其他各筛的累计筛余百分率允许略有超出，但超出总量不应大于 5%。

（三）砂的含水率试验

1. 目的

进行混凝土配合比计算时，砂石材料以干燥状态为基准，即砂的含水率小于0.5％，石的含水率小于0.2％。在混凝土搅拌现场中，砂通常会含有部分的水，为精确控制混凝土配合比中各项材料用量，需要预先测试砂的含水率。

2. 主要仪器设备

天平——称量为1000g，精度为0.1g；

烘箱——温度能控制在105±5℃；

浅盘、容器等。

3. 试样制备

将自然潮湿状态下的砂用四分法缩取约1100g试样，拌匀后分为大致相等的两份备用。

4. 试验方法及步骤

（1）准确称取试样的质量 m_1，精确至0.1g。

（2）将试样放入浅盘或容器中，置于105±5℃的烘箱中烘至恒重。

（3）取出冷却至室温后，称出其质量 m_0，精确至0.1g。

5. 试验结果计算与评定

（1）按下式计算砂含水率 Z，精确至0.1％。

$$Z = \frac{m_1 - m_0}{m_0} \times 100\%$$

（2）测试结果取两个平行试样试验结果的算术平均值，精确至0.1％，两次所得的结果之差不应大于0.2％，否则重做。

二、石试验

（一）取样方法与检验规则

1. 石子的取样

在料堆抽样时，铲除表层后从料堆不同部位均匀取大致相等的15份石子；从皮带运输机上抽样时，用接料器在出料处抽取大致等量的8份石子；从火车、汽车和货船上取样时，从不同部位和深度抽取大致等量的16份石子。分别组成一组样品。

2. 四分法缩取试样

将石子试样在自然状态下拌匀后堆成锥体，在其上划十字线，分成大致相等的四份，取其中对角线的两份拌匀后，再按同样的方法持续进行，直至缩分后的材料量略多于试验所需的数量为止。

3. 检验规则

石子检验项目主要有颗粒级配、表观密度、堆积密度与空隙率、含泥量和泥块含量、针片状颗粒含量、坚固性、强度、压碎指标、碱集料反应和有害物质等。经检验后，其结果符合规定的相应要求时，判该产品合格，若一项指标不符合，则从同一批品中加倍抽样对该项复检，复检后符合要求时，判该类产品合格，仍不符合要求时，则该批产品不合格。

（二）石子的筛分析试验

1. 目的

通过石子的筛分试验，可测定石子的颗粒级配及粒级规格，为其在混凝土中使用和混凝土配合比设计提供依据。

2. 主要仪器设备

标 准 筛——方孔，孔径为 2.36mm、4.75mm、9.50mm、16.0mm、19.0mm、26.5mm、31.5mm、37.5mm、53.0mm、63.0mm、75.0mm 和 90mm，并附有筛底和筛盖；

台秤——称量为 10kg，精度为 1g；

烘箱——温度能控制在 105±5℃；

摇筛机、搪瓷盆等。

3. 试样制备

所取样用四分法缩取略大于试表 3-1 规定的试样数量，经烘干或风干后备用。

4. 试验方法与步骤

（1）按试表 3-1 规定称取烘干或风干试样质量 m_0，精确至 1g。

（2）将筛从上到下按孔径由大到小顺序叠置，把称取的试样倒入上层筛中，摇筛 10min。

石子筛分析所需试样的最小重量 　　　　　　　　　　　　试表 3-1

最大粒径（mm）	9.5	16.0	19.0	26.5	31.5	37.5	63.0	75.0
试样质量不少于（kg）	1.9	3.2	3.8	5.0	6.3	7.5	12.6	16.0

（3）将筛取下后按孔径从大到小进行手筛，直至每分钟通过量不超过试样总量的 0.1％，通过的颗粒并入下一号筛中一起过筛。试样粒径大于 19.0mm 时，允许用手拨动试样颗粒。

（4）称取各筛上的筛余量，精确至 1g。在筛上的所有分计筛余量和筛底剩余的总和与筛分前测定的试样总量相比，其相差不得超过 1％。

5. 试验结果的计算与判定

（1）分计筛余百分率——各筛上筛余量除以试样总质量的百分数，精确至 0.1％。

（2）累计筛余百分率——该筛上分计筛余百分率与大于该筛的各筛上的分计筛余百分率之总和，精确至 1％。

（3）级配的判定——粗骨料的各筛上的累计筛余百分率是否满足规定的粗骨料颗粒级配范围要求。

（三）石子的针、片状含量试验

1. 目的

通过石子的针、片状含量试验，可评判石子的质量，为其在混凝土中使用提供依据。粒径小于 37.5mm 的颗粒可采用规准仪方法，大于 37.5mm 的颗粒可采用卡尺方法。

2. 主要仪器设备

规准仪——针状规准仪见试图 3-1，片状规准仪见试图 3-2；

台秤——称量为 10kg，精度为 1g；

标准筛——方孔，孔径为 4.75mm、9.50mm、16.0mm、19.0mm、26.5mm、31.5mm、37.5mm；

卡尺、搪瓷盆等。

3. 试样制备

所取样用四分法缩取略大于试表 3-2 规定的试样数量，经烘干或风干后备用。

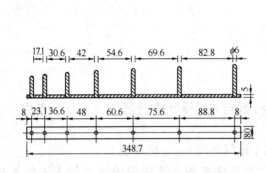
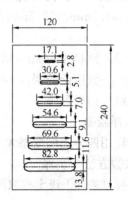

试图 3-1　针状规准仪（单位：mm）　　　　试图 3-2　片状规准仪（单位：mm）

4. 试验方法与步骤

（1）按试表 3-2 规定称取烘干或风干试样一份（m_0），精确至 1g。

石子针、片状颗粒含量试验所需试样的最少质量　　　试表 3-2

最大粒径（mm）	9.5	16.0	19.0	26.5	31.5	37.5	63.0	75.0
试样质量不少于（kg）	0.3	1.0	2.0	3.0	5.0	10.0	10.0	10.0

（2）按试表 3-3、试表 3-4 规定粒级依据石子筛分方法进行筛分。

石子针、片状颗粒含量试验的粒级划分及规准仪要求　　　试表 3-3

石子粒级（mm）	4.75～9.50	9.50～16.0	16.0～19.0	19.0～26.5	26.5～31.5	31.5～37.5
片状规准仪对应孔宽（mm）	2.8	5.1	7.0	9.1	11.6	13.8
针状规准仪对应间距（mm）	17.1	30.6	42.0	54.6	69.6	82.8

石子针、片状颗粒含量试验的粒级划分及卡尺卡口要求　　　试表 3-4

石子粒级（mm）	37.5～63.0	63.0～75.0	75.0～90.0
检验片状颗粒的卡尺卡口设定宽度（mm）	18.1	23.2	33.0
检验针状颗粒的卡尺卡口设定宽度（mm）	108.6	139.2	198.0

（3）用规准仪或卡尺对石子逐粒进行检验，凡长度大于针状规准仪对应间距或大于针状颗粒的卡尺卡口设定宽度者，为针状颗粒；凡厚度小于片状规准仪对应孔宽或小于片状颗粒的卡尺卡口设定宽度者，为片状颗粒。

（4）称取针、片状颗粒总质量（m_1），精确至 1g。

5. 试验结果的计算与判定

按下式计算针、片状含量 Q_c，精确至 1%：

$$Q_c = \frac{m_1}{m_0} \times 100\%$$

（四）石子的压碎指标值试验

1. 主要仪器设备

压力试验机——量程为 300kN，精度为 2%；

压碎值测定仪——具体见试图 3-3；

台秤——称量为 10kg，精度为 10g；

天平——称量为 1kg，精度为 1g；

方孔筛、垫棒、容器等。

2. 试验方法及步骤

（1）将风干试样筛除大于 19.0mm 及小于 9.50mm 的颗粒，并除去针片状颗粒。

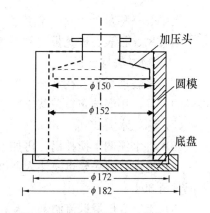

试图 3-3　压碎值测定仪（单位：mm）

（2）称取三份试样，每份 3000g（m_0），精确至 1g。

（3）试样分两层装入圆模，每装完一层试样后，在底盘下垫 ϕ10mm 垫棒，将筒按住，左右交替颠击地面各 25 次，平整模内试样表面，盖上压头。

（4）将压碎值测定仪放在压力机上，按 1kN/s 速度均匀地施加荷载至 200kN，稳定 5s 后卸载。

（5）取出试样，用 2.36mm 的筛筛除被压碎的细粒，称出筛余质量（m_1），精确至 1g。

3. 试验结果的计算与评定

（1）按下式计算压碎指标值 Q_e，精确至 0.1%。

$$Q_e = \frac{m_0 - m_1}{m_0} \times 100\%$$

（2）压碎指标值的测定值取三个平行试样试验结果的算术平均值，精确至 1%。

试验四　外加剂试验

本章试验内容有匀质性指标中的水泥净浆流动度和砂浆减水率，掺外加剂混凝土性能指标中的减水率。

试验参照《混凝土外加剂》（GB 8076—1997）、《混凝土外加剂匀质性试验方法》（GB/T 8077—2000）进行。

一、外加剂匀质性试验

（一）水泥净浆流动度试验

1. 目的

水泥净浆流动度指将一定比例的水泥、水和外加剂拌合成净浆，测定其在玻璃板上的自由流淌的最大直径。通过流动度试验，确定是否达到生产厂家控制值的要求，也可比较外加剂与水泥之间的适应性。

2. 主要仪器设备

水泥净浆搅拌机——同水泥标准稠度试验；

截锥圆模——高 60mm，上口内径 36mm，下口内径 60mm；

天平——称量为 100g，精度为 0.1g 和称量为 1000g，精度为 1g；

钢直尺、秒表、玻璃板、刮刀等。

3. 试验方法与步骤

（1）将玻璃板平放在水平位置，用湿布抹擦玻璃板、截锥圆模、搅拌机等与净浆直接接触的工具，用湿抹布覆盖截锥圆模和玻璃板。

（2）称取水泥 300g、水 87g 或 105g、一定质量的外加剂（质量根据掺量确定）。

（3）将水泥倒入搅拌锅，再加入外加剂和水，搅拌 3min。

（4）把拌好的净浆迅速注入截锥圆模，用刮刀刮平，将截锥圆模垂直提起，同时用秒表记时至 30s。

（5）用钢直尺量取流淌部分互相垂直方向的直径，精确至 1mm。

4. 试验结果的计算与确定

（1）单次试验结果取两个垂直方向上直径的算术平均值，精确至 1mm。

（2）胶砂流动度试验结果取两个平行试样试验结果的算术平均值，精确至 1mm。如两次试验结果差大于 5mm，应重做试验。

（3）水泥净浆流动度应不小于生产控制值的 95%。结果中应注明水、水泥和外加剂的情况。

（二）水泥砂浆工作性试验

1. 目的

水泥砂浆工作性以水泥砂浆减水率表示，用以检测外加剂对水泥的分散效果，是水泥净浆流动度试验的补充性试验。通过试验确定是否达到生产厂家控制值的要求，也可比较外加剂与水泥之间的适应性。

2. 主要仪器设备

水泥胶砂搅拌机——同水泥胶砂强度试验；

水泥胶砂流动度测定仪（跳桌）及配套设备——同水泥胶砂流动度试验；

天平——称量为 100g，精度为 0.1g 和称量为 1000g，精度为 1g；

钢直尺、秒表、玻璃板、刮刀等。

3. 试验方法与步骤

（1）基准砂浆流动度用水量的确定

①称取水泥 450g、水（质量根据流动度确定）。

②按水泥胶砂强度试验方法进行搅拌。

③将搅拌完成的砂浆按水泥胶砂流动度试验方法测试流动度。

④不断重复上述过程直至流动度达到 180±5mm，此时的用水量为基准砂浆流动度的用水量（m_0），精确至 1g。

（2）掺外加剂砂浆流动度用水量的确定

①称取水泥 450g、水（质量根据流动度确定）、一定质量的外加剂（质量根据掺量确定）。

②按水泥胶砂强度试验方法进行搅拌。

③将搅拌完成的砂浆按水泥胶砂流动度试验方法测试流动度。

④不断重复上述过程直至流动度达到 180±5mm，此时的用水量为掺外加剂砂浆流动

度的用水量（m_1），精确至 1g。

4. 试验结果的计算与确定

（1）按下式计算砂浆减水率，精确至 0.1%。

$$砂浆减水率 = \frac{m_0 - m_1}{m_0} \times 100\%$$

（2）砂浆减水率试验结果取两个平行试样试验结果的算术平均值，精确至 0.1%。如两次试验结果差大于 1.0%，应重做试验。

（3）砂浆减水率应在生产控制值的 ±1.5% 以内。结果中应注明水泥的情况，仲裁试验必须采用基准水泥*。

注：基准水泥——C_3A 含量 6%～8%，C_3S 含量 50%～55%，fCaO 含量不得超过 1.2%，碱含量不得超过 1.0%，比表面积 $320 \pm 20 m^2/kg$，其他指标符合 52.5 级硅酸盐水泥。

二、掺外加剂混凝土减水率试验

外加剂试验中的基准混凝土和受检混凝土指按试验标准要求进行的未掺有外加剂的混凝土和掺有外加剂的混凝土。

混凝土性能试验中各项材料及试验室的温度均应保持在 $20 \pm 3℃$。

1. 目的

通过掺外加剂混凝土减水率试验，可确定产品的减水率指标是否达到标准要求，也可采用此方法比较不同外加剂与相同水泥之间、相同外加剂与不同水泥之间的适应性。

2. 主要仪器设备

自落式混凝土搅拌机——60L；

坍落度筒——同混凝土试验；

台秤、天平——精度为骨料质量的 1%，其他质量的 0.5%；

钢直尺、铁锹等。

3. 试验方法与步骤

（1）原材料和配合比

水泥——同混凝土外加剂匀质性试验；

砂——细度模数为 2.6～2.9 级配良好的中砂；

石——粒径为 5～20mm，二级配：5～10mm 为 40%，10～20mm 为 60%；

配合比——水泥用量：采用卵石时为 $310 \pm 5 kg/m^3$，采用碎石时为 $330 \pm 5 kg/m^3$；砂率：36%～40%；用水量：使混凝土坍落度达到 $80 \pm 10mm$。

（2）按配合比称取各项材料的质量，一次投入搅拌机。

（3）搅拌 3min 后出料，再在铁板上人工翻拌 2～3 次。

（4）混凝土坍落度测试方法同混凝土拌合物和易性试验，精确至 1mm。

（5）如坍落度不能满足规定要求，则调整用水量继续按上述步骤进行，直至达到 $80 \pm 10mm$。

4. 试验结果的计算与确定

（1）按下式计算单批减水率 W_R，精确至 0.1%。

$$W_R = \frac{W_0 - W_1}{W_0} \times 100\%$$

式中　W_0——基准混凝土单位用水量（kg/m³）；

　　W_1——掺外加剂混凝土单位用水量（kg/m³）。

（2）减水率结果取三批试验结果的平均值，精确至 0.1%。如三批试验结果中的最大和最小值有一个超出中间值的 15%，则取中间值为试验结果；如两批试验结果超出中间值的 15%，则试验结果作废，重做。

试验五　混凝土试验

本试验内容有混凝土的拌合方法，新拌混凝土的和易性、表观密度、试件的成型和养护，硬化混凝土的抗压强度、劈裂抗拉强度和抗折强度实验。

试验参照《普通混凝土配合比设计规程》（JGJ 55—2000）、《普通混凝土拌合物性能试验方法标准》（GB/T 50080—2002）、《普通混凝土力学性能试验方法标准》（GB/T 50081—2002）进行。

一、混凝土拌合物实验室拌合方法

（一）目的

通过混凝土的拌合，加强对混凝土配合比设计的实践性认识，掌握普通混凝土拌合物的拌制方法，为测定混凝土拌合物以及硬化后混凝土性能作准备。

（二）一般规定

1. 拌制混凝土环境条件：室内的温度应保持在 20±5℃，所用材料的温度应与实验室温度保持一致。当需要模拟施工条件下所用的混凝土时，所用原材料的温度应与施工现场保持一致，且搅拌方式宜与施工条件相同。

2. 砂石材料：若采用干燥状态的砂石，则砂的含水率应小于 0.5%，石的含水率应小于 0.2%。若采用饱和面干状态的砂石，则应进行相应修正。

3. 搅拌机最小搅拌量：当骨料最大粒径小于 31.5mm 时，拌制量为 15L，最大粒径为 40mm 时为 25L。采用机械搅拌时，搅拌量不应小于搅拌机额定搅拌容量的 1/4。

4. 原材料的称量精度：骨料为±1%，水、水泥、外加剂为±0.5%。

5. 从试样制备完毕到开始做拌合物各项性能试验不宜超过 5min。

（三）主要仪器设备

磅秤——精度为骨料质量的±1%；

台秤、天平——精度为水、水泥、掺合料、外加剂质量的±0.5%；

搅拌机、拌合钢板、钢抹子、拌铲等。

（四）拌合方法

1. 人工拌合法

（1）按实验室配合比备料，称取各材料用量。

（2）将拌板和拌铲用湿布润湿后，将砂倒在拌板上，加入水泥，用拌铲翻拌，反复翻拌混合至颜色均匀，再放入称好的粗骨料与之拌合，继续翻拌，直至混合均匀。

（3）将干混合物堆成长条锥形，在中间作一凹槽，倒入称量好的一半水，然后翻拌并徐徐加入剩余的水，边翻拌边用铲在混合料上铲切，直至混合物均匀，没有色差。

（4）拌合过程力求动作敏捷，拌合时间可按此控制：拌合物体积为 30L 以下时 4～

5min；拌合物体积为 30～50L 时 5～9min；拌合物体积为 51～75L 时 9～12min。

2. 机械搅拌法

（1）按实验室配合比备料，称取各材料用量。

（2）拌前宜先用配合比要求的水泥、砂和水及少量石子，在搅拌机中涮膛，倒去多余砂浆。防止正式拌合时水泥浆挂失影响混凝土配合比。

（3）将称好的石子、水泥、砂按顺序倒入搅拌机内，开启搅拌机，进行干拌。时间可控制在 1min 左右。

（4）边拌合边将水徐徐倒入，加水时间在 20s 左右。

（5）加水完成后继续拌合 2min。

（6）将拌合物从搅拌机中卸出，倾倒在拌板上，再人工拌合 2～3 次。

3. 特殊要求搅拌方法

当对混凝土搅拌有特殊要求时，应遵循相关的规定。如由于材料的特殊性，可能要求搅拌时间延长或缩短，掺外加剂混凝土要求使用自落式搅拌机等。

二、混凝土拌合物和易性试验

（一）目的

通过和易性试验，可以判定混凝土拌合物的工作性即在工程应用中的适宜性，也是混凝土配合比调整的基础。

（二）坍落度与坍落扩展度试验

坍落度与坍落扩展度方法适用于塑性混凝土和流动性混凝土，坍落度值不小于 10mm，骨料最大粒径不大于 40mm 混凝土拌合物的稠度测定。

1. 主要仪器设备

坍落度筒、捣棒——试图 5-1；

小铲、钢尺、喂料斗等。

2. 试验方法及步骤

（1）测定前，用湿布把拌板及坍落筒内润湿，并在筒顶部加漏斗，放在拌板上，用双脚踩紧脚踏板，固定位置。

（2）取拌好的混凝土分三层装入筒内，每层高度在插捣后约为筒高的 1/3，每层用捣棒插捣 25 次，插捣呈螺旋形由外向中心进行，各插捣点均应在截面上均匀分布。插捣底层时捣棒应贯穿整个深度，插捣第二层和顶层时，捣棒应插透本层至下一层表面。在插捣顶层时，应随时添加混凝土使其不低于筒口。插捣完毕，移去漏斗，刮去多余混凝土，并用抹刀抹平。

（3）清除筒边底板上的混凝土后，5～10s 内垂直平稳地提起坍落度筒。

（4）用两钢直尺或专用工具测量筒高与坍落后混凝土试体最高点之间的高度差，此值即为坍落度值，精确至 1mm。

3. 试验结果评定

坍落度筒提起后，如拌合物发生崩塌或一边剪切破坏，则应重新取样测定，如仍出现上述现象，则该混凝土拌合物和易

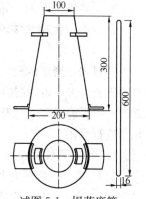

试图 5-1 坍落度筒、捣棒（单位：mm）

性不好，并应记录。

坍落度大于220mm时，扩展度值取拌合物扩展后最终的最大值和最小值的平均值，两者差值应小于50mm，否则重做。

（三）黏聚性和保水性试验

1. 黏聚性

用捣棒在已坍落的拌合物锥体侧面轻轻敲打，如锥体逐渐下沉，表示黏聚性良好；如锥体倒塌、部分崩裂或出现离析现象，则表示黏聚性不好。

2. 保水性

坍落度筒提起后，如无稀浆或仅有少量稀浆自底部析出，表明拌合物保水性良好。

坍落度筒提起后，如有较多的稀浆从底部析出，锥体部分的拌合物也因失浆而骨料外露，则表明保水性不好。

（四）维勃稠度试验

维勃稠度法适用于干硬性混凝土，骨料最大粒径不超过40mm，维勃稠度值在5~30s的混疑土拌合物稠度测定。

1. 主要仪器设备

维勃稠度仪——见试图5-2；

捣棒、小铲、秒表等。

2. 试验方法及步骤

（1）用湿布把容器、坍落度筒、喂料斗内壁及其他用具润湿。

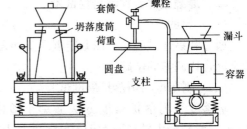

试图5-2　维勃稠度仪

（2）将喂料斗提到坍落度筒上方扣紧，使其中心与容器中心重合，拧紧固定螺丝。

（3）把拌合物用小铲分三层经喂料斗均匀地装入筒内，装料及插捣方式同坍落度试验。

（4）将圆盘、喂料斗转离，垂直地提起坍落度筒，注意不使混凝土试体产生横向扭动。

（5）把透明圆盘转到试体顶面，旋松测杆螺丝，降下圆盘，轻轻地接触到试体顶面。

（6）开启振动台和秒表，当振动到透明圆盘的底面被水泥浆布满的瞬间，停止计时，关闭振动台。

3. 试验结果确定

记录秒表的时间，精确至1s，即为混凝土拌合物的维勃稠度值。

三、混凝土拌合物表观密度试验

（一）目的

通过表观密度试验，可以确定出单方混凝土各项材料的实际用量，避免在工程应用中出现亏方或盈方，也为混凝土配合比调整提供依据，《普通混凝土配合比设计规程》（JGJ 55—2000）中明确规定，当表观密度实测值和计算值之差超过2%时，应对配合比中各项材料的用量进行修正。

（二）主要仪器设备

容量筒——骨料最大粒径不大于40mm时为5L，高度和直径均为186mm，骨料最大粒径大于40mm时，高度和直径应大于最大粒径的4倍；

台秤——称量为50kg，精度为50g；

小铲、捣棒、振动台等。

（三）试验方法及步骤

1. 标定容量筒容积：

（1）称量出玻璃板和容量筒的质量 m_0，玻璃板能覆盖容量筒的顶面。

（2）向容量筒注入清水，至略高出筒口。

（3）用玻璃板从一侧徐徐平推，盖住筒口，玻璃板下应不带气泡。

（4）擦净外侧水分，称量出玻璃板、筒及水的质量 m_1。

2. 用湿布把容量筒内外擦干，称量出容量筒的质量 m_2。

3. 坍落度小于 70mm、容量筒体积为 5L 时：拌合物分两层装入，每层由边缘向中心均匀插捣 25 次，并贯穿该层，每层插捣完后用橡皮锤在筒外壁敲打 5~10 次。

振动台振实时：拌合物一次加至略高出筒口，振动过程中混凝土低于筒口时应随时添加。

4. 完毕后刮去多余混凝土，并用抹刀抹平。

5. 称出拌合物和筒的质量 m_3。

（四）试验结果的计算与评定

按下式计算混凝土拌合物的表观密度，精确至 10kg/m³。

$$\gamma_\mathrm{h} = \frac{m_3 - m_2}{m_1 - m_0} \times 1000$$

四、试件的制作与养护

（一）试件

试件的尺寸和形状应符合试表 5-1 要求。

试件的尺寸和形状要求　　　　　　　　　　试表 5-1

试件横截面尺寸（mm）	骨料最大粒径（mm）			试件的形状和尺寸（mm）
	100×100	150×150	200×200	
抗压强度	31.5	40	63	立方体：边长为 100、150* 或 200 圆柱体：$\phi100 \times 200$、$\phi150 \times 300$ 或 $\phi200 \times 400$
抗折强度	31.5	40	63	棱柱体：150×150×600 或 550*；100×100×400
轴心抗压强度	31.5	40	63	棱柱体：100×100×300、150×150×300* 或 200×200×400
静力受压弹性模量	31.5	40	63	圆柱体：$\phi100 \times 200$、$\phi150 \times 300$ 或 $\phi200 \times 400$
劈裂抗拉强度	20	40	—	立方体：边长为 100、150* 或 200 圆柱体：$\phi100 \times 200$、$\phi150 \times 300$ 或 $\phi200 \times 400$

注：* 指标准试件尺寸。

（二）主要仪器设备

振动台——振幅为 0.5mm，振动频率为 50Hz；

试模——符合试件尺寸，内部尺寸误差不大于公称尺寸的 ±0.2%，且不大于 ±1mm。

（三）试验方法及步骤

1. 按混凝土拌合物实验室拌合方法拌制混凝土拌合物。

2. 制作试件前，检查试模，拧紧螺栓，同时在其内壁涂上一薄层脱模剂。

3. 成型试件。

根据坍落度和结合现场状况确定。坍落度不大于 70mm 的混凝土拌合物宜采用振动振实，大于 70mm 的宜采用人工捣实。

（1）振动台成型：

①将拌好的混凝土拌合物一次装入试模，用抹刀沿试模内壁略加插捣，并使混凝土拌合物略高出模口。

②把试模放到振动台上固定，开启振动台，振动时试模不得跳动，振动到表面出浆时为止，不得过振。

③取下试模，刮去多余拌合物，临近初凝时抹平。

（2）人工捣实成型：

①将混凝土拌合物分二层装入试模，每层装料厚度大致相同。

②用捣棒按垂直螺旋方向由边缘向中心进行，插捣底层时捣棒应达到试模底面，插捣上层时，捣棒应贯穿到下层深度 20～30mm，并用抹刀沿试模内侧插入数次。插捣次数不少于 12 次/10000mm^2。

③用橡皮锤轻轻敲击试模四周，直至捣棒留下的孔洞消失。

④刮去多余拌合物，临近初凝时抹平。

（3）插捣成型：

①将拌好的混凝土拌合物一次装入试模，用抹刀沿试模内壁略加插捣，并使混凝土拌合物略高出模口。

②宜用直径为 25mm 的捣棒，捣棒距试模底板 10～20mm，振动到表面出浆时为止，不得过振。振捣时间为 20s，捣棒拔出要缓慢，拔出后不得留有孔洞。

③刮去多余拌合物，临近初凝时抹平。

（4）试件成型后应立即用不透水薄膜覆盖表面。

4. 养护试件。

（1）标准养护：

①成型的试件首先在 20±5℃的环境中静置 24～48h。

②编号并拆模，将试件放入标准养护室养护。温度为 20±2℃、相对湿度 95％以上，或 20±2℃的不流动的 Ca（OH）$_2$饱和溶液中。

③试件应放置于支架上，间隔为 10～20mm，试件表面应保持潮湿，并不得被水直接冲淋。

（2）同条件养护：

①同条件养护试件拆模时间与构件拆模时间相同。

②拆模后放置在靠近相应结构构件或结构部位的适当位置，并采取相同的养护方法。

五、混凝土强度试验

（一）目的

混凝土强度包括了立方体抗压强度、轴心抗压强度、劈裂抗拉强度、抗折强度和抗拉强度。通过混凝土强度试验，可考察各强度之间的相关性，确定强度是否达到设计要求。

（二）混凝土立方体抗压强度试验

1. 主要仪器设备

压力试验机——精度为 1%；

钢直尺、毛刷等。

2. 试验方法及步骤

（1）试件从养护室取出，随即擦干并量出其受压面边长 a、b，精确至 1mm。

（2）将试件居中放于下压板上，试件的受压面应与成型时的顶面垂直。

（3）开动试验机，按试验机使用要求进行操作。

（4）加载应连续而均匀，当试件接近破坏而开始急剧变形时，停止调整试验机送油阀开启程度，直至试件破坏，记录破坏荷载 P（N）。

3. 加载速度要求

（1）混凝土强度等级低于 C30 时，加载速度为 0.3～0.5MPa/s。

（2）混凝土强度等级等于或高于 C30 时且低于 C60 时，加载速度为 0.5～0.8MPa/s。

（3）混凝土强度等级等于或高于 C60 时，加载速度为 0.8～1.0MPa/s。

4. 试验结果的计算与评定

（1）按下式计算试件的受压面积 A（mm²）。

$$A = \bar{a} \times \bar{b}$$

式中　$\bar{a}$、$\bar{b}$——受压面边长平均值。

（2）按下式计算试件的抗压强度 f_{cu}，精确至 0.1MPa。

$$f_{cu} = \frac{P}{A}$$

（3）抗压强度取三个试件的算术平均值，精确至 0.1MPa。3 个测值中如有 1 个与中间值的差值超过中间值的 15% 时，则取中间值作为该组试件的抗压强度值；如有两个测值与中间值的差均超过中间值的 15%，则该组试件的试验结果无效。

（4）混凝土强度等级低于 C60 时，边长为 200mm 和 100mm 非标准立方体试件抗压强度值需乘以对应的尺寸换算系数 1.05 和 0.95，换算成标准立方体试件抗压强度值。高于 C60 时，宜采用标准试件，使用非标准试件时，尺寸换算系数应根据试验确定。

（三）混凝土立方体劈裂抗拉强度试验

1. 主要仪器设备

压力试验机——精度为 1%；

混凝土劈裂抗拉试验装置——见试图 5-3；

垫条——直径为 150mm 的弧形钢，长度不短于试件边长；

垫层——木质三合板，宽 15～20mm，厚 3～4mm，长度不短

　　　　于试件边长，不得重复使用。

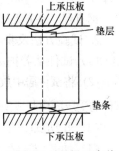

试图 5-3　混凝土劈裂
抗拉试验装置

2. 试验方法及步骤

（1）从养护室取出试件后，将表面擦干净，在试件中部画线定出劈面的位置，劈裂面应与试件的成型面垂直。

（2）测量劈裂面的边长 a、b，精确至 1mm。

（3）将试件居中放在试验机下压板上，分别在上、下压板与试件之间加垫条与垫层，

使垫条的接触母线与试件上的劈面（荷载作用线）准确对正。

（4）开动试验机，使试件与压板接触均衡后，连续均匀地加载，试件接近破坏时停止调整油门，加载至破坏，记录破坏荷载 P（N）。

3. 加载速度要求

（1）混凝土强度等级低于 C30 时，加载速度为 0.02～0.05MPa/s。

（2）混凝土强度等级等于或高于 C30 时且低于 C60 时，加载速度为 0.05～0.08MPa/s。

（3）混凝土强度等级等于或高于 C60 时，加载速度为 0.08～0.10MPa/s。

4. 试验结果的计算与评定

（1）按下式计算试件的劈裂面积 A（mm^2）。

$$A = \bar{a} \times \bar{b}$$

式中　$\bar{a}$、$\bar{b}$——劈裂面边长平均值。

（2）按下式计算混凝土的劈裂抗拉强度 f_{st}，精确至 0.1MPa。

$$f_{st} = \frac{2P}{\pi A} = 0.637 \frac{P}{A}$$

（3）劈裂抗拉强度值取值方法同混凝土立方体抗压强度。

（4）混凝土强度等级低于 C60 时，边长为 100mm 的非标准立方体试件劈裂抗拉强度值需乘以尺寸换算系数 0.85，换算成标准立方体试件劈裂抗拉强度值。高于 C60 时，宜采用标准试件，使用非标准试件时，尺寸换算系数应根据试验确定。

（四）混凝土抗折强度试验

1. 主要仪器设备。

压力试验机——精度为 1%；

混凝土抗折试验装置——见试图 5-4；

钢直尺、毛刷等。

2. 试验方法及步骤。

（1）试件从养护室取出，随即擦干。

（2）将试件居中放于抗折试验装置上，试件的受压面应与成型时的顶面垂直。

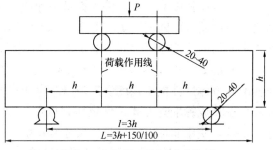

试图 5-4　混凝土抗折试验装置

（3）开动试验机，按试验机使用要求进行操作。

（4）加载应连续而均匀，当试件接近破坏时，停止调整试验机送油阀开启程度，直至试件破坏，记录破坏荷载 P（N）及试件下边缘断裂位置。

3. 加载速度要求同混凝土立方体劈裂抗拉强度。

4. 试验结果的计算与评定。

（1）按下式计算试件的抗折强度 f_f，精确至 0.1MPa。

$$f_f = \frac{Pl}{bh^2}$$

式中　l——支座间跨度；

b、h——分别为试件横截面宽度和高度（mm）。

（2）抗折强度的取值，精确至 0.1MPa：

①3 个试件下边缘均断于两个集中荷载作用线之间时，取值方法同混凝土立方体抗压强度。

②3 个试件中有 1 个折断面位于两个集中荷载之外时，以另外两个试验结果计算。如两个测值的差值不大于较小值的 15％时，抗折强度取两个测值的算术平均值，否则该组试件的试验结果无效。

③3 个试件中有两个折断面位于两个集中荷载之外时，则该组试件的试验结果无效。

④混凝土强度等级低于 C60 时，尺寸为 100mm×100mm×400mm 的非标准试件抗折强度值需乘以尺寸换算系数 0.85，换算成标准抗折强度值。高于 C60 时，宜采用标准试件，使用非标准试件时，尺寸换算系数应根据试验确定。

六、混凝土耐久性试验

（一）抗渗试验

1. 主要仪器设备

混凝土抗渗仪——见试图 5-5；

抗渗试模、钢丝刷等。

2. 试验方法及步骤

（1）按试件的制作与养护方法成型标准尺寸混凝土抗渗试件。

（2）试件拆模后，用钢丝刷刷去上下两端面的水泥浆膜，按标准条件进行养护。

（3）养护至 27d，从养护室取出试件，晾干。

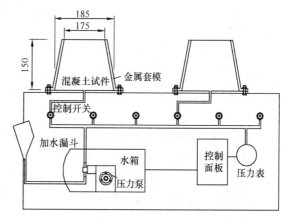

试图 5-5　混凝土抗渗仪示意图

（4）在试件侧面涂密封材料，可用熔化的石蜡或黄油和粉煤灰混合物，同时将金属模套加热。

（5）把涂密封材料的试件压入预热后的金属模套。

（6）将试件和金属模套一起组装到抗渗仪上。

（7）试验水压从 0.1MPa 开始，每隔 8h 增加水压 0.1MPa，并随时观察渗水状况。

（8）抗渗等级评定时，当一组 6 个试件中有 3 个试件渗水时，停止试验，并记录水压 H。

（9）进行对比试验时，也可将未渗水的试件居中垂直剖开，在底面分成 10 等份，分别测试渗水的高度 h_i。

3. 试验结果的计算与评定

（1）按下式计算混凝土的抗渗等级 P。

$$P = 10H - 1$$

（2）抗渗等级以 P_n 表示，n 为一组 6 个试件中 4 个试件未渗水时的最大压力。

（3）按下式计算单个试件的平均渗水高度 $\bar{h}$。

$$\bar{h} = \frac{\sum_{i=1}^{10} h_i}{10}$$

（二）抗冻试验（慢冻法）

1. 主要仪器设备

冻融试验箱——冷冻温度能保持在 $-15\sim-20℃$，融解温度能保持在 $15\sim20℃$；

或冷冻箱和融解箱——温度要求分别同冻融试验箱；

压力试验机——精度为 1%；

台秤——称量为 10kg，精度为 5g。

2. 试验方法及步骤

（1）按试件的制作与养护方法成型标准尺寸试件。

（2）养护至 24d，从养护室取出试件，检查外观，泡入 $15\sim20℃$水中 4d。

（3）取出后擦干表面水分、称取质量后放入冷冻箱，尺寸为 $100mm\times100mm\times100mm$ 和 $150mm\times150mm\times150mm$ 的试件冻结时间不少于 4h，$200mm\times200mm\times200mm$ 的试件不少于 6h。

（4）冻完后取出放入 $15\sim20℃$水中融不少于 4h。

（5）步骤（3）和（4）一起为一次冻融循环。

（6）在试验过程中应检查试件的外观，当有严重破坏时应进行称量，如平均质量损失超过 5%，可停止试验。

（7）达到规定的循环次数后，分别称取质量，按混凝土立方体抗压强度试验方法测试三个试件的抗压强度。

3. 试验结果的计算与评定

（1）按下式计算冻融强度损失 Δf。

$$\Delta f = \frac{f_{c0}-f_{cn}}{f_{c0}}\times100$$

式中 f_{c0}——对比试件抗压强度平均值，即标准条件下养护的与冻融试件同龄期的三个试件的抗压强度平均值（MPa）；

f_{cn}——经冻融循环试验后的三个试件的抗压强度平均值（MPa）。

（2）按下式计算冻融质量损失率 ΔW。

$$\Delta W = \frac{m_0-m_1}{m_0}\times100$$

式中 m_0——冻融试件前三个试件的质量（kg）；

m_1——经冻融循环试验后的三个试件的质量（kg）。

（3）混凝土抗冻等级 F_n（n 为冻融循环次数）表示，即同时满足强度损失不超过 25%，质量损失不超过 5% 时的最大冻融循环次数。

（三）碳化试验

1. 主要仪器设备

碳化试验箱——二氧化碳浓度能控制在 20%±3%，温度能控制在 $20\pm5℃$，相对湿度能控制在 70%±5%，见试图 5-6。

2. 试验方法及步骤

（1）按试件的制作与养护方法成型立方体试件或高宽比不小于 3 的棱柱体试件。

（2）试件拆模后，按标准条件进行养护。

（3）养护至 26d，从养护室取出试件，置于 60℃ 的烘箱中烘 48h。

（4）再将试件留下一对侧面，其余面用石蜡密封。

（5）在留下的侧面上以间距为 10mm 画沿长度的平行线，作为碳化深度测试点。

（6）把处理好的试件放入碳化箱箱体内，间距不小于 50mm。

（7）二氧化碳浓度、温度和相对湿度在试验前 2d 测定间隔为 2h，以后间隔为 4h。

（8）碳化到 3d、7d、14d 和 28d 或确定的其他龄期时，取出试件破型并测试碳化深度，测试部分每次厚度不小于试件宽度的一半，完成后将试件端面用石蜡密封。

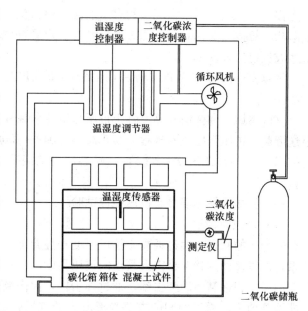

试图 5-6　碳化试验箱示意图

（9）将剖下部分清除粉末，滴上浓度为 1% 的酒精酚酞溶液，溶液含水 20%。

（10）30s 后，按画线的每 10mm 测试碳化深度 d_i，精确至 1mm。若碳化分界线上正好有粗骨料颗粒，则可取颗粒两侧处的平均值为该点的碳化深度。

（11）也可测试碳化到一定龄期的混凝土立方体试件的抗压强度 f_{cut}，与标准条件养护下的混凝土立方体抗压强度 f_{cu} 相比得到强度对比关系，此时的立方体试件可不用蜡密封。

3. 试验结果的计算与评定

（1）按下式计算各龄期混凝土试件的平均碳化深度 $\overline{d_t}$，精确至 0.1mm。

$$\overline{d_t} = \frac{\sum_{i=1}^{n} d_i}{n}$$

混凝土碳化值取三个试件的平均值。

（2）以碳化时间为横坐标，碳化深度为纵坐标绘出两者的关系曲线，可表示在标准碳化条件下混凝土碳化的发展规律。

（3）按下式可计算抗压强度比 A，表示碳化对混凝土抗压强度的影响。

$$A = \frac{f_{cut}}{f_{cu}}$$

试验六　混凝土无损检测试验

混凝土无损检测是指在不破坏混凝土结构的条件下，在混凝土结构构件原位上，直接测试相关物理量，推定混凝土强度和缺陷的技术，一般还包括局部破损的检测方法。混凝土无损检测方法中对于强度检测有压痕法、射钉法、回弹法、超声法、超声回弹综合法、钻芯法、拉拔法等，对于内部缺陷检测有超声脉冲法、声发射法、射线法、红外热谱法、雷达波反射法等。

本章实验内容主要介绍最常用的混凝土强度检测的回弹法、超声回弹综合法、钻芯法。

试验参照《回弹法检测混凝土抗压强度技术规程》（JGJ/T 23—2001）、《回弹法检测泵送混凝土抗压强度技术规程》（DB33/T 1049—2008）、《超声回弹综合法检测混凝土强度技术规程》（CECS 02：2005）、《钻芯法检测混凝土强度技术规程》（CECS 03：2007）进行。

一、回弹法检测混凝土抗压强度试验

（一）基本原理

回弹法的原理是通过混凝土抗压强度—混凝土表层硬度—回弹能量—回弹值建立相关联系，即以表面的状况推定混凝土的抗压强度。

回弹时用弹簧驱动弹击锤，通过弹击杆，弹击混凝土表面，并测出锤被反弹回来的距离即回弹值 R，通过回归的方法与混凝土的抗压强度 f_{cu} 建立函数即测强曲线 $f_{cu}=aR^b$，推定混凝土的抗压强度。

（二）一般规定

1. 回弹仪

（1）使用的环境温度应为$-4 \sim 40℃$；在硬度为 HRC（60 ± 2）钢砧上率定的回弹值应为 80 ± 2。

（2）回弹仪弹击超过 2000 次时、对检测值有怀疑时和在钢砧上的率定值不合格时应进行常规保养。

（3）回弹仪新启用前、弹击超过 6000 次时、经保养后钢砧率定值不合格时应进行检定。

2. 检测技术

（1）回弹法不适用于表层和内部质量有明显差异或内部存在缺陷的混凝土结构或构件的检测。

（2）对于回弹时产生颤动的小型构件应进行适当的固定。

（3）对于统一测强曲线。混凝土表面应干燥；龄期为 $14 \sim 1000d$；强度为 $10 \sim 60MPa$。若不适用时，则应采用专用测强曲线或地区测强曲线。

（4）检测方式。单个检测：单个结构或构件的检测。批量检测：在相同的生产工艺条件下，强度等级相同、原材料和配合比基本一致且龄期相近的同类结构或构件，抽样数不少于构件总数的 30% 且不少于 10 件。

（5）测区布置。测区宜布置在对称的混凝土浇筑侧面，每一结构或构件不少于 10 个测区，小尺寸的结构或构件，其测区数量不应少于 5 个。测区的面积不宜大于 $0.04m^2$。测区表面应清洁、平整、干燥，必要时可采用砂轮清除疏松层和杂物。

（6）碳化深度的测量。选择具有代表性的 30% 测区，用工具在混凝土表面打开直径为 15mm 的孔洞，清除粉末，用浓度为 1% 的酒精酚酞溶液指示碳化边界，每孔测量 3 次，取平均值，精确至 0.5mm。若同构件各测区间碳化深度值极差大于 2.0mm 时，则应在每测区测量碳化深度值。

（7）当检测条件与测强曲线有较大差异时，可采用同条件试件或混凝土芯样进行修正。试件或芯样的数量不应少于 6 个。按下式计算修正系数 η，精确至 0.01。

$$\eta = \frac{1}{n}\sum_{i=1}^{n}\frac{f_{cui}}{f_{cui}^{c}}$$

$$\eta = \frac{1}{n}\sum_{i=1}^{n}\frac{f_{cor,i}}{f_{cui}^{c}}$$

式中　f_{cui}——第 i 个标准立方体试件的抗压强度，精确至 0.1MPa；

　　　$f_{cor,i}$——第 i 个混凝土芯样的抗压强度，精确至 0.1MPa；

　　　f_{cui}^{c}——对应第 i 个标准立方体试件或混凝土芯样部位的测区混凝土强度换算值，精确至 0.1MPa；

　　　n——试件数。

（8）泵送混凝土。若碳化深度不大于 2.0mm，则需再将测区混凝土强度换算值 f_{cui}^{c} 进行泵送修正，得到泵送修正后的测区混凝土强度换算值 f_{cui}^{c}。若碳化深度大于 2.0mm，则可按（7）进行修正。

（三）仪器设备

回弹仪——见试图 6-1；

碳化深度测试仪——精度为 0.5mm；

榔头、凿子、1%酒精酚酞溶液等。

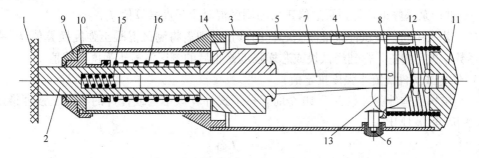

试图 6-1　回弹仪

1—混凝土表面；2—弹击杆；3—体甲；4—指针滑块；5—刻度尺；6—按钮；
7—中心导杆；8—导向法轮；9—盖帽；10—卡环；11—尾盖；12—压力弹簧；
13—挂钩；14—弹击锤；15—缓冲弹簧；16—弹击拉簧

（四）试验方法及步骤

（1）在需要测试的构件上按规定要求画出测区，标记测区编号。

（2）用回弹仪以垂直表面的方式测试各测区的回弹值，每测区布置 16 个测点，测试 16 个回弹值，精确至 1。测点不应在气孔或外露石子上，每个测点只允许弹一次。

①使回弹仪弹击杆呈伸出状态，使弹击锤挂于挂钩上。

②将回弹仪垂直于检测面，缓慢施压，至听到弹击及回弹声音。

③读出并记录回弹值，并快速使弹击杆脱离检测面。

④重复步骤②、③，至完成测试。

（3）测量代表性测区或全部测区的碳化深度。

（五）试验结果的计算与评定

1. 测区回弹值的计算

将一个测区的 16 个回弹值中剔除 3 个最大值和 3 个最小值，按下式计算余下 10 个回弹值的算术平均值 $\overline{R}$，即测区平均回弹值，精确至 0.1：

$$\overline{R} = \frac{\sum\limits_{i=1}^{10} R_i}{10}$$

2. 非水平方向检测时，对所得回弹值进行角度影响修正，得到修正后的测区平均回弹值 $\overline{R}'$，修正值 R_a 可查阅相关规范。

$$\overline{R}' = \overline{R} + R_a$$

3. 检测面为混凝土浇筑表面和底面时，需要对回弹值进行角度影响修正外，再进行浇筑面修正，得到修正后的测区平均回弹值 $\overline{R}''$，修正值 R_b 可查阅相关规范。

$$\overline{R}'' = \overline{R}' + R_b$$

4. 测区混凝土强度换算值的计算：

（1）根据测区平均回弹值或修正后的测区平均回弹值和碳化深度值，查表或根据回归公式得到测区混凝土强度换算值 f^c_{cui}。

（2）若混凝土为碳化深度不大于 2.0mm 的泵送混凝土，则需再将测区混凝土强度换算值 f^c_{cui} 进行泵送修正，得到泵送修正后的测区混凝土强度换算值 f^c_{cui}。

（3）若采用同条件试件或混凝土芯样的修正，则需将测区混凝土强度换算值 f^c_{cui} 乘以修正系数 η 进行修正，得到经试块或芯样强度修正后的测区混凝土强度换算值 f^c_{cui}。

5. 结构或构件混凝土强度推定值：

（1）结构或构件测区数少于 10 个时，按下式计算该结构或构件的混凝土强度推定值 $f^c_{cu,e}$，精确至 0.1MPa。

$$f^c_{cu,e} = f^c_{cu,min}$$

式中　$f^c_{cu,min}$——经修正或未修正的最小测区混凝土强度换算值。

（2）结构或构件测区数不少于 10 个和按批量检测时，应按下式计算该结构或构件和该批构件的混凝土强度推定值 $f^c_{cu,e}$，精确至 0.1MPa。

$$f^c_{cu,e} = m_{f^c_{cu}} - 1.645 s_{f^c_{cu}}$$

$$m_{f^c_{cu}} = \frac{\sum\limits_{i=1}^{n} f^c_{cui}}{n}$$

$$s_{f^c_{cu}} = \sqrt{\frac{\sum\limits_{i=1}^{n} (f^c_{cui})^2 - n(m_{f^c_{cu}})^2}{n-1}}$$

式中　$m_{f^c_{cu}}$——结构或构件经修正或未修正的测区混凝土强度换算值的平均值，精确至 0.1MPa；

　　　　$s_{f^c_{cu}}$——结构或构件经修正或未修正的测区混凝土强度换算值的标准差，精确至 0.01MPa；

n——对于单构件，取该构件的测区数；对于批量构件，取所有构件测区数之和。

二、超声回弹综合法检测混凝土强度试验

（一）基本原理

超声波的传播速度与介质的物理性质以及结构存在密切关系，通过混凝土时其速度与混凝土的弹性模量、强度以及密实程度相关联，超声波波速可在相当程度上反映出混凝土的整体质量。

因此，将回弹法和超声波法相结合，综合考虑混凝土表层和整体状况，建立了超声回弹综合法检测混凝土强度试验方法。

（二）一般规定

1. 仪器设备

（1）回弹仪的要求同回弹法检测混凝土抗压强度试验。

（2）超声波检测仪。

使用的环境温度应为 0～40℃；换能器的频率宜在 50～100kHz；空气中实测声速与理论值相比误差不应超过 0.5%。

2. 检测技术

（1）对于统一测强曲线。混凝土表面应干燥；龄期为 7～2000d；强度为 10～70MPa。若不适用时，则应采用专用测强曲线或地区测强曲线。

（2）当检测条件与测强曲线有较大差异时，可采用同条件试件或混凝土芯样进行修正。试件或芯样的数量不应少于 4 个。按下式计算修正系数 η，精确至 0.01。

$$\eta = \frac{1}{n} \sum_{i=1}^{n} \frac{f_{cu,i}^{o}}{f_{cu,i}^{c}}$$

$$\eta = \frac{1}{n} \sum_{i=1}^{n} \frac{f_{cor,i}^{o}}{f_{cu,i}^{c}}$$

式中　$f_{cu,i}^{o}$——第 i 个标准立方体试件的抗压强度，精确至 0.1MPa；

$f_{cor,i}^{o}$——第 i 个混凝土芯样的抗压强度，精确至 0.1MPa；

$f_{cu,i}^{c}$——对应第 i 个标准立方体试件或混凝土芯样部位的测区混凝土强度换算值，精确至 0.1MPa；

n——试件数。

（3）混凝土表面状况及处理要求、检测数量要求、测区布置要求同回弹法检测混凝土抗压强度试验。

（三）仪器设备

回弹仪——见试图 6-1；

超声波检测仪——声时分度为 0.1μs；

钢卷尺等。

（四）试验方法及步骤

（1）在需要测试的构件两测面上画出对称测区，标记测区编号，并在对称位置标记出超声波探头位置，每测区为 3 点。

（2）用回弹仪以垂直表面的方式测试各测区的回弹值，每个测点只允许弹一次。每测区在构件两侧分别测试 8 个回弹值 R_i，精确至 1。

回弹仪使用方法同回弹法检测混凝土抗压强度试验。

（3）测试 3 点的声时 t_i，精确至 $0.1\mu s$。

①开启超声波检测仪，根据现场波形确定电压、增益。

②根据仪器使用要求调零。

③分别在测试点、发射探头和接收探头涂上耦合剂。

④将两探头置于检测构件对称两侧。

⑤测读出测点的声时值。

⑥测量构件的宽度即超声测距 l_i，精确至 $1.0mm$。

（五）试验结果的计算与评定

1. 测区回弹值的计算与修正

测区回弹值的计算方法、非水平方向检测时的角度影响修正、检测面为混凝土浇筑表面和底面时的浇筑面修正与回弹法检测混凝土抗压强度相同。

2. 超声声速的计算

按下式计算测区声速值代表值 v，精确至 $0.01km/s$。

$$v = \frac{1}{3}\sum_{i=1}^{3}\frac{l_i}{t_i}$$

当在混凝土浇筑顶面或底面测试尚需进行再次修正。

3. 测区混凝土强度换算值 $f_{cu,i}^{c}$

按下式计算测区混凝土强度换算值 $f_{cu,i}^{c}$，精确至 $0.1MPa$。

粗骨料为卵石时：$f_{cu,i}^{c}=0.0056v^{1.439}\overline{R}^{1.769}$

粗骨料为碎石时：$f_{cu,i}^{c}=0.0162v^{1.656}\overline{R}^{1.410}$

式中　$\overline{R}$——测区回弹平均值或修正后的测区平均回弹值。

4. 结构或构件混凝土强度推定值

（1）结构或构件测区数少于 10 个时，按下式计算该结构或构件的混凝土强度推定值 $f_{cu,e}$，精确至 $0.1MPa$。

$$f_{cu,e} = f_{cu,min}^{c}$$

式中　$f_{cu,min}^{c}$——经修正或未修正的最小测区混凝土强度换算值。

（2）结构或构件测区数不少于 10 个和按批量检测时，应按下式计算该结构或构件和该批构件的混凝土强度推定值 $f_{cu,e}$，精确至 $0.1MPa$。

$$f_{cu,e} = m_{f_{cu}^{c}} - 1.645s_{f_{cu}^{c}}$$

$$m_{f_{cu}^{c}} = \frac{\sum_{i=1}^{n}f_{cu,i}^{c}}{n}$$

$$s_{f_{cu}^{c}} = \sqrt{\frac{\sum_{i=1}^{n}(f_{cu,i}^{c})^{2} - n(m_{f_{cu}^{c}})^{2}}{n-1}}$$

式中　$m_{f_{cu}^{c}}$——结构或构件经修正或未修正的测区混凝土强度换算值的平均值，精确至 $0.1MPa$；

$s_{f_{cu}^c}$——结构或构件经修正或未修正的测区混凝土强度换算值的标准差，精确至 0.01MPa；

n——对于单构件，取该构件的测区数；对于批量构件，取所有构件测区数之和。

三、钻芯法检测混凝土强度试验

（一）基本原理

从混凝土结构或构件中直接钻取混凝土，并加工成高径比为 1：1 的试件，测试得到混凝土的真实强度。钻芯法与其他方法比，具有直接、可靠的特点，常作为其他无损检测方法中的修正手段，但钻芯法也在一定程度上对结构或构件产生损伤，因此也称为半破损方法。

（二）一般规定

1. 仪器设备

（1）钻芯机应具有较大的刚度，应有水冷却系统。

（2）切割磨平机应能保证芯样的平整度。

（3）芯样补平装置应能保证芯样端面与轴线的垂直。

（4）钢筋探测仪最大探测深度不小于 60mm，位置偏差不大于±5mm。

2. 钻取部位要求

（1）结构或构件受力较小的部位。

（2）混凝土强度具有代表性的部位。

（3）便于钻芯机安装和操作的部位。

（4）避开主筋、预埋件和管线的位置。

3. 芯样和试件的要求

（1）芯样的直径。不宜小于骨料最大粒径的 3 倍，采用小直径时最小直径不应小于70mm 且不得小于骨料最大粒径的 2 倍。

（2）当芯样含钢筋时。每试件最多能有 2 根直径小于 10mm、与轴线基本垂直、并离开端面 10mm 以上；直径小于 100mm 的芯样最多能有 1 根直径小于 10mm、与轴线基本垂直、并离开端面 10mm 以上。

（3）加工补平。宜采用磨平机磨平，也可用环氧胶泥、聚合物水泥补平；若强度低于40MPa，则还可采用厚度不大于 5mm 的水泥砂浆、水泥净浆补平，或厚度不大于 1.5mm的硫磺胶泥补平。

（4）试件的偏差和外观质量要求。高径比应在 0.95～1.05 范围内；沿高度的任一直径与中部垂直方向的平均直径之差不得大于 2mm；端面不平整度在 100mm 长度内不得大于 0.1mm；端面与轴线的不垂直度不得大于 1°；不得存在裂缝或其他较大缺陷。

（5）试件的干湿要求。一般应在自然干燥状态下试压，若构件实际在潮湿的条件下工作，则试压前宜在 20±5℃的清水中浸泡 40～48h。

4. 检测方式

（1）单个构件

单个构件的有效芯样数量不应少于 3 个，较小构件不少于 2 个。

（2）批量检测

数量根据检测批容量确定，最小数量不宜少于 15 个，小直径试件数量应适当增加。

（三）仪器设备

钻芯机、磨平机、钢筋探测仪、压力试验机、钢直尺、钢卷尺等。

（四）试验方法及步骤

（1）确定需要测试混凝土强度的构件。

（2）根据构件受力特点和其他要求确定出取芯的大概区域，并在此区域用钢筋探测仪确定出钢筋位置。

（3）根据钢筋位置结合构件截面的受力特点，画出取芯和取芯机固定的位置。

（4）按取芯机操作要求钻取混凝土芯样。

（5）将芯样按适当方式编号，并记录构件和芯样的位置。

（6）把芯样加工成高径比为 1∶1 的试件，并根据构件所处的潮湿状况调节芯样的干湿状态。

（7）在芯样中部两垂直方向测量直径，取平均值 $\overline{d}$，精确至 0.5mm；同时检查垂直度、平整度等是否符合要求。

（8）按混凝土立方体抗压强度试验方法测试芯样的抗压强度。

（五）试验结果的计算与评定

1. 混凝土芯样试件的抗压强度

按下式计算芯样试件的抗压强度，精确至 0.1MPa。

$$f_{cu,cor} = \frac{F_c}{A} = \frac{F_c}{1/4\pi\overline{d}^2}$$

2. 单构件混凝土强度推定值

单构件混凝土强度推定值取芯样试件抗压强度值中的最小值。

3. 批量检测混凝土强度推定值

（1）按下式计算混凝土强度推定区间。

$$f_{cu,e1} = f_{cu,cor,m} - k_1 S_{cor}$$

$$f_{cu,e2} = f_{cu,cor,m} - k_2 S_{cor}$$

$$f_{cu,cor,m} = \frac{\sum_{i=1}^{n} f_{cu,cor,i}}{n}$$

$$S_{cor} = \sqrt{\frac{\sum_{i=1}^{n} (f_{cu,cor,i} - f_{cu,cor,m})^2}{n-1}}$$

式中　$f_{cu,cor,m}$——芯样试件的混凝土抗压强度平均值，精确至 0.1MPa；

　　　$f_{cu,cor,i}$——单个芯样试件的混凝土抗压强度值，精确至 0.1MPa；

　　　$f_{cu,e1}$——混凝土抗压强度推定上限值，精确至 0.1MPa；

　　　$f_{cu,e2}$——混凝土抗压强度推定下限值，精确至 0.1MPa；

　　　k_1、k_2——推定区间上下限系数，置信度为 0.85 条件下根据试件数确定；

　　　S_{cor}——芯样试件的抗压强度标准差，精确至 0.1MPa。

$f_{cu,e1}$ 和 $f_{cu,e2}$ 之间的差不宜大于 5.0MPa 和 0.10$f_{cu,cor,m}$ 两者的较大值。

(2) 宜以 $f_{cu,e1}$ 作为批量检测混凝土强度推定值。

试验七 砂 浆 试 验

试验内容有砂浆的拌合方法、新拌砂浆的稠度和分层度，硬化砂浆的抗压强度试验。

试验参照《砌筑砂浆配合比设计规程》（JGJ 98—2000）、《砌筑砂浆基本性能试验方法》（JGJ 70—1990）进行。

一、砂浆的拌合方法

（一）目的

通过砂浆的拌制，加强对砂浆配合比设计的实践性认识，掌握砂浆的拌制方法，为测定新拌砂浆以及硬化后砂浆性能作准备。

（二）一般规定

1. 制备砂浆环境条件：室内的温度应保持在 $20\pm5℃$，所用材料的温度应与实验室温度保持一致。当需要模拟施工条件下所用的砂浆时，所用原材料的温度应与施工现场保持一致，且搅拌方式宜与施工条件相同。

2. 原材料：

①水泥：水泥砂浆强度等级不宜大于 32.5 级，水泥混合砂浆强度等级不宜大于42.5 级。

②砂：砌筑砂浆宜选用中砂，毛石砌体宜选用粗砂，且含泥量不应超过 5%。

③石灰膏：生石灰熟化时间不得少于 7d，生石灰粉熟化时间不得少于 2d。稠度应为 $120\pm5mm$。严禁使用脱水硬化的石灰膏。

3. 搅拌量与搅拌时间：搅拌量不应小于搅拌机额定搅拌容量的 1/4，搅拌时间不宜少于 2min。

4. 原材料的称量精度：砂、石灰膏为 $\pm1\%$，水、水泥、外加剂为 $\pm0.5\%$。

（三）主要仪器设备

磅秤——精度为砂、石灰膏质量的 $\pm1\%$；

台秤、天平——精度为水、水泥、外加剂质量的 $\pm0.5\%$；

砂浆搅拌机、铁板、铁铲、抹刀等。

（四）试验方法与步骤

1. 人工拌合方法

（1）将称好的砂子放在铁板上，加上所需的水泥，用铁铲拌至颜色均匀为止。

（2）将拌匀的混合料集中成圆锥形，在锥上作一凹坑，再倒入适量的水将石灰膏或黏土膏稀释，然后与水泥和砂共同拌合，逐次加水，仔细拌合均匀，水泥砂浆每翻拌一次，用铁铲压切一次。

（3）拌合时间一般需 5min，使其色泽一致。

2. 机械搅拌方法

（1）机械搅拌时，应先拌适量砂浆，使搅拌机内壁粘附一薄层砂浆。

（2）将称好的砂、水泥装入砂浆搅拌机内。

（3）开动砂浆搅拌机，将水徐徐加入（混合砂浆需将石灰膏或黏土膏稀释至浆状），搅拌时间约为 3min，使物料拌合均匀。

（4）将砂浆拌合物倒在铁板上，再用铁铲翻拌两次，使之均匀。

二、砂浆稠度试验

（一）目的

通过稠度试验，可以测定达到设计稠度时的加水量，或在施工期间控制稠度以保证施工质量。

（二）主要仪器设备

砂浆稠度仪——试锥高度 145mm、锥底直径 75mm，试锥及滑杆质量 300g，见试图 7-1。

捣棒——直径 10mm、长 350mm。

小铲、秒表等。

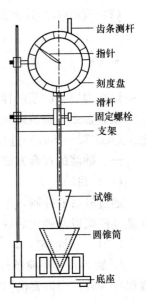

试图 7-1　砂浆稠度仪

（三）试验方法及步骤

1. 将拌好的砂浆一次装入圆锥筒内，装至距离筒口约 10mm，用捣棒捣 25 次，然后将筒在桌上轻轻振动或敲击 5～6 下，使之表面平整，随后移置于砂浆稠度仪台座上。

2. 调整试锥的位置，使其尖端和砂浆表面接触，并对准中心，拧紧固定螺栓，将指针调至刻度盘零点，然后突然放开固定螺栓，使圆锥体自由沉入砂浆中，10s 后读出下沉的距离，即为砂浆的稠度值 K_1，精确至 1mm。

3. 圆锥筒内砂浆只允许测定一次稠度，重复测定时应重新取样。

（四）试验结果的计算与评定

砂浆稠度取两次测定结果的算术平均值，如两次测定值之差大于 20mm，应重新配料测定。

三、砂浆分层度试验

（一）目的

砂浆保水性的好坏，将直接影响砂浆的使用及砌体的质量。通过分层度试验，可测定砂浆在运输及停放时的保水能力。

（二）主要仪器设备

砂浆分层度仪——见试图 7-2；

小铲、木锤等。

（三）试验方法与步骤

1. 测试出拌合好的砂浆稠度 K_1，精确至 1mm。

2. 再把砂浆一次注入分层度测定仪中，装满后用木锤在四周 4 个不同位置敲击容器 1～2 下，刮去多余砂浆并抹平。

3. 静置 30min 后，去除上层 200mm 砂浆，然后取出底层 100mm 砂浆重新拌合均匀，再测定砂浆稠度值 K_2，精确至 1mm。

两次砂浆稠度值的差值（K_2-K_1）即为砂浆的分层度。

（四）试验结果的计算与评定

砂浆分层度结果取两次试验结果的算术平均值。

砂浆的分层度宜在 10～30mm 之间，如大于 30mm，易产生分层、离析、泌水等现象，如小于 10mm 则砂浆过黏，不易铺设，且容易产生干缩裂缝。

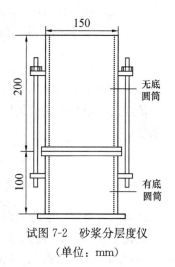

试图 7-2　砂浆分层度仪
（单位：mm）

四、砂浆抗压强度试验

（一）目的

砌筑砂浆的强度等级可分为 M2.5、M5、M7.5、M10、M15、M20。通过砂浆抗压强度试验，可检验砂浆的实际强度是否满足设计要求。

（二）主要仪器设备

压力试验机——精度为 2％；

试模——70.7mm×70.7mm×70.7mm，无底试模；

捣棒、抹刀、油灰刀等。

（三）试验方法与步骤

1. 制作试件

（1）试模内壁涂刷薄层机油或脱模剂。

（2）将无底试模放在预先铺有吸水性较好的纸的普通黏土砖上，砖的吸水率不小于 10％，含水率不大于 2％。

（3）放于砖上的湿纸，应为湿的新闻纸或其他未粘过胶凝材料的纸，纸的大小要能覆盖砖面，砖的使用面要求平整，4 个垂直面不得粘有水泥或其他胶凝材料。

（4）向试模内一次注满砂浆，用捣棒均匀的由外向内里按螺旋方向插捣 25 次，可再用油灰刀沿模壁插数次，使砂浆高出试模顶面 6～8mm。

（5）当砂浆表面开始出现麻斑状态时（约 15～30min），将高出部分的砂浆沿试模顶面削去并抹平。

2. 养护试件

（1）试件制作后在 20±5℃温度下停置 24±2h，当气温较低时，可适当延长时间，但不应超过 48h，然后对试件进行编号拆模。试件拆模后，应在标准养护条件下，继续养护至 28 天。

（2）标准养护条件

①水泥混合砂浆应为温度 20±3℃，相对湿度 60％～80％。

②水泥砂浆和微沫砂浆应为温度 20±3℃，相对湿度 90％以上。

③养护期间，试件彼此间隔不少于 10mm。

3. 测试抗压强度

（1）从养护室取出并迅速擦拭干净试件，测量尺寸，检查外观。试件尺寸测量精确至 1mm。如实测尺寸与公称尺寸之差不超过 1mm，可按公称尺寸进行计算。

（2）将试件居中放在试验机的下压板上，试件的承压面应垂直于成型时的顶面。

（3）开动试验机，以 0.5～1.5kN/s 加荷速度加载。砂浆强度为 5MPa 及以下时，取下限为宜，砂浆强度为 5MPa 以上时取上限为宜。

（4）当试件接近破坏而开始迅速变形时，停止调整试验机油门，直至试件破坏。记录破坏荷载 P（N）。

（四）试验结果的计算与评定

1. 按下式计算试件的抗压强度，精确至 0.1MPa：

$$f_{m\mu} = \frac{P}{A}$$

2. 砂浆抗压强度取 6 个试件抗压强度的算术平均值，精确至 0.1MPa。当 6 个试件的最大值或最小值与平均值之差超过 20％时，以中间 4 个试件的平均值作为该组试件的抗压强度值。

试验八　钢　筋　试　验

试验内容有钢筋混凝土用钢——钢筋的拉伸、弯曲试验。

试验参照《金属材料室温拉伸试验方法》（GB/T 228—2002）、《金属材料弯曲试验方法》（GB/T 232—1999）、《钢筋混凝土用钢第 1 部分：热轧光圆钢筋》（GB 1499.1—2008）、《钢筋混凝土用钢第 2 部分：热轧带肋钢筋》（GB 1499.2—2007）、《型钢验收、包装、标志及质量证明书的一般规定》（GB/T 2101—2008）、《钢及钢产品交货一般技术要求》（GB/T 17505—1998）进行。

一、钢筋的取样与检验规则

1. 组批：同一牌号、炉罐号和规格组成的钢筋批验收时，每批重量不大于 60t；由同一牌号、冶炼方法和浇铸方法的不同炉罐号组成混合批验收时，每批重量不大于 60t，各炉罐号含碳量之差应不大于 0.02％，含锰量之差应不大于 0.15％。

2. 钢筋的拉伸试验和弯曲试验取样数量为各 2 根，可任选两根钢筋切取。

3. 钢筋试样制作时不允许进行车削加工。

4. 试验一般应在 10～35℃的温度下进行。

5. 取样方法和结果评定规定，自每批钢筋中任意抽取两根，分别做拉伸试验和弯曲试验。在拉伸试验的两根试件中，如其中一根试件的屈服点、抗拉强度和伸长率三个指标中，有一个指标达不到钢筋标准中规定的数值，应取双倍试样数量，重做试验。如仍有一根试件的指标达不到标准要求，则拉伸试验不合格。在弯曲试验中，如有一根试件不符合标准要求，就同样抽取双倍钢筋，重做试验。如仍有一根试件不符合标准要求，即为不合格。

二、钢筋拉伸试验

（一）目的

通过钢筋试验可判定钢筋的各项性能指标是否符合标准要求。

（二）钢筋拉伸试验

1. 主要仪器设备

万能材料试验机——精度为 1％；

钢板尺——精度为 1mm；

天平——精度为 1g；

游标卡尺、千分尺、钢筋标点机等。

2. 试件的制作与准备

（1）测量试样的实际直径 d_0 和实际横截面面积 S_0。

①光圆钢筋：可在标点的两端和中间 3 处，用游标卡尺或千分尺分别测量两个互相垂直方向的直径，精确至 0.1mm，计算 3 处截面的平均直径，精确至 0.1mm，再按 $S_0 = \frac{1}{4} \pi d_0^2$ 分别计算钢筋的实际横截面面积，取四位有效数字。实际直径 d_0 和实际横截面面积 S_0 分别取三个值的最小值。

②带肋钢筋：

A. 用钢尺测量试样的长度 L，精确至 1mm。

B. 称量试样的质量 m，精确至 1g。

C. 按 $S_0 = \frac{m}{\rho L} = \frac{m}{7.85L} \times 1000$ 计算实际横截面面积，取四位有效数字。

（2）确定原始标距 L_0：$L_0 = 5.65\sqrt{S_0} = 5.65\sqrt{\frac{1}{4}\pi d_0^2}$，修约至最接近 5mm 的倍数。

（3）根据原始标距 L_0、公称直径 d 和试验机夹具长度 h 确定截取钢筋试样的长度 L。L 应大于 $L_0 + 1.5d + 2h$，若需测试最大力总伸长率则应增大试样长度。

（4）在试样中部用标点机标点，相邻两点之间的距离可为 10mm 或 5mm，见试图 8-1。

3. 试验方法与步骤

（1）按试验机操作使用要求选用操作试验机。

（2）将试样固定在试验机夹头内，开机均匀拉伸。拉伸速度要求：屈服前，6～60MPa/s；屈服期间，试验机活动夹头的移动速度为 0.015 $(L-2h)$/min～0.15 $(L-2h)$/min；屈服后，试验机活动夹头的移动速度为不大于 0.48 $(L-2h)$/min，直至试件拉断。

（3）拉伸过程中，可根据荷载—变形曲线或指针的运动直接读出或通过软件获取屈服荷载 F_S（N）和极限荷载 F_b（N）。

（4）将已拉断试件的两段，在断裂处对齐，使其轴线位于一条直线上。测试断后伸长率和最大力总伸长率。

①断后伸长率：

A. 以断口处为中点，分别向两侧数出标距对应的格数，用卡尺直接量出断后标距 L_u，精确至 0.25mm。见试图 8-1。

B. 若短段断口与最外标记点距离小于原始标距的 1/3，则可采用移位方法进行测量。短段上最外点为 X，在长段上取短段格数相同点 Y。原始标距 L_0 所需格数减去 XY 段所含格数得到剩余格数：为偶数时取剩余格数的一半，得 $Z1$ 点；为奇数时取所余格数减 1 的一半的格数得 $Z1$ 点，加 1 的一半的格数得 $Z2$ 点，见试图 8-1。

【例】设标点间距为 10mm。若原始标距 $L_0 = 60$mm，则量取断后标距 $L_u = XY$；若 $L_0 = 70$mm，断后标距 $L_u = XY + YY + YZ1 = XY + YZ1$；若 $L_0 = 80$mm，断后标距 $L_u = XY + 2YZ1$；若 $L_0 = 90$mm，断后标距 $L_u = XY + YZ1 + YZ2$。

C. 在工程检验中，若断后伸长率满足规定值要求，则不论断口位置位于何处，测量均为有效。

②最大力总伸长率：

A. 采用引伸计或自动采集时，根据荷载—变形曲线或应力—应变曲线，可得到最大力时的伸长量经计算得到最大力总伸长率，或直接得到最大力总伸长率。

B. 在长段选择标记 Y 和 V，测量 YV 的长度 L'，精确至 $0.1mm$，YV 在拉伸试验前长度 L'_0 应不小于 $100mm$，其他要求见试图 8-2。

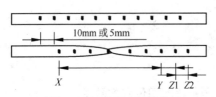

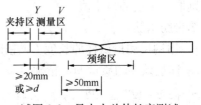

试图 8-1　钢筋标点及移位法　　　　　　试图 8-2　最大力总伸长率测试

4. 试验结果的计算与评定

（1）按下式计算屈服强度 R_{eL}，修约至 $5MPa$：

$$R_{eL} = \frac{F_s}{S_0} \text{ 或 } R_{eL} = \frac{F_s}{S}$$

式中　S——公称面积（mm^2），取四位有效数字，工程检验时采用。

（2）按下式计算抗拉强度 R_m，修约至 $5MPa$：

$$R_m = \frac{F_b}{S_0} \text{ 或 } R_{eL} = \frac{F_b}{S}$$

式中　S——公称面积（mm^2），取四位有效数字，工程检验时采用。

（3）按下式计算断后伸长率 A，修约至 0.5%：

$$A = \frac{L_u - L_0}{L_0} \times 100\%$$

（4）按下式计算最大力总伸长率 A_{gt}，修约至 0.5%：

$$A_{gt} = \frac{L' - L'_0}{L'_0} \times 100\%$$

（5）对照规定要求，判定试验结果是否符合。

（三）钢筋弯曲试验

1. 主要仪器设备

万能试验机或弯曲试验机、冷弯压头等。

2. 试验方法及步骤

（1）试件长度根据试验设备确定，一般可取 $5d+150mm$，d 为公称直径。

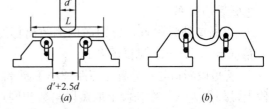

试图 8-3　钢筋冷弯试验装置

（a）试样安装就绪；（b）弯曲180°

（2）按规定要求确定弯心直径 d' 和弯曲角度。

（3）调整两支辊间距离等于 $d'+2.5d$，见试图 8-3（a）。

（4）装置试件后，平稳地施加荷载，弯曲到要求的弯曲角度，见试图 8-3（b）。

3. 结果评定

检查试件弯曲处的外缘及侧面，如无裂缝、断裂或起层，即判定弯曲性能合格。

试验九　烧结多孔砖抗压强度试验

试验参照《烧结多孔砖》（GB 13544—2000）、《砌墙砖试验方法》（GB/T 2542—2003）进行。

一、目的

烧结多孔砖共分为 5 个强度等级，不同等级的砖可用于不同的结构部位。通过抗压强度试验，可以评定出其强度等级或评价是否满足规定强度等级的要求。

二、取样方法

烧结多孔砖以 3.5 万～15 万块为一检验批，不足 3.5 万块也按一批计；采用随机抽样法取样，强度检验的砖样从外观质量检验后的样品中抽取，数量为 10 块。

三、主要仪器设备

压力试验机——精度为 1%；

钢直尺、玻璃板等。

四、试验方法及步骤

(1) 将砖试样泡水 10～20min，取出后滴水 3～5min。

(2) 在玻璃板上铺 5mm 厚度水泥净浆。

(3) 把砖平稳坐压在水泥净浆上。两侧同方法处理。

(4) 试样在不低于 10℃ 的不通风室内养护 3 天后待用。

(5) 测取试样的连接面或受压面的长 L 和宽 B 各两个，分别取平均值，精确至 1mm。

(6) 将试样居中放在下压板上，以约 4kN/s 的速度均匀加荷，直至试件破坏，记录最大破坏荷载 P（N）。

五、试验结果的计算与评定

(1) 按下式计算单块砖的抗压强度 f，精确至 0.01MPa。

$$f = \frac{P}{LB}$$

(2) 按下列公式计算 10 块砖的强度平均值 $\overline{f}$、标准差 S、强度变异系数 δ 和强度标准值 f_k，精确至 0.01MPa：

$$\overline{f} = \frac{1}{10} \sum_{i=1}^{10} f_i$$

$$S = \sqrt{\frac{1}{9} \sum_{i=1}^{10} (f_i - \overline{f})^2}$$

$$\delta = \frac{s}{f}$$

$$f_k = \overline{f} - 1.8S$$

(3) 根据强度平均值 $\overline{f}$、变异系数 δ 和强度标准值 f_k 或单块最小抗压强度值，判定砖的强度等级。

试验十　沥　青　试　验

本试验内容有沥青针入度、延度和软化点试验。

试验参照《建筑石油沥青》（GB/T 494—1998）、《沥青软化点测定法》（GB/T 4507—1999）、《沥青延度测定法》（GB/T 4508—1999）、《沥青针入度测定法》（GB/T 4509—1998）、《公路工程沥青及沥青混合料试验规程》（JTJ 052—2000）进行。

一、针入度试验

（一）目的

通过针入度的测定可以确定石油沥青的稠度，针入度越大说明稠度越小，同时它也是划分沥青牌号的主要指标。

（二）主要仪器设备

针入度仪——见试图10-1；

标准钢针、恒温水浴、秒表等。

（三）试样准备

1. 均匀加热沥青至流动，将其注入试样皿，放置于15～30℃的空气中冷却1～1.5h（小试样皿）或1.5～2.0h（大试样皿）。

2. 把试样皿浸入25±0.1℃的水浴恒温（小皿恒温1～1.5h，大皿恒温1.5～2.0h），水面高于试样表面10mm以上。

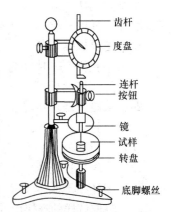

试图10-1　针入度仪

（四）试验方法与步骤

1. 调整底脚螺丝使三角底座水平。

2. 用溶剂将针擦干净，再用干布擦干，然后将针插入连杆中固定。

3. 取出恒温的试样皿，置于水温为25℃的平底保温皿中，试样以上的水层高度大于10mm，再将保温皿置于转盘上。

4. 调节针尖与试样表面恰好接触，移动齿杆与连杆顶端接触时，将度盘指标调至"0"。

5. 用手紧压按钮，同时开动秒表，使针自由针入试样，经5s，放开按钮使针停止下沉。

6. 拉下齿杆与连杆顶端接触，读出指针读数，即为试样的针入度，1/10mm。

7. 在试样的不同点重复试验3次，测点间及与金属皿边缘的距离不小于10mm；每次试验用溶剂将针尖端的沥青擦净。

（五）试验结果的计算与评定

针入度取三次试验结果的算术平均值，取至整数。三次试验所测针入度的最大值与最小值之差不应超过试表10-1的规定，否则重测。

石油沥青针入度测定值的最大允许差值　　　　　　　　试表10-1

针入度（1/10mm）	0～49	50～149	150～249	250～350
允许最大差值	2	4	6	8

二、延度试验

（一）目的

延度是沥青塑性的指标，是沥青成为柔性防水材料的最重要性能之一。

（二）主要仪器设备

沥青延度仪及模具——见试图 10-2；

瓷皿、温度计、砂浴、隔离剂等。

（三）试样制备

1. 将隔离剂涂于金属板上及侧模的内侧面，然后将试模在金属垫板上卡紧。

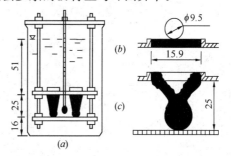

试图 10-2　沥青延度仪及模具

(a) 延度仪；(b) 模具

2. 均匀加热沥青至流动，将其从模一端至另一端往返注入，沥青略高出模具。

3. 试件空气中冷却 30～40min 后，再将试件及模具置于温度 25±0.5℃的水浴 30min，取出后用热刀将多余沥青刮去，至与模平。再将试件及模具放入水浴恒温 85～95min。

（四）试验方法及步骤

1. 去除底板和侧模，将试件装在延度仪上。试件距水面和水底的距离不小于 2.5cm。

2. 调整延度仪水温至 25±0.5℃，开机以 5±0.25cm/min 速度拉伸，观察沥青的延伸情况。如沥青细丝浮于水面或沉入槽底时，则加入酒精或食盐水，调整水的密度与试样的密度相近后，再测定。

3. 试件拉断时，试样从拉伸到断裂所经过的距离，即为试样的延度，以"cm"表示。

（五）试验结果的计算与评定

1. 延度值取三个平行试样测试结果的算术平均值。如三个试样的测试结果不在其平均值的 5%范围，但两较高值在平均值的 5%范围，则取两较高值的平均值，否则需重做。

2. 建筑石油沥青延度要求见表 9-1。

三、软化点试验（环球法）

（一）目的

软化点是反映沥青在温度作用下，其黏度和塑性改变程度的指标，它是在不同环境下选用沥青的最重要指标之一。

（二）主要仪器设备

沥青软化点仪——见试图 10-3；

电炉、烧杯、测定架等。

（三）试验准备

1. 将沥青均匀加热至流动，注入铜环内至略高出环面。

2. 在空气中冷却不少于 30min 后，用热刀刮去多余的沥青至与环面齐平。

3. 将铜环安在环架中层板的圆孔内，与钢球一起放在水温为 5±1℃烧杯中，恒温 15min。

4. 烧杯内重新注入新煮沸约 5℃的蒸馏水，使水面略低于连接杆上的深度标记。软化点高于 80℃的用甘油浴，同时起始温度也提高到 30±1℃。

（四）试验方法及步骤

1. 放上钢球并套上定位器。调整水面至标记，插入温度计，使水银球与铜环下齐平。

试图 10-3　沥青软化点仪（单位：mm）

(a) 软化点仪装置；(b)、(c) 试验前、后钢球位置

2. 在装置底部以 5±0.5℃/min 的速度加热。

3. 试样软化下坠，当与支撑板接触时，分别记录温度，为试样的软化点，精确至 0.5℃。

（五）试验结果的计算与评定

试验结果取两个平行试样测定结果的平均值。两个数值的差数不得大于1℃。